嫩江流域湿地生态水文过程与调控

章光新　吴燕锋　陈立文　刘雪梅
著
齐　鹏　崔　桢　郑越馨

科学出版社

北　京

内 容 简 介

本书针对全球气候变化和人类活动影响背景下，嫩江流域湿地生态水文过程显著变异而导致的生态退化问题，分别从流域尺度和湿地生态系统尺度阐述湿地生态水文格局、过程及其驱动机制；选取流域重要的湖沼湿地和河滨湿地作为研究对象，在厘清其生态保护目标的基础上，提出相应的湿地生态水文调控对策与措施；统筹考虑常规水资源、洪水和农田退水等多水源综合利用，研发湿地多水源生态补水技术，提出面向湿地生态保护的嫩江流域多水源优化配置与综合调控方案，为嫩江流域湿地生态保护修复的水文调控及水资源适应性管理提供科技支撑。

本书可供生态水文学、水资源和湿地科学、自然地理和环境科学等相关学科领域的科研工作者参考，也可用作高等院校相关专业研究生的参考书。

审图号：GS 京(2022)0873 号

图书在版编目(CIP)数据

嫩江流域湿地生态水文过程与调控/章光新等著. —北京：科学出版社，2023.10

ISBN 978-7-03-073681-9

Ⅰ. ①嫩… Ⅱ. ①章… Ⅲ. ①嫩江–流域–沼泽化地–生态系–区域水文学–研究 Ⅳ. ①P942.350.78

中国版本图书馆 CIP 数据核字(2022)第 203650 号

责任编辑：朱 丽 郭允允 张力群/责任校对：郝甜甜

责任印制：徐晓晨/封面设计：图阅社

科学出版社 出版

北京东黄城根北街 16 号

邮政编码：100717

http://www.sciencep.com

北京建宏印刷有限公司印刷

科学出版社发行 各地新华书店经销

*

2023 年 10 月第 一 版 开本：787×1092 1/16

2025 年 1 月第二次印刷 印张：17 3/4

字数：417 000

定价：210.00 元

(如有印装质量问题，我社负责调换)

序

湿地生态系统是流域重要的自然生态空间与水量平衡调节器，在维护流域生物多样性、减轻洪涝灾害、改善水质和应对气候变化等方面发挥着极其重要的作用。然而，在全球气候变化和高强度人类活动的双重影响下，流域湿地水文节律破坏、生态用水短缺、水环境污染，致使湿地面积减少、功能退化乃至消失，同时增加了流域洪旱灾害发生的强度和风险，威胁到流域生态安全和水安全。因此，开展流域湿地生态水文过程与调控研究十分重要。

嫩江流域是我国重要的粮食主产区和湿地集中分布区。过去几十年，变化环境下嫩江流域水循环过程及其湿地水文过程均发生了显著改变，造成流域内湿地干旱缺水、生态退化和服务功能下降，尤其湿地洪水调蓄功能显著降低，削弱了其抵御流域洪水灾害能力。近期受国家粮食安全和生态安全战略目标驱动，嫩江流域启动了粮食增产工程和湿地生态补水工程，对湿地水文情势、水质状况和水生态健康带来了前所未有的改变，深刻影响水-粮食-湿地纽带关系及其可持续发展。如何科学实施流域湿地生态水文调控与水资源优化配置，在保障湿地生态用水安全同时规避其潜在的风险，是当前嫩江流域湿地生态保护修复的水文调控及水资源适应性管理领域亟待解决的重要课题。

《嫩江流域湿地生态水文过程与调控》一书从流域尺度和湿地生态系统尺度上阐述了湿地生态水文格局、过程及其驱动机制，选取流域重要的湖沼湿地和河滨湿地作为研究对象，在厘清其生态保护目标的基础上，提出了相应的湿地生态水文调控对策与措施，为湿地生态保护修复提供重要的水文学依据和水安全保障；创建了耦合湿地模块的流域水文模型，定量评估了流域湿地水文调蓄功能；基于自然的水资源解决方案，充分发挥湿地洪水调蓄和水质净化的生态服务功能，统筹考虑洪水、农田退水和常规水资源综合利用，研发了湿地多水源生态补水技术，提出了面向湿地生态保护的嫩江流域多水源优化配置与综合调控方案，为嫩江流域湿地水资源可持续利用提供重要的科技支撑。因此，这是一部具有重要理论和实践价值的专著，不仅丰富和发展了我国流域湿地生态水文研究的理论与方法，而且体现了新时期我国“三水”协同共治理念，可以更好地服务于流域湿地生态保护修复与水资源综合管理的国家重大需求，特此为序。

夏　军
中国科学院院士
武汉大学教授
2022年12月28日

前 言

流域是完整的自然地理单元，由水、土、气、生等自然要素和人口、社会、经济等人文要素相互关联、相互作用而共同构成的一个完整的“自然–社会–经济”复合系统。湿地是流域生态系统的重要组成部分。在全球气候变化与人类活动的双重影响下，流域湿地生态水文过程发生了深刻变化，导致湿地面积萎缩和生态功能退化，增加了流域洪旱灾害发生的风险和强度，进而威胁流域生态安全和水安全。如何刻画流域湿地生态水文过程及其耦合机理，揭示流域湿地变化的水文效应及其退化的水文学机制，并从湿地和流域尺度上科学实施水文调控与水资源综合管理，恢复湿地合理的水文情势和保障湿地生态用水量，确保流域生态安全和水安全，践行基于自然的水资源解决方案，是国际上流域生态水文学研究的热点和前沿。

嫩江流域是我国重要的粮食生产基地和湿地集中分布区。20 世纪 50 年代，在气候变化和大规模农业垦殖等人类活动的共同作用下，嫩江流域水循环过程及其湿地水文情势发生了显著改变，导致流域内湿地面积大幅度减少和水文调蓄功能显著降低，同时流域洪水、干旱事件的发生频率和强度增加，危及到流域水安全和生态安全。然而，在国家粮食增产工程战略驱动下，嫩江流域大力发展水稻田灌区，一方面消耗大量水资源，进一步加剧了水资源供需矛盾；另一方面灌区退水大量排入湿地，尽管在一定程度上缓解了湿地干旱缺水问题，但农业面源污染给湿地水环境安全与水生态健康带来严重损害。

在此背景下，认识变化环境下嫩江流域水循环演变规律及其湿地生态水文响应机制，以及湿地水环境演变机理及生态效应，对流域湿地生态恢复保护和水资源综合管理具有重要意义。因此，探究嫩江流域水循环过程及其湿地生态水文响应机理，阐释流域湿地变化的水文效应及其水文调蓄功能演变机制，在揭示湿地生态水文过程与机理的基础上，确定湿地生态水文调控目标，提出相应的湿地生态水文调控措施与策略，并统筹考虑常规水资源、洪水和农田退水等多水源综合利用，提出湿地多水源生态补水技术，以及面向湿地生态保护的嫩江流域多水源优化配置与综合调控方案，确保流域湿地生态用水安全和水资源可持续利用，对保障嫩江流域生态安全和水安全具有重要的理论意义和实践价值。

本书共分 6 章。第 1 章概述了流域湿地生态水文过程与模型研究进展，指出生态水文调控是进行流域湿地保护修复的重要途径和举措，提出了基于湿地生态需水与水文服务的流域水资源综合管理研究新思路，阐述了开展嫩江流域湿地生态水文过程与调控研究的背景及意义。第 2 章分析揭示了嫩江流域气象水文过程多时空演变特征及规律，系统评价了流域湿地生态水文格局演变特征及其驱动要素，揭示了流域湿地生态水文格局演变的驱动机制。第 3 章分析了嫩江流域孤立湿地和河滨湿地生态格局演变特征与规律，创建了耦合湿地模块的流域水文模型，定量评估了不同历史时期、现状条件下和未来气候变化与湿地恢复情景下流域湿地水文调蓄功能演变及趋势，并阐释了其驱动机制，在此基础上，提出了基于湿地水文服务的流域水资源综合管理策略。第 4 章针对嫩江流域重要湖沼湿地(查干湖、莫莫格湿地和扎龙湿地)存在的主要生态水文问题，开展“多要素、多过程”的湿地生态水文相互作用机理及耦合机制研究。在探明查干湖水循环过程及水环境生态效应的基础上，构建了查干湖水动力-水质-水生态综合模型，确定了基于水生态系统健康的查干湖水质控制目标，提出了最佳的多水源调控方案。通过研究莫莫格国家级自然保护区白鹤湖生态水文格局演变特征以及白鹤食源植物的生态特征及群落演替规律，确定了白鹤的适宜生境条件，利用构建的湿地水动力模型模拟了不同来水情景下白鹤湖水文情势变化，以适宜白鹤生境条件的生态水位为调控目标，提出了相应的白鹤湖生态水文调控对策和措施。基于多源遥感数据系统分析了补水前(1984～2000 年)和补水后(2001～2018 年)扎龙湿地生态水文演变特征及驱动机制，并开展了扎龙湿地生态补水的有效性评价，提出了扎龙湿地适应性的生态水文调控策略。第 5 章在分析嫩江干流尼尔基水库下游河滨湿地生态水文演变的基础上，剖析了下游河流水文情势和河滨湿地淹没动态变化，揭示了尼尔基水库建设对下游河滨湿地水文过程的影响机制，为基于水库调度的下游河滨湿地的恢复与保护提供科学依据。第 6 章分析了嫩江流域水资源开发利用现状，着重解析了流域洪水和农田退水非常规水资源量，构建了基于湿地生态需水过程的流域水资源优化配置与调控模型，结合流域现有水利工程和河湖连通工程发展规划，提出了嫩江流域湿地多水源优化配置与综合调控方案。

本书的撰写和出版得到了国家重点研发计划项目(2017YFC0406003、2021YFC3200203)、中国科学院战略性先导科技专项(A 类)项目(XDA28020500)、国家自然科学基金(41877160、42077356)和吉林省重点研发计划项目(20200403002SF)的大力支持，谨此一并致谢!

本书由章光新提出研究工作的总体思路和总体框架设计，制定编写提纲、撰稿分工并进行统稿工作。姜力力参加了本书的统稿工作。具体撰写分工如下：第 1 章，章光新、吴燕锋；第 2 章，陈立文、吴燕锋、郑越馨；第 3 章，吴燕锋；第 4 章，刘雪梅、崔桢、陈立文；第 5 章，陈立文、吴燕锋、郑越馨；第 6 章，齐鹏。

本书提出的湿地水文调蓄功能定量评估、湿地多水源生态补水以及面向湿地生态保护的流域多水源优化配置与调控等理论方法和技术体系，旨在抛砖引玉，为面向湿地生态恢复与保护的水文调控和流域水资源综合管控提供重要科技支撑。由于本书涉及的内容广泛、学科交叉，作者研究时间和认识水平有限，疏漏之处在所难免，敬请读者不吝指正。

作　者

2022 年 4 月

目 录

第1章 绪　论

湿地生态系统是流域重要的自然生态空间与水量平衡调节器。在全球气候变化与人类活动的共同作用下，流域水循环及其湿地生态水文过程发生了深刻变化，导致湿地水资源短缺、水质恶化及其水文功能退化，进而威胁流域水安全和生态安全。如何从湿地生态系统和流域尺度上进行水文调控与水资源综合管理，恢复湿地合理的水文情势和保障湿地生态用水量，维护流域湿地生态系统稳定健康和水资源可持续利用，是当前流域生态水文学研究领域的前沿热点。

本章首先介绍了流域湿地水文调蓄功能及其影响因素，阐述了流域湿地生态水文过程及其模型的构建思路和方法，指出生态水文调控是进行流域湿地恢复和保护的重要途径和举措，提出了基于湿地生态需水与水文服务的流域水资源综合管理研究新思路，有助于流域湿地生态水量精准调配和水资源综合管控。最后，以东北嫩江流域为研究区，阐述开展流域湿地生态水文过程与调控研究的背景及意义。

1.1 流域湿地水文调蓄功能与水安全

湿地与森林、海洋并称为全球三大生态系统，是自然生态空间的重要组成部分，具有涵养水源、调节径流、净化水质和补充地下水等重要水文功能，在维护流域水量平衡、减轻洪旱灾害、改善水质和应对气候变化等方面发挥极其重要的作用，支撑人类经济社会和生存环境的可持续发展。然而，近几十年来，在全球气候变化与高强度人类活动的双重影响下，流域湿地生态水文格局与过程发生了深刻变化，导致湿地面积大幅度萎缩和水文功能急剧下降，极大影响和改变了流域水文过程及水量平衡，增加了水旱灾害的强度和风险，严重威胁到流域生态安全和水安全。《2018 年世界水资源发展报告》中强调基于自然的水资源解决方案(nature-based solutions for water)的理念是通过利用自然生态系统的“蓄-滞-渗-净-排”的特点和功能来管理水的可获得性、水质和涉水风险与灾害，增加可利用水量、改善水质和降低水旱灾害风险，从而强化整体水安全(UN World Water Assessment Programme, 2018)。

湿地水文调蓄功能是湿地水文功能的核心内容，也是近年来学者们关注的焦点之一(周德民和宫辉力, 2007; McDonoug et al., 2015; 崔保山等, 2016; Brooks et al., 2018; Elisa et al., 2021)。流域湿地水文调蓄功能是指流域湿地对水文过程的累计影响效应，即在流域尺度上湿地生态系统借助其特殊的水文物理特性，以水循环为纽带，通过影响流域蒸散发、入渗、地表径流、地下径流和河道径流等方式而改变流域水文过程的能力，主要体现在调节径流、削减洪峰、维持基流和补给地下水等 4 个方面，在维持流域健康水循环和水安全中发挥重要作用(图 1.1)。三江平原沼泽湿地系统的总储水量可达 64.12 亿 m^3，洪泛平原湿地蓄水可以降低下游洪水风险，以挠力河流域为例，通过湿地格局变化与水文过程线分析，发现占流域面积10%～15%的湿地对洪峰流量的削减率达到50%～60%(刘红玉和李兆富, 2005; 刘兴土, 2007)。流域上游孤立湿地越多，蓄水能力和回补地下水能力越强，减缓流速和维持基流量越明显，河道内河滨湿地越多，影响作用也越大(Evenson et al.,2015；Fossey and Rousseau, 2016a)。美国得克萨斯州和佛罗里达州湿地面积的减少引起洪峰流量的明显增加(Brody et al., 2007; Highfield, 2012)；威斯康星河流域的湿地面积仅占流域面积的15%，但湿地对流域洪峰流量的削减效应可达60%～65%(Archer, 1989)。在加拿大的Black Creek流域，虽然流域湿地率仅为15%，但流域湿地对地表径流的削减作用可达21%，对基流和地下水的维持作用均达到了15%(Ahmed, 2016)。综上可见，湿地可作为基于自然的水资源与气候变化解决方案中的重要载体，以应对干旱洪水等极端水文事件带来的风险，支撑生态流域建设，进而保障流域水安全。

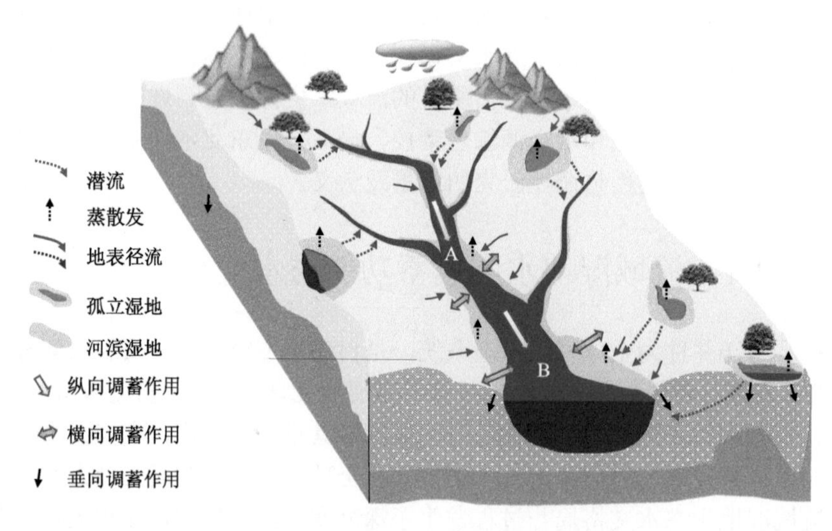

(a) 流域湿地水文连通性与水文调蓄作用的多维性

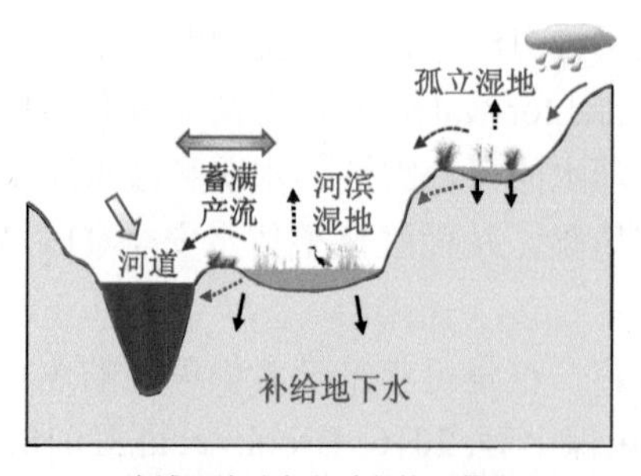

(b) 流域湿地对水文过程的调蓄作用

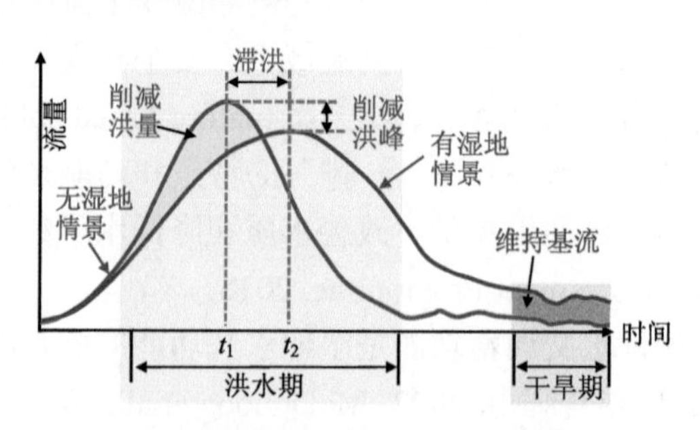

(c) 河滨湿地的洪水调蓄和干旱延缓功能

图1.1　流域湿地水文调蓄功能示意

湿地水文调蓄功能的大小主要由其特殊的水文物理性质决定，即湿地往往具有较高的土壤孔隙度和较强的土壤饱和持水量等特征，汛期通过吸收和储存来水发挥削减地表径流、降低流速和削弱洪峰等作用；非汛期以缓慢释水和下渗侧渗的方式发挥水源供给、维持基流和补给地下水等作用。由于受到流域多种因素的制约，流域湿地水文调蓄功能具有时空变异性、阈值性和多维性等特征(吴燕锋和章光新，2018)。

由于流域湿地以水文连通为媒介发挥其水文功能，流域水文情势与湿地面积和格局的变化会引起湿地之间、湿地和其他水系之间连通性的改变，进而引起水文调蓄功能大小和效应的变化。近年来，流域湿地变化情景下水文调蓄功能定量评估引起学者的关注和兴趣。在研究思路上，研究者主要基于流域内不同湿地分布情景开展模拟研究，例如，设置流域湿地的类型(如孤立湿地和河滨湿地、雨养湿地和洪泛湿地)(Fossey et al., 2015)、面积大小(Evenson et al., 2018)、不同地理位置(如上游和下游湿地、子流域/干流河滨湿地)和蓄水量大小等级(Lee et al., 2018; Wu et al., 2020a; Blanchette et al., 2022)，或不同湿地水文连通性变化等情景(Martinez-Martinez, et al., 2014，2015)，模拟分析流域水文过程变化特征，揭示湿地变化的水文效应。研究发现流域湿地季节性变化(Evenson et al., 2018)、湿地的退化(Ameli and Creed, 2019)、湿地恢复与重建程度(Martinez-Martinez, et al., 2014)和农业开垦(Evenson et al., 2018)等会引起湿地生态水文过程的改变，进而引起其水文调蓄功能的变化。例如，Duncan(2011)发现1980～2008年美国得克萨斯州Cole Greek流域60%的湿地丧失导致流域2a、5a和10a一遇的洪水发生概率均增加了15%；Lee等(2018)基于美国切萨皮克湾的Tuckahoe Creek流域历史湿地面积退化特征，开展了不同湿地退化情景下流域水文过程模拟研究，发现随着面积的减少，湿地对流域地表径流的削减作用和地下水补给量逐渐减弱。

基于耦合湿地模块的流域水文模型，在量化流域湿地水文调蓄功能的基础上，围绕流域湿地水文功能模拟与水资源管控、湿地生态恢复重建的水文效应等方面开展探索研究。学者们主要通过以下两方面开展研究：①基于历史湿地分布情景(恢复至历史某一时期)的水文模拟，对比分析目前湿地情景和历史某时段情景下湿地水文功能的差异性；②基于现有湿地分布和重建选址分析，运用优化算法(如遗传算法)和目标函数(如最大洪峰削减、最低投入和维护成本、最大景观尺度水文连通性等)，模拟多个湿地保护和重建情景下流域湿地水文过程，确定湿地位置和面积大小等最优生态格局。研究发现流域湿地面积的丧失会引起其水文调蓄功能的减弱甚至丧失(Evenson et al., 2018; Lee et al., 2018; Ameli et al., 2019)，而科学合理的湿地恢复重建会明显提升其水文调蓄功能(Martinez-Martinez et al., 2014, 2015; Javaheri et al., 2014; Kumar et al., 2021)。但是，国内外学者多从湿地单个要素视角开展恢复与重建的水文效应研究，如仅仅基于湿地的面积、地理位置或类型等确定最优恢复与保护格局，忽视了流域湿地系统的整体性和系统性。此外，学者们多侧重于理论研究，缺乏将确定的最优恢复与保护格局应用于实践。因此，如何从流域尺度系统评估湿地水文调蓄功能，并提出基于水文调蓄功能最大限度发挥的流域湿地优化格局，以验证湿地恢复和保护格局的有效性，从而提高湿地恢复和保护方案的可行性和科学性，最大程度地提升流域应对极端水文事件的弹性，是亟待解决的前沿科学问题。

1.2 流域湿地生态水文过程与模型

流域湿地生态水文过程是指在流域范围内的湿地生态过程、水文过程及两者耦合机理和互馈机制，具体而言就是研究流域水文过程如何影响湿地生态水文过程及其功能，以及湿地生态格局、过程与功能如何影响流域水文过程。由于缺少对流域湿地水文和生态过程及其相互之间关系的理解，尤其是对恢复湿地未来演变动态的准确预测，往往会导致流域湿地生态保护修复成效甚微甚至以失败告终(Richardson et al., 2005)。湿地生态水文模型是湿地生态水文学研究的核心内容之一，在理解和揭示湿地生态水文过程、机理与效应的基础上，采用数学方法和逻辑表达式，定量描述和模拟预测湿地生态水文过程及演变趋势，是揭示湿地生态-水文过程相互作用关系及互馈机制、湿地生态需水量精细化核算、湿地生态补水与水资源管理、变化环境下湿地生态水文响应趋势预测等领域研究不可或缺的有效工具(吴燕锋和章光新，2018)。因此，开展流域湿地生态水文过程研究，研发流域湿地生态水文模型，可为湿地生态保护修复的水文调控和流域水资源综合管理提供理论依据和技术支持。

20 世纪 70 年代以来，国内外学者开展了大量有关湿地生态水文模型研究工作，取得了丰硕的成果(王育礼等，2008；Liu et al., 2008；Foessy et al., 2015；Evenson et al., 2015；Lee et al., 2018)。由于尚未建立具有普适性的湿地生态水文模型，学者们主要基于现有的水文模型或生态模型，修改或增加相应的湿地模块，并应用于湿地生态水文过程模拟和分析研究(Ahmed, 2017；Evenson et al., 2018；吴燕锋和章光新，2018；Golden et al., 2021；Zeng and Chu, 2021)。国内外学者主要基于水量平衡原理，依据湿地内部地形地貌、水文、植被和土壤等差异，建立可以模拟湿地水循环过程及其与流域其他环境水文过程交互的湿地模块并耦合到流域水文模型中，形成流域湿地生态水文模型，并用于流域湿地生态水文过程模拟及其互作机理揭示。流域湿地生态水文模型不仅可以精确地模拟湿地水循环过程，同时把湿地水循环过程纳入流域单元内，考虑湿地与周围环境密切的水文关系，并能用于流域湿地水文服务功能定量评估，揭示气候变化和人类活动影响下的湿地生态水文响应机理，模拟和预测流域湿地水文情势演变，为流域湿地水文调控和水资源综合管理提供科学依据。国际上耦合湿地模块的流域水文模型及其主要应用如表 1.1 所示。

随着湿地模块的不断开发和改进以及水循环模拟技术和生态模拟技术的进一步耦合，湿地生态水文模型已从描述单一过程关系经验模型发展到精细刻画物理过程的分布式水文-水动力-水质-生态耦合响应的综合模型。研究历程上，湿地生态水文模型经历了水文与动物、植被和生境等响应关系研究、水文-生态过程模拟研究发展为水动力-水质-生态过程综合研究；由水文情势指标与生态指标之间关系的定性或定量研究逐渐发展为基于生态过程和水文过程的定量研究；由单一过程的影响和响应关系研究逐渐发展为多过程、多时空尺度及耦合机制研究；由注重湿地生态效应和生态功能的评价和预测研究发展到更加关注湿地水系统、生态环境系统与社会经济系统之间的相互作用机制，从“人-水-湿地”和谐论和生态经济角度考虑湿地生态水文功能恢复和保护以及水资源综合管控，将极大提高湿地生态有效修复和保护。

表 1.1 耦合湿地模块的流域水文模型

水文模型	模型功能	应用流域
MIKE SHE、11/NAM、FLOOD	湿地水文机制变化；湿地对水文过程(径流、基流、蒸散发、地下水等)的影响；地表水地下水交互作用	三江平原挠力河流域(林波, 2013)；澳大利亚墨累-达令盆地(Karim et al., 2012)；加拿大丽都峡谷保护区Black Creek 流域 (Ahmed, 2017)；澳大利亚麦夸里湿地(Wen et al., 2013)
改进的 SWAT 模型	湿地水文过程模拟与评价；流域湿地与地表水、地下水系统水文连通性和交互作用；湿地对流域水量、水质以及泥沙沉积的影响；湿地退化/重建的水文效应	加拿大安大略湖南部的 Canagagigue Creek 流域(Liu et al., 2008)；美国密歇根州南部的 River Raisin 流域(Martinez-Martinez et al., 2014)、Tuckahoe Creek Watershed (Lee et al., 2018, 2020)和 Devils Lake(Gulbin et al., 2019)；中国乌裕尔河流域扎龙湿地(Feng et al., 2013)
PHYSITEL/HYDROTEL 模型平台	湿地水文模拟、评价与预测；湿地水文功能模拟(削减洪峰、维持基流等)；气候变化对湿地水文功能的影响	加拿大魁北克 Becancour 河流域(Fossey et al., 2015, 2016；Fossey and Rousseau, 2016a；2016b)、St. Charles 河流域(Blanchette et al., 2019, 2022)；中国嫩江流域(Wu et al., 2020a，2020b，2021)

流域尺度上，湿地通过地表径流、近地表径流、地下径流等方式与河川径流、湖泊及其他水域等地表水系统连通，发挥其水文调节和净化水质等功能，一方面影响湿地生物多样性和分布，另一方面以水为媒介影响流域下游的水文过程和生态过程(Cohen et al., 2016)。借助于耦合湿地模块的 SWAT 模型，Evenson 等(2015)定量评估了 Nahunta 河流域湿地对下游水文的累积影响效应，认为湿地可以调节洪峰流量和基流量，且湿地的景观连通性影响流域水量平衡。Golden 等(2016)基于空间径流网络模型和 SWAT 模型在美国北卡罗来纳州的 Neuse 河 579 个子流域开展径流模拟研究，发现孤立湿地以及流域整体的湿地景观生态格局共同影响径流的季节性变化。在研究思路上，基于耦合湿地模块的流域水文模型，在开展有/无湿地、不同湿地类型情景下流域水文过程模拟的基础上，从水量平衡要素(径流量、基流量、潜在蒸散发、地面径流和地下水补给量等)(Evenson et al., 2015)、洪水强度、频率、重现期变化和下游水动力参数(河道径流、水位和流速等)(Ahmed, 2017)、泥沙沉积和水质指标(Daggupati et al., 2017)等角度探讨湿地变化的水文效应，定量评估湿地在流域尺度上的水文功能。

但是，由于湿地的类型和位置(Fossey et al., 2015, 2016；Wu et al., 2020b)、所处流域的水系级别(Fossey and Rousseau, 2016b)、植被覆盖类型和空间格局(Mirosaw-S'witek et al., 2016)以及生态系统结构的不同(McLaughlin and Cohenm, 2013)，其调蓄水量尤其是调蓄洪水的能力以及净化水质能力也有所不同。孤立湿地和河滨湿地作为流域湿地重要组成部分，两者共同发挥水文功能，影响并改变着流域水文过程，已成为近年来学者们关注的焦点之一。孤立湿地是指具有或少有永久性水面，与河流无地表连通性或连通性较差的湿地，其水文状况受地下水影响很大，且蒸散发、降水量和湿地自身特性影响地下水位变化(Tiner, 2003)；河滨湿地是指毗邻河流遭受洪水周期性淹没的湿地，其水文状况主要取决于与河道的水文连通程度。Fossey 和 Rousseau(2016a)基于耦合孤立湿地和河滨湿地模块的分布式水文模型 HYDROTEL，运用湿地位置-类型指数探究了 Becancour 河流域孤立湿地和河滨湿地对径流的影响和作用，认为上游、中游和下游的孤立湿地和河滨湿地对年和季节洪峰流量及平均流量的影响差异显著，且湿地所处的流域水系级别不同，其调蓄洪峰流量的能力也有所不同。Acreman 和 Holdeh(Acreman, 2013)认为流域上游雨养湿地往往是洪水的发源地，而下游河滨湿地具有调蓄洪水的能力。Ahmed(2017)研究发现气候变化和水资源调控会改变径流机制，进而改变湿地水源和水文情势，影响湿地水文效应及水文功能的发挥。因此，鉴于湿地生态过程和水文过程的复杂性以及气候变化和人类活动的共同影响，增加了湿地水文功能模拟的复杂性，需要结合多学科、多技术手段，从而提高模型的模拟精度，在揭示流域湿地水文功能的基础上，提出切实可行的湿地生态恢复重建与水资源综合管控方案。

综上所述，随着湿地模块的不断开发和改进其流域水文模型的进一步发展，湿地生态水文模型已由经验性模型、机理模型、集总式模型向具有统一物理机制的分布式生态水文模型方向发展，由单一要素、尺度、过程模拟向多要素、多尺度、多过程的复杂模型发展，更加注重水文学、生态学、湿地学、环境科学、地理信息系统和遥感技术等多学科融合和多种技术联合运用，并在湿地生态水文调控与生态补水、流域湿地生态恢复重建与水资源综合管控和气候变化下湿地生态水文变化评估与应对策略等领域应用中发挥着重要作用(吴燕锋和章光新，2018)。但是，目前仍缺乏普适性的湿地生态水文模型，且基于水文模型和生态模型或模块的耦合而建立湿地生态水文模型存在不足，如分离模拟和松散耦合的方式导致模型间的数据无法进行实时传递，尚未实现湿地生态-水文过程物理机制上的紧密耦合，影响模拟的精度和模型的适用性；此外，在模型应用研究中，多集中于单过程的研究。例如，水文过程对湿地演变的影响以及湿地生态系统对水文过程的影响，有关流域湿地水文-生态双向交互机制的研究较少，更缺乏综合考虑气候变化、人类活动及湿地特性等多要素的综合模拟和预测研究。

1.3 流域湿地恢复保护与生态水文调控

流域生态水文调控就是充分利用生态水文相互作用的双向调节机制，通过工程或非工程措施，增加可利用水量和改善水质、维护和恢复生物多样性、提升生态系统服务功能、增强生态系统对变化环境的抵抗力和恢复力(即 Water-Biodiversity-Services-Resilience, WBSR)(Zalewski, 2015)，从而提高流域用水效率和效益以及生态系统的承载能力(图 1.2)，确保流域水安全和生态安全，支撑流域水资源-生态环境-社会经济系统协调可持续发展。

在流域尺度上，水文过程控制着湿地生态格局与过程的形成机制，反过来，湿地生态格局与过程重塑和调节着流域水文过程。湿地生态水文相互作用的双向机制是湿地生态系统的形成和演化重要驱动力，也是维持流域水量平衡的重要调节器。因此，认识和理解湿地生态-水文相互作用的双向机制可更好地为退化湿地的生态水文恢复和调控，以及流域湿地水资源综合管理提供理论支撑。

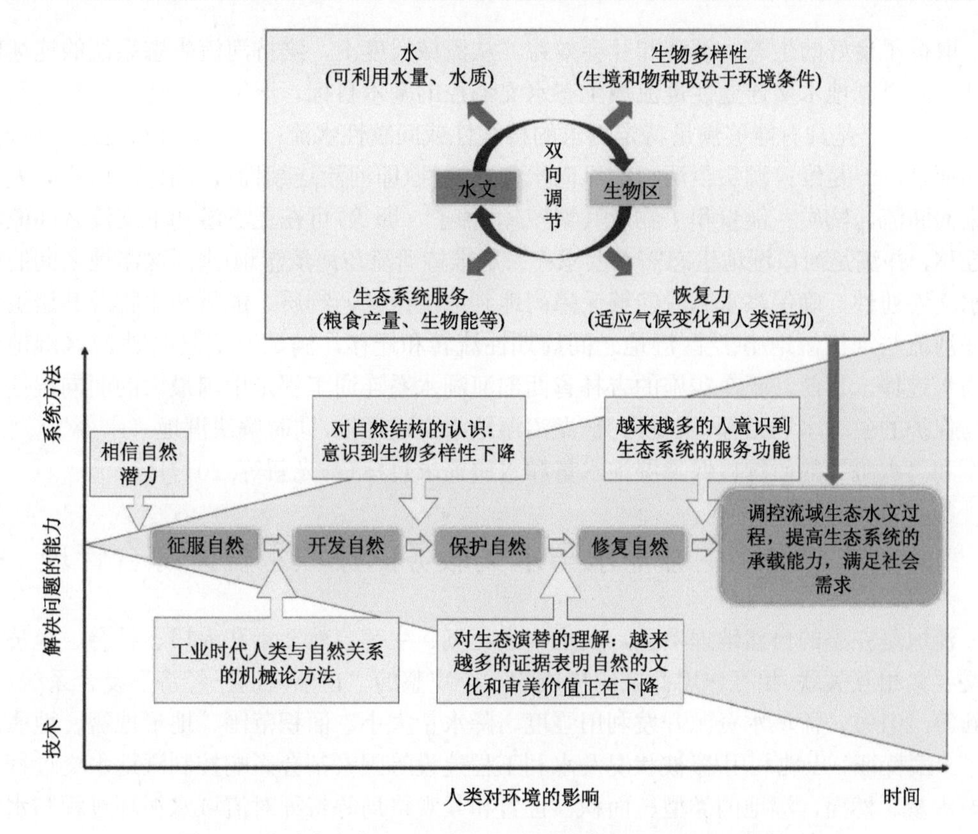

图 1.2 流域生态水文调控框架（参考文献 Zalewski, 2015 修改）

在全球气候变化与人类活动影响的共同作用下，湿地及其流域水循环及其伴生的物理、化学及生物过程发生了深刻变化，导致湿地水文情势改变、水资源短缺、水质恶化、面积萎缩和功能退化。据生物多样性和生态系统服务政府间科学-政策平台(IPBES)报告，过去 300 年来全球有 87%的湿地损失，自 1900 年以来全球有 54%的湿地损失，已成为全球遭受破坏最为严重的生态系统之一。21 世纪被喻为湿地保护与恢复的世纪。水是湿地生态系统物质循环和能量流动的载体，是影响和控制湿地生态系统健康稳定的关键性因子。湿地水文情势自然、合理的波动是维持湿地水文环境及其生物多样性最重要的驱动力之一。湿地生态水文调控是恢复湿地水文情势的重要途径和手段。湿地生态水文调控不仅要解决“水少”和“水多”的问题，还要解决“水脏”的问题，依据湿地水文、水质与生物的相互作用关系，以恢复与维持湿地生态系统“合理的水文情势、安全的水质标准和良好的生态功能”为目标，对湿地生态系统进行水文水资源调控，实现湿地生态效益、经济效益和社会效益协调统一和最大化(章光新等，2018)。

湿地生态水文调控技术包括湿地水文情势恢复的多维调控、洪泛平原洪水管理与湿地水文过程恢复、湿地-河流水文连通、地表水-地下水联合调控、水库生态调度和生态补水等技术。从湿地生态系统尺度上，湿地生态恢复保护的水文调控成功案例较多，较为典型的是美国从密西西比河引水补给新奥尔良海岸湿地的卡那封郡引水工程，从而有效控制了湿地面积大幅度萎缩；中国扎龙、向海和白洋淀等重要湿地实施的生态补水工程，取得了良好的生态、经济和社会效益。从流域尺度上，维持河流生态系统的连续性及其与洪泛湿地水文连通性是流域生态水文调控的基本目标。湿地水文连通性包含两个基本要素：一是具有能够满足特定需求的持续性或间歇性水流；二是具有水流连接通道。具体而言，一是维持源头至河口的纵向水文连通性(即河流连续性)，确保河道不因人为因素而断流，物质、能量和生物及其繁殖体(种子、卵等)可在上下游和干支流之间流转和迁移，并满足河口湿地生态需水要求；二是维持河流与河滨湿地/洪泛区湿地之间的横向水文连通性，确保洪水脉冲能够无障碍地到达洪泛区，物质、能量和生物及其繁殖体可在河流与河滨湿地/洪泛区湿地之间周期性流转和迁移，满足河滨湿地/洪泛区湿地生态需水过程。目前，正在实施的吉林省西部河湖水系连通工程是中国最大的面向湿地恢复与保护的生态水利工程，恢复河流-湖沼湿地水文连通性，同时解决湿地“水少”、“水多”和“水脏”的问题，保障湿地水量和水质需求目标(章光新等, 2017)。

1.4 基于湿地生态需水与水文服务的流域水资源综合管理

流域是完整的自然地理单元，由水、土、气、生等自然要素和人口、社会、经济等人文要素相互关联、相互作用而共同构成的一个完整的“自然-社会-经济”复合系统(章光新等, 2019)。流域水资源开发利用强度、降水量大小、面积范围、地形地貌、地质条件、土壤特征、土地利用/覆被状况及水利工程建设等因素都会影响控制湿地水文过程和生态水量。然而，湿地的类型、面积、位置和景观格局等特征对流域水循环过程与水量平衡也有重要影响作用。随着全球人口剧增和经济的高速发展，经济社会用水量不断增加，过度挤占或挪用湿地生态用水的现象时常发生，致使湿地生态需水量得不到基本保障，导致湿地严重退化乃至消失，影响和威胁着区域生态安全和社会经济的可持续发展。为了解决湿地缺水危机，维系稳定健康的湿地生态系统，如何在水资源配置中保证合理的湿地生态用水量成为一个迫切需要解决的重要问题。因此，流域水资源开发利用要与湿地保护紧密结合，将湿地供水和用水纳入到流域水资源综合规划与管理中。

流域水资源综合管理是系统解决流域水资源开发利用及其与水有关的生态与环境问题的重要手段。2004 年第七届国际湿地会议中，将 “流域管理在湿地和水资源保护中的作用”列为主题之一；2009 年世界湿地日的主题是“从上游到下游，湿地连着你和我”，呼吁运用流域综合管理的方法来推进湿地生态保护与修复；2021 年世界湿地日的主题是“湿地与水”，强调湿地对水资源的重要性，鼓励各国采取行动恢复湿地资源，防止湿地丧失。鉴于流域、水资源与湿地之间密切联系，对于与河流连通性较好的河口湿地、河流尾闾湿地和吞吐型湖泊湿地，可适宜采用考虑湿地生态需水的全流域水资源优化配置方法，并利用水资源统一调度、应急生态调度等手段，实现湿地生态补水与生产、生活用水的统筹兼顾(张珮纶等，2017)。章光新等(2008)提出了面向湿地生态需水的流域湿地水资源合理配置研究的思路和框架，将湿地作为优先用水户，通过面向生态的水资源配置，确保湿地生态用水量。随着中国水资源精细化管理理念的提出和研究落实工作的推进，一方面湿地作为用水户，精细化核算湿地生态需水量，依据湿地生态需水过程，综合考虑湿地 “水量-水质-效益”协调统一，对流域水资源进行统筹、精准和高效配置，保障湿地生态水量；另一方面湿地也是供水户，具有水资源供给和水文调蓄功能，满足生活、工业、农业等社会经济用水的同时，优化水资源天然配置和丰枯调剂。为此，笔者提出基于湿地生态需水与水文服务的流域水资源综合管理研究新思路，有助于湿地生态水量保障和流域水资源可持续利用，践行基于自然的水资源与气候变化解决方案和实现流域“人-水-湿地”和谐共生，是新时期流域水资源综合管理的重要目标之一。

1.5 研究区概况与研究背景

1.5.1 研究区概况

嫩江流域位于我国东北地区中西部，自北向南流经黑龙江省的黑河市、大兴安岭地区、嫩江县、齐齐哈尔市、大庆市、内蒙古的呼伦贝尔市和吉林省的白城市等地。嫩江流域北部、西部和南部三面地势较高，为隔水边界，东南部地势低平，形成广阔的松嫩平原，为排泄区。自西向东，嫩江流域大致可分为大兴安岭山区、山区丘陵过渡地带、山前倾斜平原区与中部低平原区。其中大兴安岭山区海拔为 1000～1400 m，自北向南分布在流域西侧，西部山前倾斜平原为大兴安岭东麓的山前地带，主要由扇形台地构成，地面高程为 143～153 m，水系密布并在低平原过渡地带形成沼泽湿地。

嫩江流域处于北温带，地理坐标为 119°12′～127°54′E，44°02′～51°42′N(图 1.3)。流域全长 1370 km，流域面积为 29.7 万 km^2，属于温带大陆性季风气候。近 60 年嫩江流域多年平均温度为 2.1℃，多年平均降水量为 454.9 mm，其中夏季降水量占全年降水量的 70%～80%，因此夏季易发生洪涝灾害(董李勤, 2013)。在全球气候变化背景下，嫩江流域呈暖干化趋势，年平均气温以 0.31℃/10a 的速率呈上升的趋势，年平均降水呈减小趋势(董李勤和章光新, 2013)，流域内旱灾频发、持续时间长且强度大(吴燕锋和章光新, 2018)。

流域多年平均径流量为 599.8 m^3/s(1975～2018 年)，年径流总量 227.3 亿 m^3。嫩江流域多年平均水资源总量 274.9 亿 m^3，其中地表水资源量 293.8 亿 m^3，地下水资源量 137.3 亿 m^3，地表水与地下水重复量 73.9 亿 m^3。虽然嫩江流域水资源总量较丰富，但人均水资源量和亩[①]均水资源量均低于全国平均水平，流域内缺水既属于资源型缺水，又属于工程型缺水(董李勤和章光新, 2013)；此外，水资源开发利用程度不高，现状水资源开发利用率为 28.08%，且局部地区地下水超采严重。嫩江流域的农业灌溉规模较大，随着工业发展和人口增加，对水资源的加大利用引起地表水资源减少。在气候变化背景下，流域内气温的显著升高、降水量的减少和蒸散发的增加直接引起地表水资源的减少，导致湖泊水体面积萎缩、水位下降及径流减少；加之水资源过度开发、水库不合理的调度与土地利用/覆盖变化，导致中下游地区径流量锐减，破坏了流域原有的水循环过程和水量平衡(徐东霞等, 2009；董李勤和章光新, 2013)，造成流域湿地面积萎缩和功能退化(Chen et al., 2020，2021)。

① 1 亩≈666.7 m^2

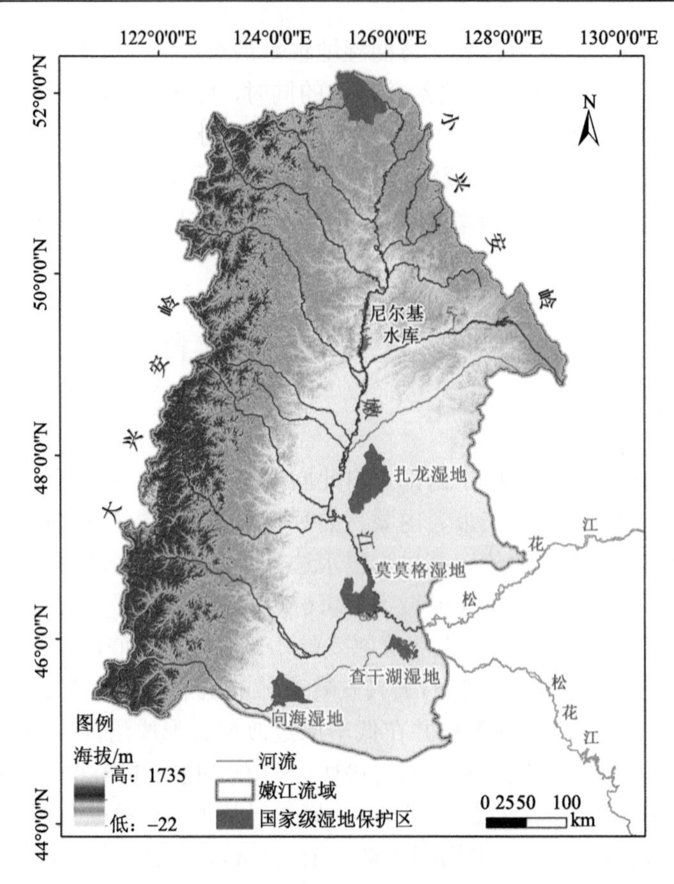

图 1.3　嫩江流域地理位置

嫩江流域是我国重要的粮食主产区和湿地集中分布区，流域内湿地星罗棋布，其中扎龙、向海、莫莫格和南瓮河国家级湿地自然保护区已被列入《国际重要湿地名录》。1950年代以来，由于人类短时限、高强度的大规模农业垦殖和水资源开发，土地利用/地表覆被发生了显著改变，仅 1978～2015 年流域湿地面积减少了近 30%，湿地格局也发生明显变化，湿地生态系统严重受损，具体表现为湿地面积萎缩、破碎化程度加剧、水质下降，鹤类等珍禽生境不断缩减，生态环境日益恶化(章光新和郭跃东, 2008；董李勤和章光新, 2013)。湿地的退化引起其洪水调蓄功能显著降低，与流域发生的洪水灾害有着密切关系，如 1998 年松嫩流域特大洪水(孟宪民等, 1999；章光新和郭跃东, 2008)。可见，嫩江流域湿地洪水调蓄功能削弱，增加了洪水灾害的风险和强度。

1.5.2　研究背景及意义

1950 年代以来，在全球气候变化和高强度人类活动(诸如水库及防洪堤坝的修建等)的双重影响下，嫩江流域湿地水文情势发生了显著改变，水资源短缺，导致流域内湿地大幅度萎缩，仅 1978～2008 年期间洪泛湿地减少 1065.8 km^2、沼泽湿地减少 9748 km^2，湿地质量也发生明显退化，使得湿地生态蓄水、调蓄洪水和维持基流等水文功能显著降低，与流域发生的水旱灾害有着密切关系，如 1998 年嫩江流域特大洪水和 2013 年嫩江流域暴雨洪水(孟宪民等, 1999; 董李勤和章光新, 2013), 使得人们重新认识湿地水文调蓄功能的重要性。可见, 嫩江流域湿地水文功能削弱, 导致流域径流变异性增强, 水旱灾害的强度和风险的增加, 威胁到流域防洪安全和供水安全。

在全球气候变暖背景下, 嫩江流域气温持续上升, 活动积温等值线呈现北移趋势, 为水稻种植提供了必要的气候条件。在国家粮食增产工程战略驱动下, 嫩江流域大力发展水稻田灌区, 一方面消耗大量水资源, 进一步加剧了水资源供需矛盾; 另一方面灌区退水大量排入湿地, 尽管在一定程度上缓解了湿地干旱缺水程度, 但农业面源污染促使湿地水体富营养化, 对湿地水环境安全与水生态健康构成了威胁。

综上所述, 变化环境下嫩江流域水循环及其湿地生态水文过程发生了深刻变化, 导致湿地水文情势改变、水资源短缺、面积萎缩和功能退化, 增加了水旱灾害发生的强度和风险。同时, 流域大规模农田退水带来的面源污染加剧了湿地水体富营养化, 进而损害湿地生态系统健康, 危及流域生态安全和水安全。因此, 从流域尺度和湿地生态系统尺度上探究嫩江流域湿地景观格局演变及其水文驱动机制, 选取重要湖沼湿地和河滨湿地作为研究对象, 针对其面临的主要水与生态问题, 在揭示湿地生态水文过程与机理的基础上, 确定湿地生态水文调控目标, 提出相应的湿地生态水文调控措施与策略, 统筹考虑常规水资源、洪水和农田退水等多水源综合利用, 提出湿地多水源生态补水技术及方案, 以及面向湿地生态保护的嫩江流域多水源优化配置与综合调控方案, 确保流域湿地生态用水安全和水资源可持续利用, 也可为支撑生态流域建设和践行基于自然的水资源解决方案提供借鉴和参考, 对保障嫩江流域生态安全和水安全具有重要的理论意义和实践价值。

参考文献

崔保山, 蔡燕子, 谢湉, 等. 2016. 湿地水文连通的生态效应研究进展及发展趋势北京师范大学学报(自然科学版), 52(6): 738-746.

董李勤, 章光新. 2013. 嫩江流域沼泽湿地景观变化及其水文驱动因素分析. 水科学进展, 24(2): 177-183.

林波. 2013. 三江平原挠力河流域湿地生态系统水文过程模拟研究. 北京: 北京林业大学.

刘红玉, 李兆富. 2005. 三江平原典型湿地流域水文情势变化过程及其影响因素分析. 自然资源学报, 20(4): 493-501.

刘兴土. 2007. 三江平原沼泽湿地的蓄水与调洪功能. 湿地科学, 5(1): 64-68.

孟宪民, 崔保山, 邓伟, 等. 1999. 松嫩流域特大洪灾的醒示: 湿地功能的再认识. 自然资源学报, 14(1): 14-21.

王育礼, 王烜, 孙涛. 2008. 湿地生态水文模型研究进展. 生态学杂志, 27(10): 1753-1762.

吴燕锋, 章光新. 2018. 湿地生态水文模型研究综述. 生态学报, 38(7): 1-11.

徐东霞, 章光新, 尹雄锐. 2009. 近 50 年嫩江流域径流变化及影响因素分析. 水科学进展, 20(3): 416-421.

张珮纶, 王浩, 雷晓辉, 等. 2017. 湿地生态补水研究综述. 人民黄河, 39(9): 64-69.

章光新, 陈月庆, 吴燕锋. 2019. 基于生态水文调控的流域综合管理研究综述. 地理科学, 7(39):

1191-1198.

章光新, 郭跃东. 2008. 嫩江中下游湿地生态水文功能及其退化机制与对策研究. 干旱区资源与环境, 22(1), 122-128.

章光新, 武瑶, 吴燕锋, 等. 2018. 湿地生态水文学研究综述. 水科学进展, 29(5): 737-749.

章光新, 尹雄锐, 冯夏清. 2008. 湿地水文研究的若干热点问题. 湿地科学, 6(2): 105-115.

章光新, 张蕾, 冯夏清, 等. 2014. 湿地生态水文与水资源管理. 北京: 科学出版社.

章光新, 张蕾, 侯光雷, 等. 2017. 吉林省西部河湖水系连通若干关键问题探讨. 湿地科学, 15(5): 641-650.

周德民, 宫辉力. 2007. 洪河保护区湿地水文生态模型研究. 北京: 中国环境科学出版社.

Acreman M, Holden J. 2013. How wetlands affect floods. Wetlands, 33(5): 773-786.

Ahmed F. 2017. Influence of wetlands on black-creek hydraulics. Journal of Hydrologic Engineering, 22(1): D5016001.

Ameli A A, Creed I F. 2019. Does wetland location matter when managing wetlands for watershed-scale flood and drought resilience? Journal of the American Water Resources Association, 55(3): 529-542.

Archer S L. 1989. Gender differences in identity development: Issues of process, domain, and timing. Journal of Adolescence, 12(2): 117-138.

Blanchette M, Rousseau A N, Foulon É, et al. 2019. What would have been the impacts of wetlands on low flow support and high flow attenuation under steady state land cover conditions? Journal of Environmental Management, 234:448-457.

Blanchette M, Rousseau A N, Savary S, et al. 2022. Are spatial distribution and aggregation of wetlands reliable indicators of stream flow mitigation? Journal of Hydrology, 608: 127646.

Brody S D, Highfield W E, Ryu H C, et al. 2007. Examining the relationship between wetland alteration and watershed flooding in Texas and Florida. Natural Hazards, 40(2): 413-428.

Brooks J R, Mushet D M, Vanderhoof M K, et al. 2018. Estimating wetland connectivity to streams in the Prairie Pothole Region: An isotopic and remote sensing approach. Water Resources Research, 54(2): 955-977.

Chen L, Wu Y, Xu Y J, et al. 2021. Alteration of flood pulses by damming the Nenjiang River, China-Implication for the need to identify a hydrograph-based inundation threshold for protecting floodplain wetlands. Ecological Indicators, 124: 107406.

Chen L, Zhang G, Xu Y J, et al. 2020. Human activities and climate variability affecting inland water surface area in a high latitude river basin. Water, 12(2): 382.

Cohen M J, Creed I F, Alexander L, et al. 2016. Do geographically isolated wetlands influence landscape functions? Proceedings of the National Academy of Sciences, 113(8): 1978-1986.

Daggupati P, Srinivasan R, Dile Y T, et al. 2017. Reconstructing the h1stonca water regime of the contributing basins to the Hawizeh marsh: plications of water control structures. Science of the Total Environment, 580: 832-845.

Downard R, Endter-Wada J. 2013. Keeping wetlands wet in the western United States: Adaptations to drought in agriculture-dominated human-natural systems. Journal of Environmental Management, 131: 394-406.

Duncan B R. 2011. The impact of palustrine wetland loss on flood peaks: An application of distributed hydrologic modeling in Harris County, Texas. Houston: Rice University.

Elisa M, Kihwele E, Wolanski E, et al. 2021. Managing wetlands to solve the water crisis in the Katuma River ecosystem, Tanzania. Ecohydrology and Hydrobiology, 21(2): 211-222.

Evenson G R, Golden H E, Lane C R, et al. 2015. Geographically isolated wetlands and watershed hydrology: A modified model analysis. Journal of Hydrology, 529: 240-256.

Evenson G R, Golden H E, Lane C R, et al. 2018. Depressional wetlands affect watershed hydrological, biogeochemical, and ecological functions. Ecological Applications, 28(4): 953-966.

Feng X Q, Zhang G X, Jun Xu Y. 2013. Simulation of hydrological processes in the Zhalong wetland within a river basin, Northeast China. Hydrology and Earth System Sciences, 17(7): 2797-2807.

Fossey M, Rousseau A N. 2016a. Can isolated and riparian wetlands mitigate the impact of climate change on watershed hydrology? A case study approach. Journal of Environmental Management, 184: 327-339.

Fossey M, Rousseau A N. 2016b. Assessing the long-term hydrological services provided by wetlands under changing climate conditions: A case study approach of a Canadian watershed. Journal of Hydrology, 541: 1287-1302.

Fossey M, Rousseau A N, Bensalma F, et al. 2015. Integrating isolated and riparian wetland modules in the PHYSITEL/HYDROTEL modelling platform: model performance and diagnosis. Hydrological Processes, 29(22): 4683-4702.

Fossey M, Rousseau A N, Savary S. 2016. Assessment of the impact of spatiotemporal attributes of wetlands on stream flows using a hydrological modelling framework: A theoretical case study of a watershed under temperate climatic conditions. Hydrological Processes, 30(11): 1768-1781.

Golden H E, Lane C R, Rajib A, et al. 2021. Improving global flood and drought predictions: Integrating non-floodplain wetlands into watershed hydrologic models. Environmental Research Letters, 16(9): 091002.

Gulbin S, Kirilenko A P, Kharel G, et al. 2019. Wetland loss impact on long term flood risks in a closed watershed. Environmental Science & Policy, 94, 112-122.

Highfield W E. 2012. Section 404 permitting in coastal Texas: A longitudinal analysis of the relationship between peak streamflow and wetland alteration. Environmental Management, 49(4): 892-901.

Javaheri A，Babbar-Sebens M. 2014. On comparison of peak flow reductions, flood inundation maps, and velocity maps in evaluating effects of restored wetlands on channel flooding. Ecological Engineering, 73: 132-145.

Karim F, Kinsey-Henderson A, Wallace J, et al. 2012. Modelling wetland connectivity during overbank flooding in a tropical floodplain in north Queensland, Australia. Hydrological Processes, 26(18): 2710-2723.

Kumar, P, Debele S, Sahani J, et al. 2021. Nature-based solutions efficiency evaluation against natural hazards: Modelling methods, advantages, and limitations. Science of the Total Environment, 784: 147058.

Lee S, Yen H, Yeo I, et al. 2020. Use of multiple modules and Bayesian Model Averaging to assess structural uncertainty of catchment-scale wetland modeling in a Coastal Plain landscape. Journal of Hydrology, 582: 124544.

Lee S, Yeo I Y, Lang M W, et al. 2018. Assessing the cumulative impacts of geographically isolated wetlands on watershed hydrology using the SWAT model coupled with improved wetland modules. Journal of

Environmental Management, 223: 37-48.

Lee S, Yeo I Y, Lang M W, et al. 2019. Improving the catchment scale wetland modelling using remotely sensed data. Environmental Modelling and Software, 122: 104069.

Liu Y, Yang W, Wang X. 2008. Development of a SWAT extension module to simulate riparian wetland hydrologic processes at a watershed scale. Hydrological Processes, 22(16): 2901-2915.

Martinez-Martinez E, Nejadhashemi A P, Woznicki S A, et al. 2014. Modeling the hydrological significance of wetland restoration scenarios. Journal of Environmental Management, 133: 121-134.

McDonough O T, Lang M W, Hosen J D, et al. 2015. Surface hydrologic connectivity between delmarva bay wetlands and nearby streams along a gradient of agricultural alteration. Wetlands, 35(1): 41-53.

Mclaughlin D L, Cohenm A J. 2013. Realizing ecosystem services: Wetland hydrologic function along a gradient of ecosystem condition. Ecological Applications, 23(7): 1619-1631.

Mirosław-Świątek D, Szporak-Wasilewska S, Michałowski R, et al. 2016. Developing an algorithm for enhancement of a digital terrain model for a densely vegetated floodplain wetland. Journal of Applied Remote Sensing, 10(3): 036013.

Richardson C J, Reiss P, Hussain N A, et al. 2005. The restoration potential of the Mesopotamian marshes of Iraq. Science, 307(5713): 1307-1311.

Tiner R W. 2003. Geographically isolated wetlands of the United States. Wetlands, 23(3): 494-516.

UN World Water Assessment Programme. 2018. The United Nations World Water Development Report 2018: Nature-based Solutions for Water. Paris: UNESCO.

Wen L, Macdonald R, Morrison T, et al. 2013. From hydrodynamic to hydrological modelling: Investigating long-term hydrological regimes of key wetlands in the Macquarie Marshes, a semi-arid lowland floodplain in Australia. Journal of Hydrology, 500: 45-61.

Wu Y F, Zhang G X, Xu Y J, et al. 2021. River Damming reduces wetland function in regulating flow. Journal of Water Resources Planning and Management, 147(10): 5021014.

Wu Y, Zhang G, Rousseau A N, et al. 2020a. On how wetlands can provide flood resilience in a large river basin: A case study in Nenjiang river Basin, China. Journal of Hydrology, 587: 125012.

Wu Y, Zhang G, Rousseau A N, et al. 2020b. Quantifying streamflow regulation services of wetlands with an emphasis on quickflow and baseflow responses in the Upper Nenjiang River Basin, Northeast China. Journal of Hydrology, 583: 124565.

Zalewski M. 2015. Ecohydrology and hydrologic engineering: Regulation of hydrology-biota interactions for sustainability. Journal of Hydrologic Engineering, 20(1): A4014012.

Zeng L, Chu X. 2021. A new probability-embodied model for simulating variable contributing areas and hydrologic processes dominated by surface depressions. Journal of Hydrology, 602: 126762.

第 2 章　嫩江流域湿地生态水文演变及驱动因素分析

嫩江流域湿地众多，是我国湿地集聚的重要区域。近些年来，在气候因素和人为活动的作用下，流域水文情势和湿地生态水文过程发生了显著改变，进而导致嫩江流域湿地面积萎缩、生物多样性和生态服务功能下降。因此，探究嫩江流域湿地生态水文演变及其驱动因素，对流域湿地生态水文恢复和水资源调控策略具有重要支撑作用。

为此，本章借助水文统计分析法，从气温、降水量、潜在蒸散发、水分盈亏和气象干旱五方面分析了近 50 年嫩江流域气象要素时空演变特征；从流域尺度径流的年际和年内变化以及重要湿地主要补给水源的径流变化特征出发，揭示嫩江流域气象水文过程多时空演变特征及规律；系统分析了流域湿地水文和生态格局演变特征及其驱动要素，从流域尺度揭示了湿地生态水文格局演变的驱动机制，从水文学视角为流域湿地恢复和保护提供重要参考和借鉴。

2.1　嫩江流域水文气象要素时空演变特征

在全球气候变化和剧烈人类活动的双重影响下，流域的水文循环过程发生了深刻变化，进而影响区域气温、降水和径流等要素的演变特征。研究流域气候变化下流域水文气象要素变化特征，对深入认识流域水文过程演变规律尤其是湿地补给水源演变具有重要的意义。为此，本节借助水文统计分析方法从气温、降水量、潜在和蒸散发三方面揭示了 1968～2016 年嫩江流域气象要素时空演变特征，并着重从流域尺度径流的年际和年内变化以及典型湿地主要补给水源的径流变化特征出发，揭示嫩江流域水文气象要素多时空演变特征及规律。

2.1.1　气温时空演变特征

利用嫩江流域内及其周边共 39 个气象台站 1960～2018 年逐日数据气温资料，采用泰森多边形法计算了流域多年平均气温，绘制了平均气温的年际、年代变化特征；并采用趋势分析法，量化了平均气温的变化趋势。

可以看出，1968～2016 年，嫩江流域年平均气温呈增加趋势(增势为：0.36℃/10a)(图 2.1)。气温在 1968～1978 年相对较低，在 1970 年代中期至 2000 年代，气温持续增加；在 2001～2008 年平均气温达到最大值，年平均气温达到 4.32℃；2009 年后气温缓慢下降，与 2001～2008 年比较下降了 0.65℃。从空间分布上看，1968～2016 年整个嫩江流域年平均气温自西北向东南方向逐渐递增。其中，嫩江下游年平均气温最高，达到 5.1～6.1℃；年平均气温在甘河和诺敏河流域相对较低，年平均气温为 0.1～1℃(图 2.2)。变化趋势上，嫩江流域洮儿河流域年平均气温增加最为明显(气候倾向率为 0.05～0.052℃/a)，并以之为中心向外逐渐递减；甘河和诺敏河流域次之，年变化幅度为 0.04～

0.05℃。嫩江下游及南部地区变化趋势较弱，变幅为0.02～0.03℃，变化趋势不明显。

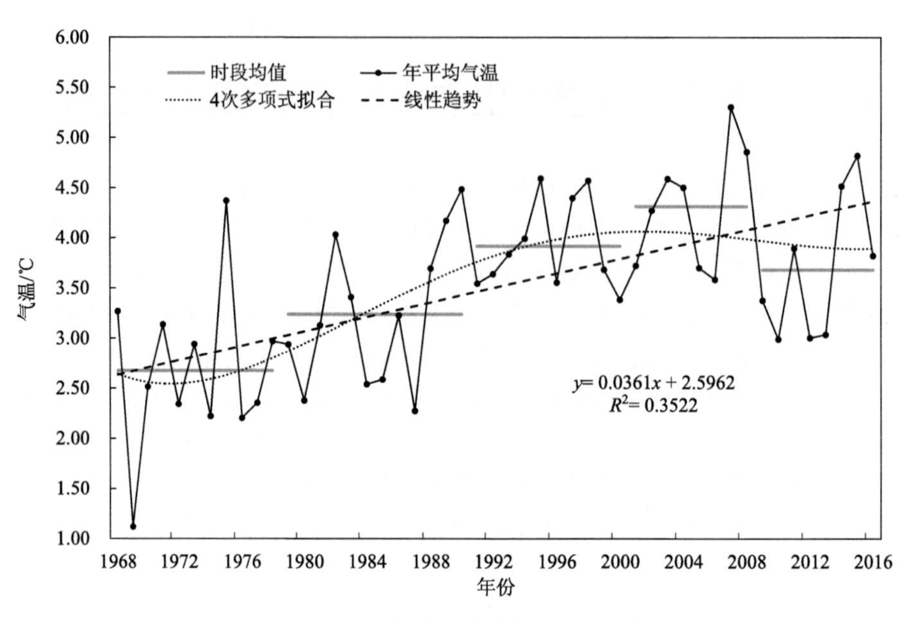

图 2.1　1968～2016 年嫩江流域年平均气温变化特征

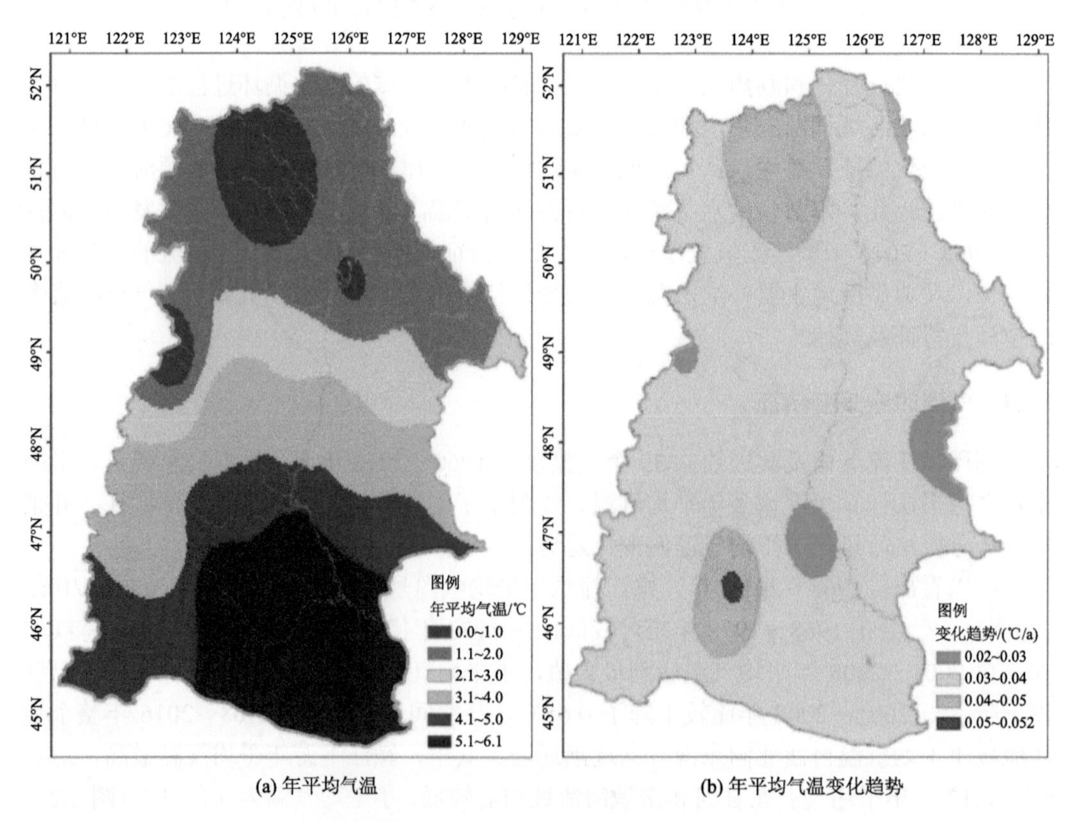

图 2.2　嫩江流域年平均气温空间分布和改变趋向

2.1.2　降水时空演变特征

利用嫩江流域内及其周边共 39 个国家气象台站 1960～2018 年逐日数据降水资料，采用泰森多边形法计算了流域多年降水量，绘制了降水量的年际、年代变化特征；并采用趋势分析法，量化了年降水量的变化趋势。

可以看出，1968～2016 年嫩江流域降水量整体呈现增加的趋势(图 2.3)，倾向率为 1.44 mm/a，多年降水量均值为 448.17 mm。年际变化上，年降水量在 1960 年代末至 1980 年代中期呈增加趋势；在 1980 年代至 2000 年代初期逐渐减少，随后又逐渐增多。其中，降水量在 1998 年最多，达到 720.39 mm；在 2001 年最少，为 289.81 mm(图 2.4)。空间上，1968～2016 年东南部多年平均降水量较少，多年均值为 374～13400mm；北部大兴安岭地区和小兴安岭地区降水量较多，多年均值为 481～510mm。变化趋势上，除部分区域外(嫩江县和齐齐哈尔市等)，其他地区年平均降水量总体呈增加的趋势；其呈现北部、东北部增势强，南部增势弱的分布特征。具体而言，流域上游地区年降水量的增势为 3.01～3.22mm/a；流域的西南方向降水量增加势为 0.001～1.00mm/a。

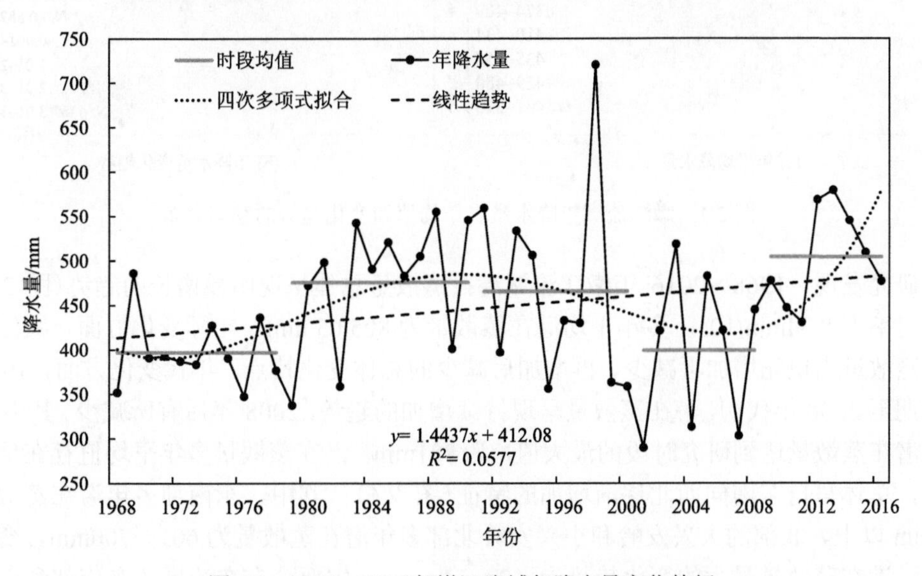

图 2.3　1968～2016 年嫩江流域年降水量变化特征

2.1.3　蒸散量时空演变特征

以嫩江流域内及其周边共 39 个国家气象台站 1960～2018 年逐日的气温、降水量、日照时数、风速和相对湿度等资料为基础，采用联合国粮食及农业组织(FAO)推荐的 Penman-Monteith 公式计算逐日潜在蒸散量，用于分析嫩江流域蒸散量时空演变特征。采用泰森多边形法计算了流域多年蒸散量，绘制了蒸散量的年际、年代变化特征；并采用趋势分析法，量化了年降水量的变化趋势。

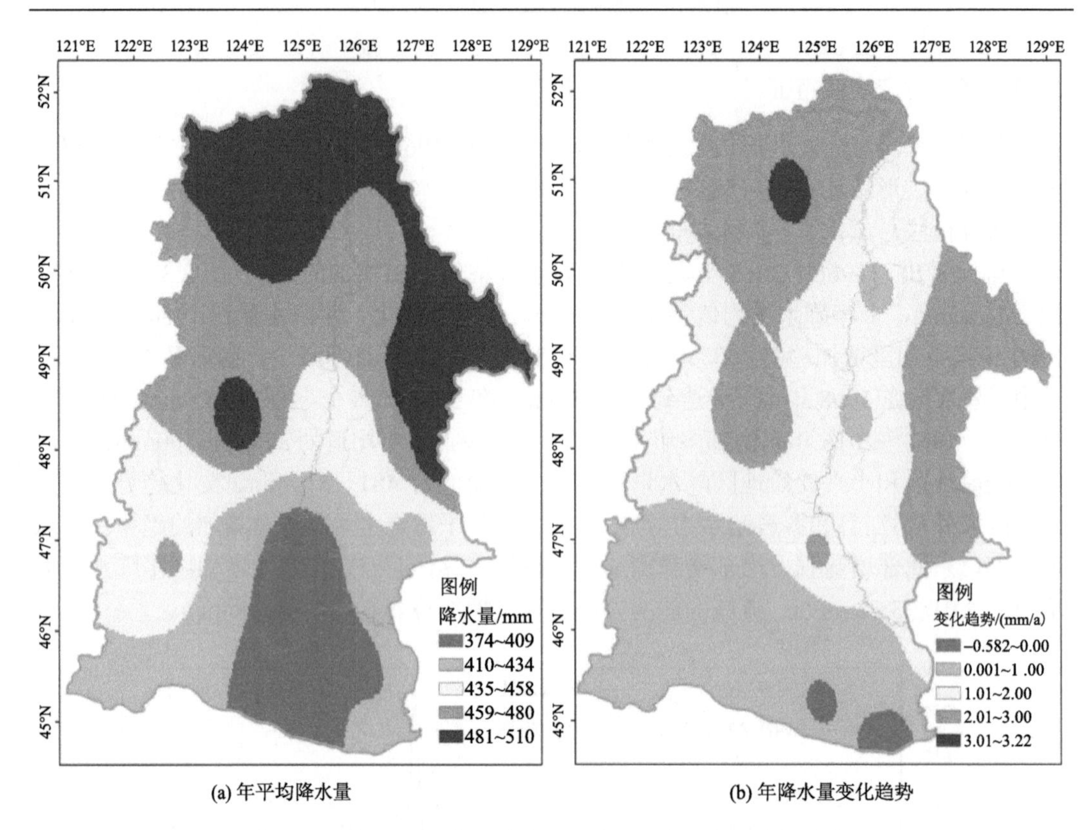

(a) 年平均降水量　　(b) 年降水量变化趋势

图 2.4　嫩江流域年降水量多年均值和变化趋势的空间分布

研究发现，1968～2016 年嫩江流域潜在蒸散量总体呈现明显增长的趋势(图 2.5)，增长速率为 8.34mm/10a，多年平均潜在蒸散量为 805.05 mm。年际变化方面，嫩江流域潜在蒸散量出现先增加再减少、再增加后减少的总体变化特点。年代变化方面，1960 年代末期至 2000 年代初，潜在蒸散量呈现持续增加的趋势，2008 年后有所减少。其中 2007 年的潜在蒸散量达到研究时段的最大值，为 881mm。潜在蒸散量多年平均值存在地域性差异，总体呈自东南向西北逐渐增加的特征(图 2.6)；其中，东南部多年潜在蒸散量达 900mm 以上，北部的大兴安岭和小兴安岭北部多年潜在蒸散量为 601～700mm。变化趋势上，潜在蒸散量最大的变化趋势为 12～14mm/a，主要分布在流域的东南部和南部；其中，乌兰浩特市和白城市增势最为明显。北部大兴安岭北部和小兴安岭地区潜在蒸散量增势较弱，倾向率为 2.0～5.0mm/a。

2.1.4　径流时空演变特征

1. 数据来源

本节采用嫩江流域内及其周边共 39 个国家气象台站 1960～2018 年的地面气候逐日数据，包括气温、降水量、日照时数、风速和相对湿度等(图 2.7)。嫩江流域共有 76 个水文站，其中干流 10 个、支流 66 个。在剔除一些长期缺测站和时间序列较短水文站的基础上，从全流域考虑，选取 1978～2008 年嫩江流域干流源头区的石灰窑站及支流上游

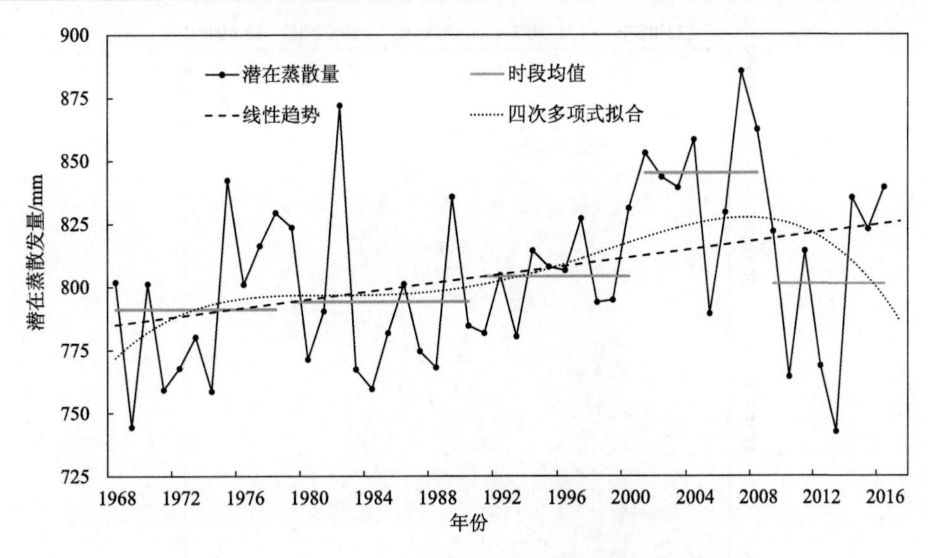

图 2.5　1968～2016 年嫩江流域潜在蒸散量变化特征

的北安站、小二沟站、扎兰屯站、索伦站和吐列毛都站的实测月径流量数据(1961～2010 年)，代表嫩江流域干流和支流的源头区。6 个水文站的控制流域及多年平均径流量如表 2.1 所示。

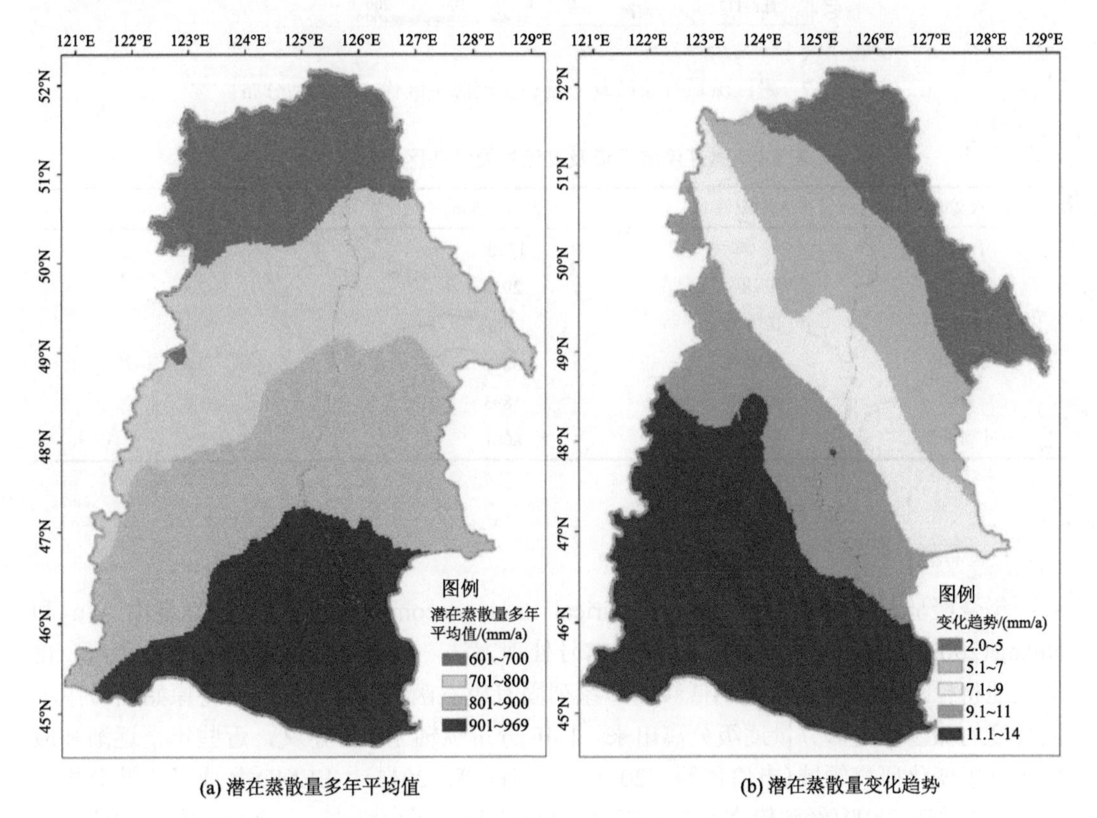

(a) 潜在蒸散量多年平均值　　(b) 潜在蒸散量变化趋势

图 2.6　嫩江流域潜在蒸散量多年平均值和变化趋势的空间分布

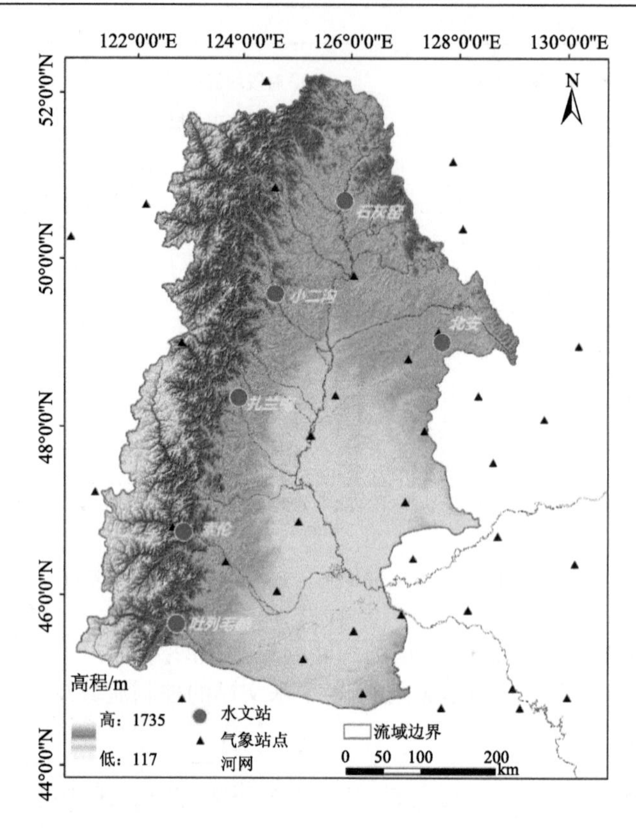

图 2.7　嫩江流域气象站及干流和支流源头区代表水文站分布

表 2.1　嫩江流域干流及支流主要源头区控制水文站

水文站	控制流域	控制面积/km^2	年径流量/亿 m^3
石灰窑	干流	17205	27.2
北安	乌裕尔河	2952	2.8
小二沟	诺敏河	16761	30.6
扎兰屯	雅鲁河	6891	9.6
索伦	洮儿河	5893	5.6
吐列毛都	霍林河	8001	2.6

2. *研究方法*

集合经验模态分解(ensemble empirical mode decomposition，EEMD)是由 Wu 和 Huang(2009)提出的一种新的时间序列信号处理方法，该方法能够根据信号的特点，自适应地将信号分解为从高频到低频的一系列固有模态函数(IMF)，从而将原始信号中不同尺度的振荡或趋势分量逐级分离出来，IMF 分量纵轴无实际意义，近些年正逐渐被应用于气候变化研究领域(申倩倩等，2011；吴燕锋等，2015)。EEMD 集成了小波分析的优势，同时在 EMD(经验模态分解)方法的基础上加入了白噪声。白噪声具有零均值噪声的特性，经过后期多次分解和平均，白噪声会被抵消，因此能够克服 EMD 方法中模态混叠问题，可以将集成均值的结果作为最终结果，使得它在分解非线性、非平稳序列的时候具有更好的稳定性，能够提取真实的气候变化信号。基本计算过程如下：

对原始信号 $x(t)$ 加入正态分布的白噪声 $\varepsilon_i(t)$，即有

$$x_i(t)=x(t)+\varepsilon_i(t) \tag{2.1}$$

运用 EMD 方法对 $x_i(t)$ 进行分解，得到其 j 个本征模态分量 $\mathrm{IMF}_{ij}(t)$和趋势分量 $\mathrm{RES}_i(t)$。重复上述步骤 M 次(i=1,2,…,M)。将各次分解得到的分量进行集合平均，以消除多次加入高斯白噪声对分量的影响，得到由 EEMD 方法分解的最终 IMF 分量与趋势分量，即

$$\mathrm{IMF}_i=\frac{1}{M}\sum_{i=1}^{M}\mathrm{IMF}_{ij}\geqslant(t) \tag{2.2}$$

$$\mathrm{RES}=\frac{1}{M}\sum_{i=1}^{M}\mathrm{RES}_i(t) \tag{2.3}$$

式中，$\mathrm{IMF}_{ij}(t)$为第 i 次加入白噪声后分解所得到的第 j 阶 IMF 分量；$\mathrm{RES}_i(t)$为第 i 次加入白噪声后所得到的趋势分量。此时，EEMD 方法分解的结果为

$$x(t)=\sum_{j=1}^{M}\mathrm{IMF}_j(t)+\mathrm{RES}_i(t) \tag{2.4}$$

式中，j 为 IMF 分量的个数。

本节采用 Matlab 软件实现上述计算过程，参考以往研究，将加入的白噪声幅值设置为 0.2，集合平均次数设置为 100 次。对嫩江流域水文站的径流数据序列进行分解，研究区域径流的非线性演变特征。

3. 嫩江子流域上游径流演变特征

1961～2010 年，嫩江源头区六个水文站的年径流量均呈下降趋势(图 2.8)，但年径流量的大小、变幅、和不同时间段波动大小各有不同。在 1970～1985 年和 1995～2010 年，北安站[图 2.8(a)]和石灰窑站[图 2.8(b)]年径流量相对较低，处于枯水年；在 1960 年代初和 1980 年代中期至 1990 年代初，两个水文站年径流量相对较大，处于丰水年。1983～1994 年，小二沟站[图 2.8(c)]、扎兰屯站[图 2.8(d)]和索伦站[图 2.8(e)]的年径流量相对较大。1969～1970 年和 1986～1994 年，吐列毛都站[图 2.8(f)]的年径流量较高，但 1970～1984 年和 1995～2010 年年径流量较低。此外，1998 年发生了极端大洪水，小二沟站、扎兰屯站、索伦站和吐列毛都站年径流量出现了极大值。年径流量五年移动平均值及年际变化特征表明，嫩江源头区年径流量随时间呈非线性和非稳态的变化特征。

应用 EEMD 分解方法，将 1961～2010 年嫩江源头区六个水文站的年径流量距平序列分解为 4 个 IMF 分量和 1 个趋势分量(分别以“IMF1～IMF14”和“RES”表示)(图 2.9)。从图中可以看出，IMF 分量都呈现出围绕零均值震荡，局部极大值和极小值基本对称，且随着阶数的增加，IMF 分量的振幅逐渐减少，波长逐渐增加。根据各分量震荡的幅度或者能量(振幅的平方)大小(图 2.9 的纵坐标数)和基于谐波分析用方差贡献

表现各分量对原始序列的重要性。基于 IMF 各分量方差贡献及其与原始降水距平序列相关系数的计算，发现各 IMF 分量与原始序列的相关性都达到了极显著水平(通过了 0.01 显著性检验)。从每个 IMF 分量反映年径流量距平序列变化的频率和振幅：IMF1 序列具有高频和最大的振幅，表征了年径流流量的年际振幅(2 年或 3 年的时间间隔)。当从 IMF1 移动到 IMF4 时，频率和振幅下降，而周期性增加明显。在 1961～2010 年，趋势项呈近似的非线性趋势。然而，北安站前期年径流量呈下降趋势，后期年径流量呈上升趋势[图 2.9（a）]；在其他水文站点呈相反的变化趋势[图 2.9(b)～(f)]。

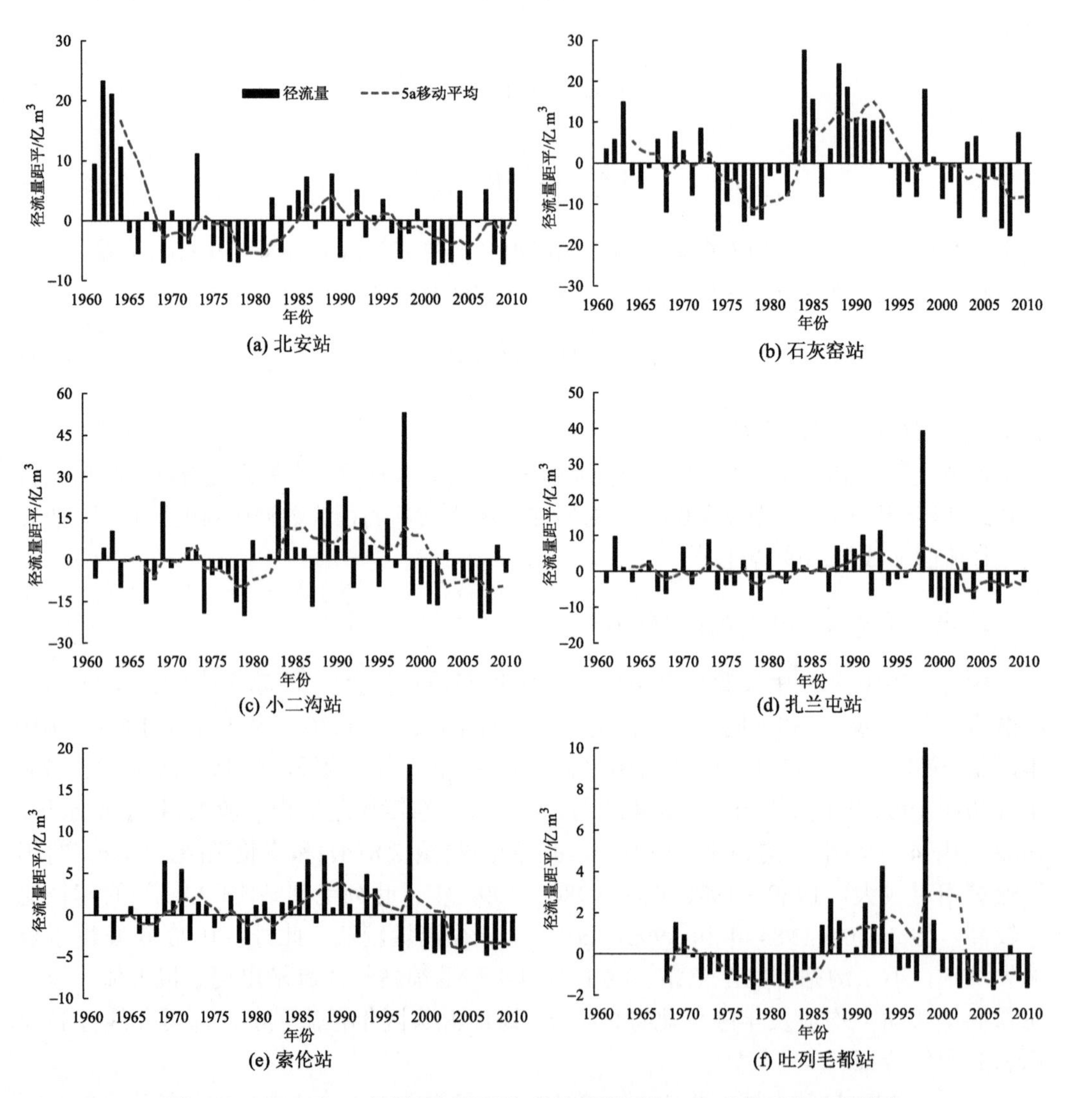

图 2.8 1961～2010 年嫩江源头区年径流量距平和 5 年移动平均变化趋势

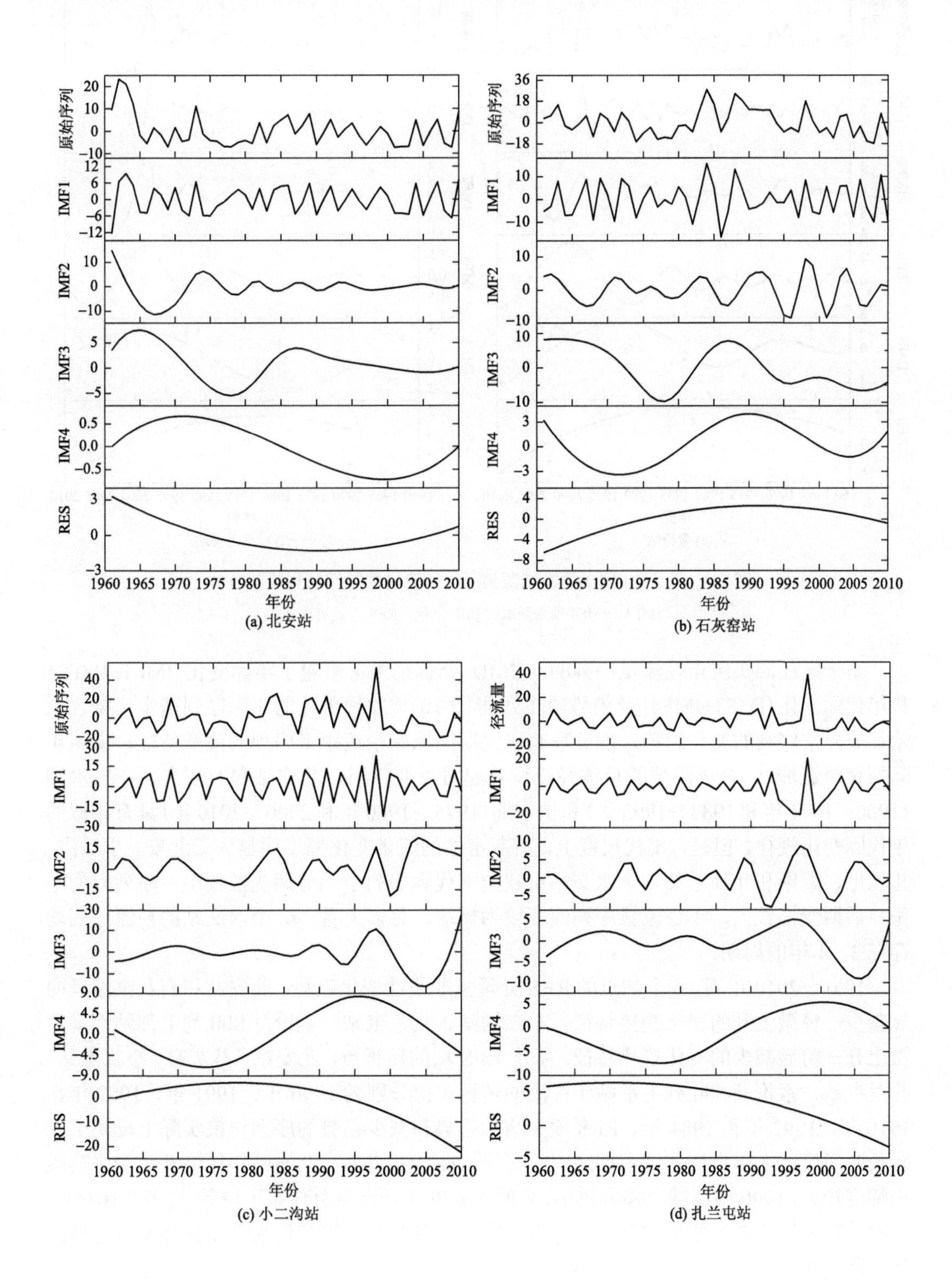

(a) 北安站

(b) 石灰窑站

(c) 小二沟站

(d) 扎兰屯站

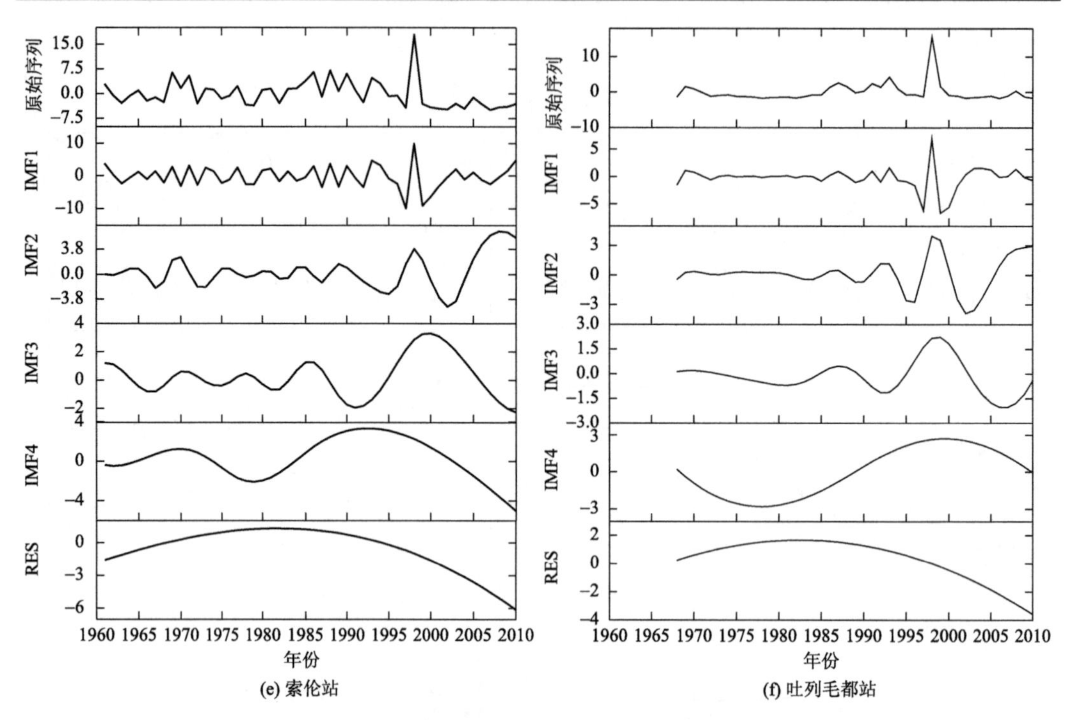

图 2.9　基于 EEMD 的嫩江源头区年径流量的时间序列趋势分解

IMF1～IMF4 项为降水的 IMF 分量，RES 为趋势项

基于嫩江源头区年径流量序列的 EEMD 分解结果，重建了年际变化(IMF1+IMF2)和年代际变化(IMF3+IMF4)及趋势项序列(图 2.10)。发现重建的年际序列基本上符合原始径流异常序列的变化趋势，能够反映研究期间原始径流距平序列的演变特征，说明年际振荡对流域 6 个子流域的总体径流变化起着重要作用。北安站和石灰窑站在丰水期(1960～1971 年和 1983～1995 年)和枯水期(1975～1980 年和 2000～2010 年)具有相似的年代际变化规律。但是，年代尺度上，石灰窑站的流量变化幅度明显大于北安。小二沟、扎兰屯、索伦和吐列毛都 4 个水文站重建的年代际序列中，前期变幅较小，序列较为平稳，后期变幅较大，年径流量序列演变较为极端。总体上看，6 个水文站的径流序列均存在 3～4 年的周期。

1961～2010 年间，6 个站点的 RES 分量呈非线性变化趋势：北安站和石灰窑站呈明显减少—轻微上升的变化趋势特征，小二沟站、扎兰屯站、索伦站和吐列毛都站都呈轻微上升—明显减少的变化趋势特征。基于 RES 项的转折点，北安站、石灰窑、小二沟站、扎兰屯站、索伦站和吐列毛都站年径流的转折年份分别为 1990 年、1991 年、1982 年、1970 年、1992 年和 1984 年。RES 项中增加趋势和减少趋势的序列转换实际上反映了在较长时间尺度上丰水期和枯水期之间的转换。如 1990 年前，北安站年径流量距平序列减少幅度较大，1990 年后减少幅度较小，表明北安站年径流量总体呈下降趋势[图 2.10(a)]；同时，RES 还表明未来北安的年径流量可能呈上升趋势。但其他水文站的径流量将继续呈下降趋势。

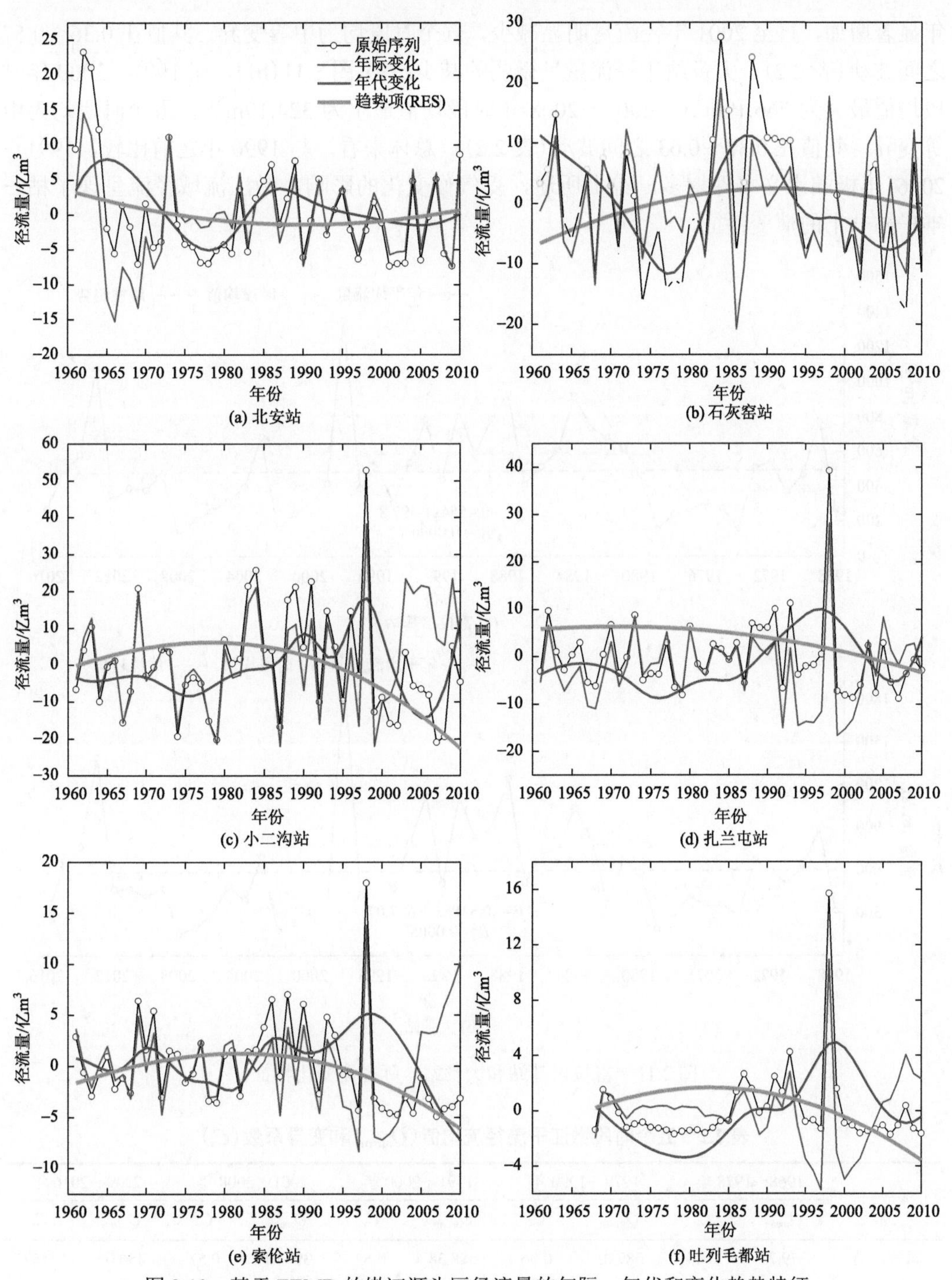

图 2.10　基于 EEMD 的嫩江源头区径流量的年际、年代和变化趋势特征

4. 嫩江干流径流演变

1）嫩江干流径流年际变化特征

1968～2016 年嫩江流域富拉尔基站年平均径流量呈微弱下降趋势[图 2.11（a）]，1979

年显著增加，直至 2001 年径流量明显减少，五个时段均为中等变异，其值在 0.36～0.57 之间波动(表 2.2)。大赉站年径流量呈微弱的减少趋势[图 2.11(b)]，在 1991～2000 年时段均值最大为 766.19m³/s；2001～2008 年时段均值最小为 324.19m³/s，五个时段均为中等变异，其值在 0.38～0.63 之间波动(表 2.2)。总体来看，与 1990 年之前比较，1991～2016 年极端水文事件增多。综上所述，受气候变化的影响，嫩江流域径流呈现了枯—丰—枯—丰的演变特征。

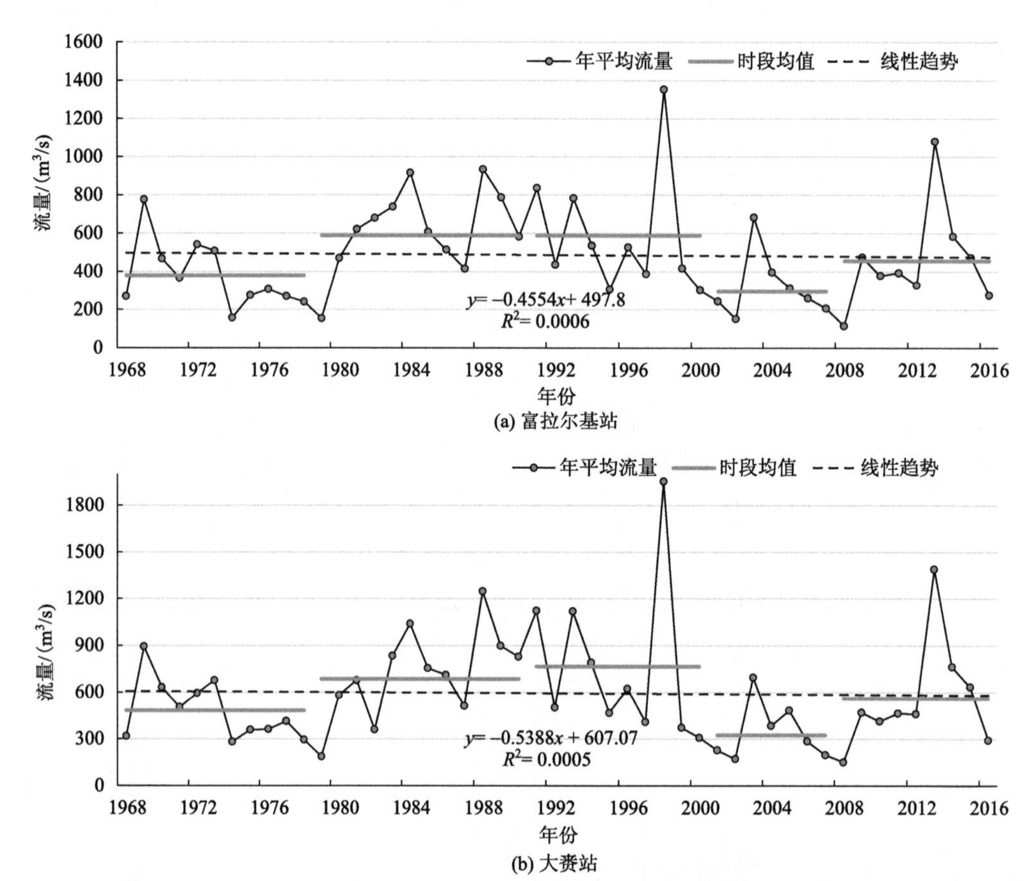

图 2.11　富拉尔基站和大赉站年际径流变化特征

表 2.2　五个时段嫩江干流径流均值(Q_{mean})和变异系数(C_v)

水文站	1968～1978 年		1979～1990 年		1991～2000 年		2001～2008 年		2009～2016 年	
	Q_{mean}	C_v	Q_{mean}	C_v	Q_{mean}	C_v	Q_{mean}	C_v	Q_{mean}	C_v
富拉尔基	379.75	0.45	589.01	0.36	588.38	0.52	396.01	0.57	456.05	0.52
大赉	483.73	0.38	686.00	0.40	766.19	0.63	324.19	0.54	559.66	0.58

2)嫩江干流径流季节变化特征

从年内径流变化特征来看，富拉尔基站和大赉站的月平均径流量的峰值出现在 8 月或 9 月(图 2.12)。1978 年后，由于夏季降水的变化，月平均径流量峰值出现的时间由 9

月提前至 8 月。1991～2000 年，富拉尔基站月平均径流量峰值出现在 8 月[图 2.12(a)]，且月径流曲线与 1979～1990 年大致相同；在 2001～2008 年和 2009～2015 年，月平均径流量总体明显减少。与富拉尔基站相似，大赉站 1991～2000 年的月平均径流量峰值显著高于 1979～1990 年，且 2001 年后汛期月平均径流量显著减少[图 2.12(b)]。

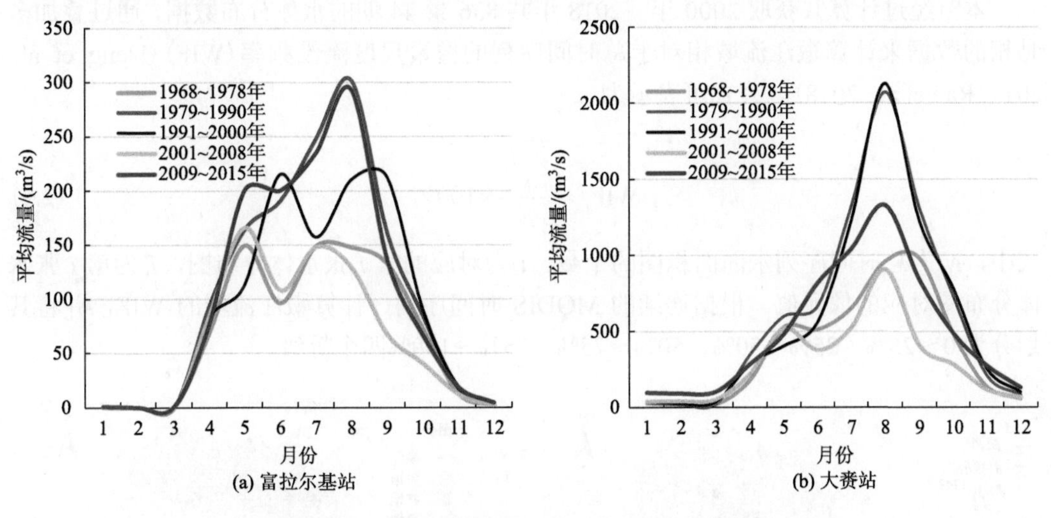

图 2.12　富拉尔基站和大赉站径流年内变化特征

2.2　嫩江流域水体面积演变特征及其驱动因素分析

流域水体面积季节性及年际间的变化信息对量化地表水时空动态变化有重要意义(金岩丽等，2021；焦晨泰等，2021；陆天启等，2021)。流域地表水变化对农业和环境将造成一定影响，对研究洪水和干旱具有重要作用。人类活动和气候变化双重影响对内陆水体面积造成了巨大影响。因此，探究流域水体面积演变特征及其驱动因素对水资源管理具有重要作用(Prigent et al., 2007; Pekel et al., 2016)。为此，本节利用卫星遥感数据研究嫩江流域近 20 年的水体面积的季节性和年际间的时空变化特征，详细分析了流域内的 4 个国家级重要湿地(扎龙湿地、向海湿地、莫莫格湿地和查干湖湿地) 水体面积时空动态变化规律；阐明嫩江流域水体面积与降水量和径流量的关系，揭示人为活动和气候变化对水体面积变化的相对贡献率。利用卫星遥感数据的优势为嫩江流域地表水变化研究提供数据及技术支撑。

2.2.1　嫩江流域水体面积时空变化特征

本节利用 MODIS 全球 500m 分辨率 16 天合成的植被指数产品数据(MOD13Q1)，计算 2000 年～2018 年 4 月下旬至 9 月下旬(非冰冻期)嫩江流域水体面积，利用 2000～2015 年 MOD44W 水体分布产品数据对提取的水体精度进行验证，从而分析嫩江流域历年水体面积的时空动态变化规律。MOD13Q1 数据由 MRT 软件进行处理，包括从 MOD13Q1 数据提取植被指数(NDVI)、拼接和投影。利用 IDL 编写批处理程序对遥感图像进行处理，包括设置阈值提取水体。经过样本点选取及统计，得出在 MODIS 植被指数产品数据中河流、湖泊水体的 NDVI 值为–0.3，植被、裸地等其他区域 NDVI 值均大于 0。因此，第一步提取水体时将阈值设置为 0，数据中小于 0 的区域为水体，大于 0 的区域为非水体。第二步利用阈值法得到初步的水体分布范围。第三步获取水体面积。

本节经过计算共获取 2000 年～2018 年共 836 景 44 期的水体分布数据，通过叠加多时相的数据来计算嫩江流域相对于总时间序列的像素尺度淹没频率(WIF)(Deng et al., 2017; Rao et al., 2018)。公式可表示为

$$\mathrm{WIF}_j = \frac{\sum_{i=1}^{N} I_i}{N} \times 100\% \tag{2.5}$$

式中，N 为总时间序列水面面积图的个数，i 为对应的第 i 张水体分布图，I_i 为第 i 张水体分布图对应的像元值。根据连续的 MODIS 时间序列，计算嫩江流域的 WIF，并将其划分为 0～25%、25%～50%、50%～75%、75%～100%四个等级。

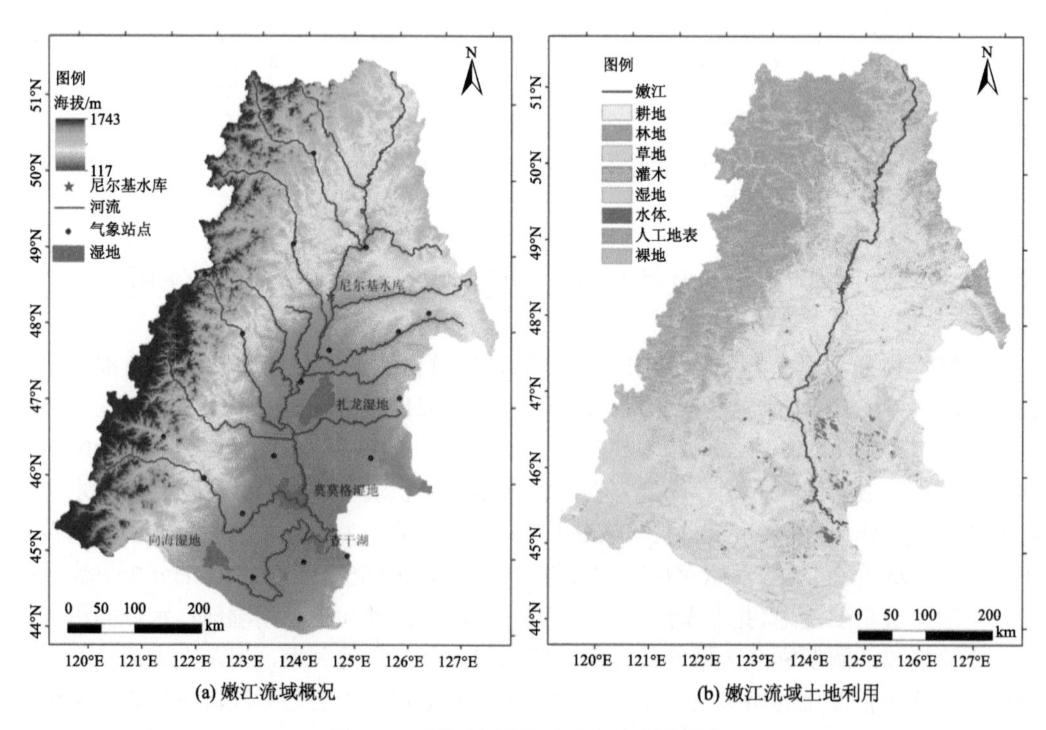

图 2.13　嫩江流域概况及土地利用现状

以 MOD44W 数据为参考数据，验证水体面积提取结果(图 2.14)，本节下载了嫩江流域 2000 年～2015 年的所有 MOD44W 数据，对利用 MOD13Q1 植被指数产品数据基于阈值法提取的水体面积进行验证。将 NDVI 阈值法提取的水体面积合成为 2000～2015 年的 16 个时相的数据，与 MOD44W 产品数据进行相关分析，R^2 为 0.93，表明利用 MOD13Q1 提取的水体面积数据与参考数据吻合良好，可用于定量评估嫩江流域的水体面积变化。

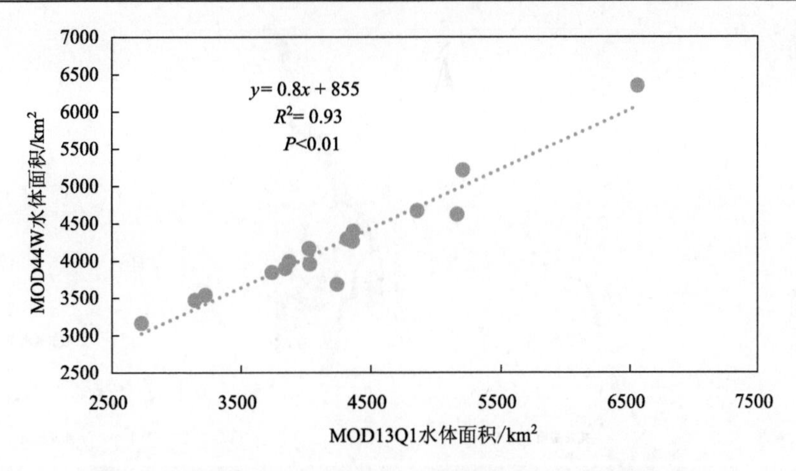

图 2.14　MOD44W 和 MOD13Q1 数据提取水体面积相关分析

本节总体方法流程包括：①水体面积的提取与验证；②水体面积与气象要素的相关性分析；③利用 BRT 模型量化各因子对水体面积动态变化的相对贡献率(图 2.15)。

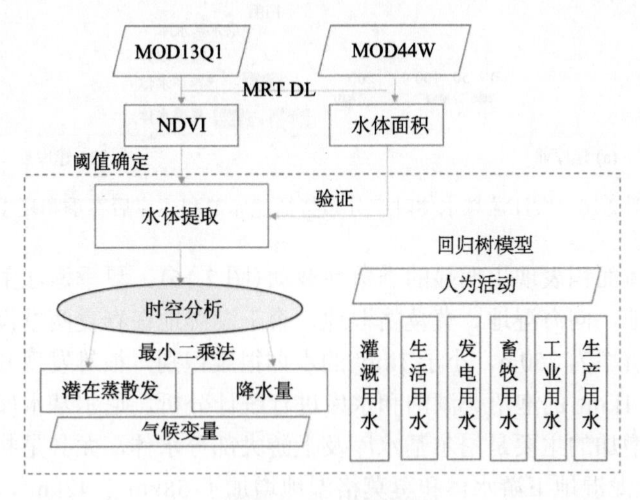

图 2.15　技术流程图

1. 嫩江流域水体面积季节变化规律

本节以 2005 年尼尔基水库开始运行为时间节点展开水体面积变化规律分析，在水库运行前后嫩江流域水体面积出现了不同程度的时空变化(图 2.16)。建库前和建库后最大水体面积分别为 6373 km^2 和 8858 km^2。尼尔基水库平均面积为 455 km^2，占新增面积的 18%。可以明显看出，水库运行后，尼尔基水库与莫莫格湿地之间的河道发生了不同程度的淹没变化[图 2.16(a)和图 2.16(b)]，2013 年为洪水年(Zhang et al., 2019)，尼尔基水库下游河道水体面积明显增大（图 2.16）。

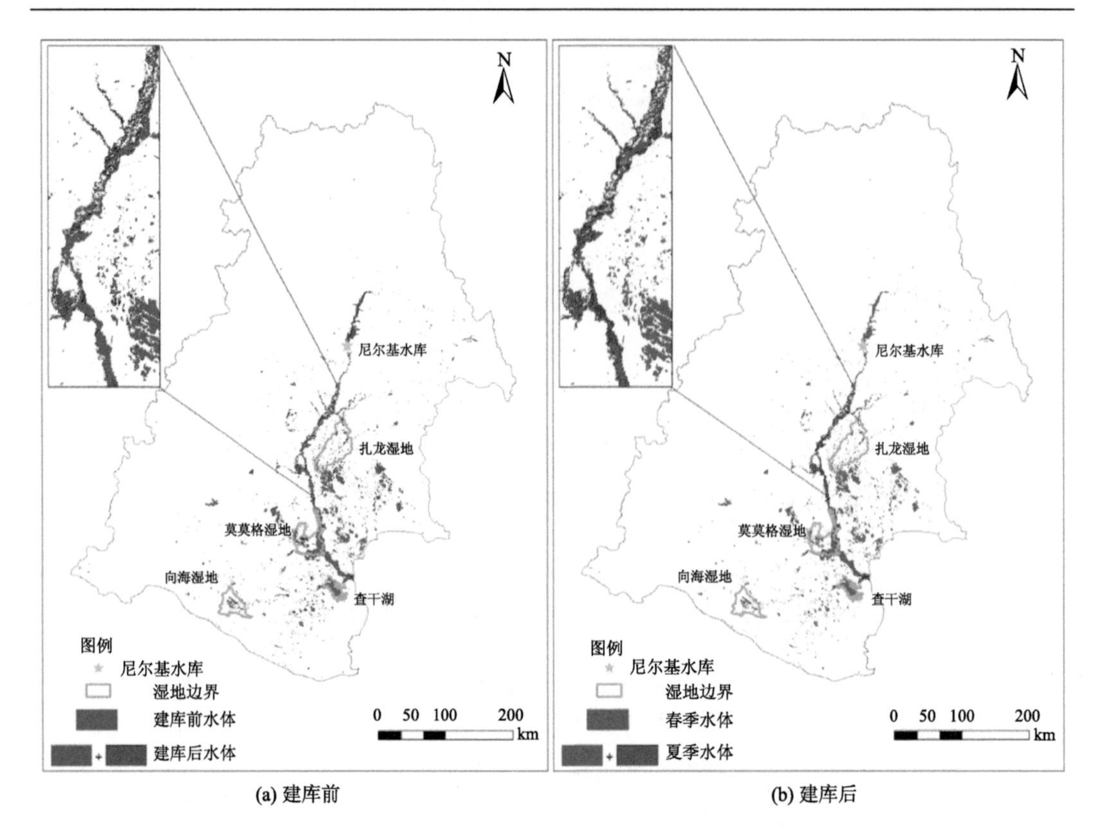

(a) 建库前　　(b) 建库后

图 2.16　嫩江流域水体时空分布特征建库前和建库后春季和夏季

嫩江流域水体面积表现出明显的季节性波动(图 2.16)。夏季嫩江主河道比春季明显更宽泛，扎龙湿地、向海湿地、莫莫格湿地、查干湖湿地在春夏两季没有明显变化。由于遥感数据的分辨率为 250m，小于 $1km^2$ 的水体很难识别，很难发现其变化。因此，本节选取面积大于 $1km^2$ 的泡沼、湖泊和水库进行统计分析。尼尔基水库建成后，大部分水体面积增大，增加的主要是尼尔基水库及下游大部分水体，尤其是扎龙湿地下游的水体 (表 2.3)。扎龙湿地下游水体和莫莫格湿地增加了 $58km^2$、$42km^2$，即扎龙湿地下游水体从 463 km^2 增至 521 km^2，莫莫格湿地从 53 km^2 增至 95 km^2。

表 2.3　尼尔基水库建设前后嫩江流域水体平均面积(±标准差)

水体	建坝前		建坝后		变化/km^2
	面积/km^2	占比/%	面积/km^2	占比/%	
扎龙湿地下游水体	463±66	28	521±44	25	+50
查干湖湿地	301±7	18	293±21	14	−8
莫莫格湿地	53±27	3	95±22	4	+42
向海湿地	48±5	3	49±5	2	+1
其他	762±217	48	1122±194	55	+360
流域总体	1627	100	2080	100	+453

在嫩江流域中，有大量不同大小的水库和泡沼。2000～2018 年期间，嫩江流域 1km² 以上的水体数量在 60～142 之间波动。面积较大的水体主要集中在流域中下游。57%的水体小于 5 km²，约 21%的水体在 5～10 km² 范围内(图 2.17)。

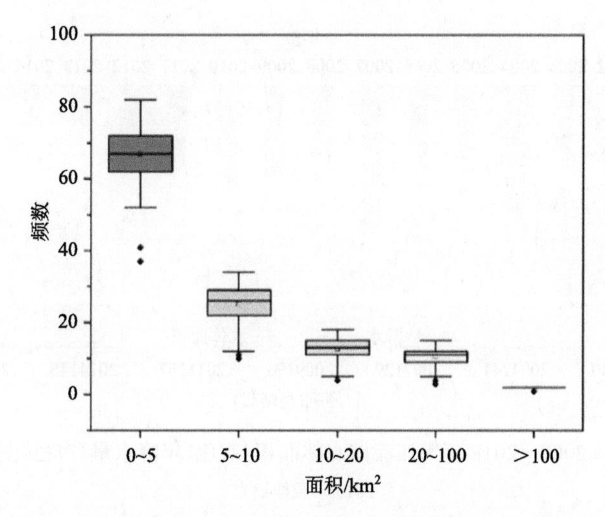

图 2.17　嫩江流域大于 1 km² 的 209 个水体面积分布频数特征

嫩江流域每年 4～9 月的水体面积变化较大(图 2.18)，4 月平均水体面积约 2700 km²，6 月减少至约 1600 km²，9 月增加至约 2800 km²。2013 年的 7～9 月，嫩江流域降水量较大，流域内所有气象站的平均总降水为 276mm，导致嫩江发生大规模洪水，水体面积大于 5000 km²(图 2.18)。

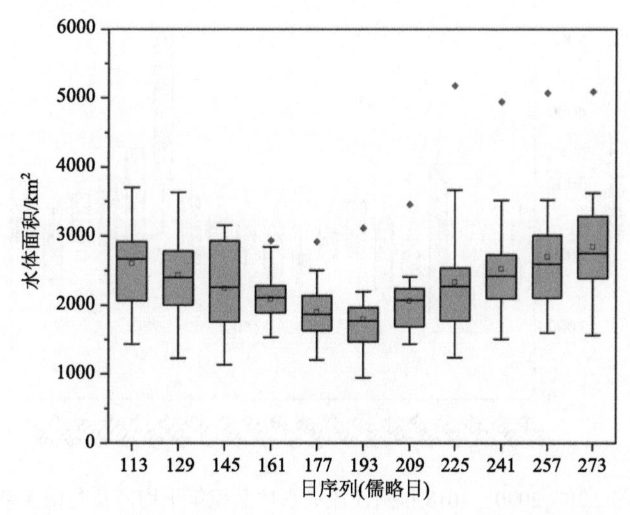

图 2.18　嫩江流域 4 月下旬至 9 月下旬水体面积变化规律

2. 嫩江流域水体面积年际变化趋势

嫩江流域 2000～2018 年各年 4 月下旬至 9 月下旬共 209 个时间序列水体面积数据呈

增加趋势(图 2.19)，最大水体面积出现在 2013 年 8 月，为 5169 km^2， 最小水体面积出现在 2003 年 7 月，为 942 km^2。研究期间，年降水量显著增加($P<0.05$)，比水体面积的增加趋势更为明显(图 2.19)。

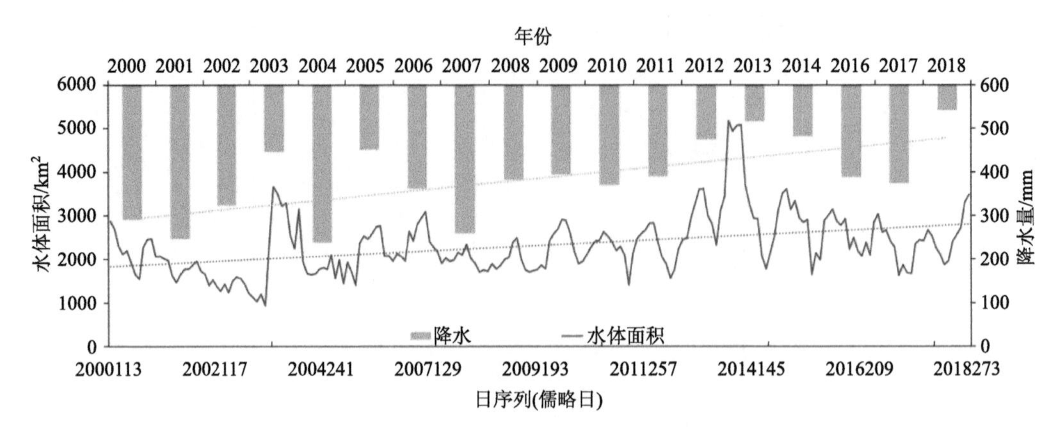

图 2.19 2000～2018 年嫩江流域水体面积(蓝色)年降水量(橙色)变化趋势

2015 年数据缺失

嫩江流域 2000～2018 年最大水体面积年份出现在 2013 年，最大值、中值和最小值分别为 5169 km^2、3610 km^2 和 2323 km^2 (图 2.20)。2014 年和 2018 年也是水体面积较大的年份，平均水体面积大于 2000～2018 年平均。2002 年、2001 年、2008 年、2004 年和 2005 年 5 年平均水体面积比 2000～2018 年平均水体面积小 20%。

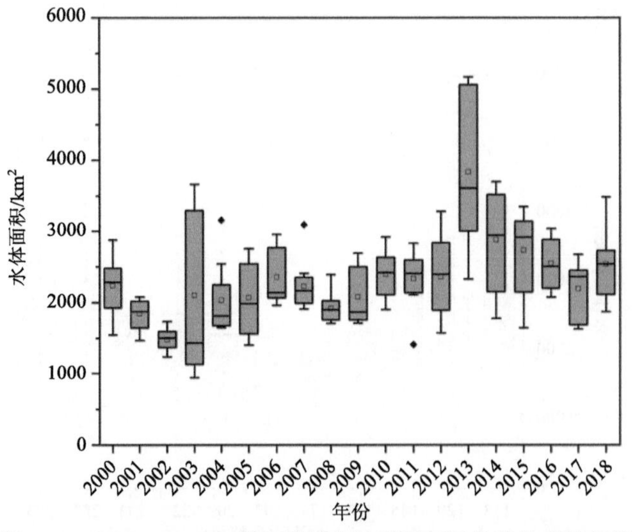

图 2.20 2000～2018 年嫩江流域水体面积年平均值及变化规律

3. 嫩江流域水体面积变异系数

嫩江流域水体面积波动与单个水体面积大小相关，水体面积越大波动越小，面积小于 10km^2 的水体变异系数变幅较大，在 15%～90%之间，面积较大的水体(> 20 km^2)的变异系数变幅较小，在 10%～35%之间。变异系数的大小与水体大小呈负指数关系(图 2.21)。

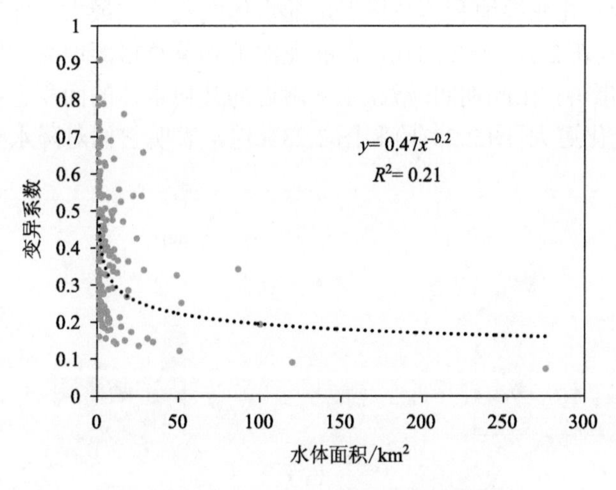

图 2.21　嫩江流域不同水体面积变异系数

2.2.2　嫩江流域水体面积变化驱动因素

1. 气候变化对水体面积变化的影响

利用嫩江流域内 16 个国家气象站 2000～2018 年的逐日降水、最高和最低气温、风速和日照时数数据(中国气象数据共享系统 http://data.cma.cn/)，潜在蒸散量(PET)由 Penman-Monteith 方程计算，探讨了水体面积与气象因子的关系。本节分析了嫩江流域非冰冻期年总水体面积与降水量和潜在蒸散量的相关关系(图 2.22)，结果显示，水体面积与降水量呈显著正相关，与 PET 呈显著负相关[图 2.22（b）]。最大水体面积最多出现在 7 月下旬至 8 月之间，此时是嫩江流域雨季的后半期。最大水体面积的月份与雨季高峰(4～6 月)并不完全一致。这可以从春季融雪在很大程度上影响嫩江流域的水体面积来解释。嫩江流域从 3 月到 4 月气温变化导致积雪融化，较大程度上影响了嫩江流域水体面积变化。

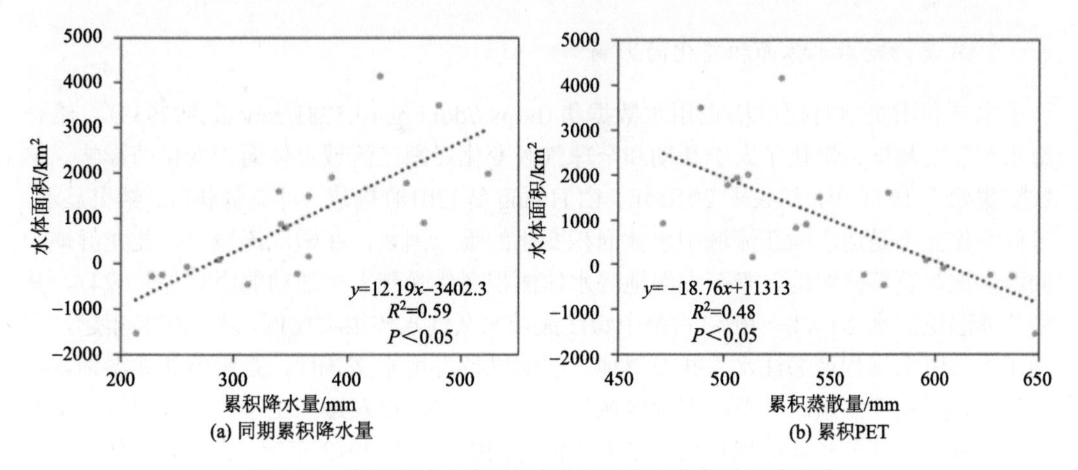

图 2.22　嫩江流域水体面积变化与降水和蒸散量相关关系

本节分析了位于嫩江流域的4个国家级重要湿地的水体面积在2000～2018年间的变化特征，结果显示，扎龙湿地和莫莫格湿地的水体面积增加最大，而查干湖湿地和向海湿地几乎保持不变[表2.3，图2.23(a)]。扎龙湿地和莫莫格湿地靠近嫩江使水体面积易于受到降水增加的影响。在此期间，嫩江主干附近的其他水体的面积也显著增加(表2.3)。这些水体的季节变化更大[图2.23(b)和图2.23(c)]，表明它们对降水有较强的依赖性。

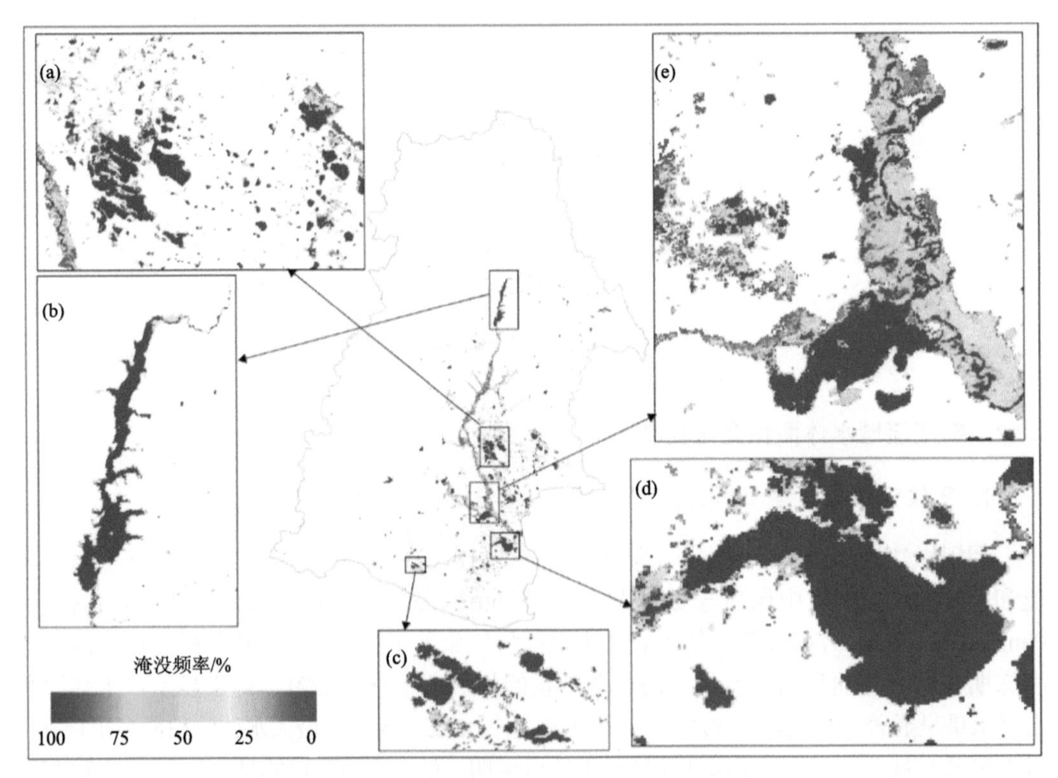

图2.23　2000～2018年嫩江流域淹没频率及其空间分布图

(a)扎龙湿地；(b)尼尔基水库；(c)向海湿地；(d)查干湖湿地；(e)莫莫格湿地

2. 人类活动对水体面积变化的影响

本节利用全球月尺度格点用水数据集(https://doi.org/10.5281/zenodo.897933)，结合降水和蒸发数据，量化了人类活动和全球气候变化对嫩江流域水体面积变化的影响。该数据集始于1971年，结束于2010年，由Huang等(2018)构建，可免费获取。结果显示，气候变化并不是造成嫩江流域中水体面积变化的唯一因素。在嫩江流域中，扎龙湿地、向海湿地、莫莫格湿地、查干湖湿地等水体面积变化受到人类活动的影响(图2.24)，其中扎龙湿地的水体(WIF>40%)占整个嫩江流域永久性水体很大比例，从2001年起，启动了中部引水工程调嫩江水入扎龙湿地，缓解维持湿地水文条件，是影响扎龙湿地水体面积变化的重要因素。莫莫格湿地区域包括月亮泡水库以及嫩江主干的部分河道，因此莫莫格湿地的部分水体面积直接受到人类活动的影响。自2012年起，吉林省西部河湖连通工程通过人工渠道将河流与水库、泡沼连接起来，利用洪水资源定期为向海湿地补充水，这也是 2012 年以后向海湿地水体面积明显增加的原因。查干湖湿地水体面积变化不大，主要原因在于其水位由西端的溢流坝控制。当水位达到上限时，自动溢流，并且流域水田的退水有规律地注入查干湖中，直接影响了查干湖湿地水体面积及水位变化。

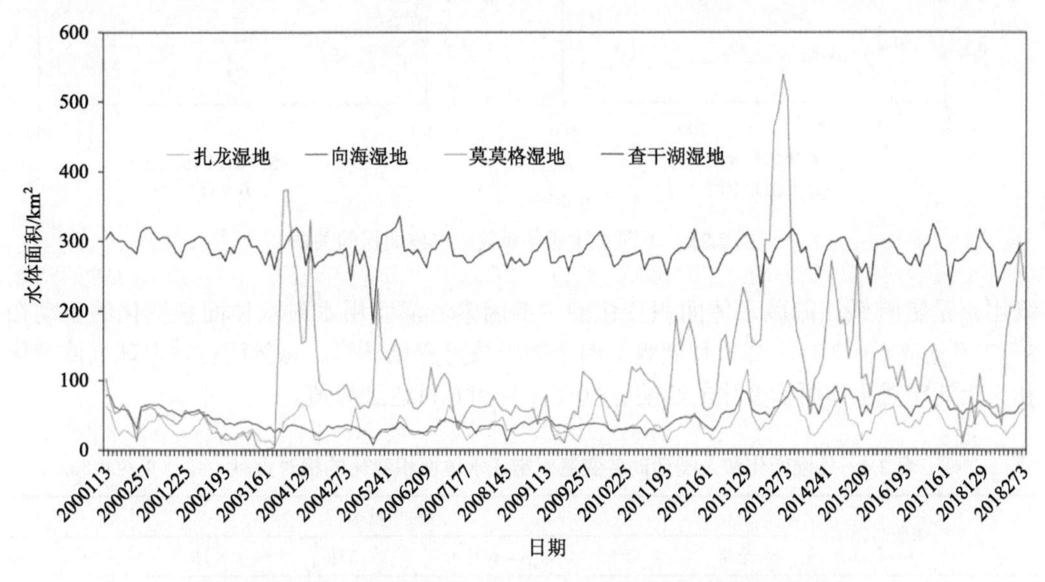

图 2.24　2000～2018 年嫩江流域 4 个重要湿地水体面积变化趋势

农业灌溉是人类活动影响水体面积变化的主要因素，中国东北农业灌溉用水主要有三种来源：河流、湖泊和地下水，灌溉用水主要在 5～7 月大量使用。嫩江流域是我国重要的农业基地，地下水是嫩江流域水资源的重要组成部分，地下水是维持农业生产的可靠来源，农业是水资源的主要消耗方，一般消耗 70%以上的地下水开采。嫩江流域地下水灌溉造成的农田退水产生的地表水占 3.52%，是 5 月底至 7 月初嫩江流域水域面积持续下降的主要原因，9 月份农田退水导致地表水体面积增加(图 2.24)。

本节对天然泡沼、湖泊及人工水库的变异系数进行了对比分析，结果显示，天然泡沼和湖泊的变化比人工水库更有规律，水体面积变异系数与水体面积的大小关系更密切，相反水库水体面积的变异系数与水体面积大小关系较弱(图 2.25)，反映了人工水库经常用于灌溉或其他农业用途，水体面积的变化受人为控制影响较大，另一方面，自然泡沼和湖泊受人类控制的影响较小，其变异系数与水体面积的相关性更密切。

3. 气候变化与人类活动对嫩江流域水体面积变化的相对贡献率

本节分析了气候变化和人类活动对嫩江流域水体面积变化的相对贡献率。本节涉及的气候变化因子包括降水和蒸发，人类活动因子包括灌溉、生活、发电、畜牧、采矿和制造业用水。采用 BRT(Boosting Regression Tree)模型量化气候变化和人为活动对嫩江流域水体面积变化的相对贡献率。结果表明，气候变化中的降雨、蒸发和人类活动中的灌

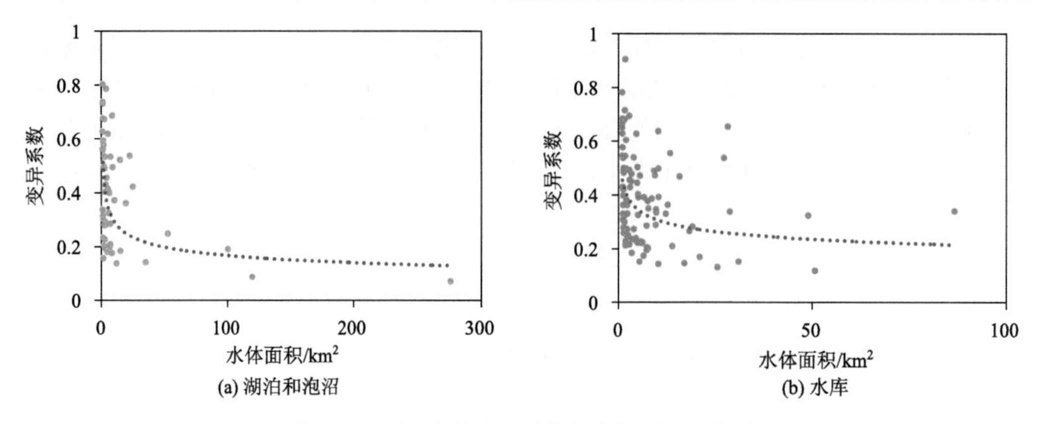

图 2.25　不同水体变异系数与水体面积的关系

溉用水是影响嫩江流域水体面积变化的主要因素。灌溉用水对水体面积变化的驱动在 5～7 月最高(表 2.4)。降水和灌溉水两个因子按月变化显著。总体而言，全球气候变化和人为活动对水体面积变化的影响分别在 8 月和 6 月达到峰值。

表 2.4　气候变化和人类活动各变量对嫩江水体面积变化的相对贡献　　(单位：%)

	变量	相对贡献率					
		全年	5 月	6 月	7 月	8 月	9 月
人类活动	灌溉用水	20	31	34	26	23	17
	畜牧用水	4	3	4	4	5	7
	工矿业用水	6	5	7	4	3	6
	生活用水	8	5	4	5	6	5
	制造业用水	5	3	4	6	4	8
	总计	43	47	53	45	41	43
气候变化	潜在蒸发	26	28	24	30	27	28
	降水	31	25	23	25	32	29
	总计	57	53	47	55	59	57

2.3　嫩江流域湿地生态格局演变及水文驱动因素分析

水文过程控制着湿地的形成与演化，是塑造湿地生态系统结构与功能、湿地景观格局动态特征的重要驱动力。湿地水文过程与景观格局响应关系研究是湿地生态水文学的重要研究内容。揭示湿地生态格局演变的水文学驱动机制，对指导湿地修复保护与重建的实践具有重要的现实意义。为此，本节利用 ArcGIS 软件对嫩江流域 1978 年、1990 年、2000 年、2008 年和 2015 年共 5 期湿地遥感分布图进行解译，借助 Fragstats 软件计算了 5 期湿地的斑块面积指数、聚集度指数、破碎度指数和斑块密度，揭示了流域湿地生态格局变化特征。在分析湿地面积和格局变化的基础上，从流域尺度分析了湿地生态退化的水文驱动机制，为流域湿地保护与修复提供水文学依据。

2.3.1 嫩江流域湿地面积变化特征

根据图 2.26 可知 2000～2015 年流域湿地面积变化特征，水体、人工湿地、沼泽湿地和洪泛平原湿地是嫩江流域分布的主要湿地，其中沼泽湿地包含永久性沼泽湿地和季节性沼泽湿地。2000～2015 年湿地面积呈递减趋势(图 2.26)，减少了 21%(10715 km^2)。其中，2005～2010 年减少的最为严重，5 年间嫩江流域湿地退化面积占 2000～2015 年湿地退化总面积的 77%；2010～2015 年湿地退化面积占 2000～2015 年湿地退化面积的 20%；而 2000～2005 年间湿地退化程度微弱(表 2.5)。

沼泽湿地面积在嫩江流域湿地分布中面积最大达到 80%以上，其中，永久性沼泽湿地相比季节性沼泽湿地，永久性沼泽湿地在沼泽湿地分布面积中所占比重极大，达到 75%以上。整个嫩江流域的永久性沼泽湿地面积在 2000～2015 年时期呈递减趋势，16 年间共退化 9058km^2，退化了 23%。其中，2005～2010 年间减少的最为严重，5 年间永久性沼泽湿地退化情况占 2000～2015 年湿地退化面积的 67%[图 2.26(b)和图 2.26(c)]；而 2000～2005 年间[图 2.26(a)]和 2010～2015 年间[图 2.26(d)]永久性沼泽湿地面积减少幅度较小，分别占 2000～2015 年湿地减少总面积的 0.2%和 17%。在 2000～2015 年，洪泛平原湿地、河流湿地和季节性沼泽湿地的面积也呈递减趋势；人工湿地面积在 2000～2005 年增长了 3.4%，而在 2005 年后湿地呈现持续性的退化趋势。

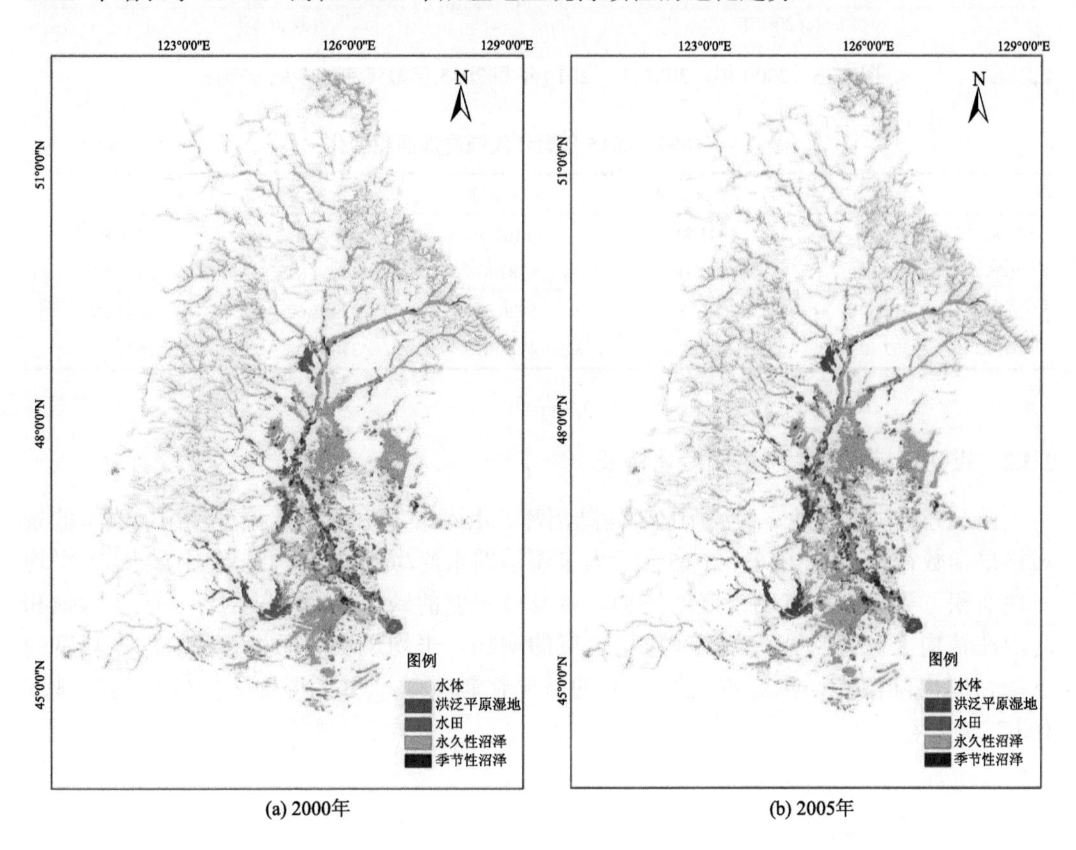

(a) 2000年　　(b) 2005年

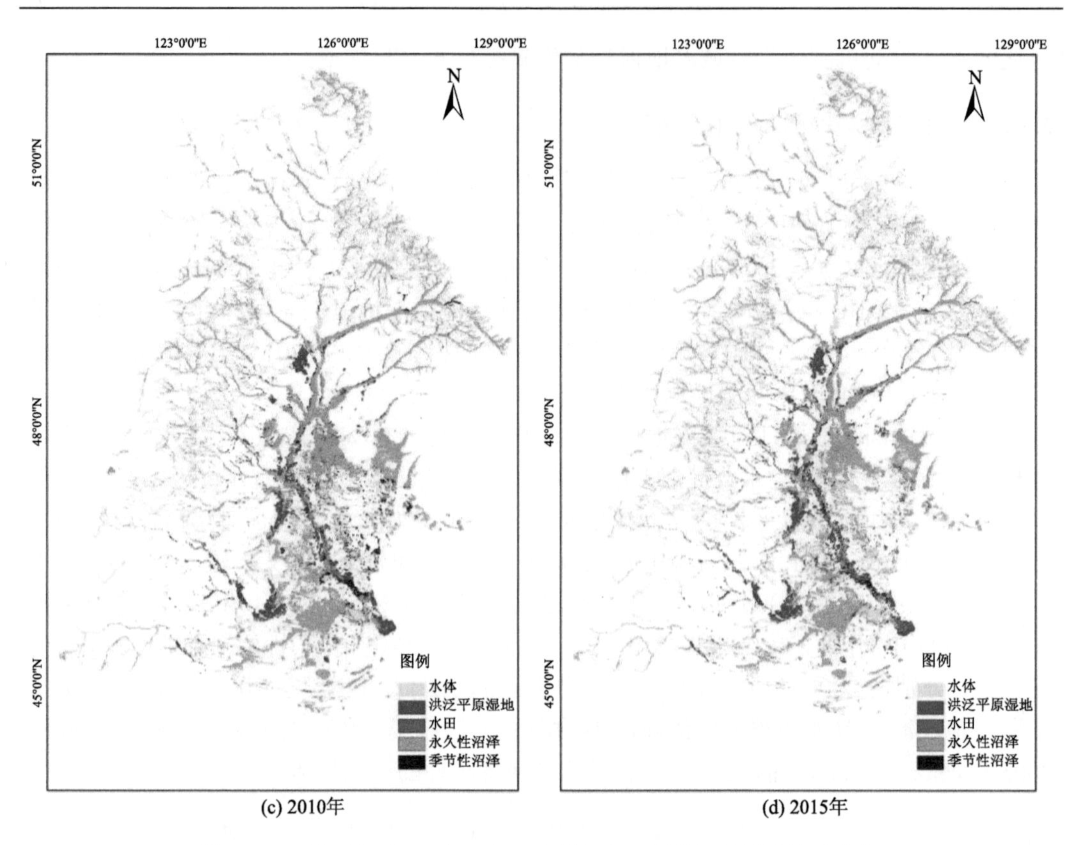

(c) 2010年　　(d) 2015年

图 2.26　2000 年、2005 年、2010 年和 2015 年嫩江流域湿地分布图

表 2.5　2000～2015 年嫩江流域湿地面积变化　　（单位：km^2）

年份	水体	洪泛平原湿地	人工湿地	永久性沼泽	季节性沼泽
2000	2771.18	1341.81	5107.5	40091.87	2308.87
2005	2728.12	1254.18	5281.87	40064.87	2032.68
2010	2617.50	748.75	5028.81	32908.62	1793.56
2015	2567.40	654.67	4978.87	31033.62	1671.56

2.3.2　嫩江流域湿地生态格局变化特征

通过分析洪泛湿地、湖泊湿地、内陆沼泽、水库/坑塘和人工水渠五种湿地类型的景观格局指数得出，自 1978～2015 年，人工湿地即水库/坑塘的结构在增强，表现在平均斑块面积、聚集度和斑块密度的增加，以及破碎度的减少。而内陆沼泽、洪泛湿地和河流在结构上退化明显，表现在斑块密度的增加，平均斑块的面积和斑块的聚集度的下降，即内陆沼泽、洪泛湿地和河流的破碎化越来越严重，湿地之间的连通性减弱（图 2.27）。

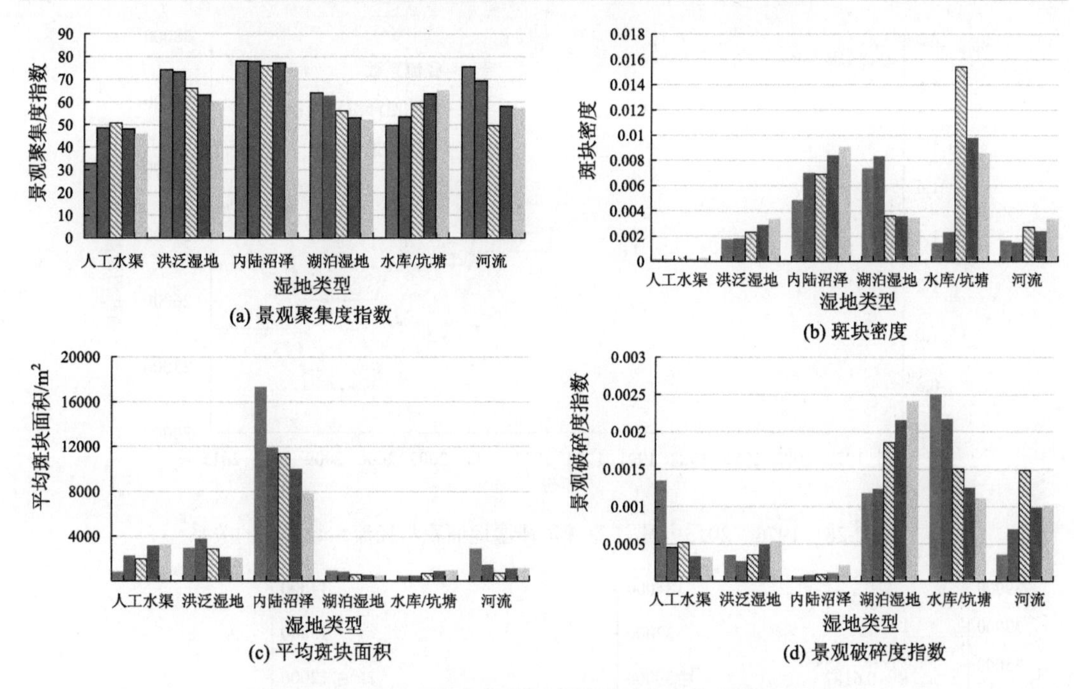

图2.27　1978～2015年嫩江流域湿地生态格局变化特征

2.3.3　嫩江流域湿地生态格局演变的水文驱动因素分析

1. 流域尺度湿地生态格局演变的水文驱动机制

基于1980年、1990年、1995年、2000年、2005年、2010年和2015年嫩江流域沼泽湿地面积、干旱覆盖范围、降水量和径流系数，对流域湿地变化的水文学因素进行分析，发现在剔除1998年嫩江特大洪水突变年的基础上，嫩江流域径流系数呈先增加、在1990年代急剧减少、2000～2015年左右减少速度趋于缓慢的变化动态趋势，这与内陆沼泽湿地面积在 1980～2015 年期间的变化趋势基本吻合，说明流域内陆沼泽湿地面积消长与流域径流系数的变化具有一定相关性(图2.28)。但由于在全流域尺度上湿地面积受到很多其他因素制约，这种相关性并不密切。例如，2015年径流系数略有增加，但内陆沼泽湿地面积仍然持续减少。对同期嫩江全流域降水、干旱覆盖范围和径流系数与湿地面积演变关系分析发现，湿地面积变化与径流系数呈现出较好正相关性(图2.29)，进一步说明了径流减少是流域内陆沼泽湿地面积发生变化的重要原因。降水和径流变化趋势的分析可以发现，降水和径流的持续减少，加剧了流域干旱的严重程度，引起嫩江流域湿地面积萎缩。

另外，1980年代以后，随着嫩江流域特别是中下游地区农业开发规模的持续变大，水田面积逐渐增多，对农业灌溉用水的需求也逐渐增加，导致河流流入湖泊和沼泽地的水量减少，也使沼泽面积趋于缩小，并遭受面源污染的威胁。但是，嫩江流域湿地有明显的空间差异性，地处不同区域不同类型的湿地，其对水文变化所产生的响应也存在很大差异。

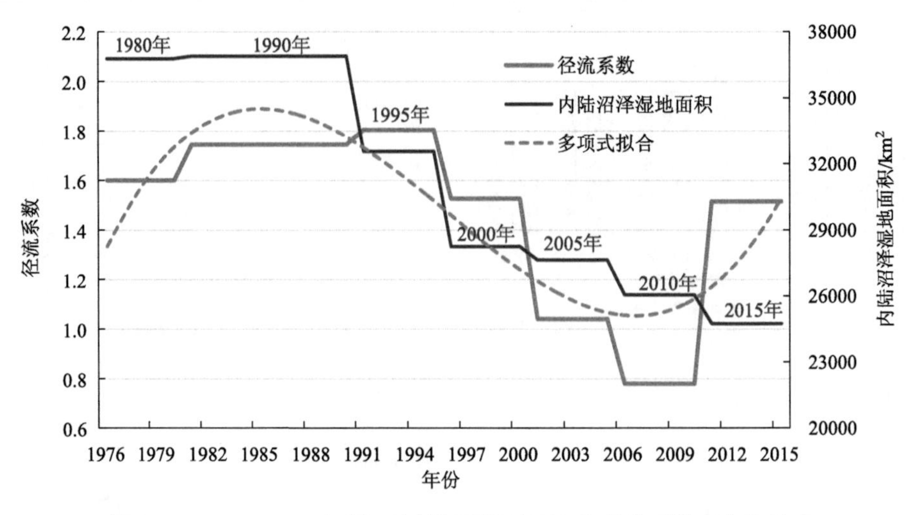

图 2.28 1976～2015 年嫩江流域沼泽湿地面积与径流系数变化的关系

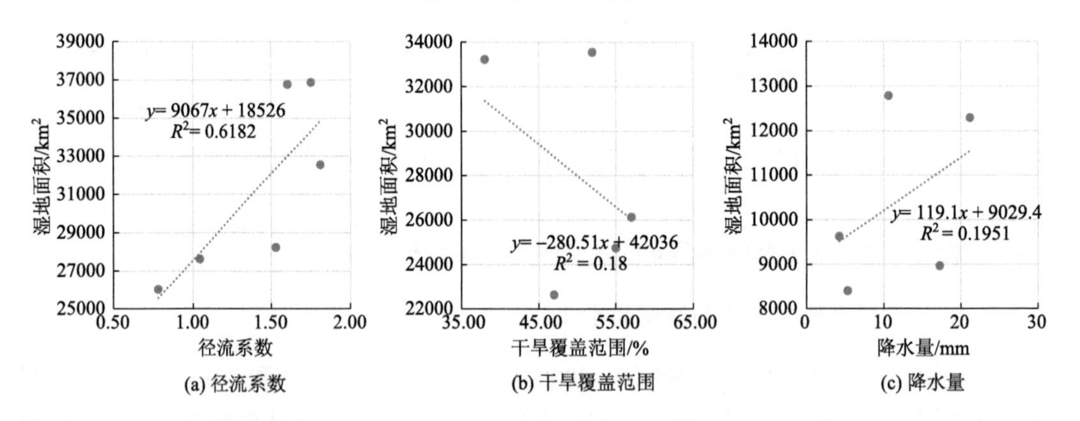

图 2.29 嫩江流域沼泽湿地面积与径流系数、干旱覆盖范围和降水量的关系

2. 孤立湿地生态退化的水文学驱动机制

基于嫩江流域湿地时空演变特征，本节选取典型的孤立湿地退化分布区——吉林西部孤立湿地典型退化区，利用耦合湿地模块的 HYDROTEL 模型模拟了 1978 年和 2015 年两种土地利用情景下的湿地水文过程；基于模拟结果，采用 Budyko 假说量化了汇水区土地利用变化对湿地水量平衡的影响，从土地利用格局变化角度明晰了孤立湿地退化的水文学机制。研究发现，与 1978 年土地利用情景下比较，2015 年汇水区土地利用情景下，湿地的干燥度指数和蒸散指数总体明显增加，即湿地汇水区农业用地的增加加剧了湿地汇水区的干旱化(图 2.30)。基于模拟结果，进一步分析了孤立湿地来源水源变化(降水量)对湿地面积的影响。基于典型湿地汇水区和湿地水量平衡分析得出，湿地汇水区向土地利用类型的转变，尤其是农业用地的增加，导致汇水区下渗量增加，引起湿地入流量的减少，最终引起湿地蓄水量的减少和面积的萎缩(图 2.31)。综上所述，湿地汇水区下垫面变化以及降水量变化共同导致了湿地的退化。

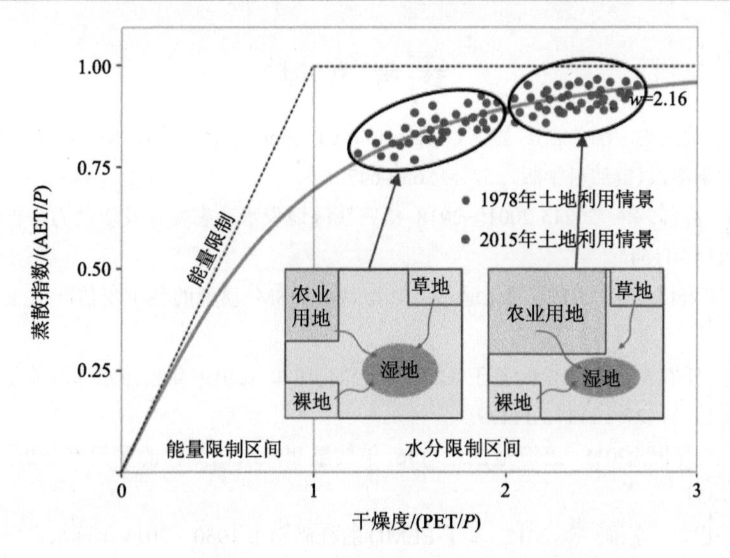

图 2.30　湿地汇水区土地利用变化对水量平衡的影响

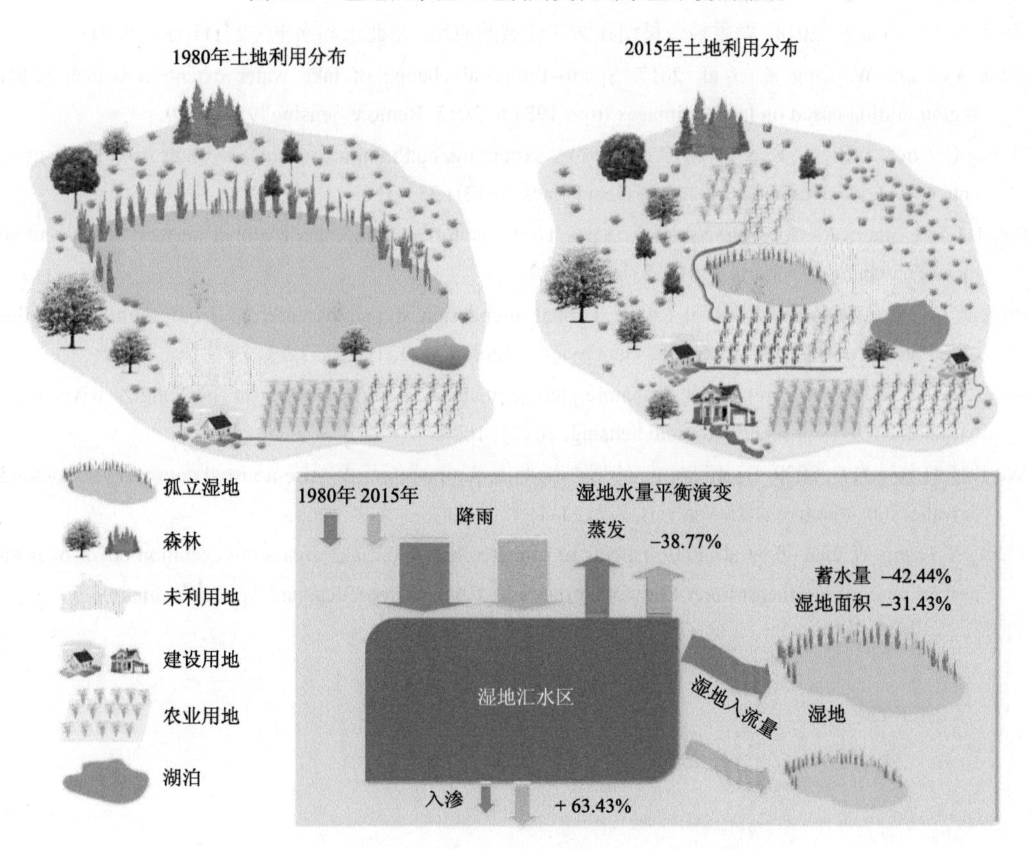

图 2.31　土地利用变化对孤立湿地水量平衡影响的概念图

参 考 文 献

焦晨泰, 宋世雄, 黄庆旭, 等. 2021. 基于 Google Earth Engine 平台的官厅水库流域开放水体动态研究. 北京师范大学学报(自然科学版), 57(5): 639-647.

金岩丽, 徐茂林, 高帅, 等. 2021. 2001～2018 年三江源地表水动态变化及驱动力分析. 遥感技术与应用, 36(5): 1147-1154.

李颖, 陈怀亮, 田宏伟, 等. 2019. 同化遥感信息与 WheatSM 模型的冬小麦估产.生态学杂志, 38(7): 2258-2264.

陆天启, 邵长高, 任旭光, 等. 2021. 基于 GEE 平台的 1990～2019 年松涛水库水体面积时空变化. 科学技术与工程, 21(27): 11472-11479.

申倩倩, 束炯, 王行恒. 2011. 上海地区近 136 年气温和降水量变化的多尺度分析. 自然资源学报, 26(4): 644-654.

吴燕锋, 巴特尔·巴克, 李维, 等. 2015. 基于 EEMD 的杜尚别市 1950～2013 年降水多尺度分析. 干旱区资源与环境, 29(6): 152-157.

薛梅, 冯艳, 孙启伟. 2014. 融雪径流模型在嫩江流域的应用. 东北水利水电, 32(11): 33-35, 71.

Deng Y, Jiang W, Tang Z, et al. 2017. Spatio-Temporal change of lake water extent in wuhan Urban agglomeration based on landsat images from 1987 to 2015. Remote Sensing, 9(3): 270.

Huang C, Chen Y, Zhang S, et al. 2018. Detecting, extracting, and monitoring surface water from space using optical sensors: a review. Reviews of Geophysics, 56(2): 333-360.

Pekel J F, Cottam A, Gorelick N, et al. 2016. High-resolution mapping of global surface water and its long-term changes. Nature, 540(7633): 418-422.

Prigent C, Papa F, Aires F, et al. 2007. Global inundation dynamics inferred from multiple satellite observations, 1993-2000. Journal of Geophysical Research, 112(D12): 1-13.

Rao P, Jiang W, Hou Y, et al. 2018. Dynamic change analysis of surface water in the Yangtze River basin based on MODIS products. Remote Sensing, 10(7): 1025.

Wu Z H, Huang N E. 2009. Ensemble empirical mode decomposition: A noise-assisted data analysis method. Advances in Adaptive Data Analysis, 1(1): 1-41.

Zhang Y, Liang W, Liao Z, et al. 2019. Effects of climate change on lake area and vegetation cover over the past 55 years in Northeast Inner Mongolia grassland, China. Theoretical and Applied Climatology.

第 3 章　嫩江流域湿地变化的水文效应及其驱动机制

湿地是流域水循环和水量平衡的重要调节器，其水文调蓄功能可以作为基于自然水资源解决方案的重要组成部分，以应对未来气候变化引起的极端水文事件的风险，并服务于生态流域建设。如何从流域尺度定量评估湿地水文调蓄功能，探究湿地变化的水文效应及其驱动机制，为流域湿地恢复保护和水资源综合管理提供科学支撑，是当前湿地生态水文学研究的重要课题。

本章分析了流域孤立湿地和河滨湿地生态格局演变特征与规律，基于嫩江流域湿地类型的划分及水文特性刻画，构建了耦合湿地模块的流域水文模型，通过对流域水文过程的模拟定量评估了现状条件下及不同历史时期流域湿地水文调蓄功能，预估了未来气候变化与湿地恢复情景下流域湿地水文调蓄功能演变，并阐释了其驱动机制，在此基础上，提出了基于湿地水文服务的流域水资源综合管理的对策和措施，从而为嫩江流域湿地恢复保护与水资源综合管控提供科学支撑，也可为我国长江、黄河等大江大河流域湿地水文调蓄功能研究提供新思路，助推生态流域建设，践行中国“基于自然的水资源与气候变化解决方案”。

3.1　嫩江流域湿地生态水文模型构建

本节采用加拿大 PHYSITEL/HYDROTEL 水文模拟平台，对湿地类型划分及生态水文参数刻画，着力构建耦合湿地模块的嫩江流域水文模型，并对模型进行率定和验证，确定模型参数，最终建立适用于嫩江流域的生态水文模型，并开展水文过程模拟及其适用性评价，为流域湿地水文过程精细化模拟及其功能评估提供技术支撑。

3.1.1　嫩江流域孤立湿地和河滨湿地生态格局演变

孤立湿地和河滨湿地作为流域湿地的重要组成部分，两者共同发挥水文功能，影响并改变着流域水文过程，已成为近年来学者们关注的焦点之一。孤立湿地是指具有或少有永久性水面，与河流无地表连通性或连通性较差的湿地，其水文状况受地下水位影响很大，且蒸散发、降水量和湿地自身特性影响地下水位变化(Tiner，2003)；河滨湿地是指邻近河流遭受洪水周期性淹没的湿地，其水文状况主要取决于河流的影响程度和地下水状况(Fossey et al., 2016)。

1. 流域孤立湿地与河滨湿地类型划分方法

利用收集到的嫩江流域土地利用(包含湿地分类)、DEM 和土壤基质类型等数据，借助于 PHYSITEL 平台，结合实际样本点验证，采用湿地与河道的水文连通度阈值法划分孤立湿地和河滨湿地。该水文连通度阈值即为湿地与河道在像素尺度连通个数所占的比例，该阈值不仅从景观上直接反映湿地与河道的连通程度，还可以表征湿地的水源来源。通过设置不同的湿地水文连通性阈值(0.5%～5%)与嫩江流域的野外验证及已有研究(Brooks et al.，2011；Fossey et al.，2015；吴燕锋等，2020)，发现将连通度阈值设置为1%能较为真实的反映嫩江流域实际湿地分布特征，即在湿地汇水区内，如果与河网连通的像素单元所占比例超过1%，即为河滨湿地，否则为孤立湿地。

2. 嫩江流域孤立湿地和河滨湿地演变

嫩江流域1980年、1990年、2000年、2010年和2015年孤立湿地和河滨湿地的分布如图3.1所示。可以看出，嫩江流域以河滨湿地为主，主要沿河道分布，且从支流向干流和下游总体呈增加的趋势。1980～2015年，河滨湿地分布呈现明显减少的特征，尤

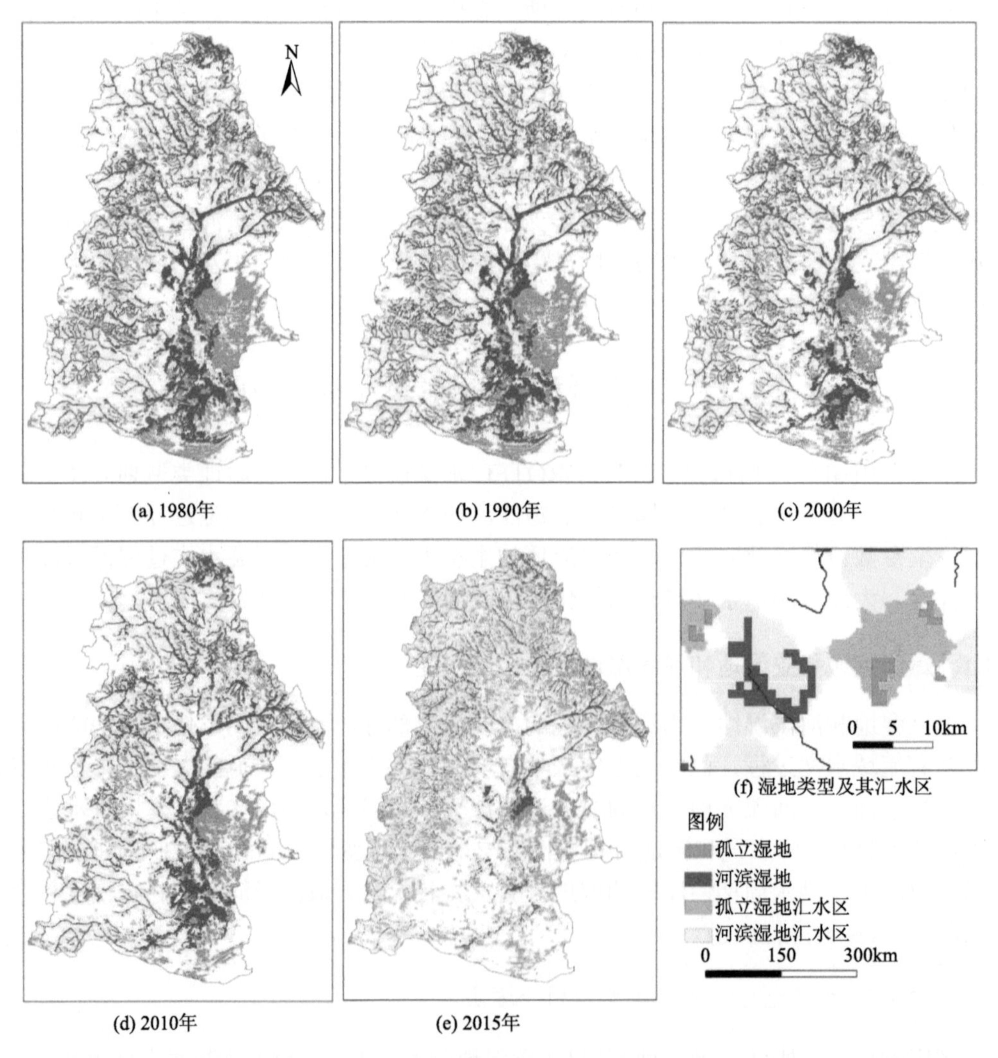

图3.1　1980年、1990年、2000年、2010年和2015年嫩江流域孤立湿地和河滨湿地及其汇水区分布图

其是在下游干流和右岸支流的洮尔河和霍林河下游减少最为明显。孤立湿地主要呈斑块状分布，在上游零星分布在距离河道较远的地区，在下游集中分布在下游干流的左岸和霍林河下游以南。此外，1980～2015 年，孤立湿地分布也呈现明显减少的特征，尤其是孤立湿地集中分布区，从片状大面积分布逐渐萎缩为斑块状零星分布，大部分孤立湿地消失。

嫩江流域孤立湿地和河滨湿地面积、湿地率及湿地汇水区占流域面积比例如表 3.1 所示。表 3.1 可以看出，嫩江流域以河滨湿地为主，孤立湿地所占比例较少。例如，1980 年孤立湿地和河滨湿地分别占流域面积的 4.35%和 11.29%，对应的汇水区面积分别占流域面积的 3.81%和 13.79%。1980～2015 年嫩江流域湿地总面积和湿地率总体都呈减少的趋势。其中，1980～1990 年，流域尺度和子流域尺度湿地面积略有减少；但在 2000～2010 年，嫩江流域孤立湿地和河滨湿地及其汇水区面积减少明显，孤立湿地和河滨湿地的湿地率分别从 4.18%减少至 3.05%、从 11.40%减少至 8.88%；相应的，湿地率及汇水区占流域面积的比例均有所减少。空间上，石灰窑水文站控制流域湿地略有减少，下游湿地面积及其汇水区面积减少明显。

表 3.1　嫩江流域五期湿地分布情景下的孤立湿地和河滨湿地面积及其汇水区特征

年份	水文站	湿地				湿地汇水区			
		孤立湿地		河滨湿地		孤立湿地		河滨湿地	
		面积/km^2	比例/%	面积/km^2	比例/%	面积/km^2	比例/%	面积/km^2	比例/%
1980 年	石灰窑	243	1.41	2302	13.41	272	1.58	3063	17.85
	富拉尔基	1622	1.30	12841	10.31	3227	2.59	18234	14.65
	大赉	12793	4.35	33234	11.29	11216	3.81	40572	13.79
1990 年	石灰窑	237	1.38	2342	13.65	276	1.61	3118	18.17
	富拉尔基	1449	1.16	12721	10.22	3315	2.66	18842	15.13
	大赉	12301	4.18	33554	11.40	11376	3.87	41373	14.06
2000 年	石灰窑	212	1.24	2119	12.35	234	1.36	2781	16.20
	富拉尔基	1318	1.06	10846	8.71	3009	2.42	16876	13.55
	大赉	8976	3.05	26145	8.88	10927	3.71	36895	12.54
2010 年	石灰窑	223	1.30	2103	12.25	318	1.85	2788	16.24
	富拉尔基	1219	1.01	10547	8.47	3265	2.62	15540	12.48
	大赉	8410	2.86	24759	8.41	10991	3.74	32664	11.10
2015 年	石灰窑	255	1.49	2857	16.65	1258	7.33	6450	37.58
	富拉尔基	1177	0.95	10658	8.16	3895	10.66	14329	23.13
	大赉	9635	3.27	22640	7.69	11256	12.83	29868	19.14

3.1.2　嫩江流域湿地生态水文模型结构及原理

PHYSITEL/HYDROTEL 水文模拟平台是 1990 年代由加拿大国家科学研究院—水土环境研究中心研发，主要用于模拟降水、气候、湿地及土地利用变化对流域水文过程的影响和径流预测等，该平台包括 PHYSITEL 平台和 HYDROTEL 分布式水文模型。

1. PHYSITEL 平台结构及原理

PHYSITEL 是一个水文模型数据库前处理平台(Turcotte et al., 2001；Rousseau et al., 2011)。PHYSITEL 基于流域基础数据(数字高程模型、矢量化河网水系及湖泊水体、栅格化土地利用和土壤基质分布图)，在完成坡向和流向分析(D8-LTD 算法；Orlandini et al., 2003)的基础上，采用 Noel 等(2014)提出的坡面和汇水区刻画算法，将流域划分为较为详细的水文响应单元，即相对均质的水文响应单元(relatively homogeneous hydrological units，RHHUs)(Fortin et al., 2001a, 2001b)。每一个 RHHUs 内假设具有相同的自然地理和水文响应等特征。另外，PHYSITEL 可以基于水文连通度阈值，刻画不同湿地类型(孤立湿地和河滨湿地)，获取湿地的空间分布、参数及湿地的汇水区等数据。在完成流域水文参数和湿地参数的刻画后，PHYSITEL 可以将数据库直接导出，从而作为 HYDROTEL 需要的部分输入数据。PHYSITEL 平台水文分析流程如图 3.2 所示。

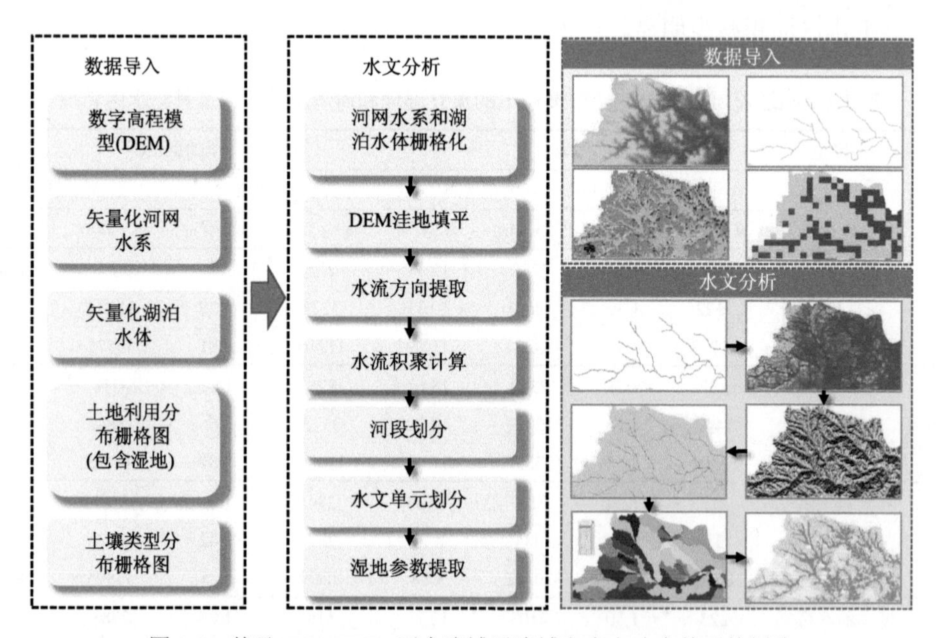

图 3.2　基于 PHYSITEL 平台流域子流域和水文响应单元的划分

2. HYDROTEL 水文模型结构及原理

HYDROTEL 模型开是一个基于物理机制的流域水文模型。HYDROTEL 模型能够基于地理信息系统和遥感影响提供的空间信息，模拟流域中的不同的水文物理过程，适用于不同土地利用和土壤类型条件的大流域、中流域和小流域。目前，HYDROTEL 模型在流域水文过程模拟、径流演变分析与预测、环境演变下的水文效应等领域得到广泛的应用，是为国际上较为先进的耦合湿地模块的流域水文模型。

1)HYDROTEL 模型的结构

HYDROTEL 模型的陆面水文循环过程主要包括气象和水文模拟两个方面，其中水文过程的计算主要包括地表径流、入渗、壤中流、坡面汇流及河道汇流等(图 3.3)。该模型主要是由 8 个模块构成，分别为气象数据空间插值模块、积雪覆盖模块、冻土模块、蒸散发模块、垂向水量收支平衡模块、坡面汇流模块、河道径流模块和湿地模块(表 3.2)。对于每个模块，HYDROTEL 提供一种或多种算法可供选择，基于输入数据的可用性，可以选择最合适的算法开展子模块水文过程的计算。

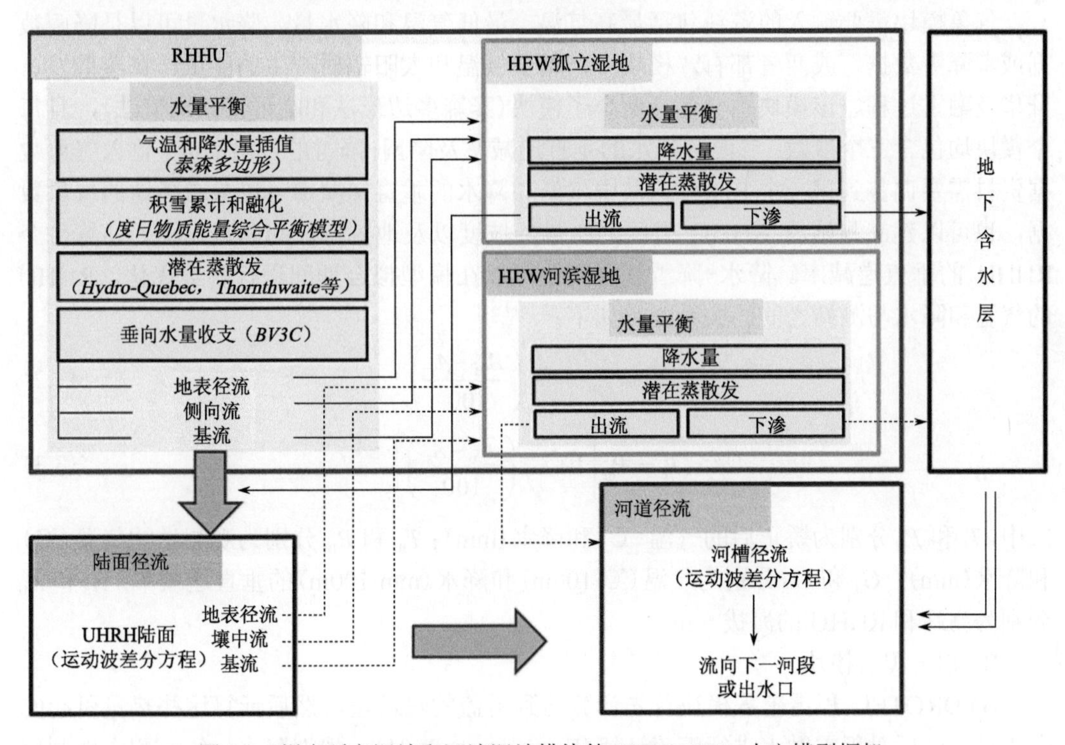

图 3.3　耦合孤立湿地和河滨湿地模块的 HYDROTEL 水文模型框架

表 3.2　HYDROTEL 模型的子模块及其算法

水文过程模块	模块算法
气象数据空间插值模块	泰森多边形法；临近三站均值法
积雪覆盖模块	度日物质能量平衡模型
蒸散发模块	Thornthwaite；Hydro-Québec；Linacre；Penman；Penman-Monteith；Priestley-Taylor
垂向水量收支平衡模块	三层垂向水量收支平衡
冻土模块	Karvonen 冻土水热议程
坡面汇流模块	运动波方程
河道径流模块	运动波方程；扩散波方程
湿地模块	水文等湿地概念；湿地水量平衡

2）HYDROTEL 模型的原理

模型中的流域水文循环过程基于以下水量平衡方程：

$$\mathrm{SW}_t=\mathrm{SW}_0+\sum_{i=1}^{t}\left[P_{i\mathrm{day}}-Q_{i\mathrm{surf}}-E_{i\mathrm{a}}-W_{i\mathrm{seep}}-Q_{i\mathrm{gw}}\right] \tag{3.1}$$

式中，SW_t为土壤最终含水量，mm；SW_0为土壤前期含水量，mm；t为时间步长，d 或 h；$P_{i\mathrm{day}}$为第 i 天的降水量，mm；$Q_{i\mathrm{surf}}$为第 i 天的地表径流，mm；$E_{i\mathrm{a}}$为第 i 天的蒸散发量，mm；$W_{i\mathrm{seep}}$为第 i 天的渗透量和测流量，mm；$Q_{i\mathrm{gw}}$为第 i 天的地下径流，mm。

A. 气象数据空间插值模块

气象模块需要输入的资料包括最高气温、最低气温和降水量。降水量可以是降雨数据或者降雪数据，或两者都有。模块中，基于气温和太阳辐射产生的能量计算蒸散发、升华及融雪过程。该模块主要包括两个子模块(泰森多边形法和临近三站均值法)，且每个模块均包含三个参数：气温和降水的垂直递减率及降雨-降雪的气温阈值。输入气象数据资料需要调整到每一个 RHHU，其中气温和降水的垂直递减率可以参考当地的气象数据，也可以建立测站与 RHHU 之间的海拔、坡度以及地貌特征的函数，用于估算每个 RHHU 的垂直递减率。降水-降雪气温阈值可以在模型拟合期间进行参数优化。RHHU 的气温和降水与测站之间的关系函数如下：

$$T_\mathrm{c}=T_\mathrm{m}+G_\mathrm{T}\left(\frac{A_\mathrm{u}-A_\mathrm{s}}{100}\right) \tag{3.2}$$

$$P_\mathrm{c}=P_\mathrm{m}\left[1+G_\mathrm{P}\left(\frac{A_\mathrm{u}-A_\mathrm{s}}{100}\right)\right] \tag{3.3}$$

式中，T_c和P_c分别为矫正后的气温(℃)和降水(mm)；T_m和P_m分别为观测站的气温(℃)和降水(mm)；G_T和G_P分别为气温(℃/100m)和降水(mm/100m)的垂直递减率；A_s和A_u分别为测站和 RHHU 的海拔，m。

B. 积雪覆盖模块

HYDROTEL 积雪覆盖模块首先计算达到雪盖的热通量，然后计算这些热量引起的融雪量，最后对积雪融水进行汇流计算(Fortin et al., 2001)。根据降水、气温和土地利用类型，HYDROTEL 采用 Riley 等(1973)提出的能量收支平衡模型来模拟积雪和融雪过程。计算公式如下：

$$M_{\mathrm{c(c)}}=D_{\mathrm{f(c)}}\frac{R_\mathrm{p}}{R_\mathrm{h}}\left(T_\mathrm{a}-T_\mathrm{s}\right)\left(1-a\right)+0.0125PT_\mathrm{a} \tag{3.4}$$

式中，$M_{\mathrm{c(c)}}$为雪-气交界面的积雪融化率，mm/J；D_f为与土地利用类型相关的度日因子，mm·℃/J；c 为土地利用类型代码；R_p和R_h分别为坡面和平面的辐射量，J；T_a为气温，℃；T_s为积雪融化临界温度，℃；a为积雪反射率，%；P为降水量，mm。该模块主要考虑三种土地利用类型：针叶林、阔叶林和开阔地。积雪反射率估算公式如下：

$$a=p_\mathrm{nf}a_\mathrm{x}+\left(1-p_\mathrm{nf}\right)\left[p_\mathrm{nei}a_\mathrm{nei}+\left(1-p_\mathrm{nf}\right)a_\mathrm{sv}\right] \tag{3.5}$$

式中，p_nf为新雪的权重系数；a_x为积雪的最大反射率，取值 80%；p_nei为地表旧雪的权重系数；a_nei为地表旧雪的反射率；a_sv为植被的反射率，取值 15%。

HYDROTEL 考虑寒区的季节性冻土的水热过程，采用改进的 Karvonen 等(1988)提出的土温计算公式，将积雪冻融与土壤冻融的物理过程耦合，计算公式如下(Rankinen et al., 2004)：

$$T_*^{t+1} = T_Z^t + \frac{\Delta t K_T}{C_A (2Z_S)^2}\left[T_{AIR}^t - T_Z^t\right] \tag{3.6}$$

式中，T_*^{t+1} 为 t+1 时刻深度为 Z_S 的土层的土温，℃；T_Z^t 为前一日的深度为 Z 的土层的土温，℃；K_T 为土壤热传导系数，W·m/℃；T_{AIR}^t 为 t 时刻的气温，℃；C_A 为土壤热传导能力系数，J·m/℃；Δt 为时间变化量。积雪覆盖对土温的影响采用以下经验公式(Rankinen et al., 2004)：

$$T_Z^{t+1} = T_*^{t+1} e^{-f_S D_S} \tag{3.7}$$

式中，f_S 为阻尼参数，m^{-1}；D_S 为积雪深度，m。

C. 蒸散发模块

模型中考虑了潜在蒸散发和实际蒸散发。首先模型引入了 Thornthwaite (Thornthwaite，1948)、Hydro-Québec (Fortin，1999)、Linacre (Linacre，1977)、Penman (Penman，1950)、Penman-Monteith (Monteith,1965) 和 Priestley-Taylor (Priestley and Taylor，1972) 六种方法计算潜在蒸散发。用户确定蒸散发算法的基础上，可以进行实际蒸散发的计算。其中 Hydro-Québec 的计算公式为

$$ET_{p,HQ} = \left[0.029718 \cdot DTR_{exp}(0.0342 \cdot DTR + 1.216)\right] \tag{3.8}$$

式中，DTR (daily temperature range) 为气温日较差，℃；$ET_{p,HQ}$ 为日累计蒸散发，mm。

D. 垂向水量收支平衡模块(BV3C)

BV3C 模块是为了提高 HYDROTEL 中土壤垂向水量平衡的模拟精度而开发的，该模块考虑了土壤物理过程，并与遥感及 GIS 数据耦合(Fortin，1999；Fortin et al.，2001)。在 BV3C 模块中，降水量(降雨或降雪)首先被分为地表径流和入渗两部分。入渗可以改变土壤的饱和状态，在非饱和土壤层的上界和下界分别形成潜流和基流(图 3.4)。

BV3C 模块需要预先定义 RHHU 不同土层之间的物理变量和水分通量，从而可以近似模拟大尺度水文过程中的土壤入渗和垂向水量平衡过程等。BV3C 模块将土壤分为三层，涉及的物理参数主要有：饱和水力传导度、土壤基质势、土壤饱和含水量、田间持水量、凋萎系数、植被的消光系数和基流的退水系数等。表层土相对较薄，厚度为 10～20cm，与地表径流密切相关；第二层土为过渡层，壤中径流主要发生在该层上界的非饱和层或者包气带；第三层土接近饱和状态，主要产生基流。表层土和第二层土反映土壤对降雨过程的动态响应；第三层土壤反映降雨过程影响的缓慢变化过程。

在模拟之初，该模块首先基于降雨或者降雪量计算土壤入渗量和地表径流量。当土壤较为干燥或者降雨强度较小，入渗率主要是由渗透系数决定的。当供水强度足够大时，土壤的入渗容量和积水时间主要由史密斯-帕兰格(Smith-Parlange)方程计算，其中土壤吸湿水(Sorptivity, S)计算如下：

$$S = \left[2(\theta_t - \theta_i) K_s \psi_f\right]^{0.5} \tag{3.9}$$

式中，θ_t 为过渡带的土壤含水量，mm；θ_i 为初始土壤含水量，mm；K_s 为饱和水力传导度，mm/h；ψ_f 为土壤基质势。

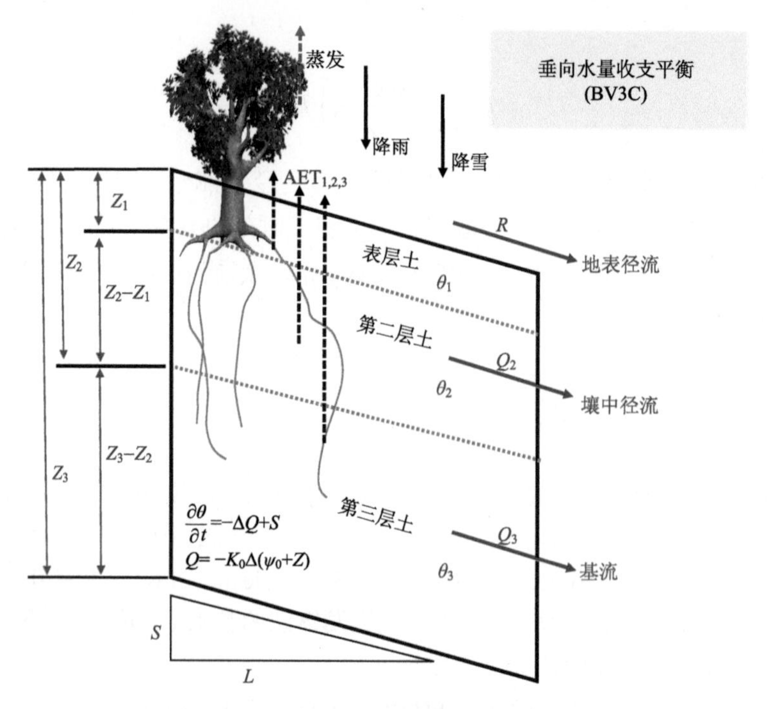

图 3.4　BV3C 模块中垂向水量收支平衡概念图

在计算完土壤吸湿水之后，就可以估算表层土积水的时间，公式如下：

$$\int_0^{t_p} r\mathrm{d}t = \frac{S^2}{2K_s}\ln\left(\frac{r_p}{r_p - K_s}\right) \tag{3.10}$$

式中，t_p 为土壤表层发生积水的开始时间，h；r 为雨强，mm/h；S^2 为普利普定义的土壤吸湿水。对于 $t>t_p$ 的情况，史密斯-帕兰格提出了一个在 $K(\theta)$ 缓变情况下类似于格林-安普特公式的下渗公式，即

$$fp = K_s\left(\frac{C}{K_s F_p} + 1\right) \tag{3.11}$$

其中，

$$C \approx \left(i_p - K_s\right)\int_o^{t_p} i\mathrm{d}t \approx S^2/2 \tag{3.12}$$

式中，F_p 为累计下渗量，mm，当 $K(\theta)$ 在饱和土壤含水量附近快速变化时，史密斯-帕兰格给出了下列公式，用于计算 t_p 时刻的土壤入渗率，即

$$f = \frac{K_s \exp\left(F_p K_s / C\right)}{\exp\left(F_p K_s / C\right) - 1} \tag{3.13}$$

随后，可以进一步计算每层土壤的含水量，计算公式如下：

$$\theta_{1f} = \theta_{1i} + \frac{\Delta t}{Z_1}\left(P - q_{1,2} - E - \mathrm{Tr}_1\right) \tag{3.14}$$

$$\theta_{2f} = \theta_{2i} + \frac{\Delta t}{Z_2 - Z_1}\left(q_{1,2} - q_{2,3} - \text{Tr}_2 - Q_2\right) \tag{3.15}$$

$$\theta_{3f} = \theta_{3i} + \frac{\Delta t}{Z_3 - Z_2}\left(q_{2,3} - \text{Tr}_3 - Q_3\right) \tag{3.16}$$

式中，θ_1、θ_2 和 θ_3 分别为首层、第二层和第三层的土壤含水量；Z 为土壤层的厚度，mm；$q_{1,2}$ 和 $q_{2,3}$ 分别为表层土与第二层土以及第二层土至第三层土之间的垂向交互水量，mm；Δt 为时间步长，h；Q_2 和 Q_3 分别为第二层和第三层土中的壤中流，mm/h。Tr 为蒸腾量，mm。其中，$q_{1,2}$ 和 $q_{2,3}$ 计算公式如下：

$$q_{1,2} = K_{1,2}\left[2\frac{\Psi(\theta_2) - \Psi(\theta_1)}{Z_1 + (Z_2 - Z_1)} + 1\right] \tag{3.17}$$

$$q_{2,3} = K_{2,3}\left[2\frac{\Psi(\theta_3) - \Psi(\theta_2)}{(Z_2 - Z_1) + (Z_3 - Z_2)} + 1\right] \tag{3.18}$$

第二层(Q_2)和第三层(Q_3)土壤中的壤中流计算如下：

$$Q_2 = K(\theta_2)\sin\left[\arctan(S_{\text{n}})\right]\cdot(Z_2 - Z_1) \tag{3.19}$$

$$Q_3 = k_{\text{r}}(Z_3 - Z_2)\theta_3 \tag{3.20}$$

式中，S_{n} 为坡度；第二层土壤的厚度为(Z_2–Z_1)，mm；第三层土壤的厚度为(Z_3–Z_2)，mm；k_{r} 为退水系数。基于土地类型从潜在蒸散发中估算土壤实际蒸散发，裸地的最大潜在蒸散发)计算如下：

$$E_{\text{m}} = \text{ETP} \times \text{e}^{-D\cdot\text{LAI}} \tag{3.21}$$

式中，D 为消光系数，与土地利用类型有关，并受到植被叶面积指数(LAI)的影响；ETP 为潜在蒸散发，mm。表层土的干湿度系数(C_{s})基于该层土的相对土壤含水量和土壤基质类型而确定，计算公式如下(Patoine 和 Fortin, 1992)：

$$\theta_{\text{r},1} = \frac{\theta_1 - \theta_{\text{pf}}}{\theta_{\text{cc}} - \theta_{\text{pf}}} \tag{3.22}$$

$$C_{\text{s}} = \frac{1 - \text{e}^{-\alpha_{\text{k}}\theta_{\text{r},1}}}{1 - 2\text{e}^{-2\alpha_{\text{k}}} + \text{e}^{-\alpha_{\text{k}}\theta_{\text{r},1}}} \tag{3.23}$$

式中，α_{k} 为与土壤基质类型相关的系数；θ_{pf} 为凋萎系数；θ_{cc} 为田间持水量的土壤水势，mbar。基于不同土壤基质的平均土壤相对含水量(θ_{rm})和干湿度系数[C_{t}，计算公式同式(3-23)，但用 θ_{rm} 替换 θ_{r}]，就可以计算总蒸腾量(Tr)，计算公式如下：

$$\text{Tr} = C_{\text{t}}\left[(\text{ETP} - E_{\text{m}})\left(\beta + (1-\beta)\frac{E}{E_{\text{m}}}\right)\right] \tag{3.24}$$

式中，β 为系数，代表干湿度对表层土的影响效应，取值 1.1。在计算完 RHHU 尺度不同土地利用类型的实际蒸散发之后，BV3C 就可以基于 RHHU 内不同土地利用类型的比例估算整个 RHHU 内的实际蒸散发量。

E. 坡面汇流模块

在基于 BV3C 模块完成网格尺度的水量平衡模拟的基础上，进一步在 RHHU 尺度计算坡面的汇流过程。坡面汇流模块采用由 Leclerc 和 Schaake(1973)提出的动力波方程，公式如下：

$$\frac{\delta R}{\delta x}+\frac{\delta h}{\delta t}=i \tag{3.25}$$

式中，R 为网格之间的入流量，$\mathrm{ft^2/(s\cdot ft)}$[①]；$i$ 为垂向水量收支平衡模块的有效供水量，ft/s；x 为距离，ft；t 为时间，s；h 为径流深度，ft，计算公式如下：

$$h=\left(\frac{n}{\sqrt{S_0}}\right)^{\frac{3}{5}}R^d \tag{3.26}$$

式中，n 为曼宁粗糙度系数；S_0 为坡度，m/m；d 为系数，取值为 3/5。实际模拟中，在每个 RHHU 内，垂向水量平衡模型产生的径流深度会在每个时间步长发生变化，可以基于以下公式计算特定的时间步的径流深度：

$$R_\mathrm{t}=h_\mathrm{t}\frac{i_\mathrm{t}}{i_\mathrm{ref}} \tag{3.27}$$

式中，i_t 和 i_ref 分别为 BV3C 模块产生的实际径流深度和参考径流深度。

F. 河道径流模块

该模块采用圣维南方程完成河道汇流的计算，模块中有两种算法：运动波方程和扩散波方程。其次，该模块中还引入了湖泊出水口径流的演算，并考虑水库蓄水量的估算和水库的管理。

河道汇流的第一种方法采用 Fortin 等(1995)提出的一维方程进行汇流计算，该方法略去了惯性项和压力项，控制方程如下：

$$\frac{\delta Q}{\delta x}+\frac{\delta A}{\delta t}=q \tag{3.28}$$

$$\frac{\delta h}{\delta x}=S_0-S_\mathrm{f} \tag{3.29}$$

$$A=kQ^b S_\mathrm{f}^{\frac{-b}{2}} \tag{3.30}$$

$$h=r^{Q^s} \tag{3.31}$$

式中，A 为汇流面积，$\mathrm{m^2}$；Q 为径流量，$\mathrm{m^3/s}$；q 为侧入流量，$\mathrm{m^3/s}$；S_0 为底坡度，m/m；S_f 为阻力坡度，m/m；r，b 和 k 为系数；t 为时间步长；x 为河段长度。

另一种算法是采用 Moussa(1987)提出的扩散方程进行汇流计算，该方法在洪水演算方面表现较好。扩散方程公式如下：

$$\frac{\delta Q}{\delta t}=-C\frac{\delta Q}{\delta x}+\frac{\sigma}{C^2}\frac{\delta^2 Q}{\delta t^2}+\frac{2\sigma^2}{C^3}\frac{\delta^3 Q}{\delta x\delta t^2} \tag{3.32}$$

---

① 1 ft=0.3048 m

式中，C 为波速，m/s；σ 为扩散系数，m^2/s。

HYDROTEL 考虑水库的调度对径流的影响，即基于水库汛期限制水位、死水位和潜在蓄水量估算水库的出流量。因此，无论水库采用何种调度方式，水库的泄洪流量始终小于或等于水库最大出水量，并大于或等于水库最小出水量，且水库的水位位于最大水位和最小水位(死水位)之间。基于以下公式计算水库入库流量与水位之间的关系：

$$V_h = a_0 + a_1(h - h_r) + a_2(h - h_r)^2 + a_3(h - h_r)^3 + a_4(h - h_r)^4 + a_5(h - h_r)^5 \tag{3.33}$$

式中，V_h 为 h 水位对应的水库蓄水量，m^3；a_0、a_1、a_2、a_3、a_4 和 a_5 为调整系数；h 为水库的水位，m；h_r 为参考水位(海拔)，m。水库的蓄水量计算公式如下：

$$V_t = V_{t0} + Q_{in}\Delta t \tag{3.34}$$

式中，V_t 为 t 时刻水库的蓄水量(m^3)；V_{t0} 为水库的初始蓄水量(m^3)；$Q_{in}\Delta t$ 为 t 时间步长期间水库的入流量；Δt 为时间间隔，s。基于水库的蓄水量，水库的潜在出流量计算公式如下：

$$Q_t = \frac{V_t - V(_{h=h_0})}{\Delta t} \tag{3.35}$$

$$Q_{total} = \sum_{i=1}^{n} Q_{e,i} \tag{3.36}$$

式中，h_0 为目标水位,m；Q_p 为水库出流量,m^3/s；Q_{total} 为 t 时间内的水库总出流量。水库是否有出流量，取决于以下限定条件：

$$\begin{aligned} &\text{If } Q_t < Q_{min} \text{ then } Q_e = Q_{min} \\ &\text{If } Q_{min} < Q_t < Q_{max} \text{ then } Q_e = Q_t \\ &\text{If } Q_t > Q_{max} \text{ then } Q_e = Q_{max} \end{aligned} \tag{3.37}$$

式中，Q_{min} 和 Q_{max} 分别为水库的最大和最小出流量，m^3/s。

G. 湿地模块

湿地模块包括两个方面：①模拟孤立湿地汇水区(不包含湿地)、孤立湿地和低地(湿地蓄满产流的下游地区)之间的产汇流过程；②模拟河滨湿地汇水区、河滨湿地和低地之间的产汇流过程，即孤立湿地是在 BV3C 模块与流域水文过程的耦合，河滨湿地是在河段尺度与流域水文过程的耦合(图 3.2)。

孤立湿地模块中的计算公式和参数主要从以下三方面获得：①前人发表的论文(Wang et al., 2008; Liu et al., 2008; Fossey et al., 2015; Rahman et al., 2016)；②PHYSITEL 平台对湿地参数的刻画；③基于 HYDROTEL 计算得出逐日尺度的参数值。因此，基于前人的孤立/河滨湿地 HEW 的计算公式，就可以获得 HYDROTEL 模型中不同时间步长的 HEW 面积。孤立湿地蓄水量-面积关系如下：

$$A_{wet} = \beta \times V_{wet}{}^{\alpha} \tag{3.38}$$

式中，A_{wet} 为 HEW 的面积，m^2，V_{wet} 为 HEW 的蓄水量，m^3。基于 Liu 等(2008)，河滨湿地水深(D_{ewet})与蓄水量(V_{wet})关系如下：

$$D_{ewet} = \beta^{-1} \times V_{wet}{}^{1-\alpha} \tag{3.39}$$

式中，D_{ewet}是河滨湿地的水深，m；α和β是系数，计算公式如下：

$$\alpha = \frac{\lg(A_{wet,max}) - \lg(A_{wet,nor})}{\lg(V_{wet,max}) - \lg(V_{wet,nor})} \tag{3.40}$$

$$\beta = \frac{A_{wet,\ max}}{V_{wet,\ max}{}^{\alpha}} \tag{3.41}$$

式中，$A_{wet,max}$为最大水位下 HEW 的面积；$A_{wet,nor}$为假设正常水位下 HEW 的面积；$V_{wet,nor}$和 $V_{wet,max}$ 为对应 HEW 的正常蓄水量和最大蓄水量。孤立湿地和河滨湿地蓄水量计算如下：

$$V_{wet,nor} = \alpha \times A_{wet,nor} \tag{3.42}$$

$$V_{wet,max} = D_{ewet} \times A_{wet,max} \tag{3.43}$$

式中，α为 HEW 的蓄水量和面积的比值。对于河滨湿地，D_{ewet}是 HEW 在正常水位下的水深。

孤立湿地水量平衡模型方程为

$$V_{wet2} = V_{wet1} + V_{flowin} - V_{flowout} + V_{pcp} - V_{evap} - V_{seep} \tag{3.44}$$

式中，V_{wet1}和V_{wet2}分别为计算时间步长内孤立湿地 HEW 的初始和最后的蓄水量，m^3；V_{pcp}为 HEW 的降水量，m^3；V_{evap}为 HEW 的蒸散发，m^3；V_{seep}为 HEW 向地下含水层的下渗量，m^3，这取决于饱和水力传导度；$V_{flowout}$为 HEW 的出流量，m^3；V_{flowin}为 HEW 的入流量，m^3，计算如下：

$$V_{flowin} = \left(Q_{surf} + Q_{lat} + Q_{gw}\right) \times \left(\mathrm{fr}_{wet} \times \mathrm{SA}_{rhhu} - \mathrm{SA}_{wet}\right) \times 10 \tag{3.45}$$

式中，Q_{surf}、Q_{lat}和Q_{gw}分别是地表径流、侧向流和基流量，mm，由 BV3C 模块计算而得；10 是换算因子，$m^3/(hm^2 \cdot m)$；fr_{wet}为湿地汇水区面积和湿地面积占 RHHU 面积(SA_{rhhu})的比例，%。湿地的降雨量、蒸散发和下渗量计算如下：

$$V_{pcp} = \mathrm{PCP}_{RHHU} \times \mathrm{SA}_{wet} \times 10 \tag{3.46}$$

$$V_{evap} = \eta \times \mathrm{ETP}_{RHHU} \times \mathrm{SA}_{wet} \times 10 \tag{3.47}$$

$$V_{seep} = K_{sat} \times \mathrm{SA}_{wet} \times \Delta t \times 10 \tag{3.48}$$

式中，PCP_{RHHU}为 RHHU 尺度的降水量；ETP_{RHHU}为 RHHU 尺度的蒸散发；η为折算系数，基于 Neitsch 等(2005)的研究取值 0.6，即在 RHHU 尺度，湿地的蒸散发占 RHHU 尺度蒸散发的 60%；K_{sat}为湿地底部的饱和水力传导度，基于 Liu 等(2008)和 Neitsch 等(2005)的研究取值为 0.5mm/h；Δt为模拟的时间步长，h。

模拟之初，V_{wet1}设定为正常蓄水量，参数 A_{wet}、V_{wet}和、V_{flowin}和 $V_{flowout}$用于计算孤立湿地的水量平衡。该模拟过程中，假设条件如下：①当湿地水量少于正常水位的湿地蓄水量情景下，湿地无出流量($V_{flowout}$=0)；②当湿地的蓄水量介于正常水位和最大水位之间或者大于最大蓄水量时，湿地则会蓄满产流。孤立湿地 HEW 产流过程算法如图 3.5 所示。

河滨湿地水量平衡模型如下：

$$V_{wet2} = V_{wet1} + V_{flowin} - V_{ex} + V_{pcp} - V_{evap} - V_{seep} \tag{3.49}$$

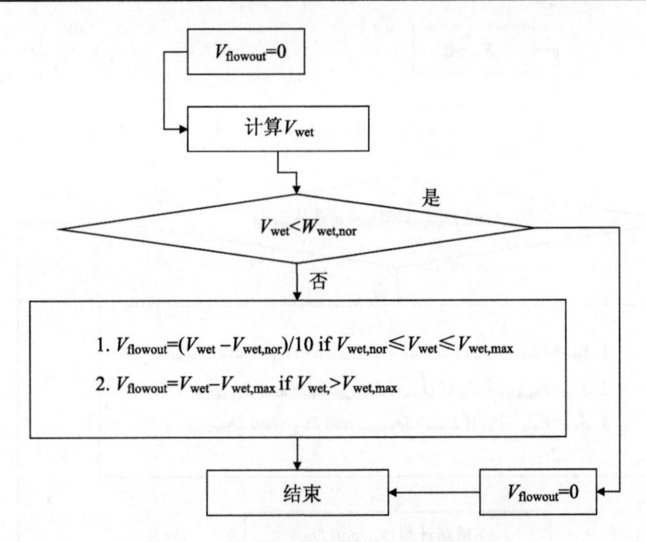

图3.5　孤立湿地HEW产流过程算法

式中，河滨湿地的V_{flowin}在Q_{rhhu}变量中包括基流。V_{ex}是指HEW与该段河道地表径流水量交互量(m^3)，基于迭代法计算而得。模拟之初，V_{wet1}认为是$V_{wet,\,nor}$，随后，HYDROTEL会以河段为单位，分别计算每一个时间步长内一个河段内河滨湿地的A_{wet}[式(3.38)]、V_{wet}[式(3.43)]、V_{flowin}[式(3.45)]和$V_{flowout}$[式(3.45)]等参数以及湿地的入流量和过境流量等参数(Fossey et al.，2015)。河滨湿地HEW与邻近河道水量交互算法如图3.6所示。在此过程中，河滨湿地的水位与邻近河道水位的落差对湿地与河道地表水、潜流交互至关重要。基于以下公式计算邻近河道的水深和断面的宽度(Ames et al.，2009)：

$$D_{bank}=0.13\times {A_{up}}^{0.4} \tag{3.50}$$

$$W_{ch}=a\times {A_{up}}^{b} \tag{3.51}$$

式中，D_{bank}是河道的水深，m；A_{up}是河段及其上游的汇水面积，km^2；0.13是常数；W_{ch}为河道的宽度；系数a和b分别为0.49和0.62。河滨湿地模块中，当河道水位(H_{ch})高于河岸和湿地水位(H_{wet})的时，河道流向湿地($V_{ex}<0$)；反之，则湿地流向河道($V_{ex}>0$)。基于达西定律计算湿地与河道的水量交互：

$$G_{wet}=k\times b\times L_{wet}\times\frac{H_{wet}-H_{ch}}{d}\times\Delta t \tag{3.52}$$

式中，k为河岸的饱和水力传导度,m/h；b为含水层的厚度；参考Neitsch等(2005)k和b分别取值为0.025 m/h和2.0 m；L_{wet}为河段内河滨湿地的长度，m；d为侧向水量交互的距离($3\times W_{ch}$)。当河滨湿地干涸且和河道水位低于河滨湿地底部高程时，无水量交换发生(G_{wet}=0)。

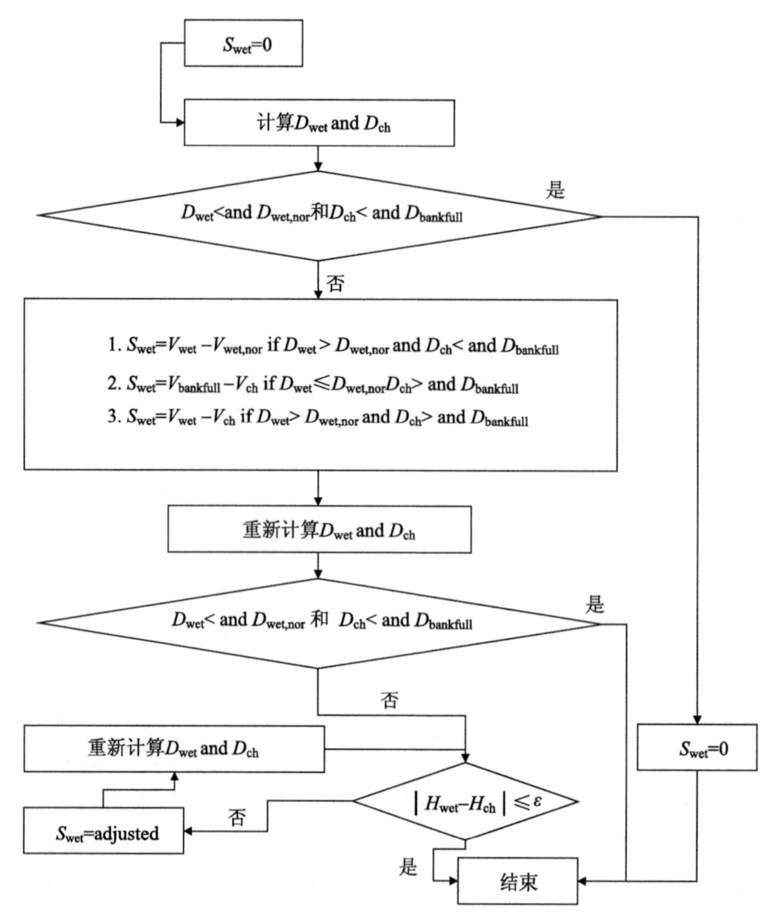

图 3.6　河滨湿地 HEW 与邻近河道水量交互算法

3.1.3　嫩江流域湿地生态水文模型构建

1. PHYSITEL-HYDROTEL 平台模型数据库的建立

PHYSITEL-HYDROTEL 水文模拟平台需要大量的输入数据，主要包括 DEM、土地利用数据、气象数据、水文观测数据、河网水系和土壤基质等数据。其中，河网水系需要矢量格式数据，DEM、土地利用数据和土壤基质需要栅格数据，气象和水文观测数据需要以特定的文件格式制备。鉴于数据来源不同，分辨率和投影亦有所差异，为适应平台的数据需求，采用统一的坐标系和投影系统，选取 WGS1984 坐标系和 UTM 投影(WGS_1984_UTM_Zone_49N)，并将栅格数据统一转化为 200m 的分辨率。

1) 气象与水文数据

气象数据选取嫩江流域及其周边的 39 个国家气象站的多年日降水量、气温、日照时数、相对湿度等数据，数据来源于中国气象数据网(http://data.cma.cn/)。水文数据选择嫩江流域干流的石灰窑站、富拉尔基站和大赉站的 1960～2018 年的日流量数据以及支流多布库里河、诺敏河、门鲁河、甘河、讷河等控制站和嫩江县(尼尔基水库入库控制站)2011～2018 年的日流量数据(部分缺失数据，输入–999)。气象和水文数据的制备及具体格式如图 3.7 所示。

图 3.7　PHYSITEL-HYDROTEL 水文模拟平台中气象数据和水文数据的制备

2) 土壤质地、河网水系数据与 DEM

矢量化河网水系数据和土壤质地栅格数据来源于中国科学院资源环境科学数据中心(http://www.resdc.cn/)。DEM 数据(30m 分辨率)来源于地理空间数据云(http://www.gscloud.cn/)。嫩江流域土壤质地和河网水系空间分布如图 3.8 所示。采用 Texture AutoLookup (TAL) 软件(The，2005)确定土壤质地类型。

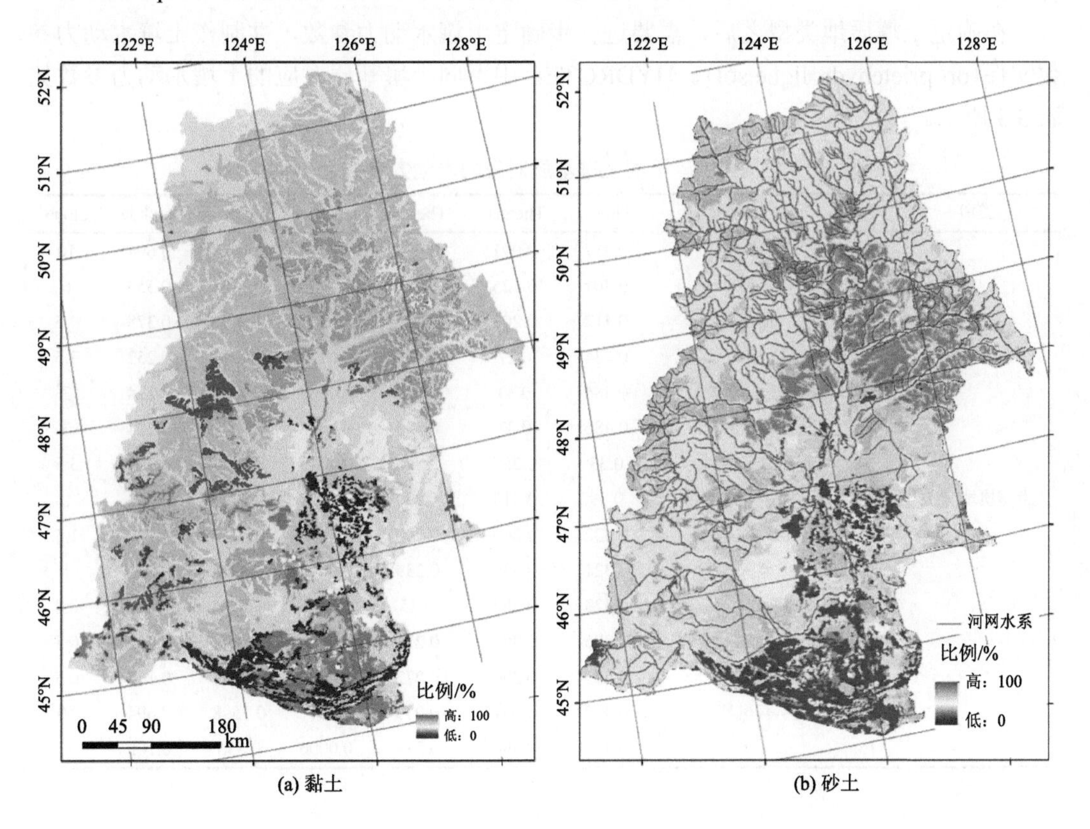

(a) 黏土　　(b) 砂土

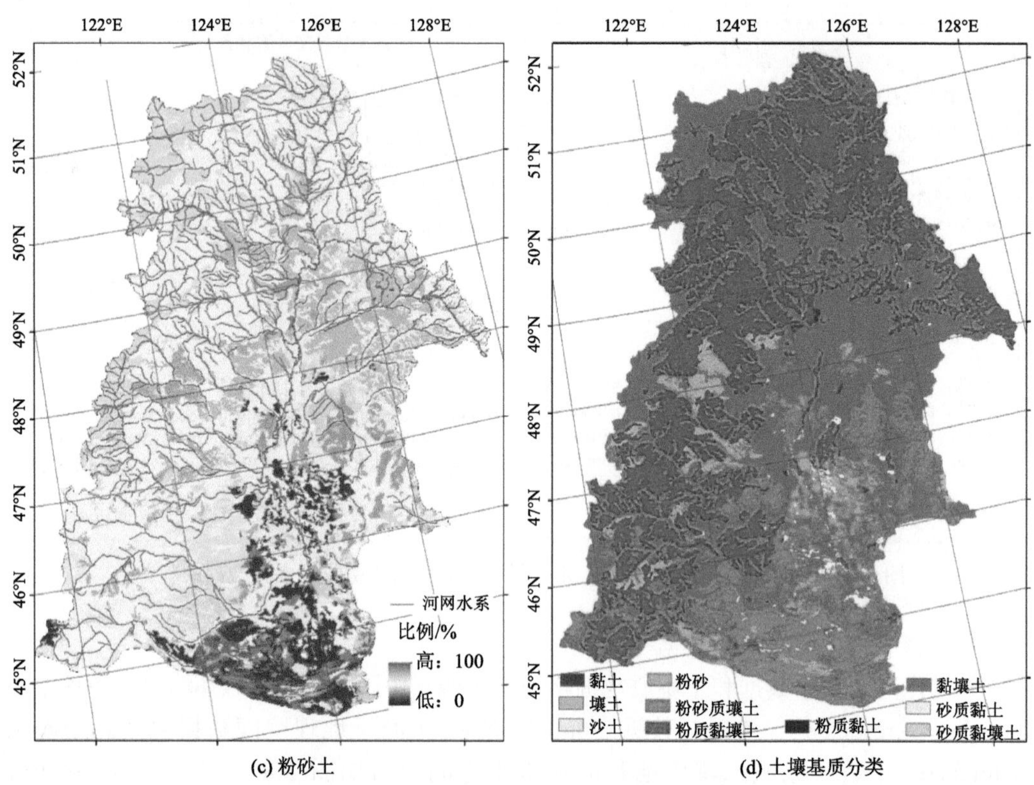

(c) 粉砂土　　(d) 土壤基质分类

图 3.8　嫩江流域土壤基质和河网水系空间分布

在确定土壤质地类型之后，需要进一步确定土壤水动力参数，并制作土壤水动力参数文件(proprietehydrolique.sol)。HYDROTEL 中不同土壤基质对应的土壤水动力参数如表 3.3 所示。

表 3.3　不同土壤基质对应的水动力参数

类别	序号	土壤基质	Thetas	Thetacc	Thetapf	ks	psis	lambda	alpha
土壤质地分类	1	沙土	0.417	0.091	0.033	0.21	0.1598	0.694	10
	2	壤砂土	0.401	0.125	0.055	0.0611	0.2058	0.553	6
	3	砂壤土	0.412	0.207	0.095	0.0259	0.302	0.378	4.5
	4	壤土	0.434	0.27	0.117	0.0132	0.4012	0.252	3.5
	5	粉砂壤土	0.486	0.33	0.133	0.0068	0.5087	0.234	3
	6	泥沙	0.486	0.33	0.133	0.0068	0.5087	0.234	3
	7	砂质黏壤土	0.33	0.255	0.148	0.0043	0.5941	0.319	3.5
	8	黏壤土	0.39	0.318	0.197	0.0023	0.5643	0.242	2
	9	粉砂黏壤土	0.432	0.366	0.208	0.0015	0.7033	0.177	1.5
	10	砂黏土	0.321	0.339	0.239	0.0012	0.7948	0.223	1
	11	粉质黏土	0.423	0.387	0.25	0.0009	0.7654	0.15	0.8
	12	黏土	0.385	0.396	0.272	0.0006	0.856	0.165	0.5
	13	基岩	0.385	0.396	0.272	0.0006	0.856	0.165	0.5
	14	有机质	0.417	0.091	0.033	0.21	0.1598	0.694	10
	15	冰	0.385	0.396	0.272	0.0006	0.856	0.165	0.5

续表

类别	序号	土壤基质	Thetas	Thetacc	Thetapf	ks	psis	lambda	alpha
泥炭沼泽	16	peat_(Fibric)	0.93	0.275	0.05	1.008	0.0103	0.37	6
	17	peat_(Hemic)	0.88	0.62	0.15	0.0072	0.0102	0.164	3
	18	peat_(Sapric)	0.83	0.705	0.25	0.0004	0.0101	0.083	0.5
	19	peat_(Neco)	0.88	0.45	0.15	0.5	0.0102	0.25	5

3) 土地利用和湿地数据

本节选取嫩江流域 1980 年、1990 年、2000 年、2010 年和 2015 年土地利用数据用于模型的建立，土地利用栅格数据来源于中国科学院资源环境科学数据中心。湿地分布原始数据采用中国科学院遥感与数字地球研究所提供的 1978 年、1990 年、2000 年和 2008 年的湿地分布图（牛振国等，2012）以及中国湿地生态与环境数据中心（http://www.igadc.cn/wetland/index.html）提供的 2015 年湿地分布图，并将湿地分布与土地利用数据叠加，结合 HYDROTEL 水文模型特性，进一步对土地利用数据进行重分类，从而更为精细地模拟流域湿地水文过程。以 2000 年和 2015 年为例，叠加湿地后的土地利用分布如图 3.9 所示。

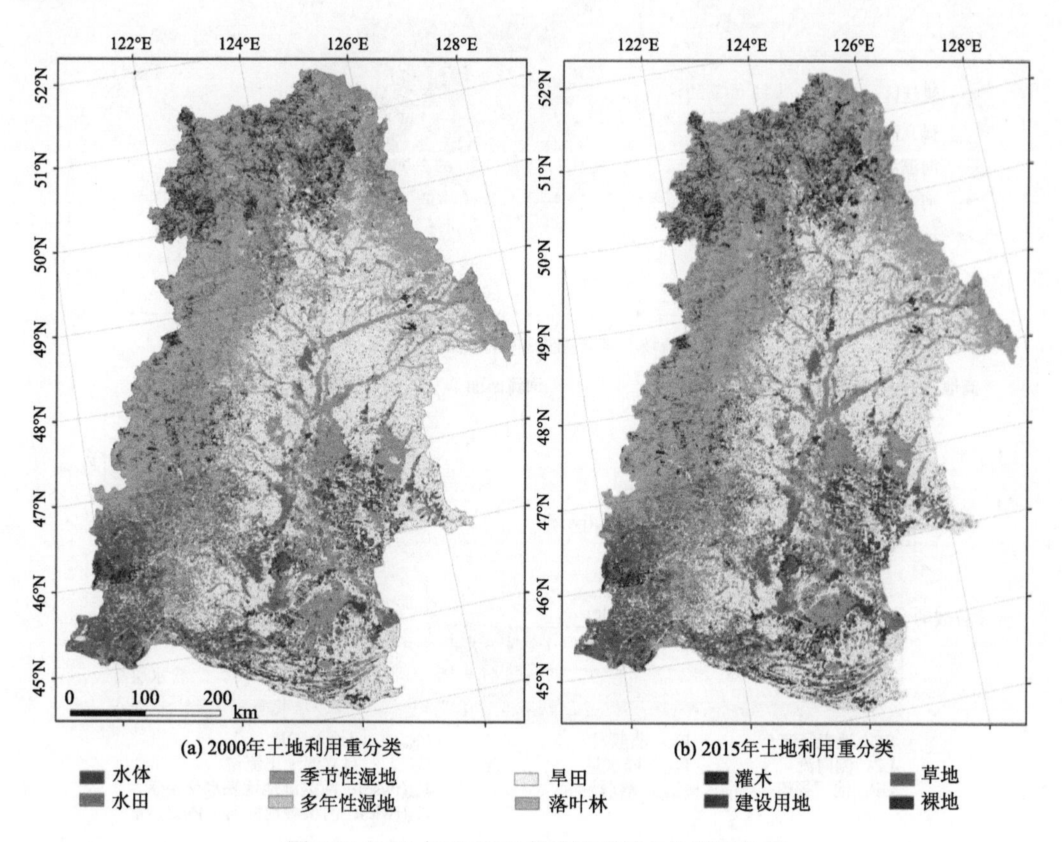

图 3.9　2000 年和 2015 年嫩江流域土地利用分布

4)基于 PHYSITEL 平台流域湿地类型划分及生态水文参数刻画

在完成 RHHU 尺度土地利用、DEM 和土壤基质类型等特征耦合的基础上，PHYSITEL 平台基于湿地与河道的水文连通度阈值在流域尺度划分孤立湿地和河滨湿地。湿地水文连通性阈值是指与河道水域有直接连通的湿地面积(湿地中连接河网的栅格像素单元总面积)占湿地总面积的比例，当湿地与河网连通性低于(高于)一定阈值(如1%)就是孤立湿地(河滨湿地)(Brooks et al.，2011)。孤立湿地是指具有或少有永久性水面，与河流无地表连通性或连通性较差的湿地，其水文状况受地下水位影响很大，且蒸散发、降水量和湿地自身特性影响地下水位变化(Tiner，2003)；河滨湿地是指邻近河流受到洪水周期性淹没的湿地，其水文状况主要取决于河流的影响程度和地下水状况(Fossey et al.，2015)。流域不同类型湿地间的水文连通如图 3.10 所示。

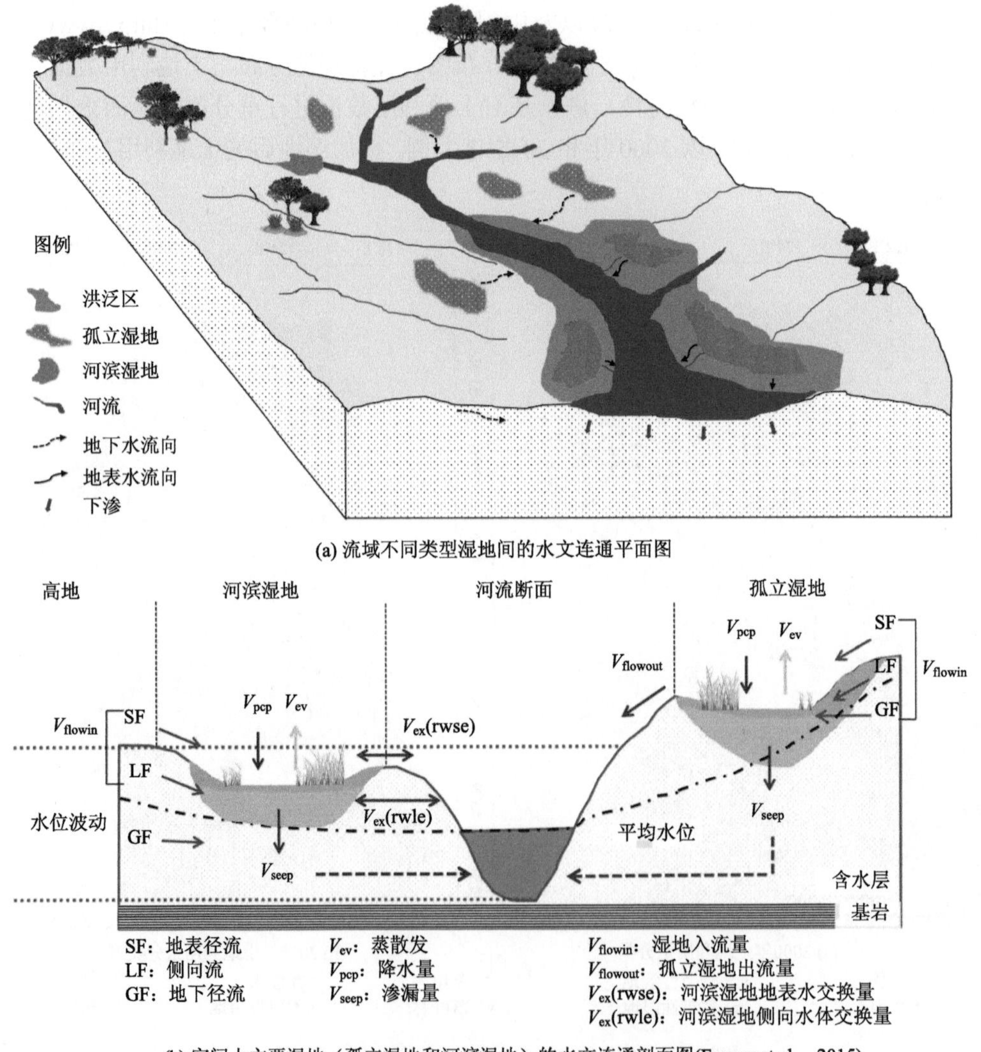

(a) 流域不同类型湿地间的水文连通平面图

(b) 空间上主要湿地（孤立湿地和河滨湿地）的水文连通剖面图(Fossey et al.，2015)

图 3.10　流域湿地水文连通性概念模型

在完成孤立湿地和河滨湿地划分的基础上，PHYSITEL 基于水文等效性湿地(hydrological equivalent wetlands，HEW)的概念对湿地参数进一步刻画，获取 RHHU 尺度的湿地参数。Wang 等(2008)和 Liu 等(2008)提出了 HEW 的概念，他认为一个 HEW 等同于一个相对均值水文单元内多个湿地特征(如孤立湿地和河滨湿地)的集合体。该概念有 4 个假设：①一个 RHHU 只有一个孤立湿地/河滨湿地的 HEW；②HEW 必须集成在一个 RHHU 之内；③孤立湿地是 HEW 参数的数值耦合；④河滨湿地是 HEW 参数的数值和空间(隶属于具体河段)耦合。基于此，RHHU 之内的孤立湿地或河滨湿地对应的最大面积($A_{\mathrm{wet,max}}$)以及 RHHU 尺度的湿地汇水区和湿地的总面积($\mathrm{fr_{wet}}$)就可以计算而得出。基于 HEW 理论框架，PHYSITEL 平台分别计算 $A_{\mathrm{wet,max}}$ 和 $\mathrm{fr_{wet}}$ 以及两种湿地的汇水区(Wang et al.，2008；Liu et al.，2008)。湿地最大面积由包含湿地的栅格图中的像素单元计算而得，流域汇水区面积由流向累计矩阵而得。孤立湿地和河滨湿地的 HEW 概念如图 3.11 所示(Rousseau et al.，2017；吴燕锋等，2019)。

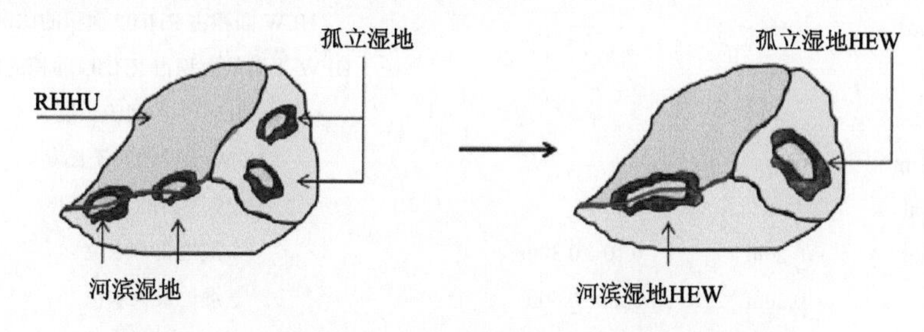

图 3.11　孤立湿地和河滨湿地及其水文等同湿地概念图

PHYSITEL 中孤立湿地模块的参数包括(Rousseau et al.，2017)：①HEW 的蒸散发，RHHU 尺度的潜在蒸散率(C_EV)；②HEW 对陆面径流的贡献，正常水位的湿地蓄水量与最大水位的湿地蓄水量的比值(C_PROD)；③正常水位湿地面积占最大水位湿地面积的比例(FRAC)；④HEW 土壤的饱和水力传导度(KSAT_BS)；⑤HEW 尺度的湿地蓄水量与面积关系系数(RAV)。河滨湿地的五个参数分别为：①FRAC；②KSAT_BS；③河岸饱和水力传导度 KSAT_BK；④HEW 最大水位对应的水深阈值($\mathrm{De_{wet,max}}$)；⑤HEW 正常水位对应的水深阈值($\mathrm{De_{wet,nor}}$)。PHYSITEL 刻画的孤立湿地参数和河滨湿地的参数如表 3.4 和表 3.5 所示。

表 3.4　PHYSITEL 输出的孤立湿地参数

参数名	参数值	参数值变幅	描述
RHHU_ID	—	—	水文响应单元 ID
RHHU_a	—	—	水文响应单元面积($\mathrm{km^2}$)
wet_a($\mathrm{SA_{wet,mx}}$)	—	—	HEW 最大面积($\mathrm{km^2}$)
wet_dra_fr($\mathrm{fr_{wet}}$)	—	—	HEW 内(湿地汇水区面积+湿地面积)/RHHU 面积
FRAC($\mathrm{SA_{wet,nor,frac}}$)	0.80	0.40～1.00	正常水位湿地面积占最大水位湿地面积的比例 $\mathrm{SA_{wet,nor}/SA_{wet,mx}}$
wetdnor($\mathrm{De_{wet,nor}}$)	0.20m	0.10～0.30m	湿地正常水位
wetdmax($\mathrm{De_{wet,max}}$)	0.30m	0.20～0.50m	湿地最大水位

续表

参数名	参数值	参数值变幅	描述
KSAT_BA (K_{sat})	0.50mm/h	0.25～0.75mm/h	HEW 土壤水力传导度
C_EV (C_EV)	0.60	0.40～1.00	蒸发能力折算系数
C_PROD	10	5～15	湿地从正常水位变化到最大水位的过程，HEW 中出流水量的比例

表 3.5　PHYSITEL 输出的河滨湿地参数

参数名	参数值	参数值变幅	描述
Troncod_ID	—	—	河段 ID 编号
RHHU_a	—	—	河段内 RHHU 的面积
wet_a	—	—	HEW 最大面积(km^2)
wet_{aup_fr}	—	—	上游中 HEW 面积占 RHHU 坡度面积的比例
wet_{adra_fr} (fr_{wet})	—	—	HEW 面积占 RHHU 面积的比例
wet_{adown_fr}	—	—	HEW 下游的面积占 RHHU 面积的比例
longueur	—	—	HEW 中的河流长度
longueur amont	—	—	HEW 上游的河流长度
longueur aval	—	—	HEW 下游的河流长度
wet_{dnor}	0.20m	0.10～0.30m	湿地正常水位
wet_{dmax}	0.30m	0.20～0.50m	湿地最大水位
FRAC	0.80	0.40～1.00	正常水位湿地面积占最大湿地面积的比例
KSAT_BK (k)	25.0mm/h	12.5～37.5mm/h	河床饱和水力传导度
KSAT_Bs (K_{sat})	0.50mm/h	0.25～0.75mm/h	湿地基底饱和水力传导度
th_aq (b)	0.60	0.40～1.00	潜水层的厚度

2. 耦合湿地模块的流域水文模型构建

1)流域湿地水文模型构建方法

基于嫩江流域 PHYSITEL-HYDROTEL 平台的数据库，在 PHYSITEL 平台完成子流域的划分，划分不同的河段(基于水文站的空间分布)，并刻画流域尺度的湿地参数和模型水文参数。然后，将 PHYSITEL 输出结果导入至 HYDROTEL 水文模型，选择合适的子模块，完成对 HYDROTEL 模型的初步构建。本节选取泰森多边形法对气象数据进行空间插值；采用度日物质能量平衡模型(Riley et al.，1973)模拟融雪径流，其中冻土模块采用改进的 Karvonen(1988)提出的土温算法，将积雪冻融与土壤冻融的物理过程耦合；采用 Hydro-Québec 公式(Fortin，1999)计算蒸散发；采用三层垂向水量收支平衡(BV3C)模型(Fortin，1999；Fortin et al.，2001a)开展垂向尺度的水量平衡收支模拟，并开展湿地尺度和水文单元尺度(RHHU)水量平衡模拟；选取运动波方程(Leclerc and Schaake，1973)和扩散波方程(Moussa，1987)作为坡面汇流模块和河道径流模块的算法，在嫩江流域建立了耦合湿地模块的流域水文模型(后续简称为“流域生态水文模型”)。

基于PHYSITEL平台，将嫩江流域分为3686个RHHU，平均面积为76.08km^2，平均海拔为424.9m；将嫩江流域分为1551个河段，平均河流宽度为68.72m，河床深度为2.53m。另外，基于叠加湿地分布图的1980年、1990年、2000年、2010年和2015年的土地利用数据和河网水系等数据，PHYSITEL平台分别刻画了5期孤立湿地和河滨湿地及其汇水区。

2)流域湿地水文模型敏感性分析和参数率定

本节采用Sensitivity Analysis For Everybody(SAFE)工具箱对HYDROTEL水文模型的关键水文参数进行敏感分析。SAFE是一个基于Matlab的敏感分析工具箱，该工具箱包含因子效应敏感分析(Morris，1991)、区域敏感分析(Spear and Hornberger, 1980；Wagener and Kollat，2007)、变异性敏感分析(Saltelli et al.，2008)、基于傅里叶变换的敏感分析(Cukier et al.,1973)、动态辨识敏感分析(Wagener et al.，2003)和密度分群敏感分析(Pianosi and Wagener，2015)六种方法，同时提供可视化工具，可以进一步分析敏感分析的结果。结合前人研究(Bouda et al.，2011，2014；Fossey et al.，2015；Foulon and Rousseau，2018)，本节采用密度分群敏感性分析分别在嫩江流域的三个控制站(石灰窑站、富拉尔基站和大赉站)开展了参数的敏感分析，得到各站的敏感性参数(表3.6)。

表3.6　嫩江流域水文模型径流参数敏感分析结果

参数	描述	石灰窑	富拉尔基	大赉
PET/mm	蒸散发优化系数	3	1	2
CC	积雪压实系数	13	9	12
DS/(kg/m^3)	最大积雪密度	19	10	19
STF0 /℃	落叶林积雪融化温度阈值	18	18	18
STCO /℃	针叶林积雪融化温度阈值	12	14	11
STFE/℃	开阔地积雪融化温度阈值	16	19	17
FFFO/(mm/d.C)	开阔地积雪融化率	17	13	13
FFFE /(mm/d.C)	落叶林积雪融化率	15	16	15
FFCO/(mm/d.C)	针叶林积雪融化率	5	5	16
TFN/ (mm/d.C)	积雪-土壤界面的积雪融化率	10	12	9
TPPN /℃	降雨-降雪临界温度	14	15	14
GVP /℃	降水垂直递减率	8	8	8
GVT/mm	气温垂直递减率	4	17	7
Z_1 /m	土壤层1深度	6	1	5
Z_2 /m	土壤层2深度	1	2	3
Z_3 /m	土壤层3深度	2	4	1
DES	消光系数	11	6	10
REC/ (m/h)	退水系数	7	3	4
VHMAX	土壤湿度最大变异性	9	11	6

3.1.4 基于流域湿地生态水文模型的嫩江径流模拟效果与评价

1. 模型的率定和验证

基于前期参数的敏感分析和三个控制水文站的实测径流资料，首先开展了五期土地利用情景下(1980年、1990年、2000年、2010年和2015年)嫩江流域生态水文模型的率定和验证。基于参数敏感分析结果，采用日流量，首先开展上游石灰窑站的率定，然后依次开展对下游富拉尔基站和大赉站的率定。本节采用动态维度搜索算法(dynamic dimensions search，DDS)(Bouda et al.，2014)，选择克林效率系数(Kling- Guptaefficiency，KGE)(Gupta et al.，2009)作为目标函数，获得模型的最优参数，将最优参数保持一致，分别开展模型的率定和后期的水文过程模拟。由于后续流域水文过程模拟及其湿地水文功能定量评估的需要，为了维持模型气候背景的一致性，采用相同的时间段对五期土地利用情景下嫩江流域生态水文模型开展模型的率定和验证，分别采用1970～1972年为预热期，1973～1995年和1996～2005年为率定期和验证期。选择KGE、Nash-Suttcliffe模型效率系数(NSE)和相对偏差(P-Bias)作为评价模拟结果的指标。参考前人研究结果(Nash and Sutcliffe，1970；Nicolle et al.，2014；Singh et al.，2004；Yapo et al.，1996；Gupta et al.，2009)，将−15%<P-Bias<15%、NSE >0.5及KGE>0.65作为拟合度指数评价标准。

为评价耦合湿地模块后的流域水文模拟效率，以2000年湿地分布情景为例，分别开展了有/无湿地模块情景下模型参数的率定和验证，从拟合优度指数和模拟效率角度对比分析了两种情景下流域生态水文模型的模拟精度。采用富拉尔基站和大赉站的1994年10月1日至2000年9月30日日径流数据对模型率定，其中1994年10月1日至1995年10月1日为模型预热期；采用2000年10月1日至2005年9月30日日径流数据对模型验证。此外，基于1990～2005年的观测日流量数据和有/无湿地模块的模拟数据，利用大自然保护协会开发的IHA软件(Indicators of Hydrologic Alteration Version 7.1)(Mathews and Richter，2007)计算了嫩江流域控制水文站的32个水文情势参数(Richter et al.，1996)，选取32个参数对模拟效率开展定量评价。

表3.7 IHA指标的32个水文情势参数

水文情势特征	参数
月平均流量大小	1～12月的月平均流量
极端流量大小	1日最小流量、3日最小流量、7日最小流量、30日最小流量、90日最小流量、1日最大流量、3日最大流量、7日最大流量、30日最大流量、90日最大流量、基流指数(7日最小流量与年平均流量比值)
高低流量历时与频率	高流量平均持续时间、低流量平均持续时间、高流量洪峰数、低流量谷底数
流量变化率	年均涨水速率、年均落水速率、涨落变化次数
流量发生时间	年最大流量出现日期、年最小流量出现日期

综合水文指数开展模拟拟合度评价，可以详细地从径流机制角度对比分析模拟和观测流量的差异性，从而更好地对模型效率进行评价（Oiden and Poffn，2003）。采用相对变化(relative change，RC)定量分析有/无湿地模块情景下模拟结果与观测流量的差异性，具体计算公式如下：

$$\mathrm{RC}=\frac{D_{\mathrm{sim}}-D_{\mathrm{obs}}}{D_{\mathrm{obs}}} \tag{3.53}$$

式中，RC 为径流或流量指数的相对变化量，%；D_{sim} 为有/无湿地模块情景下模拟的径流量或流量指数，$\mathrm{m^3/s}$；D_{obs} 为观测的径流量或流量指数，$\mathrm{m^3/s}$。RC 越大表明模拟与实测的径流差异性越大，模拟效果越差，反之则越小，模拟效果越好。同时，采用 Kolmogorov-Smirnov 非参数检验法(K-S 检验)对模拟与观测流量及流量指数进行差异性检验。

2. 不同土地利用情景下模拟结果评价

表 3.8 为 1980 年、1990 年、2000 年、2010 年和 2015 年土地利用情景下流域水文模型率定期和验证期的日径流模拟评价结果。综合各站点的模拟结果和评价指标，模型在率定期间表现效果最好，验证期间略差，但总体的模拟结果均较为满意，除个别站点偏差较大。因此，基于对模型率定期和验证期结果分析，该模型可用于嫩江流域湿地水文过程的模拟。

表 3.8　不同土地利用情景下流域水文模型的日径流模拟结果评价

控制站	时段	指标	1980 年	1990 年	2000 年	2010 年	2015 年
石灰窑	率定期	KGE	0.73	0.73	0.70	0.83	0.85
		NSE	0.71	0.65	0.71	0.76	0.80
		P–Bias	–5.87	3.61	–7.92	–5.32	–4.58
	验证期	KGE	0.70	0.72	0.68	0.77	0.82
		NSE	0.69	0.63	0.71	0.71	0.78
		P–Bias	3.54	4.68	2.99	8.90	5.71
嫩江县	率定期	KGE	—	—	—	—	0.74
		NSE	—	—	—	—	0.83
		P–Bias	—	—	—	—	–3.58
	验证期	KGE	—	—	—	—	0.72
		NSE	—	—	—	—	0.78
		P–Bias	—	—	—	—	–4.03
富拉尔基	率定期	KGE	0.89	0.77	0.82	0.91	0.85
		NSE	0.70	0.71	0.76	0.89	0.75
		P–Bias	4.56	6.18	5.6	1.15	3.15
	验证期	KGE	0.83	0.67	0.80	0.89	0.75
		NSE	0.69	0.69	0.72	0.81	0.70
		P–Bias	–3.15	–4.18	–6.4	1.26	–6.35

续表

控制站	时段	指标	1980 年	1990 年	2000 年	2010 年	2015 年
大赉	率定期	KGE	0.84	0.77	0.79	0.82	0.79
		NSE	0.73	0.65	0.74	0.69	0.67
		P–Bias	4.28	4.91	2.5	–6.58	6.54
	验证期	KGE	0.80	0.72	0.78	0.81	0.76
		NSE	0.68	0.66	0.70	0.68	0.65
		P–Bias	–5.63	–5.40	–5.6	–7.25	–5.89

3. 耦合湿地模块的流域水文模型适用性评价

1)模型拟合与验证

基于 2000 年湿地分布情景下流域水文模型的率定和验证结果可以看出，耦合湿地模块后，模型的模拟精度有所提高(表 3.9)。在富拉尔基站和大赉站，耦合湿地模块后，模型的 NSE、RMSE、P-Bias 和 KGE 的变异性明显弱于无湿地模块的模拟结果。其中，有/无湿地模块下 NSE 略有变化，有湿地情景下两个河段分别提高了 2.60%和 2.78%。无湿地模块情景下模型的 RMSE($9.5\sim17.6m^3/s$)大于有湿地模块的 RMSE($8.2\sim15.5m^3/s$)，且耦合湿地模块后模型的 P-Bias 及其绝对值更趋于 0 分布。有湿地模块的 KGE 系数在两个水文站的率定期和验证期中都明显优于无湿地模块的模拟结果。富拉尔基站，有湿地模块情景下，模型的 NSE 和 KGE 分别提高了 2.63%和 2.53%，RMSE 和 P-Bias 分别减少了–15.79%和–6.65%；在大赉站，有湿地情景下，模型的 NSE 和 KGE 分别提高了 3.53%和 4.68%，RMSE 和 P-Bias 分别改变了–12.72%和–55.93%。

表 3.9　有/无湿地模块情景下嫩江流域水文模型率定和验证结果

水文站	时段	拟合优度指数(有/无湿地)			
		NSE	RMSE	P-Bias	KGE
富拉尔基	率定期	0.79/0.77	8.2/9.5	5.6/5.8	0.82/0.80
	验证期	0.77/0.75	10.1/12.3	–6.4/–7.1	0.80/0.78
大赉	率定期	0.74/0.72	13.8/14.9	2.5/–3.7	0.79/0.75
	验证期	0.73/0.70	15.5/17.6	–5.6/–9.8	0.78/0.72

基于率定期和验证期最后一年的水文过程曲线(图 3.12)，可以看出，与实测流量水文曲线对比，耦合湿地模块后模拟结果与实测数据有较好的一致性。其中，有/无湿地模块下冬季模拟效果都较好；但无湿地模块下，洪峰过程模拟流量明显高于实测流量。K-S 检验表明，率定期和验证期间有/无湿地情景下富拉尔基站和大赉站模拟与观测的日流量无明显差异性。但是，综合拟合度指数的定性分析，耦合湿地模块的模拟结果明显优于无湿地模块的模拟结果。

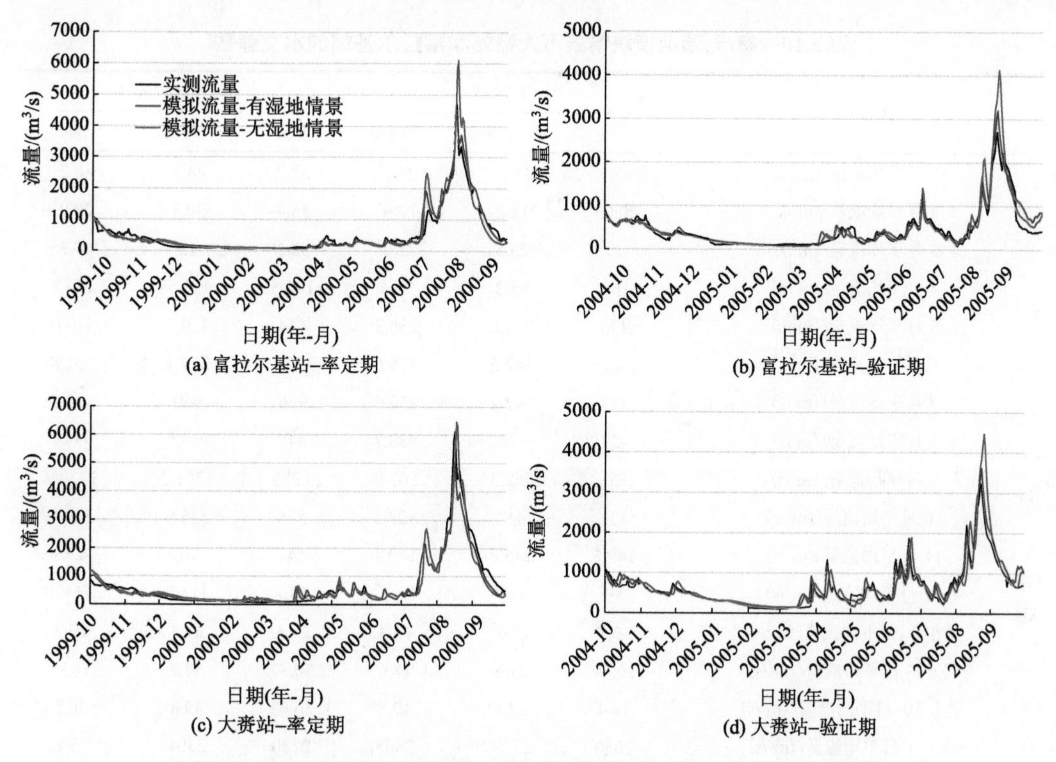

图 3.12　有/无湿地模块情景下富拉尔基站和大赉站日流量模拟结果

2) 模型模拟效率评价

基于观测流量和有/无湿地模块情景的模拟流量，采用相对变化定量分析有/无湿地模块的水文指数与观测流量的水文参数的差异性，评价模型模拟效率(表 3.10)。月流量强度中，在 1～5 月和 10～12 月，有/无湿地模块情景下两河段模拟流量均低于观测流量；在 6～8 月，模拟流量均高于观测流量。这表明 HYDROTEL 模型在一定程度上高估了汛期(6～8 月)的径流量，低估了春季和冬季的径流量。其中，大赉站汛期的观测值与有/无湿地模块情景下的模拟值的水文强度指数差异性分别为–3.51%～0.47%和–5.55%～1.71%；非汛期(1～5 月和 10～12 月)的观测值与有/无湿地模块情景下的模拟值的水文强度指数差异性分别为–21.09%～–4.44%和–22.80%～0.52%。在富拉尔基站，有湿地模块情景下的模拟结果中的月流量指数与观测数据的差异性分别为–0.42%～0.56%和–15.24%～0.95%；无湿地模块情景下模拟结果的月水文强度指数与观测数据的差异性分别为–0.67%～0.13%和–21.1%～0.54%。因此，虽然 HYDROTEL 高估了汛期流量且低估了非汛期流量，但有湿地模块情景下月水文强度指数与观测结果更为接近。

极端径流量中，有/无湿地模块情景下两河段模拟的最小流量均大于观测流量，其中有湿地模块情景下，1 日、7 日和 30 日最小流量与观测数据差异较大(大赉站和富拉尔基站的差异性均值为 14.22%和 25.95%)，而无湿地模块情景下差异较小(大赉站和富拉尔基站的差异性均值为 0.84 和 4.81)。最大流量指数中，有湿地模块情景下有湿地情景下的模拟结果略优于无湿地模块情景的结果，表现在无湿地模块情景对最大流量的过高评

表 3.10　有/无湿地模块情景下大赉站和富拉尔基站的水文参数

IHA 指标	大赉站			富拉尔基站		
	观测	有湿地	无湿地	观测	有湿地	无湿地
1 月平均流量/(m^3/s)	37.4	31.7*	29.5*	52.2	48.5	46.2*
2 月平均流量/(m^3/s)	20.05	18.2	17.6*	38.4	30.3	28.9*
3 月平均流量/(m^3/s)	30	25.5	22.9*	52.2	42	40.3*
4 月平均流量/(m^3/s)	108	95.2	96.4	182.5	153.5	146.7
5 月平均流量/(m^3/s)	256	244.8	238.3	444	420.5	410.6
6 月平均流量/(m^3/s)	367	347.5	335.6	372.5	359.4	351.8
7 月平均流量/(m^3/s)	743	747.2	752.6	956	960	972.3
8 月平均流量/(m^3/s)	927	930	938.7	945	949.5	955.7
9 月平均流量/(m^3/s)	561	562.3	567.8	1255	1261.2	1270.9
10 月平均流量/(m^3/s)	421	417	423.3	538	535.6	540.8
11 月平均流量/(m^3/s)	149.5	145.8	140.4	241	230.3	227.9
12 月平均流量/(m^3/s)	89	87.7	86.7*	114	113.5	114.6
最小 1 日平均流量/(m^3/s)	16.1	19.6*	15.4	29.1	31.5	29.2
最小 3 日平均流量/(m^3/s)	16.49	21.8	18.6	30.77	38.7	31.55
最小 30 日平均流量/(m^3/s)	18.4	22.8	19.5	36.63	39.8	36.5
最大 1 日平均流量/(m^3/s)	2680	2759	2865	2280	2301	2576
最大 3 日平均流量/(m^3/s)	2549	2559	2585	2214	2359	2457
最大 30 日平均流量/(m^3/s)	1898	1654	1510	1797	1500.6*	1625.4
最小流量出现的日数/d	49	50	46	52	53	48
最大流量出现的日数/d	221	223	233*	222	225	234*
高脉冲的数量/次	1	2	3	1	1	2
低脉冲的数量/次	2	2	3	2	2	2
高脉冲持续时间/d	45.5	47	52.8	59.25	55.5	63.3
低脉冲持续时间/d	88.5	85.4	83.6	66.5	59.36	68.3

*表示差异性检验达到显著水平

估。大赉站和富拉尔基站有/无湿地模块情景下水文强度指数差异性均值分别为–3.01%和4.67%，–3.17%和 4.04%。最大最小流量出现的日期的差异性表明，有湿地模块情景下最小和最大流量出现的日期与观测数据较为接近，而无湿地模块情景下最小流量出现日期提前和最大流量出现日期滞后。因此，耦合湿地模块的流域水文模型可以更好地开展较为复杂的冬季径流和夏季洪峰过程的模拟研究。

与观测数据对比，有/无湿地模块情景下，高脉冲和低脉冲的数量大致相当，但脉冲的时间有明显变化。有/无湿地模块情景下，大赉站高脉冲(低脉冲)的持续时间与观测流量的相对误差分别为–6.33%和 6.87%(4.3%和 2.7%)；富拉尔基站的高脉冲(低脉冲)的持续时间与观测流量相对误差分别为–3.29%(16.4%)和–3.50%(–16.83%)。因此，耦合湿地模块的 HYDROTEL 模型延长了脉冲事件的持续时间，对水文过程有平缓作用。

综上所述，耦合湿地模块的流域生态水文模型，能较好地模拟流域水文过程，其模拟结果与观测径流的水文过程曲线较为一致，且流量强度、流量事件发生时间和频率及特定水文状况的持续时间总体更接近于观测数据。

3.2　嫩江流域湿地水文调蓄功能演变特征

湿地水文调蓄功能是湿地生态系统服务功能的重要组成部分，湿地生态格局的变化会引起其水文调蓄功能的改变。开展流域湿地水文调蓄功能定量评估，揭示流域湿地水文调蓄功能大小，可为基于自然解决方案的生态流域建设提供重要支撑。本节利用构建嫩江流域湿地生态水文模型，对现状湿地及分布格局、不同历史时期湿地以及未来气候变化和湿地恢复情景下流域水文过程进行模拟，定量评估流域湿地径流调节、维持基流和洪水调蓄等水文功能，揭示流域湿地水文调蓄功能时空差异性。

3.2.1　嫩江流域湿地水文调蓄功能定量评估方法

1. 流域湿地对径流影响的定量评估方法

利用已构建的耦合湿地模块的嫩江流域水文模型，基于有/无湿地情景下流域水文过程模拟结果，采用湿地对径流影响程度指数量化湿地对径流的影响，其计算公式如下：

$$D_{wet} = \left(R_{wet} - R_0\right) / R_0 \times 100\% \tag{3.54}$$

式中，D_{wet}为湿地对径流的影响程度指数(%)，D_{wet}为负值表明湿地对径流的削减作用，反之则为对径流的维持(低流量的维持)或增强(高流量的增强)作用；D_{wet}的绝对值越大，表明其对径流的影响程度越明显。R_{wet}和R_0分别为有湿地情景和无湿地情景下模拟而得的径流量、洪水要素指数(洪峰流量、洪水持续时间、洪水期间的平均流量和洪量等)或计算而得的河道水文情势指标(流量、频率、历时和发生时间)等(吴燕锋等，2019)。基于有/无湿地情景下的模拟结果，计算了嫩江流域干流三个控制水文站(嫩江县、富拉尔基和大赉)径流量的 33 个水文情势参数，对比分析水文情势的变化特征，定量评估流域湿地对径流过程的调蓄作用。

2. 流域湿地洪水调蓄功能定量评估方法

基于有/无湿地情景下的嫩江流域水文过程模拟，选取典型洪水事件，从湿地对洪水特征(洪峰流量、平均流量、洪水持续时间和洪量)影响的角度定量评估了湿地的洪水调蓄功能。基于实测的日流量，绘制多年的日流量频率曲线，选取特定重现期的流量作为洪水阈值(图 3.13)。当日流量超过该阈值，即为洪水发生；当日流量开始低于该阈值，则洪水结束。国内外学者往往采用 2 年重现期洪水对应的流量($Q_{\_2a}$)表征平滩流量，并用于定义洪水的阈值(Cheng et al.，2013；Xu et al.，2017；Scott et al.，2019)。因此，本节基于 1961～2016 年的实测径流资料，首先确定了嫩江县(嫩江上游控制水文站)和大赉(嫩江流域控制水文站)两个水文站 2 年重现期洪水对应的流量，分别为 1367m^3/s 和 2209m^3/s。基于有/无湿地情景下的日流量模拟(2011～2018 年)，采用 2 年重现期流量阈值定义洪水事件。在枯水年，由于流量较小，有些年份没有洪水事件的发生。为后续分析洪水事件特征，在洪水事件中，剔除持续时间小于 7 日的洪水事件。

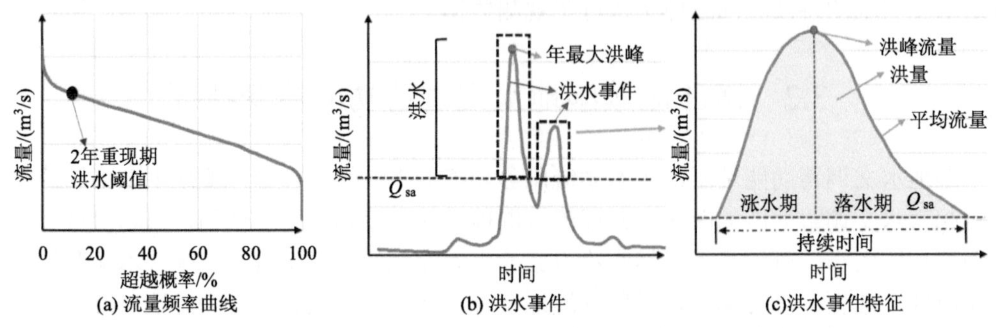

图 3.13　基于流量频率曲线和年最大洪峰流量洪水事件的确定方法

为进一步细化湿地对洪水的影响机制，选取洪水持续时间、强度、洪水期间平均流量和洪峰流量 4 个指标定量化湿地对洪水事件特征的影响[基于式(3.1)计算]。同时，在涨水期和落水期分别分析了有/无湿地情景洪水持续时间、洪量和平均流量的变化特征[图 3.13(c)]。

为分析不同空间位置的湿地在流域水文调蓄中的作用，分别开展了嫩江流域上游和下游(尼尔基水库以下)有/无湿地情景下的流域水文过程模拟，分析了上游湿地和下游湿地在嫩江流域湿地水文调蓄作用。在开展上游湿地洪水调蓄作用研究中，维持嫩江县站以下湿地的存在，基于大赉站的模拟结果分析上游湿地对大赉站洪水的影响；在开展下游湿地洪水调蓄作用研究中，在模型中设定尼尔基水库–大赉站河段无湿地存在，维持流域其他的湿地存在，并基于大赉站的模拟结果分析下游湿地对流域洪水的调蓄作用。

3. 流域湿地维持基流功能定量评估方法

本节分析了湿地对基流的多尺度影响效应，即湿地对日、月和年基流量的调蓄作用。基于基流分割，在获取日基流量的基础上，进一步计算月和年基流量，采用湿地对径流影响程度指数[D_{wet}，式(3.54)]量化湿地对基流的影响。

基于有/无湿地情景下模拟的径流量(嫩江县和大赉水文站)，采用单参数滤波法进行基流分割，对比分析两种情景下基流的变化，量化湿地对基流的调蓄作用[基于式(3.54)]。单参数滤波法将日径流数据分为直接径流(高频信号)和基流(低频信号)(Eckhardt，2005)，其计算方程为

$$q_t = \beta q_{t-1} + \alpha(1+\beta)(Q_t - Q_{t-1}) \tag{3.55}$$

$$Q_{\text{b}t} = Q_t - q_t \tag{3.56}$$

式中，q_t 为 t 时刻过滤出的快速径流，m³/s；Q_t 为实测河川总径流，m³/s；$Q_{\text{b}t}$ 为 t 时刻基流，m³/s，$0<Q_{\text{b}t}<Q_t$；t 为时刻，天；α、β 为滤波参数($0<\alpha<0.5$，$0<\beta<1$)(Ficklin et al，2016)。参考 Nathan(1990)和 Arnold(2000)对比多个流域直接分割法和数字滤波法的结果，本节将 α 固定为 0.5。通过参数敏感性分析，β 取值 0.925，采用正–反–正三次滤波。

3.2.2　现状条件下嫩江流域湿地水文调蓄功能时空演变

本节利用构建的嫩江流域湿地水文模型，分别开展有/无湿地模块情景流域水文过程模拟，采用湿地对径流影响程度指数量化湿地的径流调节功能；选取典型洪水事件，从湿地对洪水特征影响的角度定量评估湿地洪水调蓄功能，并分析其时间和空间变化特征，并从湿地对日、月和年基流量的影响等角度分析湿地对基流的多尺度影响效应。

1. 湿地对嫩江日水文过程的影响

通过对比分析有/无湿地情景下三个水文站日流量过程曲线和流量-频率曲线可以明晰湿地对日流量过程的影响。图 3.14 可以看出，有/无湿地情景下三个水文站的日流量过程曲线变化特征总体呈现较好的一致性，表现在流量年际间的丰枯变化、年内的汛期和非汛期变化以及枯水流量等较为接近；研究时段，有/无湿地情景下嫩江县站、富拉尔基站、大赉站平均日流量均值分别为 317.2m^3/s 和 335.6m^3/s、538.8m^3/s 和 621.4m^3/s、748.5m^3/s 和 845.5m^3/s，即湿地在发挥着削减总径流量的作用，削减作用分别为 5.48%、

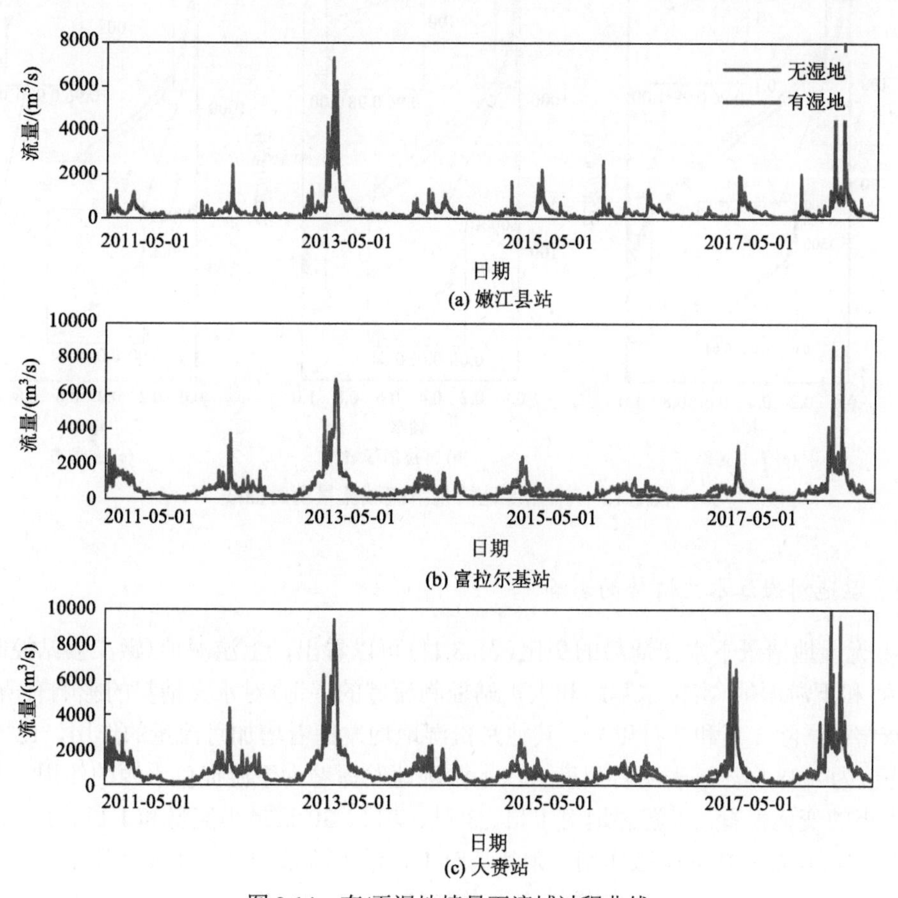

图 3.14　有/无湿地情景下流域过程曲线

13.29%和 11.47%。但是，有/无湿地情景下汛期水文过程曲线差异明显，且随着汛期洪水强度的增大，两者的洪峰流量和洪水过程线的差异性越明显。例如，2013 年洪水期间(50 年一遇的特大洪水)，嫩江县站、富拉尔基站和大赉站无湿地情景下最大洪峰流量分别为 6216.3m³/s、6523.3m³/s 和 9381.8m³/s，有湿地情景下最大洪峰流量分别为 5564.8m³/s、5969.1m³/s 和 7880.1m³/s，其削减作用分别达到 10.48%、8.49%和 16.01%。

采用 Weibull 经验频率公式(Weibull, 1939)计算了有/无湿地情景下径流的水文频率，用来进一步分析不同水文频率下湿地对日流量的影响。有/无湿地情景下石灰窑站日流量-频率曲线总体也较为接近，在频率位于 0.00～0.20 和 0.80～1.00，同等频率下，无湿地情景的流量大于有湿地情景的流量；在频率位于 0.10～0.90，无湿地情景的流量小于有湿地情景的流量(图 3.15)。在富拉尔基站和大赉站，同等频率下，无湿地情景下日流量明显大于有湿地情景下的日流量；但是，低流量中(频率大于 0.80)，有/无湿地情景下日流量差异不明显。因此，嫩江流域湿地总体发挥着削弱日流量的作用，尤其是对汛期流量和洪峰流量的削减作用最为明显。

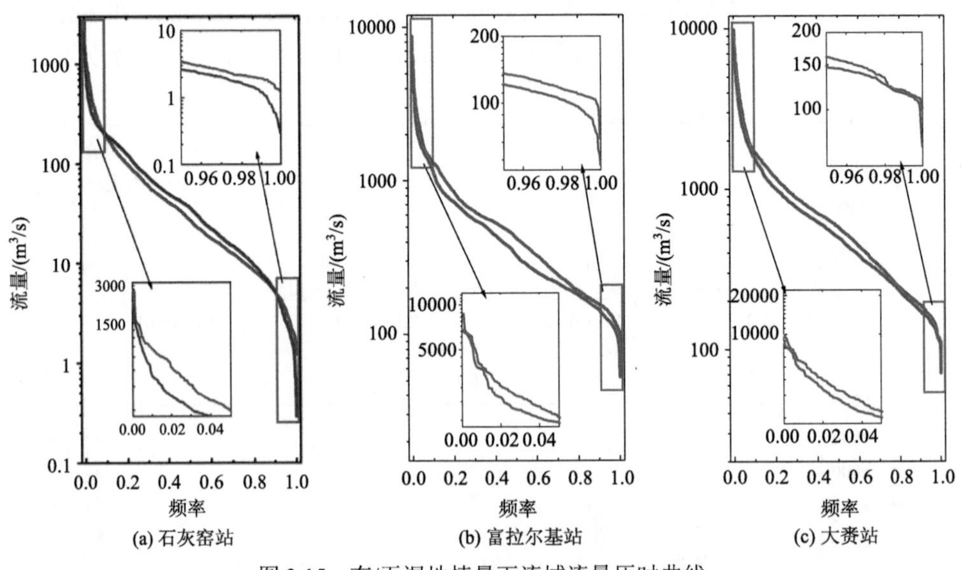

图 3.15　有/无湿地情景下流域流量历时曲线

2. 湿地对嫩江水文情势的影响

有/无湿地情景下水文情势的变化(表 3.11)可以看出，上游湿地(嫩江县站控制流域的湿地)和下游湿地(富拉尔基站和大赉站控制流域的湿地)对水文情势的影响有所不同。在石灰窑站，除 3 月和 7 月以外，其他月份湿地均发挥着增加月流量的作用，12 个月的 D_{wet} 均值为 8.38 %。这表明月尺度上，上游湿地发挥着为下游提供水源的作用。从极端流量大小的变化来看，上游湿地对 1 日、3 日、7 日、30 日最小流量和 1 日、3 日、7 日、30 日最大流量都发挥着削减作用，尤其是对 1 日最大流量的平均削减作用最明显，达到了 44.99 %。湿地对基流指数的维持作用微弱(D_{wet} 为 2.19%)，但对流量发生时间影响明显，引起年最小流量出现日期的提前和年最大流量出现日期的推迟；同时，湿地减少了低流量频率及其持续时间，但是减少了高流量频率且延长了高流量的持续时间，并增加了流量的变化率。

表 3.11 有/无湿地情景下嫩江水文情势的变化

IHA 指标	嫩江县站			富拉尔基站			大赉站		
	有湿地	无湿地	D_{wet}	有湿地	无湿地	D_{wet}	有湿地	无湿地	D_{wet}
1 月平均流量/(m^3/s)	77.4	74.9	3.42	161.8	167.1	−3.17	191	206.9	−7.68
2 月平均流量/(m^3/s)	64.4	63.9	0.83	167.5	172	−2.62	192.6	193.6	−0.52
3 月平均流量/(m^3/s)	102.3	120.3	−14.96	210.8	206.3	2.18	218.9	222.2	−1.49
4 月平均流量/(m^3/s)	198.1	164.1	20.72	363.5	352.6	3.09	442.8	445.1	−0.52
5 月平均流量/(m^3/s)	241	181.9	32.49	575.5	608.5	−5.42	712.1	777.4	−8.40
6 月平均流量/(m^3/s)	227.2	223	1.88	715.4	943.7	−24.19	910.9	1117	−18.45
7 月平均流量/(m^3/s)	333	382.2	−12.87	808.1	971.7	−16.84	1112	1334	−16.64
8 月平均流量/(m^3/s)	661.2	629.9	4.97	701.5	588	19.30	879.4	914.4	−3.83
9 月平均流量/(m^3/s)	573.8	482	19.05	468.8	479.9	−2.31	695.6	725.7	−4.15
10 月平均流量/(m^3/s)	285.2	231.9	22.98	280.3	462.8	−39.43	476.8	687.1	−30.61
11 月平均流量/(m^3/s)	217	187	16.04	331.8	359.3	−7.65	439.8	508.9	−13.58
12 月平均流量/(m^3/s)	113	106.6	6.00	166.5	183.9	−9.46	211.6	231.5	−8.60
1 日最小流量/(m^3/s)	39.6	46.6	−15	86.5	103	−15.98	116	136.7	−15.14
3 日最小流量/(m^3/s)	41.1	47.3	−13.3	101.1	111.4	−9.25	129	139.1	−7.26
7 日最小流量/(m^3/s)	45.6	49.9	−8.56	121.1	126.1	−3.97	143.6	146.4	−1.91
30 日最小流量/(m^3/s)	58.3	59	−1.24	144.4	154.2	−6.36	167.9	181.7	−7.59
90 日最小流量/(m^3/s)	99.8	102.1	−2.28	181.3	196	−7.50	225.3	225.6	−0.13
1 日最大流量/(m^3/s)	1280	2327	−44.99	2052	2895	−29.12	2645	3688	−28.28
3 日最大流量/(m^3/s)	1201	1986	−39.53	1951	2664	−26.76	2416	3281	−26.36
7 日最大流量/(m^3/s)	1005	1531	−34.36	1695	2087	−18.78	1984	2471	−19.71
30 日最大流量/(m^3/s)	715.5	898.7	−20.39	1150	1464	−21.45	1490	1804	−17.41
90 日最大流量/(m^3/s)	509.4	547.7	−6.99	826.7	1013	−18.39	1308	1432	−8.66
基流指数	0.177	0.173	2.19	0.248	0.226	9.63	0.209	0.208	0.53
年最小流量出现日期	18	37	−51.35	19	41.5	−54.22	42	45	−6.67
年最大流量出现日期	215.5	212.5	1.41	210	221.5	−5.19	203.5	211	−3.55
低流量谷底数/次	4.5	5.5	−18.18	10.5	5.5	90.91	6	3.5	71.43
低流量平均持续时间/d	9.5	6	58.33	3	6	−50.00	7	7	0.00
高流量洪峰数/次	4.5	7.5	−40.00	8.5	8.5	0.00	4.5	4.5	0.00
高流量平均持续时间/d	9.5	5.5	72.73	5.25	3	75	8	7	14.29
年均涨水速率/(m/d)	12.21	11.76	3.83	27.52	25.49	7.96	32.51	26.87	20.99
年均落水速率/(m/d)	−11.69	−11.74	−0.43	−27.85	−26.68	4.39	−32.74	−26.64	22.90
涨落变化次数/次	72.5	70	3.57	177	149	18.79	150	99.5	50.75

在富拉尔基站和大赉站，除 3～4 月和 8 月(湿地发挥着增加月流量的作用)以外，湿地主要发挥着削减月流量和极端流量的作用(D_{wet}<0)；其中，湿地对最大流量的削减作

用最明显，对 1 日最大流量的削减作用分别达到 29.12%和 28.28%，而对最小流量的削减作用微弱。此外，湿地增加了富拉尔基站和大赉站的基流指数，D_{wet} 分别为 9.63%和 0.53%。在富拉尔基站，湿地增加了低流量谷底数并减少了低流量平均持续时间，同时增加了高流量平均持续时间；在大赉站，湿地增加了低流量谷底数和高流量平均持续时间，而对低流量平均持续时间和洪峰频次没有影响。与上游湿地作用相同，下游湿地增加了流量的年均涨水速率、年均落水速率和涨落变化次数。因此，下游湿地主要发挥着削减月流量、极端流量、改变高低流量历时与频率及流量变化率的作用。

3. 流域湿地洪水调蓄作用定量评估

1) 湿地对洪峰流量的调蓄作用

从有/无湿地情景下嫩江县站和大赉站 2011～2018 年的年最大峰洪流量变化(图 3.16)可以看出，无湿地情景下年最大洪峰流量均大于有湿地情景下的年最大洪峰流量，研究时段两个水文站湿地对洪峰的平均削减作用分别为 39.97%和 23.63%，这表明嫩江流域的湿地发挥着重要的削减洪峰流量的作用。图 3.16 还可以发现，随着洪峰流量的增加，湿地对洪峰的削减作用存在明显的差异性。如在嫩江县水文站，自 2011～2013 年，有/无湿地情景下洪峰流量均逐渐增加，而湿地对其的削减作用则呈现先增加后减少的特征。此外，除 2015 年以外，上游(嫩江县站以上)湿地对年洪峰流量的削减作用都强于全流域湿地(大赉站)整体发挥的作用。

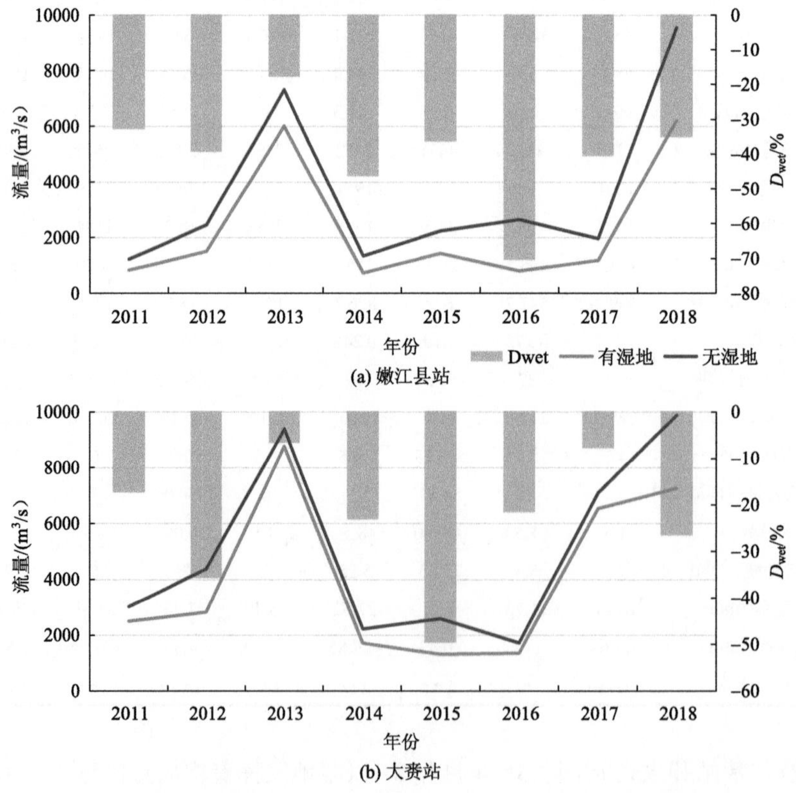

图 3.16　有/无湿地情景下嫩江县站和大赉站的年最大洪峰流量变化

2) 湿地对洪水持续时间的调蓄作用

从有/无湿地情景下嫩江县站和大赉站洪水持续时间的变化(图 3.17)可以看出，有湿地情景下，嫩江县站洪水的持续时间明显长于无湿地情景下的持续时间，湿地对洪水持续时间的平均延长作用为 24.10%；在大赉站，有/无湿地情景下洪水持续时间差异性不明显，均值分别为 43.80d 和 42.61d；D_{wet} 值为–25%～12.00%，均值为 0.47%，这表明嫩江流域湿地总体上发挥着延长洪水持续时间的作用。

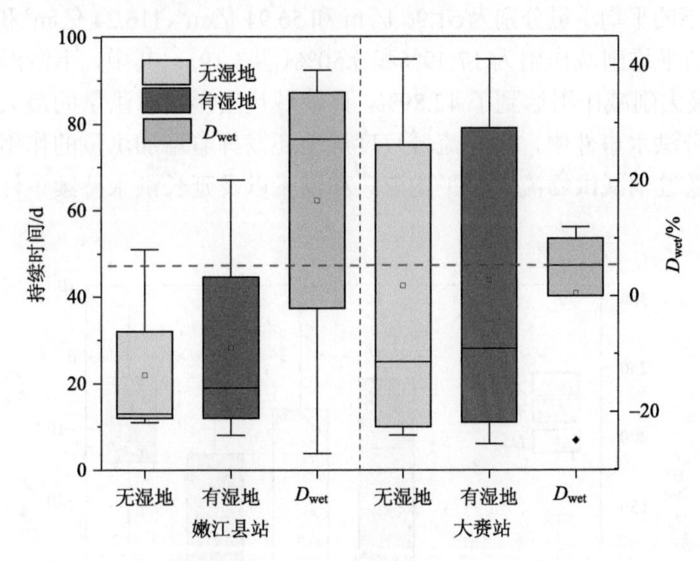

图 3.17　有/无湿地情景下嫩江县站和大赉站洪水持续时间的变化

3) 湿地对洪水流量的调蓄作用

从有/无湿地情景下嫩江县站和大赉站洪水期间平均流量变化(图 3.18)可以看出，无湿地情景下的平均流量均大于有湿地情景下平均流量。在嫩江县站和大赉站，有湿地

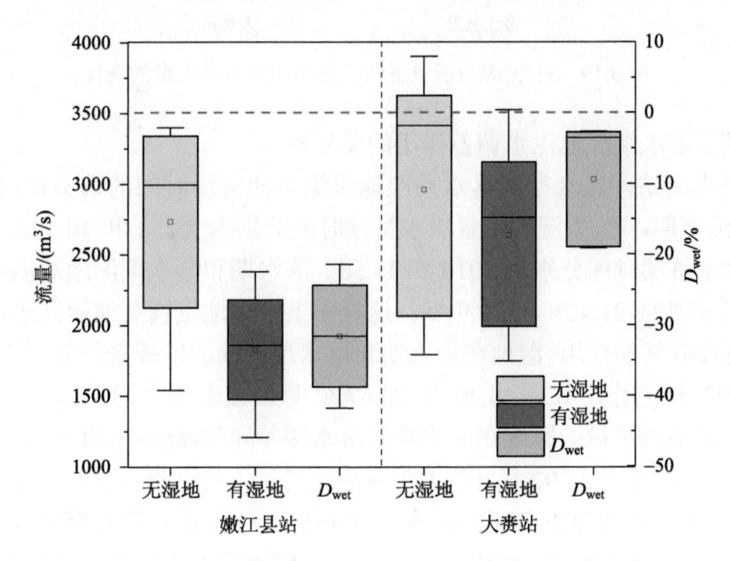

图 3.18　有/无湿地情景下嫩江县站和大赉站洪水期间平均流量的变化

情景洪水期间平均流量的均值分别为 1827.6m³/s 和 2732.6m³/s，无湿地情景下分别为 2636.9m³/s 和 2960.7m³/s，即湿地引起平均流量减少了 33.12%和 10.94%。从湿地的削减作用来看，湿地引起嫩江县站和大赉站的平均流量减少了 21.18%～41.81%和 2.63%～19.17%。因此，嫩江流域的湿地发挥着削减洪水流量的作用。

4) 湿地对洪量的调蓄作用

在嫩江县站和大赉站，与无湿地情景下的洪量比较，有湿地情景下洪量有所减少，有/无湿地情景下的平均洪量分别为 51.96 亿 m 和 56.94 亿 m³、116.24 亿 m³ 和 126.56 亿 m³，即湿地对洪量的平均削减作用为 17.49%和 9.50%(图 3.19)。其中，上游湿地对洪量的削减作用较强，最大削减作用达到了 42.89%，而流域尺度湿地对洪量的最大削减作用仅为 27.67%。在部分洪水事件中，嫩江流域尺度湿地还发挥着增加洪量的作用。综合前文研究发现，湿地通过削减洪峰流量、平均流量和洪量以及延长洪水持续事件发挥着调蓄洪水的作用。

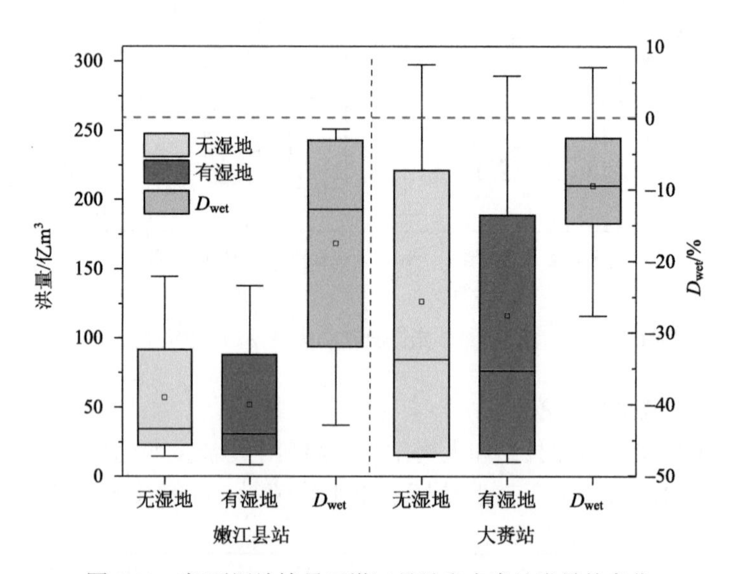

图 3.19　有/无湿地情景下嫩江县站和大赉站洪量的变化

5) 涨水期和落水期湿地洪水调蓄作用的差异性

在嫩江县水文站，涨水期和落水期湿地对洪水的持续时间的调蓄作用差异明显[图 3.20(a)]。在涨水期，有/无湿地情景洪水持续时间分别为 8.25d 和 10.50d；在落水期有/无湿地情景洪水持续时间分别为 201d 和 11.5d。涨水期和落水期湿地对洪水持续时间的平均调蓄作用分别为–21.42%和 73.91%。这表明上游湿地发挥着缩短涨水期持续时间且延长落水期持续时间的作用。湿地在涨水期和落水期持续的发挥着削减平均流量的作用，但是在落水期发挥的作用(D_{wet} 均值为–20.67%) 明显强于涨水期(D_{wet} 均值为–35.11%)[图 3.20(b)]。湿地对洪量的影响在涨水期和落水期差异明显[图 3.20(c)]，在涨水期无湿地情景下的洪量(均值为 28.92 亿 m³) 大于有湿地情景下的洪量(均值为 17.59 亿 m³)，在落水期则相反(均值分别为 34.37 亿 m³ 和 28.90 亿 m³)；湿地对涨水期和落水期洪量的平均调蓄作用分别为–39.14%和 18.91%。因此，上游湿地在涨水期发挥着削减洪水的作用，但是在落水期通过延长洪水持续时间和增加洪量的方式增强了洪水的强度。

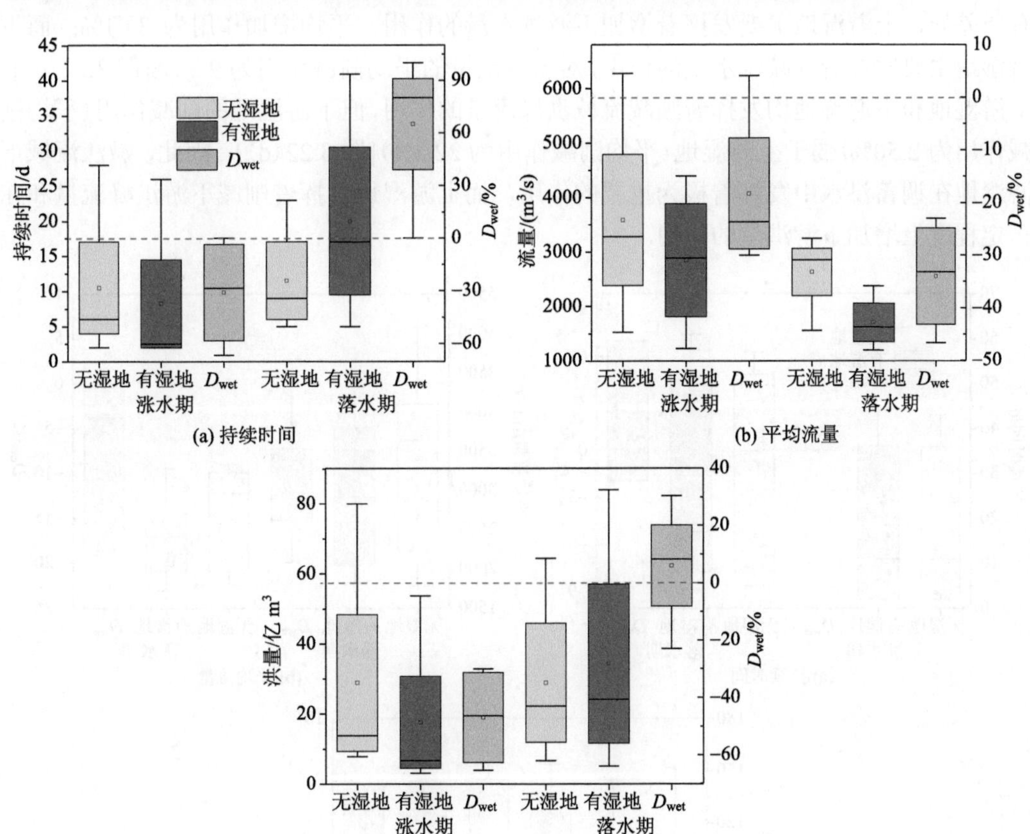

图 3.20　嫩江县站涨水期和落水期湿地对洪水的调蓄作用

从嫩江流域尺度上看，湿地对涨水期持续时间影响微弱，而在落水期间发挥着延长持续时间的作用(平均影响作用为 3.68%)[图 3.21(a)]。与上游湿地的作用一致，流域尺度湿地也持续地发挥着削减平均流量的作用，但在落水期的削减作用(平均调蓄作用为 8.99%)弱于涨水期的削减作用(平均调蓄作用为 11.48%)，且差异性更明显，甚至在一些洪水事件中发挥着增加平均流量的作用[图 3.21(b)]。与上游湿地对洪量调蓄作用不同，流域尺度上湿地对洪量持续发挥着削减作用，但自涨水期至落水期，湿地对洪量的削减有所减弱，从 12.34%减少至 6.65%[图 3.21(c)]。因此，嫩江流域湿地在涨水期和落水期总体上发挥着削减洪水流量和洪量的作用，但是在涨水期对洪水的削减作用强于落水期。

6) 流域上游和下游洪水调蓄作用的差异性

通过对上游和下游河段水文过程模拟结果分析发现，有/无湿地情景下的洪水持续时间与基准期大致相当；其中，下游湿地对洪水持续时间的延长作用(D_{wet} 均值为 7.54%)略强于上游湿地(D_{wet} 均值为 3.00%)[图 3.22(a)]。上游和下游湿地对流域平均流量影响差异明显[图 3.22(b)]，下游无湿地情景下大赉站洪水期间平均流量增加至 3405.25m^3/s，而上游无湿地情景洪水期间平均流量与基准期相同(2859.21 m^3/s)；上游和下游湿地对平均流量的削减作用分别为 0.01%和 15.51%。上游湿地和下游湿地对洪水量的影响效应也有所差异，上游湿地主要发挥着增加下游洪水量的作用，平均增加作用为 3.01%；而下游湿地主要发挥着削减洪水量的作用，对流域洪量的平均削减作用为 9.38%[图 3.22(c)]。上游湿地和下游湿地均发挥着削减流域洪峰流量的作用，但下游湿地的削减作用(平均削减作用为 2.50%)弱于上游湿地(平均削减作用为 22.3%)[图 3.22(d)]。因此，嫩江流域下游湿地在调蓄洪水中发挥着极为重要的作用，而上游湿地发挥着削减下游洪峰流量和在一定程度上增加下游洪量的作用。

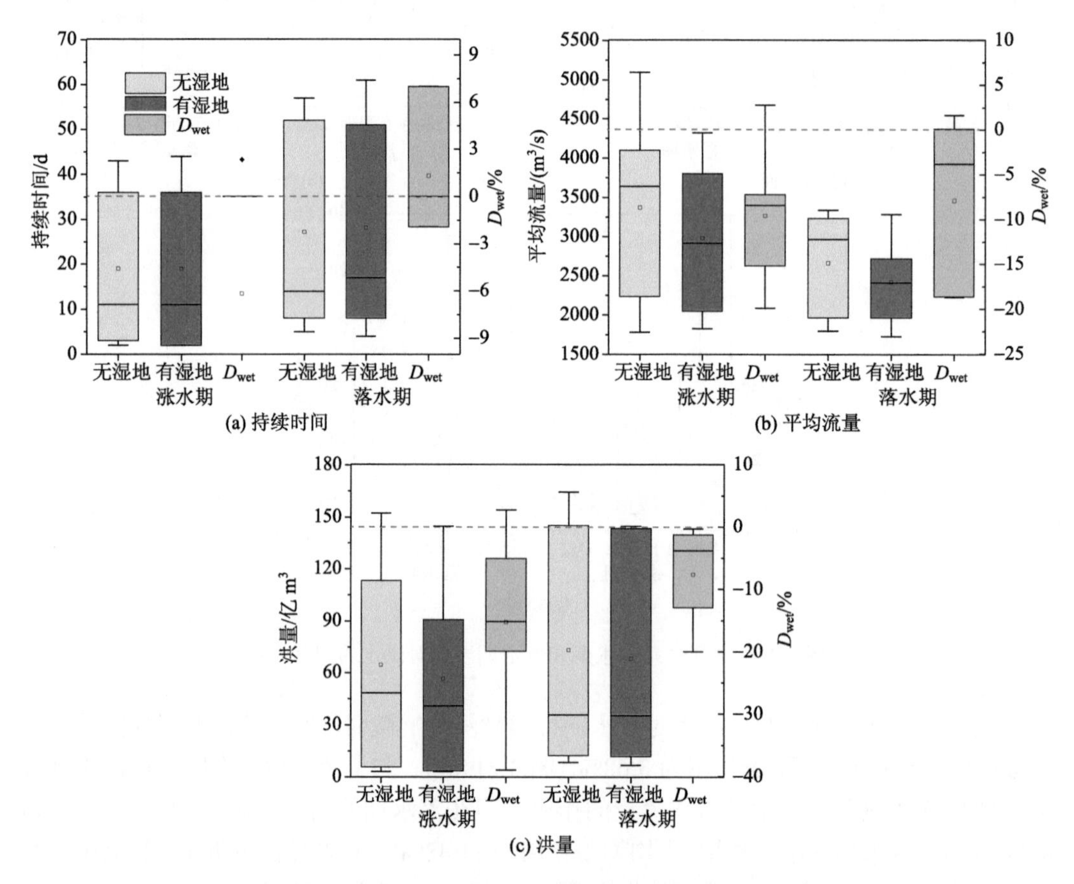

图 3.21　大赉站涨水期和落水期湿地对洪水的调蓄作用

4. 流域湿地维持基流功能定量评估

1)湿地对日基流量的调蓄作用

有/无湿地情景下嫩江县站和大赉站的日基流量过程曲线变化特征总体呈现较好的一致性，表现在流量年际间的丰枯变化和月尺度变化等较为接近；而在洪水期间，有湿地情景下基流量明显高于无湿地情景(图 3.23)。嫩江县站和大赉站有/无湿地情景下日平均基流量分别为 631.01m³/s 和 700.21m³/s、260.71m³/s 和 253.28m³/s。从日基流量的流量频率曲线也可以看出，在水文频率位于 0.02～0.78 之间，嫩江县站有湿地情景下的基流量明显大于无湿地情景下的基流量，而在大赉站则相反(图 3.24)；在水文频率位于 0～0.02 和 0.80～1.00 之间，有/无湿地情景下的日基流量差异不明显。因此，从日尺度上看，上游湿地发挥着一定的维持日基流的作用(D_{wet} 为 2.93%)，而流域尺度湿地的累计维持基流作用表现微弱。

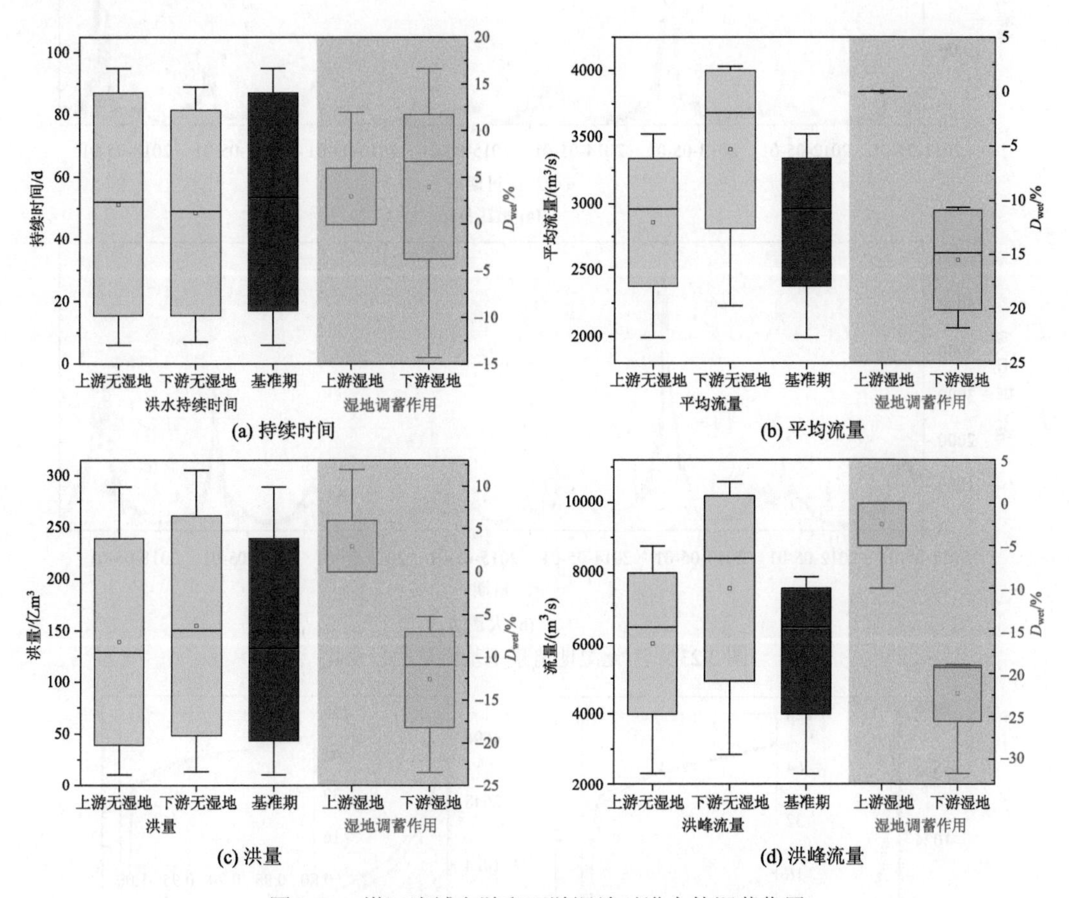

图 3.22　嫩江流域上游和下游湿地对洪水的调蓄作用

2) 湿地对月基流量的调蓄作用

月尺度上，湿地对基流的影响有明显的年内差异性，主要包括两个方面：一是上游湿地对基流既有维持也有削弱作用(图 3.25)。其中，在 4～6 月和 9～12 月湿地发挥着维持基流的作用，其他月份(1～3 月和 7～8 月)主要发挥着削弱基流的作用。二是湿地发挥维持或者削弱作用的强度有明显的差异性。在嫩江县站，9 月和 10 月，湿地对维持基流的作用最明显，可达 22.01%和 18.79%，而在 5 月和 12 月其维持作用仅为 0.42%和 1.64%；12 个月的 D_{wet} 均值为 2.60%，这表明上游湿地主要发挥着维持基流的作用。另外，在大赉站，湿地主要发挥着削弱基流的作用，尤其在 6 月和 7 月，削弱作用达到了 14.30%和 14.32%。

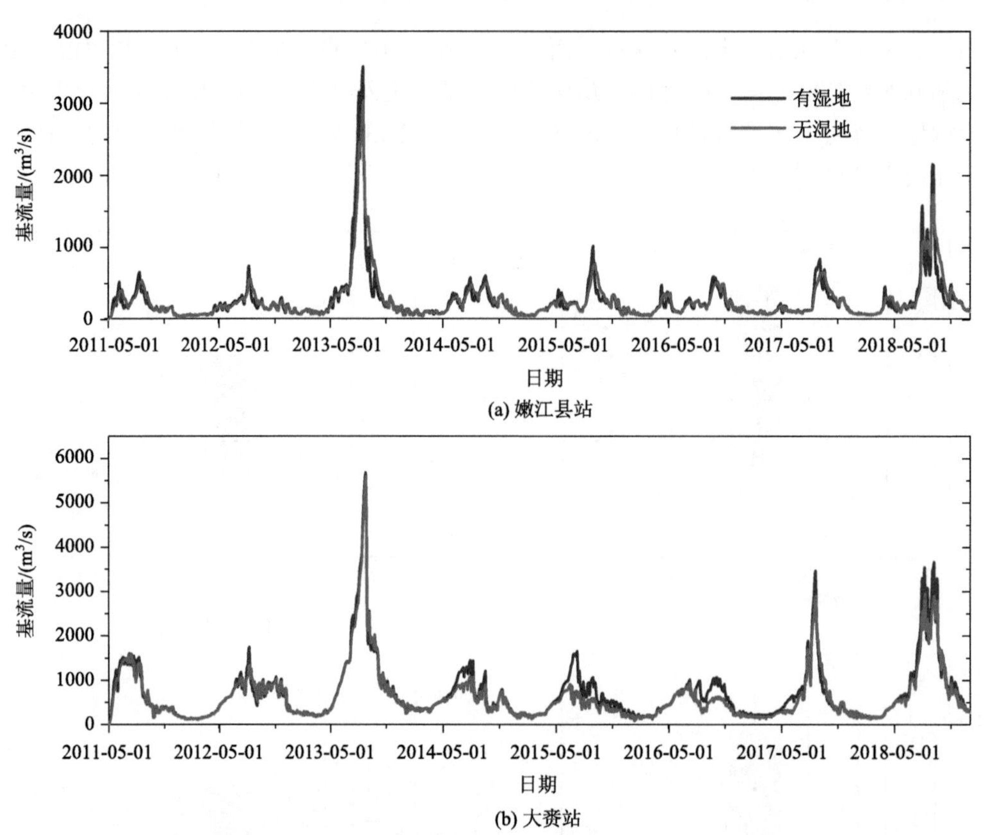

(a) 嫩江县站

(b) 大赉站

图 3.23 有/无湿地情景下基流量的日变化

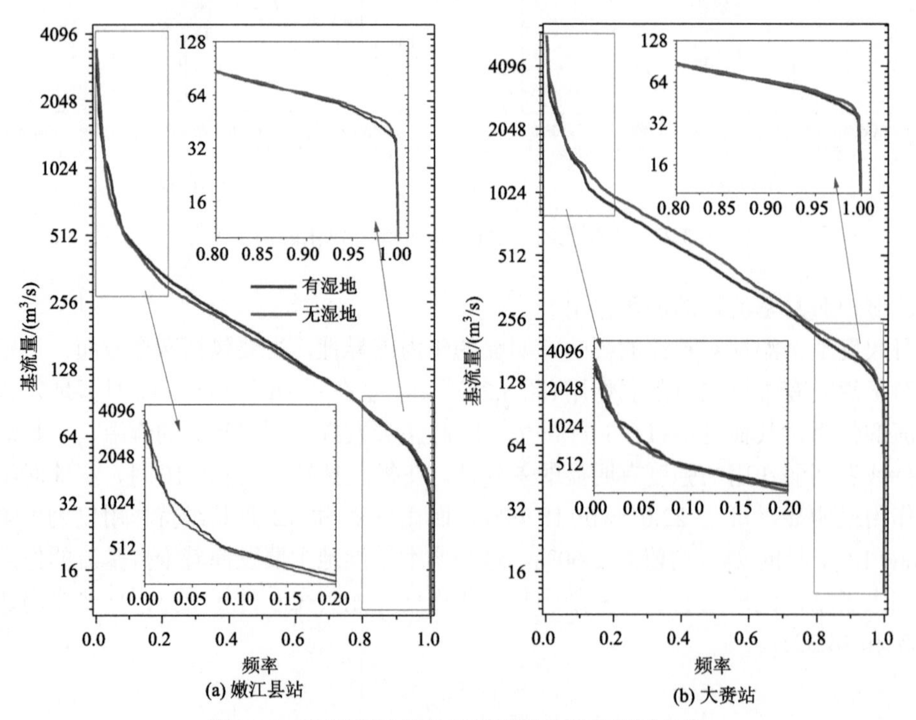

(a) 嫩江县站

(b) 大赉站

图 3.24 有/无湿地情景下基流量的流量历时曲线

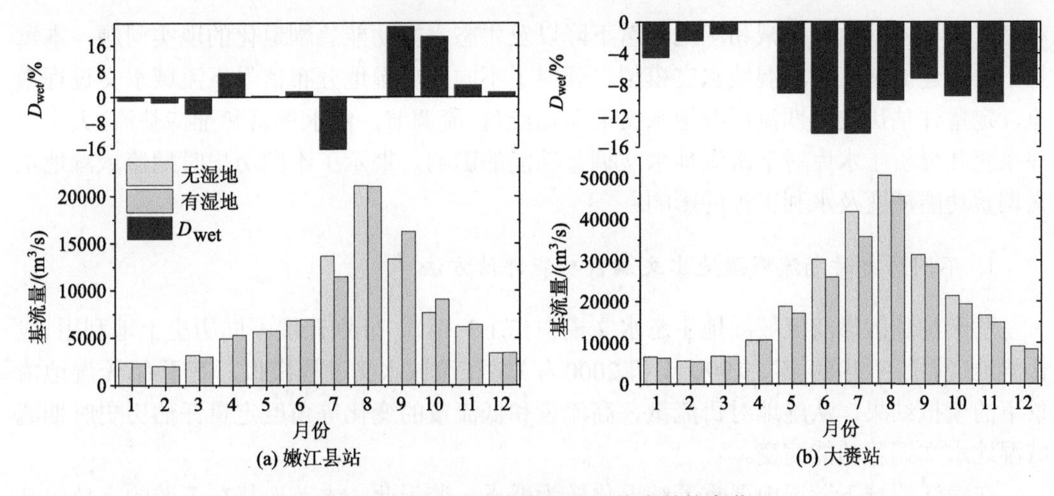

图 3.25　有/无湿地情景下月基流量的变化

3) 湿地对年基流量的调蓄作用

湿地对年均基流的影响具有年际变化特征(图 3.26)，其中在嫩江县站，研究时段内有 8 年期间发挥了维持基流功能(D_{wet} 为 0.12%～4.72%)，仅 1 年期间发挥了削减基流功能(D_{wet} 为–1.07%)，对年基流量的平均维持作用为 3.37%。在大赉站，湿地持续的发挥着削减年基流的作用，多年的 D_{wet} 均值为–10.62%，其中在 2015 年和 2016 年，其削减作用分别达到 29.69%和 20.13%。因此，嫩江流域上游湿地发挥着维持年基流的作用，而流域尺度湿地对基流总体发挥着削减作用。

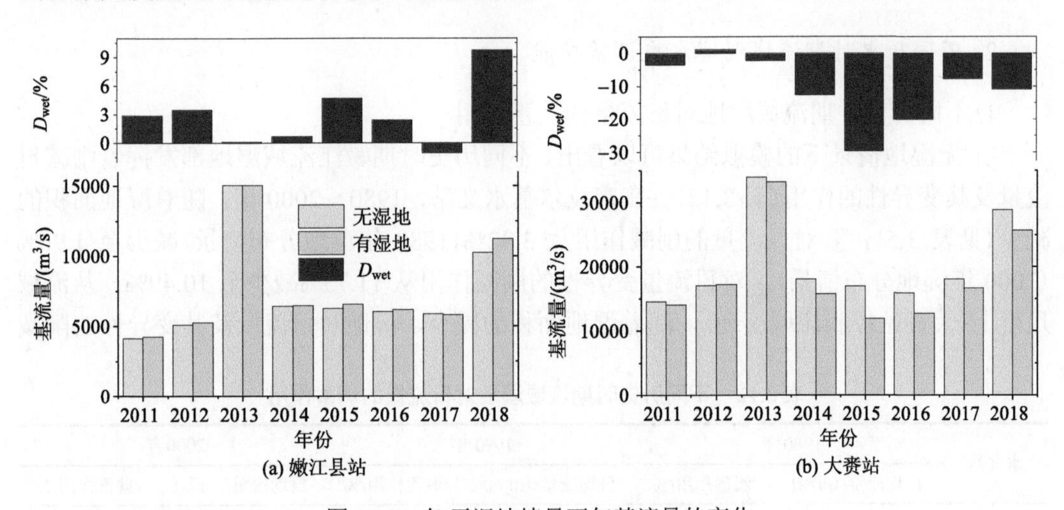

图 3.26　有/无湿地情景下年基流量的变化

3.2.3　不同历史时期嫩江流域湿地水文调蓄功能演变

气候变化与人类活动引起湿地生态水文格局发生了显著的变化，严重影响并破坏到湿地生态系统的结构和功能，威胁到区域生态安全、水安全和经济社会可持续发展。针对嫩江流域湿地面积锐减和湿地质量下降以及生态水文功能急剧退化的现实问题，本章基于已构建的嫩江流域湿地水文模型，开展了不同历史湿地分布情景下流域水文过程模拟，定量评估历史时期流域湿地水文调蓄功能(径流调节、洪水调蓄和维持基流)大小，并系统并分析了水库对下游湿地水文调蓄功能的影响，揭示了不同历史时期流域湿地水文调蓄功能演变及水利工程的影响。

1. 不同历史时期流域湿地水文调蓄功能评估方法

基于构建的嫩江流域湿地生态水文模型(3.1.3 节)，分别开展不同历史土地利用(包含湿地)情景下(1980 年、1990 年和 2000 年)嫩江流域水文过程模拟，基于有/无湿地情景下的模拟结果，从湿地对日流量、高流量和低流量的变化等角度定量评估历史时期流域湿地水文调蓄功能演变。

在嫩江流域下游湿地严重萎缩退化较为严重，鉴于此，本节选择在下游的富拉尔基站和大赉站作为控制水文站，在完成同时间尺度模型率定和验证(3.1.3 节)的基础上，开展有/无湿地情景下流域水文过程的模拟。为消除气候变化的影响，3 期土地利用情景的水文模型均开展了 1965～2005 年嫩江流域有/无湿地情景下的水文过程模拟；同时，通过维持湿地生态水文参数不变，可以从土地利用变化的水文响应中分离出湿地的水文调蓄作用(Lamparter et al.，2018)，精确的评价同等气候背景下不同历史时期流域湿地的水文调蓄功能。评价指标中，本节选取连续 1 日和 3 日最大流量以及高脉冲流量、大洪水和小洪水期间流量及其持续时间，用于分析历史时期湿地的洪水调蓄作用；选取连续 1 日和 3 日最小流量和低流量及其持续时间，用于分析历史时期湿地的维持基流作用。

2. 不同历史时期流域湿地水文调蓄功能

1)不同历史时期流域湿地对日流量的调蓄作用

有/无湿地情景下的模拟结果可以看出，不同历史时期嫩江流域湿地都发挥着削减日流量及其变异性的作用(表 3.12)。在富拉尔基水文站，1980～2000 年，随着湿地面积的减少(见表 3.5)，其对日流量的削减作用从 3.32%(1980 年湿地分布情景)减少至 1.96%(2000 年湿地分布情景)，对日流量变异性的削减作用从 11.73%减少至 10.49%。从流域尺度上(大赉站控制流域湿地)，随着湿地面积的减少，湿地对日流量及其变异性的削减

表 3.12　不同历史时期流域湿地对日流量的调蓄作用

水文站	1980 年		1990 年		2000 年	
	日均流量/(m^3/s)	调蓄作用/%	日均流量/(m^3/s)	调蓄作用/%	日均流量/(m^3/s)	调蓄作用/%
富拉尔基	512.6/530.4	−3.32	519.1/530.4	−2.13	520/530.4	−1.96
大赉	852.6/883.4	−3.49	861.4/883.4	−2.50	864/883.4	−2.20
水文站	1980 年		1990 年		2000 年	
	变异系数	调蓄作用/%	变异系数	调蓄作用/%	变异系数	调蓄作用/%
富拉尔基	1.43/1.62	−11.73	1.4/1.6	−11.11	1.45/1.62	−10.49
大赉	1.3/1.4	−11.27	1.28/1.42	−9.86	1.28/1.4	−7.86

作用也逐渐减弱。1980 年湿地分布情景下，流域湿地对日流量及其变异性的削减作用分别为 3.49%和 11.27%；至 2000 年湿地分布情景，流域湿地的削减作用仅为 2.20%和 7.86%。因此，随着湿地面积的减少，嫩江流域湿地对日流量的调节作用逐渐减弱。

2)不同历史时期流域湿地的洪水调蓄作用

历史时期，湿地都发挥着削减 1 日和 7 日最大流量的作用，其中对 1 日最大流量的削减作用较为明显，且随着重现期的增加，湿地的削减作用逐渐增强(图 3.27)。在 1980 年湿地分布情景下，湿地对富拉尔基站和大赉站 1 日和 7 日最大流量的削减作用最强，分别达到了 16.6%～26.65%和 25.7%～33.88%；随着湿地面积的减少，其削减作用也逐渐减弱，至 2000 年湿地分布情景，湿地会对富拉尔基站和大赉站 1 日和 7 日最大流量的削减作用仅为 14.44%～17.12%和 16.25%～23.13%，即湿地的平均削减作用分别下降了 7.95%和 10.20%。因此，嫩江流域湿地面积的减少降低了极端最大流量的削减作用。

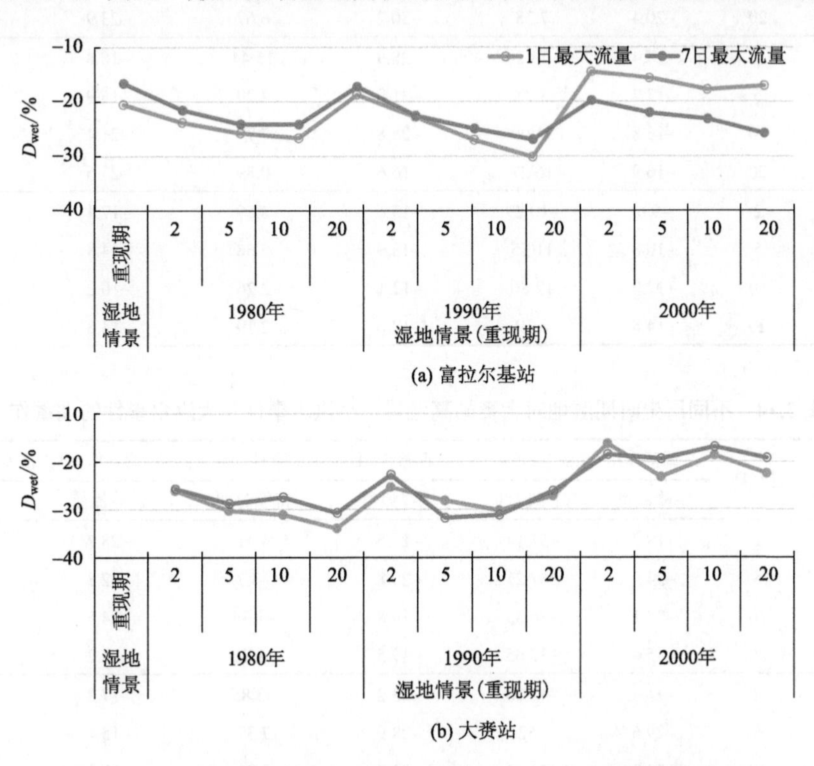

图 3.27　不同历史时期流域湿地对 1 日和 7 日最大流量的调蓄作用

不同历史时期湿地对富拉尔基站和大赉站高流量、小洪水事件和大洪水事件的调蓄作用(表 3.13 和表 3.14)可以看出，湿地发挥着削减高流量、小洪水事件和大洪水事件期间洪峰流量的作用，但是对洪水持续时间的作用随着重现期的变化而有所不同。在富拉尔基站和大赉站，随着湿地面积的减少(1980～2000 年湿地分布情景)，湿地对洪峰流量的削减作用和对持续时间影响也有所改变。在富拉尔基站，1980 年湿地分布情景下，湿地对高流量中的洪峰流量的削减作用为 45.6%～4.86%；至 1990 年湿地分布情景下，湿地的削减作用轻微减弱；至 2000 年湿地分布情景下，湿地对高流量中洪峰流量的削减作用仅为 9.72%～14.78%；同时，湿地对小洪水和大洪水期间洪峰流量的削减作用减少至 12.62%～15.57%和 10.59%～17.56%。与富拉尔基湿地对高流量和洪水的调蓄作用一致，在大赉站，湿地的减少也引起其对高流量和洪水的削减作用明显减弱(表 3.13)。综上所述，随着湿地面积的减少，流域尺度湿地洪水调蓄功能明显减弱。

表 3.13　不同历史时期湿地对富拉尔基站高流量、小洪水事件和大洪水事件的调蓄作用

湿地情景	重现期	调蓄作用(高流量)/%		调蓄作用(小洪水事件)/%		调蓄作用(大洪水事件)/%	
		洪峰流量	持续时间	洪峰流量	持续时间	洪峰流量	持续时间
1980 年	2	−28.4	−25	−35.3	10	−32.7	0
	5	−26.4	−13.23	−29.1	−5.47	−24.3	0.24
	10	−23.8	3.65	−26	4.83	−24.3	−0.47
	20	−20.4	7.38	−30.2	6.67	−23.9	−0.81
1990 年	2	−14.4	−14.29	−28.9	15.44	−18.8	4.08
	5	−17.7	3.77	−31.9	7.29	−15.9	−0.73
	10	−15.8	11.69	−28.8	7.77	−21.4	−0.35
	20	−16.9	16.27	−16.6	0.89	−23.6	−0.17
2000 年	2	−9.6	−10.29	−15.6	3.89	−17.4	−11.18
	5	−10.8	11.55	−13.9	5.68	−14.8	5.42
	10	−12.0	12.86	−12.1	2.26	−10.2	2.81
	20	−14.8	8.39	−12.6	2.19	−14.8	1.61

表 3.14　不同历史时期湿地对大赉站高流量、小洪水事件和大洪水事件的调蓄作用

湿地情景	重现期	调蓄作用(高流量)/%		调蓄作用(小洪水事件)/%		调蓄作用(大洪水事件)/%	
		洪峰流量	持续时间	洪峰流量	持续时间	洪峰流量	持续时间
1980 年	2	−19.3	−57.14	−23.5	4.71	−28.7	3.09
	5	−34.9	−67.21	−20.8	−3.7	−22.8	−1.47
	10	−32.1	−76.33	−19.8	−1.34	−24.5	−0.69
	20	−45.6	−37.65	−19.5	−1.28	−25.2	−0.34
1990 年	2	−11.6	−42.86	−23.2	33.85	−17.8	−1.54
	5	−29.6	−52	−28.9	7.37	−15.4	−3.9
	10	−24.7	−52.32	−23.4	8.91	−18.1	−2.51
	20	−26.6	−58.49	−27.3	5.66	−19.2	−1.82
2000 年	2	−8	−34.38	−22.4	45	−18.6	−1.28
	5	−26	−30.94	−27.4	32.56	−16.3	4.57
	10	−34.3	−21.07	−27.5	8.95	−13.2	2.08
	20	−22.9	−38	−25.21	21.65	−12	1

3)不同历史时期流域湿地的维持基流功能

1980～2000 年的湿地分布情景，湿地对年最小 1 日和 3 日平均流量调蓄能力总体上呈减弱的趋势(图 3.28)。其中，1980～1990 年湿地分布情景，湿地对年最小 1 日和 3 日平均流量调蓄能力几乎维持不变，这是由于这一时段嫩江流域湿地面积变化不明显。1990～2000 年湿地分布情景，湿地对年最小 1 日和 3 日平均流量调蓄能力明显减少；在富拉尔基站，湿地对年最小 1 日和 3 日平均流量调蓄作用分别为–0.17%～0.04%和–0.16%～0.06%；在大赉站，湿地主要发挥着削减年最小 1 日和 3 日平均流量的作用，其削减作用分别为 4.35%～8.82%和 5.39%～9.19%。此外，1980 年和 1990 年湿地分布情景下，大赉站湿地具有一定的维持最小流量的能力(D_{wet}>0)；但是在 2000 年湿地分布情景下，流域湿地主要发挥着削减最小流量的作用。因此，随着湿地面积的减少，嫩江流域湿地维持基流的能力逐渐减弱，甚至发挥着削减基流量的作用。

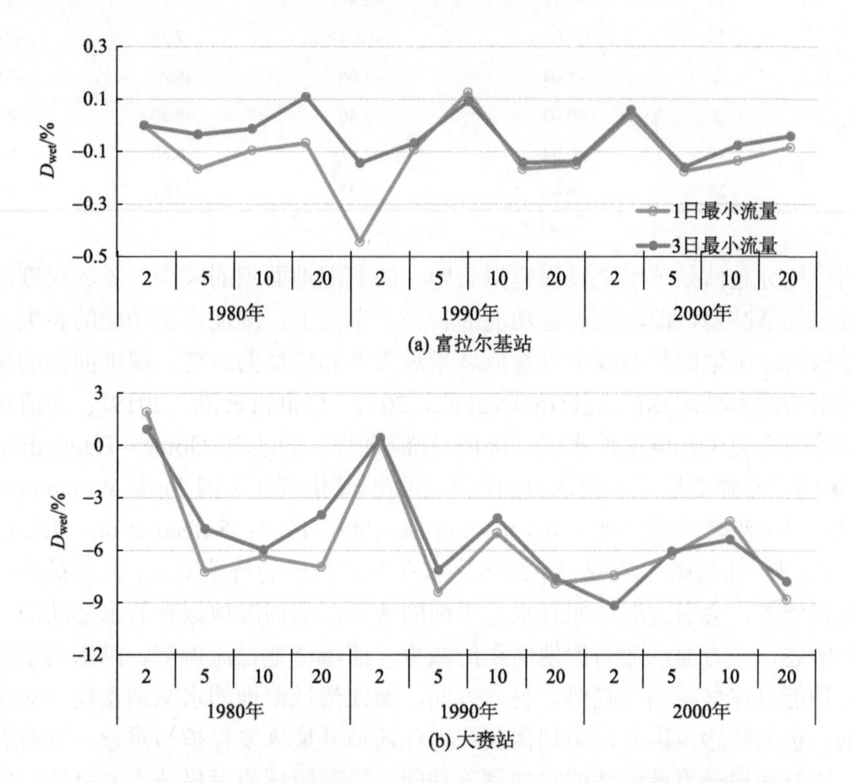

图 3.28　不同历史时期湿地对年最小 1 日和 3 日平均流量的调蓄能力

在富拉尔基站和大赉站，3 种湿地分布情景下，流域湿地对低流量的影响较为微弱(表 3.15)。但是，1980～2000 年，随着湿地面积的减少，湿地对低流量的持续时间无明显变化；但是，湿地对最小流量及其持续时间的影响程度总体呈现减弱的趋势。2000 年湿地分布情景下，湿地对富拉尔基站低流量的削减作用减少至 1.04%～0.02%；在流域尺度上，湿地对低流量的影响从微弱的维持作用(2000 年湿地分布情景下 D_{wet} 为–1.89%～3.52%)转变为削减作用，对低流量的削弱作用为 8.15%～4.55%。

表 3.15　不同历史时期湿地对低流量的调蓄作用

湿地情景	重现期	调蓄作用(富拉尔基站)/%		调蓄作用(大赉站)/%	
		低流量	持续时间	低流量	持续时间
1980 年	2	2.19	–3.73	3.52	–7.00
	5	2.24	–4.42	2.89	–7.29
	10	1.03	–2.13	–1.89	–8.43
	20	0.02	–1.10	–1.67	–5.21
1990 年	2	1.01	–4.73	1.59	–4.67
	5	–3.15	–3.72	–8.75	–4.13
	10	–5.13	–2.45	–7.84	–2.91
	20	–5.08	–0.24	–7.78	–2.48
2000 年	2	–1.04	–7.66	0.69	–7.97
	5	–0.03	–5.46	–8.50	–8.15
	10	–0.04	–2.61	–8.80	–6.37
	20	–0.02	–0.55	–9.81	–4.55

不同湿地分布情景下水文过程模拟表明，随着湿地面积的减少，流域尺度湿地的累计影响效应逐渐减弱，即水文调蓄功能的丧失。事实上，湿地水文功能的丧失主要有两方面所导致的：湿地面积的减少以及流域景观类型和格局的改变。湿地面积的减少直接引起其蓄水的能力减弱(Marambanyika et al.，2017；Gulbin et al.，2019)；而流域景观类型和格局的改变会引起湿地汇水区“降雨-径流过程”的改变(Gómez- Baggethun et al.，2019)。如同等雨强情景下，湿地内的伐木和陆面硬化引起美国 Fork Willamette 河坡面暴雨径流和河道洪峰流量的增加(Lyons and Beschta，1983；Safeeq et al.，2020)。20 世纪 80 年代以来，随着嫩江流域中下游地区农业开发规模的持续变大，尤其是湿地汇水区内水田面积增多，会引起湿地原有水量平衡的改变，削弱湿地原有的水文功能。

综上所述，一方面，随着湿地面积的减少，流域湿地径流调节、洪水调蓄和基流维持等水文功能总体呈减弱的趋势。另一方面，嫩江流域湿地的水文调蓄能力对湿地面积变化的响应极为敏感。因此，迫切需要在嫩江流域开展恢复保护与重建，维持合理的湿地面积，恢复和提升流域湿地的水文调蓄功能，提高流域应对极端水文事件的能力。

3.2.4　未来气候变化与湿地恢复情景下流域湿地水文调蓄功能预估

气候变化导致水资源的时空分布特征发生变化，加剧了干旱、洪涝等极端水文事件的发生的频次和强度，改变区域水量平衡，影响区域水资源的分布。开展湿地恢复和保护，是恢复与提升流域湿地生态系统服务功能、提升流域应对气候变化能力的重要途径。预估未来气候变化与湿地恢复情景下流域湿地水文功能大小及其变化趋势，可为基于自然的水资源解决方案应对未来气候变化提供科学支撑。本节利用已构建耦合湿地模块的嫩江流域水文模型，以 IPCC 未来气候变化 RCP4.5 和 RCP8.5 两种情景和设置的 3 种湿地恢复情景为驱动数据，用于模拟流域未来气候变化下的流域水文过程，预估未来气候变化与湿地恢复情景下嫩江流域湿地的径流调节、洪水调蓄和基流维持等水文功能。

1. 未来气候情景下嫩江流域气象水文变化特征

1）气候变化情景数据预处理

地球系统模式是采用数值模拟方法研究地球各个圈层之间联系及其演变规律，是理解过去气候演变过程并预测未来潜在全球气候变化的重要工具（王斌等，2008）。本节采用北京师范大学地球系统模式 BNU-ESM 作为模型驱动数据，预估未来气候情景下嫩江流域水文过程演变。BNU-ESM（Beijing Normal University-Earth System Model）参与了第五次耦合模式比较计划（CMIP5），采用 NCAR CPL6.5，是在美国大气科学研究中心的基础上发展而成的降尺度的气候情景。该模式的数据分辨率为 0.25°×0.25°，典型温室气体浓度路径中的两个：RCP4.5 和 RCP8.5（吴其重等，2013；Ji et al.，2014）。模式中的气候要素包括日最高温度、日最低温度和日降水量。根据嫩江流域边界，选取流域内及其周边的 1741 个点 2020～2050 年的数据用于水文过程的模拟（图 3.29）。基于 Matlab 软件逐点对两种气候模式数据集进行提取，并批处理为 HYDROTEL 模型需要的输入文件格式（图 3.29）。

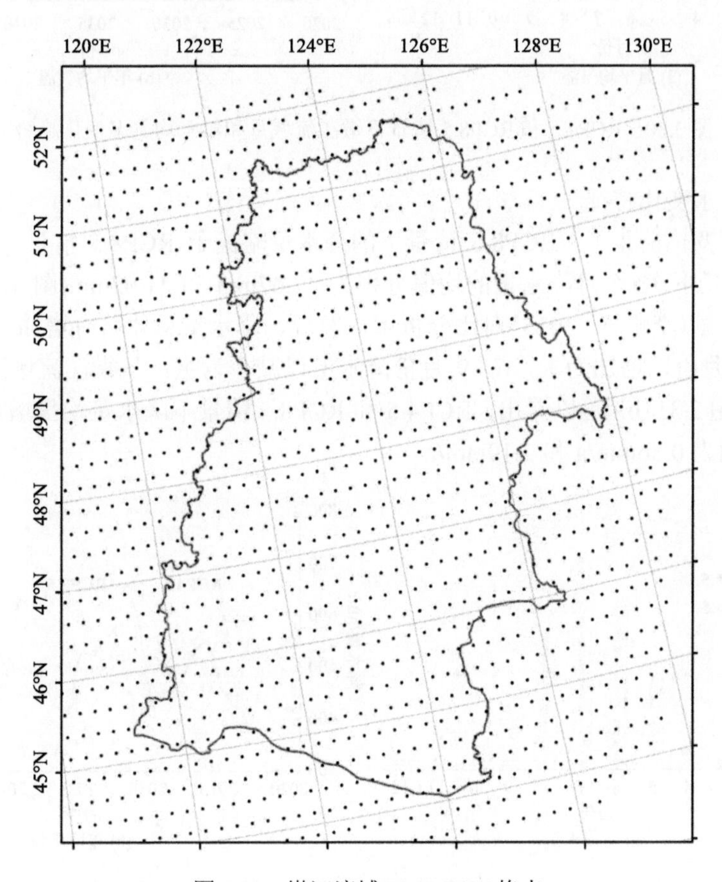

图 3.29　嫩江流域 BNU-ESM 格点

2) 未来气温变化特征

RCP4.5 和 RCP8.5 情景下，2021～2050 年月平均气温呈“单峰曲线”的变化特征，即呈现明显的季节性。其中，在 8 月份气温最高，RCP4.5 和 RCP8.5 情景下月平均最高气温分别为 25.7℃和 25.8℃；1 月份气温最低，RCP4.5 和 RCP8.5 情景下月平均最低气温分别为 5.2℃和 5.1℃[图 3.30(a)]。年际变化，RCP4.5 和 RCP8.5 情景下 2020～2050 年嫩江流域年平均最高气温和年平均最低气温均呈增加趋势，其中 RCP8.5 预测的平均最高气温和最低气温比 RCP4.5 略高[图 3.30(b)]。此外，年平均最高气温的增加趋势强于年平均最低气温。因此，未来气候变化情景下，嫩江流域总体呈现暖化的趋势。

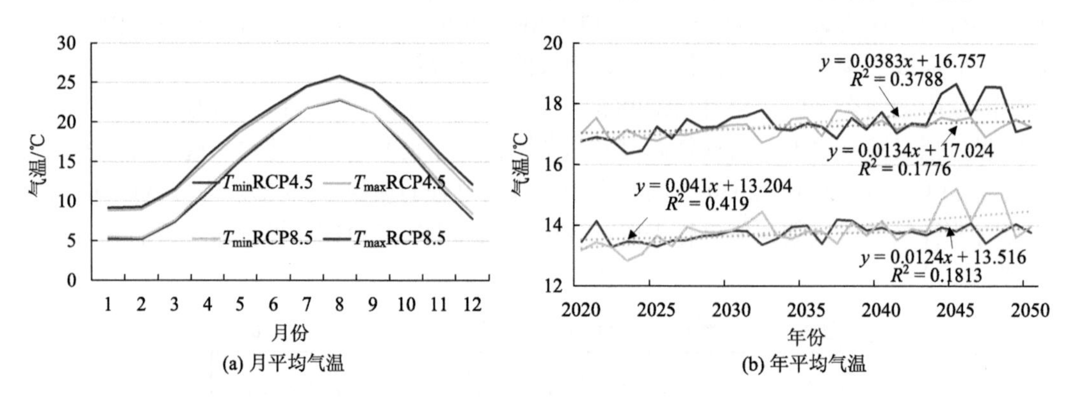

图 3.30 RCP4.5 和 RCP8.5 情景下嫩江流域月和年平均气温变化趋势

3) 未来降水变化特征

未来气候变化情景下，RCP8.5 情景下的降水量略高于 RCP8.5 情景，其中 RCP4.5 和 RCP8.5 情景下 12 个月降水量的均值分别为 47.07mm 和 41.02mm[图 3.31(a)]。与历史时期月降水量(李峰平, 2015)对比分析可以发现，降水量总体略有增加，其中在 1～4 月和 10～12 月份以增加为主，6～9 月份降水量以减少为主。从嫩江流域降雨量均值年际变化曲线[图 3.31(b)]可以看出，RCP4.5 和 RCP8.5 情景下降水量均呈增加的趋势，增加的速率分别为 0.86mm/a 和 2.19mm/a。

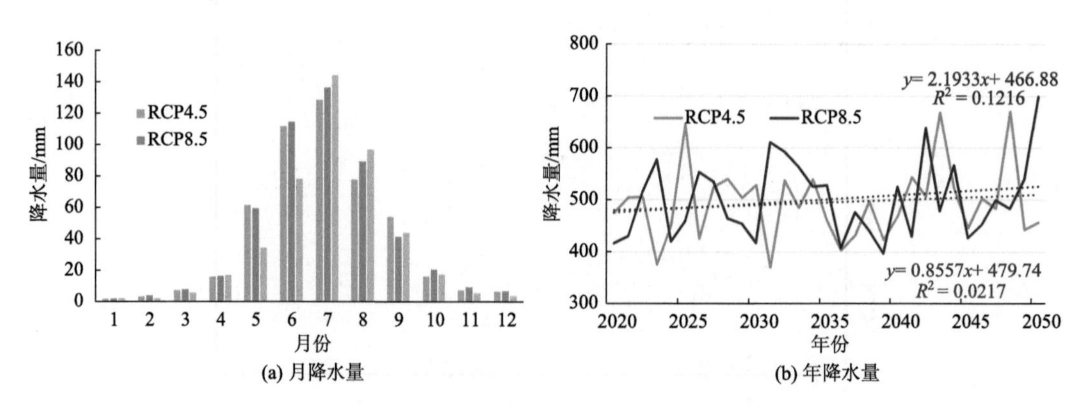

图 3.31 RCP4.5 和 RCP8.5 情景下 2020～2050 年嫩江流域月和年降水变化特征

4) 未来气候变化情景下流域径流预估

基于已率定和验证合理的耦合湿地模块的 HYDROTEL 模型，输入未来气候情景下的逐日降水和温度数据，预测现状湿地(2015 年土地利用情景)和水文调控影响(2011～2018 年尼尔基水库水文调控方案)下未来嫩江流域水文过程响应特征，为后续不同湿地恢复情景下水文功能预估提供数据支撑。其中，基于式(3.31)至式(3.35)预估未来气候变化情景下尼尔基水库出流量，并用于下游嫩江流域控制水文站-大赉站的径流预估。

A. 径流的年内和年际变化特征

对比分析 RCP4.5 和 RCP8.5 情景下大赉站模拟的径流发现，RCP4.5 情景下模拟的径流高于 RCP8.5 情景下的模拟结果(图 3.32)。月尺度上，未来气候情景下径流年内变化特征与历史时期(李峰平，2015)大致相似，径流主要集中在 6～9 月，分别占全年流量的 61%(RCP4.5)和 62%(RCP8.5)。但是，月最大流量出现的月份有所不同，RCP4.5 情景下为 9 月份，在 RCP8.5 情景下为 6 月份[图 3.32(a)]。RCP4.5 和 RCP8.5 情景下模拟的年平均径流均呈增加趋势，其中 RCP4.5 情景下年平均流量增加趋势明显(3.67m^3/s)，且呈现更强的变异性[图 3.32(b)]。

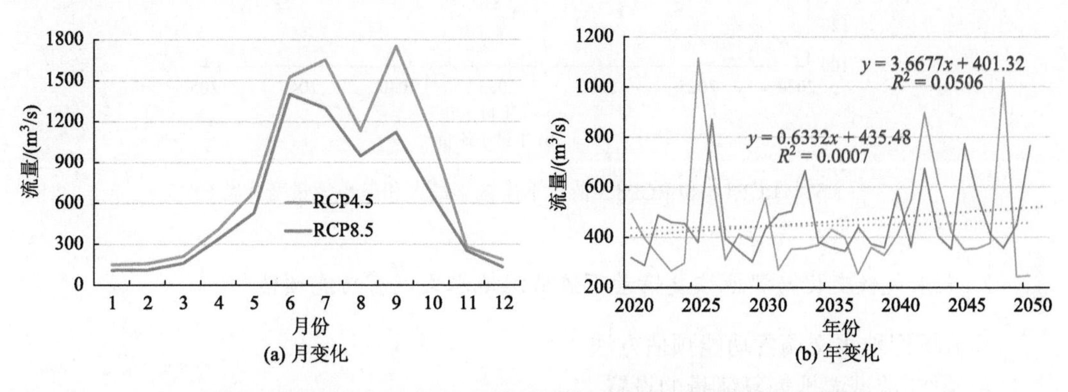

图 3.32　RCP4.5 和 RCP8.5 情景下嫩江流域月和年径流变化特征

B. 极端径流演变特征

选取年最大流量和最小流量，用来分析未来气候情景下嫩江流域的极端径流演变特征(图 3.33)。可以看出，未来气候情景下，年最大流量总体呈增加的趋势，RCP4.5 和 RCP8.5 情景下年最大流量增势分别为 41.7m^3/s 和 95.0m^3/s。另外，RCP8.5 情景下模拟的年最大流量高于 RCP4.5 情景下模拟的年最大流量，且呈现较大的变异性。同样，RCP8.5 情景下模拟的年最小流量高于 RCP4.5 情景下模拟的年最小流量；但前者呈减少趋势(–0.2 m^3/s)，后者呈微弱的增加趋势(0.2m^3/s)。因此，未来气候变化下，嫩江流域总体呈现极端水文事件增强的趋势特征，尤其是洪水风险增加最为明显。

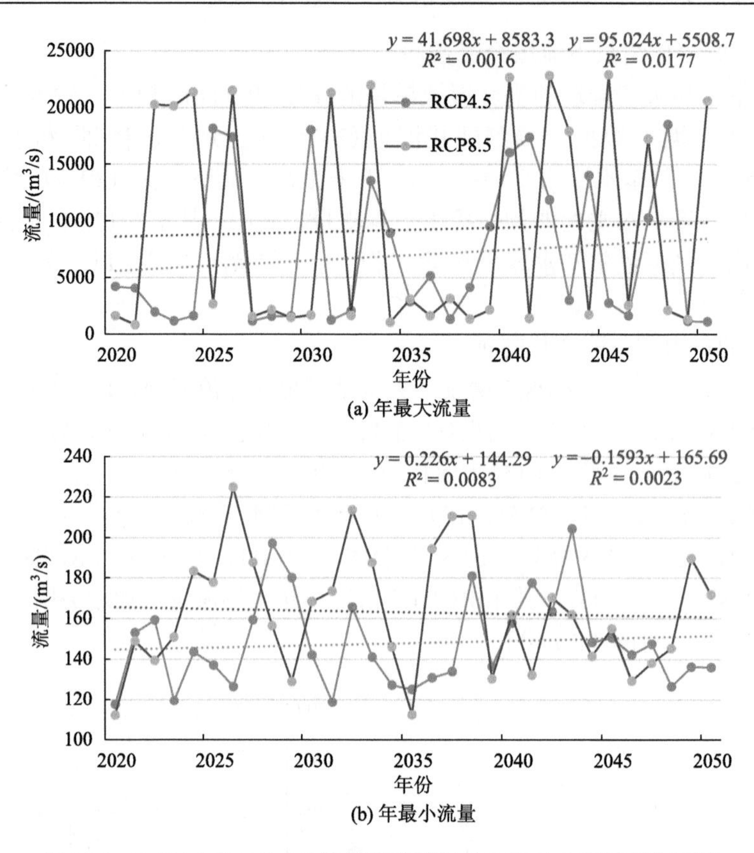

(a) 年最大流量

(b) 年最小流量

图 3.33　RCP4.5 和 RCP8.5 情景下流域年最大和最小流量变化特征

2. 未来气候变化与湿地恢复情景下流域湿地水文调蓄功能预估

1）流域湿地水文调蓄功能预估方法

A. 嫩江流域湿地恢复情景的设置

研究湿地变化对径流的影响需要构建不同的湿地情景，用来定量分析不同湿地情景下其水文功能的变化特征。在设计湿地情景时，需要考虑诸多要素，如自然地理与经济发展状况、历史湿地变化特征、流域现有湿地特性、湿地恢复保护与重建政策和水文模型特性等。学者们主要采用历史反演法（不同历史时期湿地分布格局）(Lee et al.，2018；Gulbin et al.，2019)、极端湿地分布情景法（有/无湿地分布）(Wu and Johon，2008；Fossey et al.，2016；Yeo et al.，2019；Blanchette et al.，2019）和湿地特性法（湿地的面积、地理位置、蓄水量大小等）(Martinez-Martinez et al.，2014；Evenson et al.，2015；Walters and Babbar-Sebens，2016；Ameli and Greed，2019）等设置不同的湿地情景，量化流域湿地水文功能的变化特征。基于嫩江流域自然地理与经济发展状况，本节利用历史反演法设定嫩江流域湿地分布情景，即结合嫩江流域大赉站控制流域 1980 年、1990 年、2000 年和 2015 年湿地变化特征设定湿地的重建率（表 3.16）：选择 2015 年湿地分布情景为基准期，用来预估未来气候变化情景下现状湿地的水文调蓄功能；将 1980 年、1990 年和 2000 年湿地作为湿地面积恢复情景，用于预估未来气候变化与湿地恢复情景下流域湿地水文调蓄功能(图 3.34)。基准期和 3 种湿地面积恢复情景如下。

基准期(BaseSce.)：维持现有 2015 年湿地分布情景；

情景 1(Sce.1)：湿地面积恢复至 2000 年分布情景；

情景 2(Sce.2)：湿地面积恢复至 1990 年分布情景；

情景 3(Sce.3)：湿地面积恢复至 1980 年分布情景。

表 3.16 未来气候变化背景下流域湿地情景模式设定

情景	面积变化率/(km^2/a)	变化面积/km^2	湿地面积/km^2	湿地率/%
基准期	—	—	32275	7.82
情景 1	88	5250	35121	12.11
情景 2	258	15450	45854	15.88
情景 3	466	27984	50527	17.42

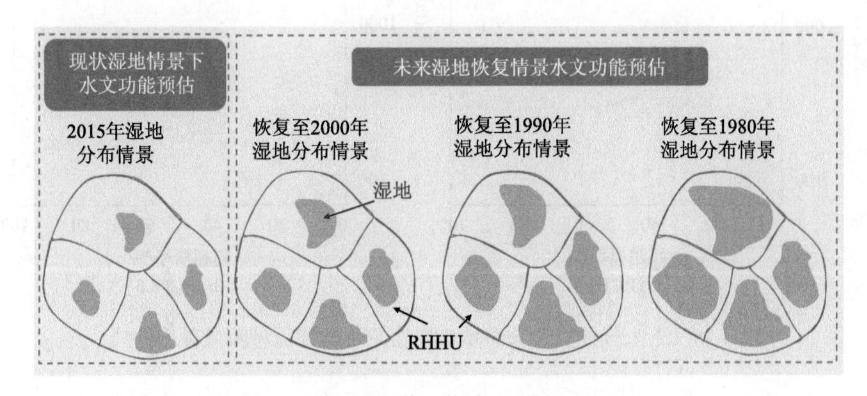

图 3.34 基于历史反演法湿地恢复情景的设定

在嫩江流域，退化的湿地主要转化为农业用地(董李勤，2013)，因此，在湿地恢复情景中，在 RHHU 尺度假定农业用地面积的减少并转化为相应的湿地面积。6 种湿地分布情景中，嫩江流域的湿地面积和湿地率如表 3.16 所示。

B. 模型设置和评价指标

湿地面积的变化会影响湿地水文过程和流域水循环过程，进而影响流域湿地的水文调蓄作用。利用本章已经确定的流域水文模型参数，分别以上述 3 种湿地分布情景为模型的输入，并保持气候情景(RCP4.5 和 RCP8.5 情景)、土地利用类型(湿地面积和农业用地面积除外)和土壤类型等要素不变的情况下，模拟 2020～2050 年嫩江流域的水文过程。基于大赉站 3 种湿地分布情景模拟结果，分别从日流量变化、极端流量(洪峰流量、连续 7 日最大流量；连续 7 日和 30 日最小流量)的变化等方面量化湿地面积恢复的水文效应，揭示湿地水文调蓄功能在流域应对气候变化中发挥的作用。

2)未来气候变化与湿地恢复情景下流域湿地水文调蓄功能演变

A. 湿地日径流调节功能的演变

未来气候变化与湿地恢复情景下嫩江流域流量频率曲线可以看出，RCP4.5 和

RCP8.5 情景下，随着湿地面积的恢复，同等历时下，日流量总体呈逐渐减少趋势(Sce.1>Sce.2>Sce.3)（图 3.35）。RCP4.5 情景下，基准期大赉站有/无湿地情景下模拟的日平均流量分别为 590.03m^3/s 和 604.41m^3/s，即湿地对日平均流量削减作用为 2.38%；情景 1、情景 2 和情景 3 模拟的日平均流量分别为 580.49m^3/s、574.87m^3/s 和 567.19m^3/s，湿地对日流量削减作用分别为 3.96%、4.88 %和 6.15 %。RCP8.5 情景下，基准期、情景 1、情景 2 和情景 3 下湿地对日流量削减作用分别为 2.24%、2.52%、3.19%和 4.17%。这表明随着湿地恢复面积的增加，流域湿地对日流量的调节功能逐渐增强。

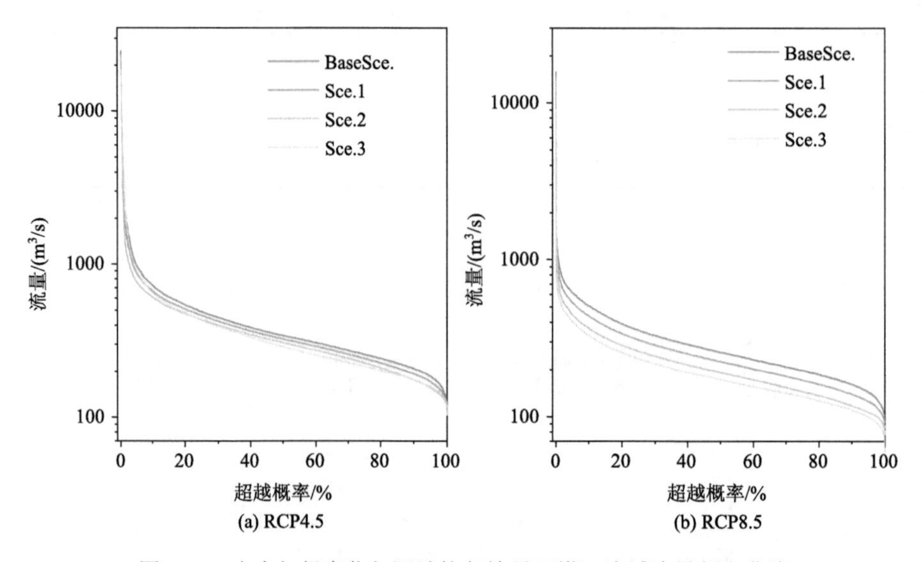

图 3.35 未来气候变化与湿地恢复情景下嫩江流域流量频率曲线

此外，随着湿地恢复面积的增加和日均流量的减少，日流量变异性也逐渐较弱(图 3.36)。基准期、情景 1、情景 2 和情景 3 模拟的日流量的变异系数在 RCP4.5 情景下分别为 1.97、1.89、1.87 和 1.83，在 RCP8.5 情景下分别为 1.18、0.98、0.90 和 0.89，即湿

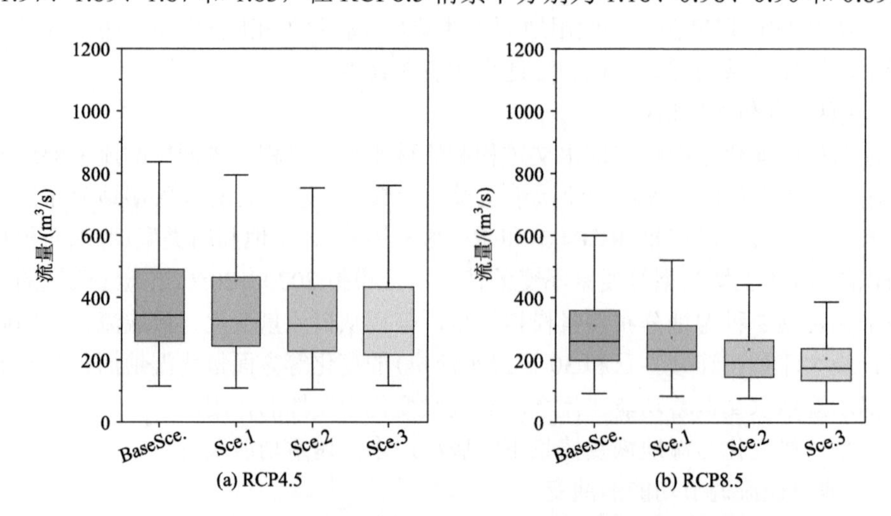

图 3.36 未来气候变化与湿地恢复情景下嫩江流域日流量变化特征

地的削减作用分别为3.25%、3.20%、3.98%和4.76%。因此，湿地面积的恢复，不仅会增强其削减日流量的作用，还会提高其对日径流变异性的调节作用。

B. 湿地洪水调蓄功能的演变

未来气候变化情景下，随着湿地恢复面积的增加，年平均最大流量和连续7日最大流量总体呈减少的趋势，表现在均值的减少和变异性的减弱(图3.37)。其中，在RCP4.5情景下，随着湿地恢复面积的增加，年平均最大流量和连续7日最大流量的均值变化趋势有所差异；在RCP8.5情景下，年平均最大流量和连续7日最大流量的减少较为明显。

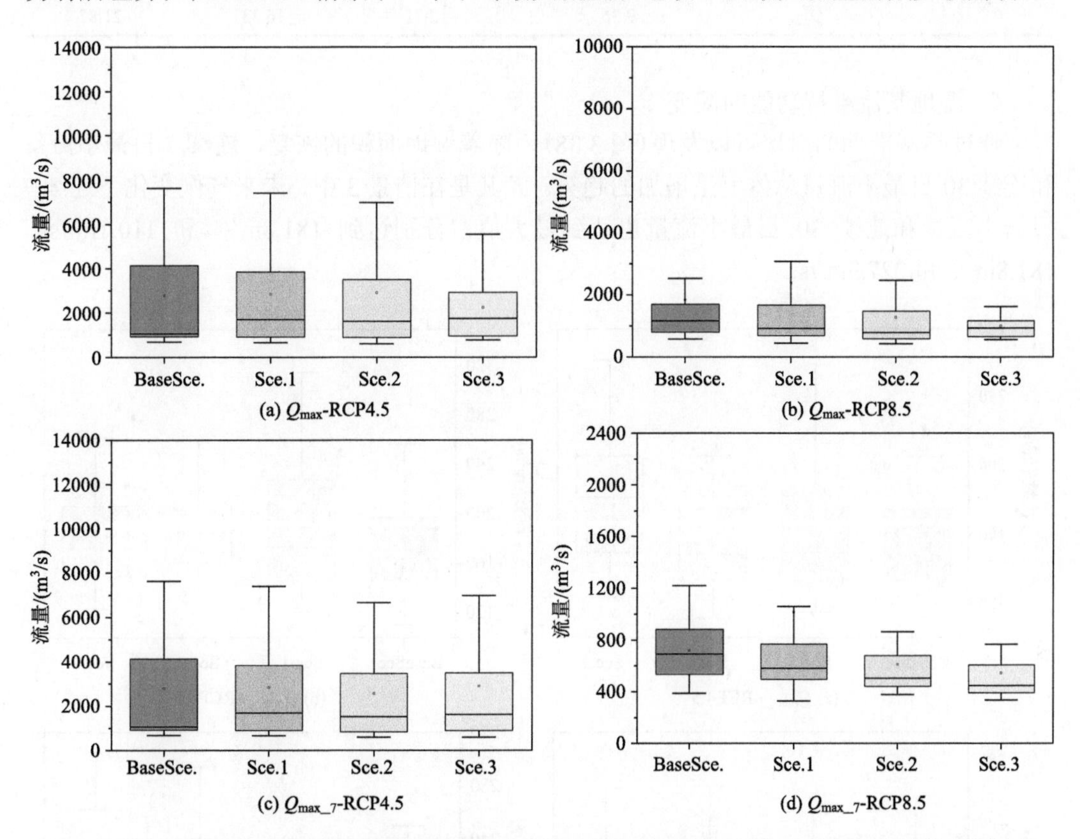

图3.37　未来气候变化下嫩江流域年平均最大流量(Q_{max})和连续7日最大流量(Q_{max_7})的变化特征

基于式(3.1)量化了不同湿地面积恢复情景下流域湿地对年平均最大流量和连续7日最大流量的调蓄作用(表3.17)。可以看出，基准期，湿地对年平均最大流量和连续7日最大流量的削减作用为12.85%和10.22%(RCP4.5)、11.98%和9.56%(RCP8.5)。在情景1下，湿地对年平均最大流量和连续7日最大流量的削减作用有所增加，达到了15.98%和14.56%(RCP4.5)、12.58%和12.71%(RCP8.5)。随着湿地面积的进一步恢复，尤其是湿地率达到15.63%时(情景3)，湿地对年平均最大流量和连续7日最大流量的削减作用达到了23.84%和19.61%(RCP4.5)、18.20%和21.87%(RCP8.5)，即其削减作用分别增加了10.99%和9.39%、6.22%和12.31%。因此，在未来气候变化背景下，尤其是嫩江流域极端流量有所增强的情形下，湿地面积的恢复会提升其流域洪水调蓄功能，提高流域应对气候变化的能力。

表 3.17　未来气候变化下流域湿地对年平均最大流量和连续 7 日最大流量的调蓄作用

气候情景	指数	BaseSce./%	Sce.1/%	Sce.2/%	Sce.3/%
RCP4.5	Q_{max}	−12.85	−15.98	−18.73	−23.84
	Q_{max_7}	−10.22	−14.56	−17.55	−19.61
RCP8.5	Q_{max}	−11.98	−12.58	−16.13	−18.20
	Q_{max_7}	−9.56	−12.71	−16.33	−21.87

C. 湿地基流维持功能的演变

通过与基准期的对比可以发现(图 3.38)，随着湿地面积的恢复，连续 7 日最小流量和连续 30 日最小流量总体上呈增加的趋势。尤其是在情景 3 中，未来气候变化下连续 7 日最小流量和连续 30 日最小流量也达到最大值，分别达到 181.8m^3/s 和 110.1m^3/s、181.8m^3/s 和 227.9m^3/s。

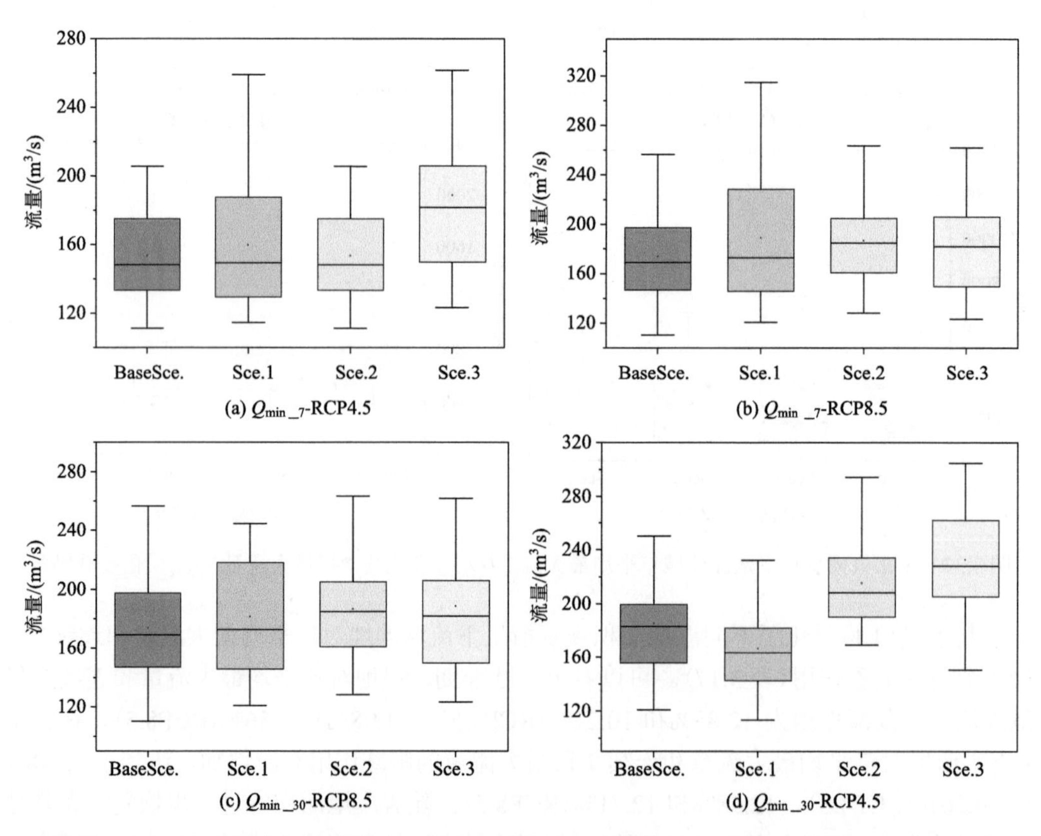

图 3.38　未来气候变化下流域连续 7 日最小流量(Q_{min_7})和连续 30 日最小流量(Q_{min_30})的变化

未来气候变化下湿地对连续7日最小流量和连续30日最小流量的调蓄作用(表3.18)可以看出，在基准期，RCP4.5 和 RCP8.5 情景下湿地都发挥着微弱的维持基流的作用，对连续 7 日最小流量和连续 30 日最小流量维持作用分别为 0.99%和 0.78%以及 1.23%和

2.00%。随着湿地恢复面积的增加，其对低流量的维持作用有所增强。当湿地恢复至情景 3，RCP4.5 和 RCP8.5 情景下流域湿地对连续 7 日最小流量和连续 30 日最小流量维持作用分别为 3.75%和 3.59%以及 3.48%和 4.63%。因此，虽然嫩江流域湿地发挥着微弱的基流维持作用，但随着湿地的恢复，会在一定程度上提升其基量维持功能。

表 3.18　未来气候变化下湿地对连续 7 日最小流量和连续 30 日最小流量的调蓄作用

气候情景	指数	BaseSce./%	Sce.1/%	Sce.2/%	Sce.3/%
RCP4.5	7 日最小流量	0.99	1.31	2.59	3.75
	30 日最小流量	0.78	2.26	3.40	3.59
RCP8.5	7 日最小流量	1.23	1.75	−2.04	3.48
	30 日最小流量	2.00	2.16	2.77	4.63

未来气候变化情景下，嫩江流域年最大洪峰流量总体呈增加趋势。虽然嫩江干流的尼尔基水库对径流机制的影响很大(Zheng et al.，2019)，但随着湿地恢复面积的增加，尼尔基下游湿地其对洪水的调蓄作用逐渐增强。另外，尼尔基水库影响下湿地维持基流作用微弱，但湿地面积的增加在一定程度上增强了其对低流量的维持作用(表 3.18)。其次，尼尔基水库对嫩江干流极端水文的调蓄作用贡献巨大，但尼尔基下游支流径流的汇入也会引起极端水文事件的频次的增加和强度的增强(图 3.38)。因此，考虑到未来气候变化下嫩江流域的水文极端频发和水资源短缺等问题，如何开展流域湿地恢复保护和水资源综合管理，维持合理的湿地水文情势和湿地分布格局，保证流域湿地水文功能持续的发挥，是嫩江流域的迫切需求。

3.3　流域湿地水文调蓄功能演变的驱动机制

识别湿地洪水调蓄功能的影响因子并了解其作用机制是提出针对性的湿地恢复保护措施的前提和基础。本节从流域湿地水文调蓄功能的内在驱动要素、外在影响因素和人类活动对流域湿地水文调蓄功能的影响三个方面系统阐述流域湿地水文调蓄演变的影响因素，着重分析了流域湿地生态格局演变和水利工程对嫩江流域湿地水文调蓄功能的影响，揭示了流域湿地水文调蓄功能演变的驱动机制，为流域湿地恢复保护和水资源综合管理提供科学支撑。

3.3.1　流域湿地水文调蓄功能演变的影响因素分析

流域湿地的水文调蓄功能是其内在特性和外在因素共同作用的结果，内在因素主要为湿地土壤特性、植被特征、前期干湿状况、湿地及其汇水区的地形地貌特征等，外在因素主要有降雨特征、气候变化和流域的水文地貌特征及人类活动等(Demissie and Abdul, 1993；Acreman and Holden，2013；Fossey et al.，2016；Richards et al.，2018；Åhlén et al.，2020；吴燕锋和章光新，2021)。分别从流域湿地水文调蓄功能的内在驱动要素、外在影响因素和人类活动对流域湿地水文调蓄功能的影响三个方面进行论述。

1. 流域湿地水文调蓄功能的内在驱动要素

土壤类型及其厚度和深度在很大程度上决定了湿地的蓄水量、渗漏量和潜流量，进而影响湿地水文调蓄功能。在湿地形成之初，随着泥炭的累积，湿地土壤中泥炭的深度所占比重不断增加(Ingram，1983)，而孔隙度和水力传导度逐渐减少(Whittington and Price，2006)，湿地的水文调蓄功能会逐渐减弱。但是，伴随着湿地的形成和演化，其土壤水文物理性质的时空变化越发复杂(Hughes et al.，1998；Baird et al.，2008)。如土壤中存在的动物孔洞和植物残体会引起水力传导度的增加(Shantz and Price，2006)，尤其是在泥炭底层和土壤母质层交互的界面，壤中潜流量会更大(Evans et al.，1999)。湿地的植被可以增加地表粗糙度，减缓坡面汇入河道及河道径流向下游推进的速度。此外，植被蒸腾是引起湿地水量支出的主要方式之一，这一方面在汛期为湿地蓄洪削峰提供储水空间，另一方面加剧非汛期湿地的干旱强度(Rosenberry et al.，2004；Wright et al.，2009；Spence et al.，2011；Tardif et al.，2015)。如 Peters 和 Prowse(2006)发现，在 Baker Creek 河流域，春季和夏季强烈的植被蒸散作用(超过降水量)，导致整个汛期湿地始终保持较低水位状态，持续发挥着调节径流的作用。

湿地的初始水位和土壤干旱状况直接影响其蓄水和下渗能力，进而影响湿地的水文调蓄的强度和效应。当湿地处于低水位且土壤含水量相对较低时，湿地可以储蓄全部或者大部分的来水量从而显著的发挥着削减地表径流和河道径流的作用(Spence and Woo，2003；2006；Spence，2007；Waddington et al.，2009；Streich and Westbrook，2019)；而当湿地前期土壤含水量较高或水位较高时候，湿地直接发挥着水量传输的功能(Castillo et al.，2003；Umer et al.，2019)。Bay(1969)发现 Minnesota 处于最低水位时，其对洪峰流量的调蓄能力可为正常水位条件下调蓄能力的三倍。Kvaerner 和 Kløve(2008)在挪威南部奥斯陆一个流域研究发现，当湿地水位最低时候，其对洪峰流量和高流量的调蓄能力最强。Branfireun 和 Roulet(1998)研究发现，干旱期间，流域湿地水文调蓄能力主要是由湿地的水位决定的。Phillips 等(2011)和 Åhlén 等(2020)发现，汛期流域湿地水文调蓄能力主要取决于其与河网水系的水文连通性。

2. 流域湿地水文调蓄功能的外在影响因素

湿地的来水量主要包括降雨、地表径流和潜流。其中，降雨可以直接抵达湿地，或通过在汇水区形成地表径流和潜流汇入湿地(Owen，1995；Spence，2010；Millar et al.，2018)。降雨总量、强度、持续时间和集中度影响湿地对降雨期间及后续产汇流的调蓄作用(Grünewald et al.，2014)。McGlynn 等(2004)发现同等雨量的降雨事件中，雨强较弱且持续时间较长，湿地可以完全储蓄降雨量；然而，当雨强较大且过于集中时，即使湿地的土壤含水量较低，其汇水区就会发生超渗产流，最终引起湿地的蓄满产流。

流域景观特征如地形地貌和河网水系密度等将直接影响湿地在“降雨-径流过程”中的调蓄作用。在利用水文模型开展湿地水文功能定量评估研究中，土地利用类型影响景观和流域尺度的土壤水力传导(Buttle，2006)、积雪融雪过程(Fortin et al.，2001a，

2001b)和蒸发蒸腾过程(Dunn and Mackay，1995)等的估算，进而影响湿地尺度及其汇水区内的水量平衡过程，也影响湿地景观与下游景观类型之间的水量输送过程(Bracken and Croke，2007；Golden et al.，2016)。其次，流域的地形地貌在很大程度上决定了湿地景观单元的大小和形状(Buttle，2006；Phillips et al.，2011；Haque, 2020；Hokanson et al.，2020)，同时也影响湿地的土壤类型、植被覆盖、地质和坡度等(Buttle，2006；Spence and Woo，2003；2006)，最终影响湿地水文调蓄功能的强度和效应。

3. 气候变化对湿地水文调蓄作用的影响

气候变化通过改变全球水文循环的现状而引起水资源在时空上的重新分布，导致降雨模式和降雨量发生变化，对湿地生态系统的水文过程产生重要影响；同时，气候变化对气温、辐射、风速及干旱洪涝极端水文事件发生频率和强度造成直接影响，从而改变湿地蒸散发、径流、水位、水文周期等关键水文过程，对湿地生态系统的水文调蓄功能的大小和效应产生影响(章光新等，2014)。

湿地的水文调蓄功能因其水源补给方式不同对气候变化的响应存在显著差异(Kim et al., 2012; An and Verhoeven, 2019; 谭志强等, 2022)。大气降水是高位泥炭沼泽湿地的唯一补给水源，这也导致该类湿地对气候变化的响应最为敏感(Charman et al., 2006)。分布在瑞典中东部的高位沼泽湿地因降水量减少导致湿地水位自20世纪50年代以来持续降低，湿地水资源短缺，湿地环境明显退化，对地下水补给作用减弱(Schoning et al., 2018)。Acreman等(2013)研究也表明雨养湿地对气候变化的响应最为敏感，比以径流为主要补给方式的湿地受气候变化的影响更大，其在局域尺度发挥的调节地表径流、补给地下水等功能伴随着降雨特征的变化而改变。湿地类型的多样性和湿地生态系统内部的复杂性导致气候变化对湿地水文水资源的影响方式和程度不尽相同，如内陆河流域湿地水文情势的变化主要是由于气候变化影响下河流水文过程的变化引起的，因此其水文调蓄作用与河道水文过程密切相关。在波兰境内的雷夫河流域，气温升高、夏季降水量减少，导致流域潜在蒸发增加7%，河流水量减少，流域湿地负地貌蓄水量和土壤储水量明显减少(Banaszuk and Kamocki, 2008)。在高海拔及北方高纬度地区，春夏季融雪径流是湿地水资源的主要补给来源，但气温升高导致冬季径流增加，春夏季洪水频率明显减小，湿地水量的时空分布特征及可利用性受到显著影响，引起湿地春初蓄水量减少和春末干旱延缓功能减弱(Banaszuk and Kamocki, 2008; Bergström et al., 2001)。内陆湖泊湿地（尤其是终端或是封闭性湖泊湿地）主要受降水补给，水资源量更容易受到气候变化的影响，对气候波动引起的进水量和蒸发量之间的差额变化尤为敏感(董李勤和章光新, 2011; Salimi et al., 2021)。

4. 人类活动对湿地水文调蓄作用的影响

人类活动则通过改变流域湿地分布格局、湿地汇水区下垫面状况及河道径流机制等，直接或间接地影响湿地的水文情势及湿地与其他地表水系统的水文连通性，影响流域湿地水文调蓄功能发挥的强度和效应。

在全球气候变化背景下，流域中上游用水量增加与水利工程建设导致流域下游湿地水源补给量锐减，加之大规模的湿地农田化和过度放牧，引起湿地景观格局和水文过程改变，导致湿地水文调蓄功能退化(章光新和郭跃东, 2008; 章光新等, 2008)。水库蓄水会改变下游河滨湿地的水文情势，引起下游湿地水源补给量锐减，导致河滨湿地面积减少(Zheng et al., 2019；Pal et al., 2020)；大规模的湿地排水直接引起湿地水位下降、面积萎缩和破碎化(Zedler, 2003; Holden et al., 2006; Zedler, 2006; McCauley et al., 2015; Marambanyika et al., 2017)，削弱湿地之间及湿地-河道之间的水文连通度，引起流域湿地蓄水削洪能力减弱，加重洪涝灾害风险(Holden et al., 2006; Gómez-Baggethun et al., 2019; Chen et al., 2019)。袁军和吕宪国(2006)分析了黑龙江洪河自然保护区湿地水文功能变化特征，发现大规模的湿地农田化是导致保护区湿地水文调蓄功能呈明显退化的主要原因。Voldseth 等(2017)发现北美大沼泽湿地汇水区农田化改变了湿地原有的水量平衡，尤其是在枯水期加剧了湿地的干旱强度，致使湿地维持基流的功能完全丧失。Rebelo 等(2019)基于不同历史湿地分布模拟研究表明，南非弗洛勒尔角河谷中湿地向农业用地的转化和植被入侵引起湿地对暴雨的储蓄能力减弱，最终导致流域湿地对洪水调蓄能力的减弱，流域洪灾频发。

基于生态水文调控保障湿地水文情势，维持湿地生态系统健康，可以恢复与提升流域湿地水文调蓄功能。如通过湿地水文情势恢复的多维调控、洪泛平原洪水管理与湿地水文过程恢复、湿地-河流水系连通修复、地表水-地下水联合调控、水库生态调度和生态补水等技术，重建或维持湿地合理的水文情势，可以保障流域湿地水文功能的发挥，从而实现湿地生态效益、经济效益和社会效益协调统一和最大化(Javaheri and Babbarsebens, 2014; Elmqvist et al., 2015; 章光新等, 2018)。如中国扎龙(崔丽娟等, 2006)、向海(王有利, 2012)和白洋淀(张赶年等, 2013)等重要湿地实施的生态补水工程，取得了良好的生态、经济和社会效益。在流域尺度开展湿地恢复和保护格局优化，也可以恢复与提升流域湿地水文调蓄功能。Rebelo 等(2015)在南非 Kromme 河流域研究表明，采取退耕还湿和建立保护区等手段开展湿地恢复保护和重建，可以明显提升湿地涵养水源、调蓄洪水等水文功能。Zhang 和 Song(2014)通过在淮河流域开展多湿地恢复情景模拟，提出了既能最大程度提升流域湿地水文功能，又可以兼顾区域经济发展的湿地恢复和保护最优格局。

综上所述，内在因素决定了湿地水文调蓄功能的潜在能力，外在因素影响湿地水文调蓄作用的大小及效应；而人类活动直接或间接影响湿地水文功能的发挥(图 3.39)。

3.3.2　水利工程对嫩江流域湿地水文调蓄功能的影响

水库等大型水利工程深刻影响着下游河流水文情势，并进一步影响湿地生态格局及其水文功能。尼尔基水库是嫩江干流唯一的大型水利控制工程，定量评估尼尔基水库对下游湿地径流调节、洪水调蓄和基流维持等功能的影响，可为湿地恢复保护与重建的水资源综合管控提供重要支撑。

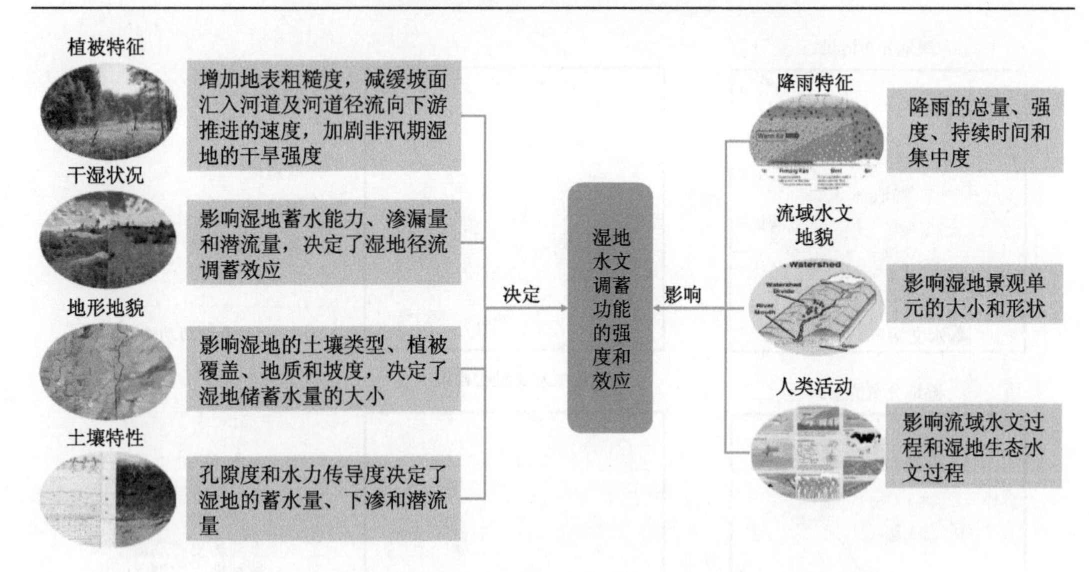

图3.39　流域湿地水文调蓄功能的内在影响因素和外在影响因素

1. 水利工程对湿地水文调蓄功能的影响定量评估方法

水利工程会改变下游的径流过程和湿地的水文情势，进而影响下游湿地的水文调蓄作用。本节选取尼尔基水库下游的富拉尔基站和大赉站，分别采用2000年湿地分布情景构建的流域水文模型和2015年湿地分布情景下构建的流域水文模型，开展2011～2018年嫩江流域尺度有/无湿地情景下的水文过程模拟，从湿地对日流量、洪峰流量和基流量的影响等角度定量评价了尼尔基水库对下游湿地水文调蓄功能的影响。其中，2000年湿地分布情景构建的流域水文模型是基于尼尔基水库建设前的观测流量完成的拟合和验证，用于模拟无尼尔基水库影响下的流域水文过程；而2015年湿地分布情景下构建的流域水文模型用于模拟考虑尼尔基水库调控下的流域水文过程(即现状条件下流域水文过程的模拟)。通过同时段、共同气候背景驱动下的(2011～2018年)有/无尼尔基水库情景下的流域水文过程的模拟，量化水库对流域湿地水文调蓄功能的影响(图3.40)。

2. 尼尔基水库对湿地日流量调节功能的影响

有/无水库情景下湿地对富拉尔基站和大赉站日流量的影响(图3.41)可以看出，湿地对日流量的影响有很强的日尺度差异性，既发挥着削减日流量的作用，也发挥着增强日流量的作用。研究时段，无水库情景下，湿地对富拉尔基站和大赉站日流量的平均削减作用分别为9.02%和7.01%；有水库情景下，湿地对富拉尔基站和大赉水文站日流量的平均调蓄作用分别为2.81%和2.38%。这表明，无水库情景下湿地主要发挥着削减日流量的作用，而在有水库情景下湿地主要发挥着增加日流量的作用。因此，尼尔基水库引起下游湿地对日流量的调节效应发生改变，即由削减作用转化为增加作用。

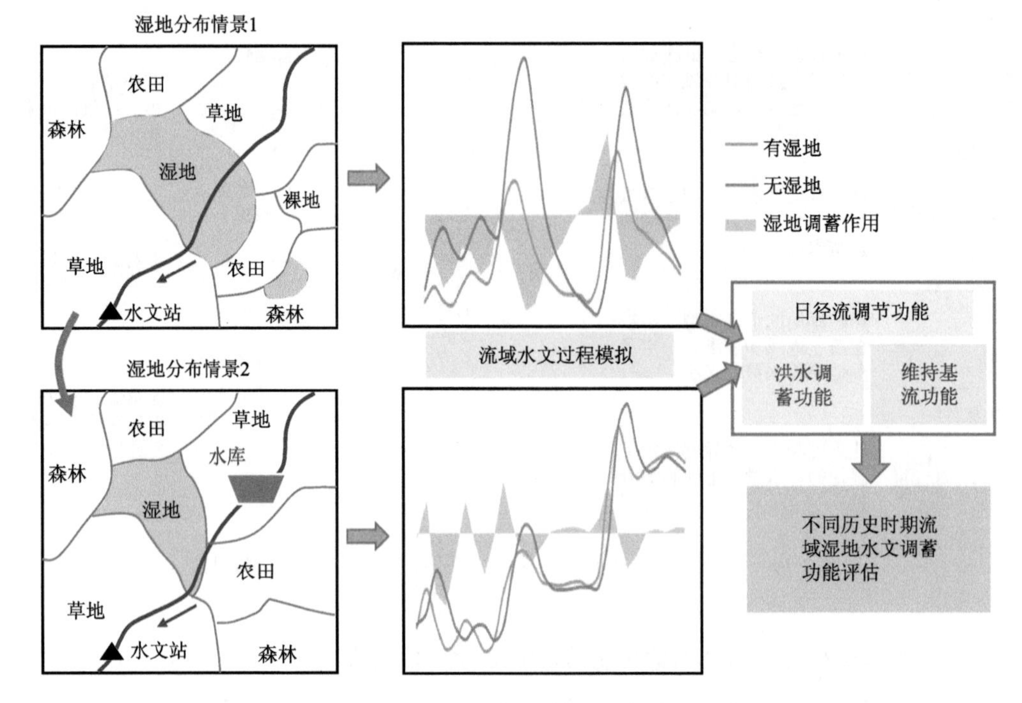

图 3.40　不同湿地分布情景下湿地水文调蓄功能评估研究思路

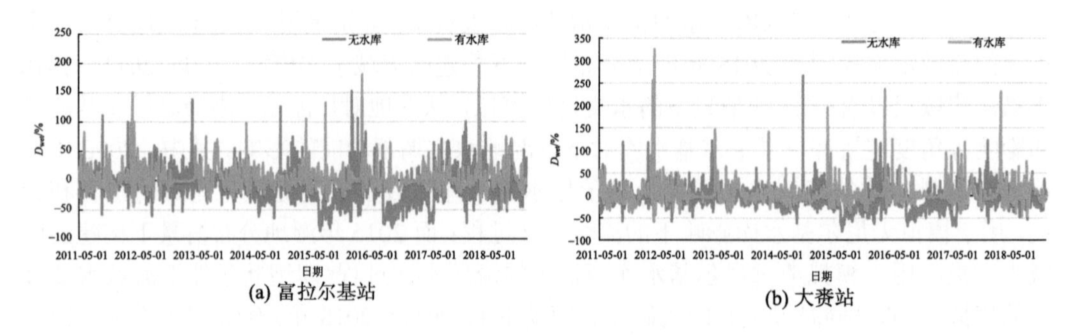

图 3.41　有/无水库情景下湿地对日流量的影响

3. 尼尔基水库对湿地洪水调蓄功能的影响

2011～2018 年，在富拉尔基站和大赉站，湿地都发挥着削减洪峰流量的作用(图 3.42)。其中，无水库情景下，湿地对富拉尔基站年最大洪峰流量的平均削减量为 1654.25m^3/s，尤其在 2018 年，对最大洪峰流量的削减量达到 7857.15m^3/s；而在有水库情景下，湿地对年最大洪峰流量的平均削减量为 1040.05m^3/s，在 2018 年，对最大洪峰流量的削减量仅为 3006.56m^3/s。从调蓄强度上看，有/无水库情景下湿地对富拉尔基站年最大洪峰流量的影响分别为–19.14%和–31.17%。在大赉站，有/无水库情景下，湿地对年洪峰流量的平均削减量分别为 1008.28m^3/s 和 1764.13m^3/s，削减效应分别为 16.60%和 23.63%。在 2018 年，有/无水库情景下湿地的平均削减量分别为 2630.47m^3/s 和 7730.89m^3/s，分别削减了 26.66%和 41.60%的洪峰流量。

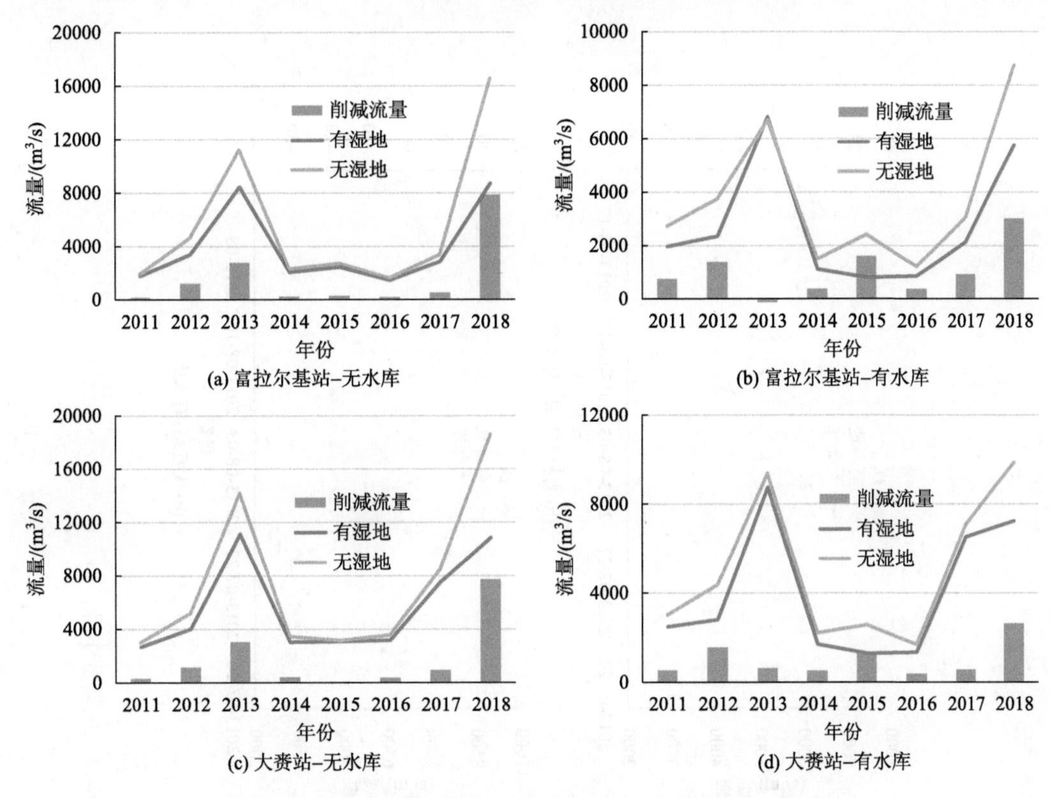

图 3.42　有/无水库情景下湿地对年最大洪峰流量的削减作用

为进一步分析尼尔基水库如何影响湿地的洪水调蓄作用，选取 2013 年洪水事件(50 年一遇特大洪水)为例，对比分析了有/无水库情景下洪峰流量、洪峰出现的时间、平均流量和水文过程曲线等的变化。图 3.43 可以看出，尼尔基水库改变了 2013 年洪水事件原有的特征，即洪水期间的洪峰流量的强度、出现的时间以及洪水过程曲线均发生了改变。无水库情景下，湿地对大赉站洪水期间的平均流量和洪峰流量的削减作用分别为 12.12%(1302.73m^3/s) 和 37.16%(4167.34m^3/s)，对富拉尔基站洪水期间的平均流量和洪峰流量的削减作用分别为 12.54%(1015.21m^3/s) 和 34.76%(3437.19m^3/s)；而有水库情景下，湿地对大赉站洪水期间的平均流量和洪峰流量的削减作用分别为 1.59%(111.53m^3/s) 和 16.01%(1501.70m^3/s)，对富拉尔基站洪水期间的平均流量和洪峰流量的削减作用分别为 0.08%(4.93 m^3/s) 和 8.51%(554.21m^3/s)。此外，涨水期和落水期湿地对洪水的影响效应发生了改变，无水库情景下，8 月 6～10 日和 8 月 18～22 日，湿地主要发挥着增强日流量的作用；而在有水库的情景下，湿地对径流的影响作用微弱。因此，尼尔基水库引起下游湿地对洪水的削减作用明显减弱，尤其是对极端大洪水调蓄作用减弱更为明显。

4. 尼尔基水库对湿地维持基流功能的影响

基于有/无湿地情景的模拟结果，分别计算了湿地对富拉尔基站和大赉站日基流的影响程度(D_{wet})，可以看出，无水库情景下，湿地对日基流的影响有明显的变异性(富拉尔基站和大赉站的 D_{wet} 分别为–77.94%～110.39%和–72.46%～118.95%)，在汛期以发挥着

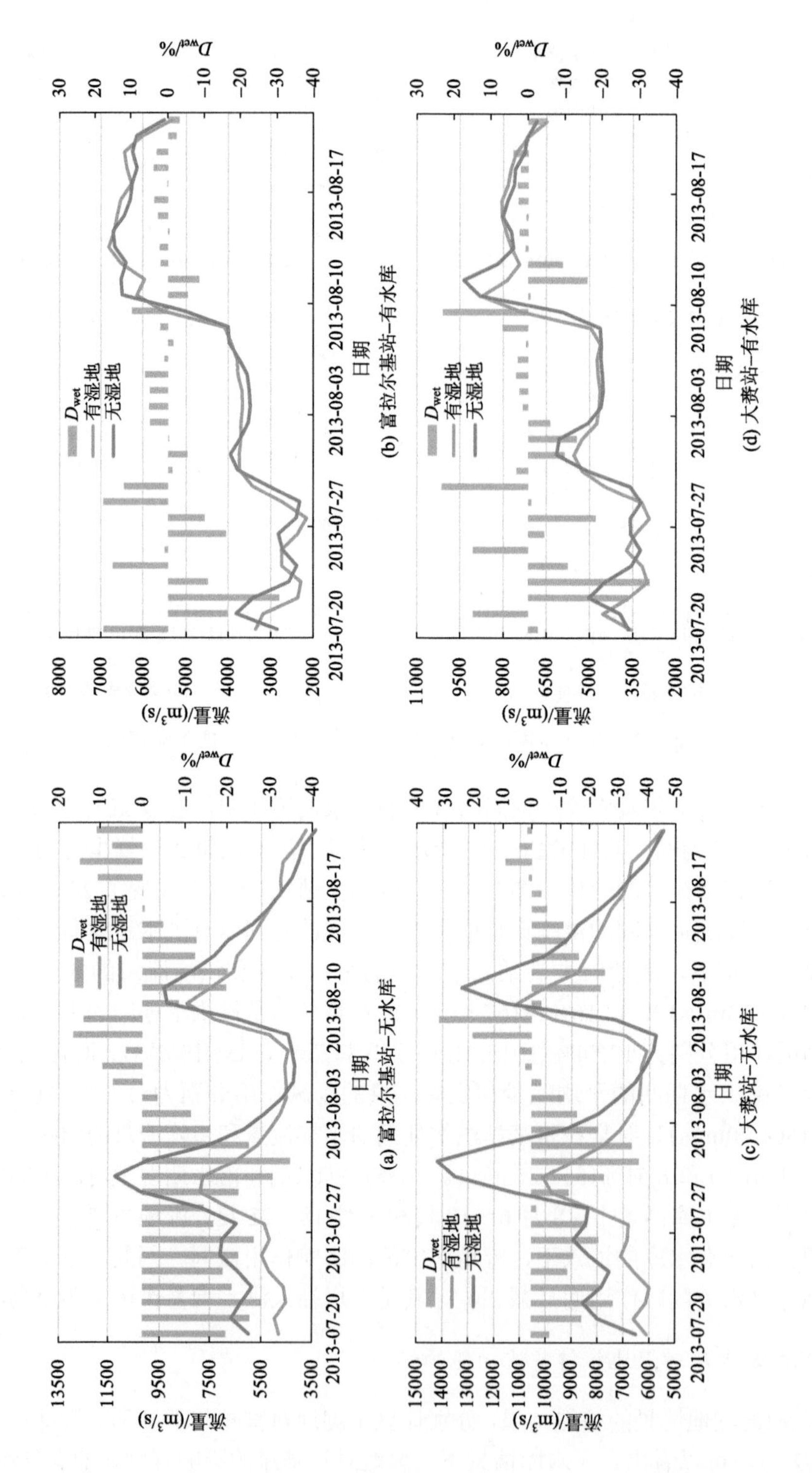

图 3.43　有/无水库情景下湿地对 2013 年洪水的调蓄作用

削减基流量的作用为主，部分时段其削减作用可以达到 50%以上(如 2015～2016 年的汛期)；而在非汛期发挥着一定的维持基流的作用(图 3.44)。研究时段，无水库情景下，湿地对富拉尔基站和大赉站日基流的影响变异性较弱(富拉尔基站和大赉站的 D_{wet} 分别为 –38.52%～67.68%和–37.78%～56.87%)，其影响效应均值分别为 1.92%(平均维持量为 4.98 $\mathrm{m^3/s}$) 和 1.05%(平均维持量为 9.71 $\mathrm{m^3/s}$)，即总体上发挥着维持日基流的作用；有水库情景下，湿地对富拉尔基站和大赉站日基流的平均影响效应分别为–7.58%和–10.34%，即总体上发挥着削减日基流的作用。因此，尼尔基水库总体上削弱了嫩江流域湿地维持基流的功能，并引起湿地对基流的影响效应发生改变，由微弱基流维持作用转变为明显的基流削弱作用。

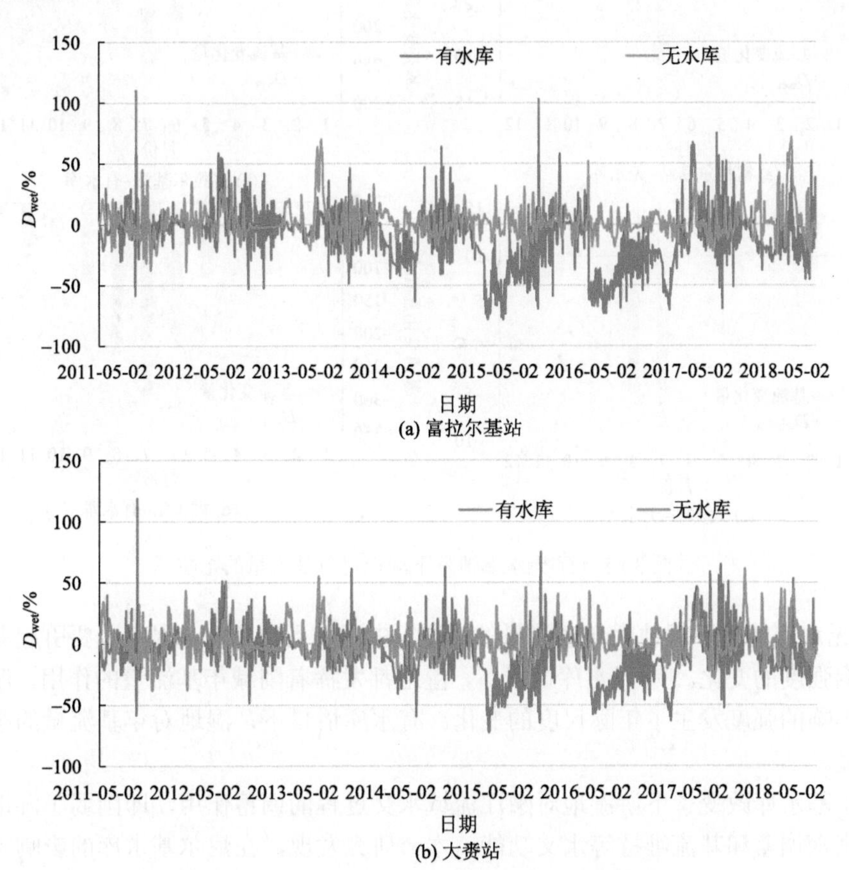

图 3.44　有/无水库情景下湿地对日基流量的影响

月尺度上看，有/无水库情景下湿地对基流的影响强度和效应也有所不同(图 3.45)。无水库情景下，湿地对富拉尔基站和大赉站月基流量的削减作用分别为 0.36%(平均减少了 12.26$\mathrm{m^3/s}$) 和 0.69%(平均减少了 26.30$\mathrm{m^3/s}$)。湿地对富拉尔基站和大赉站月基流量的影响具有明显季节性，在 3～6 月和 9～10 月，主要发挥着维持基流的作用；其中在 3 月份，湿地对富拉尔基站和大赉站月基流量的维持作用最明显，分别为 7.97 %(增加了 12.34$\mathrm{m^3/s}$) 和 13.55%(增加了 26.68$\mathrm{m^3/s}$)；其他月份，湿地主要发挥着削减月基流的作用，尤其是在 7～8 月份削减作用最明显。有水库情景下，湿地对富拉尔基站和大赉站月基流量的削减作用分别为 10.97%(平均削减了 84.68m^3/s)和 8.28%(平均削减了 93.81m^3/s)；其中，湿地在汛期(6～10 月)对月基流量的削减作用最明显，尤其是在 7 月份，对富拉尔基站和大赉站月基流量的削减作用最明显。因此，尼尔基水库也引起湿地对月基流的影响效应发生了改变，由一定的维持作用转变为明显的削减作用。

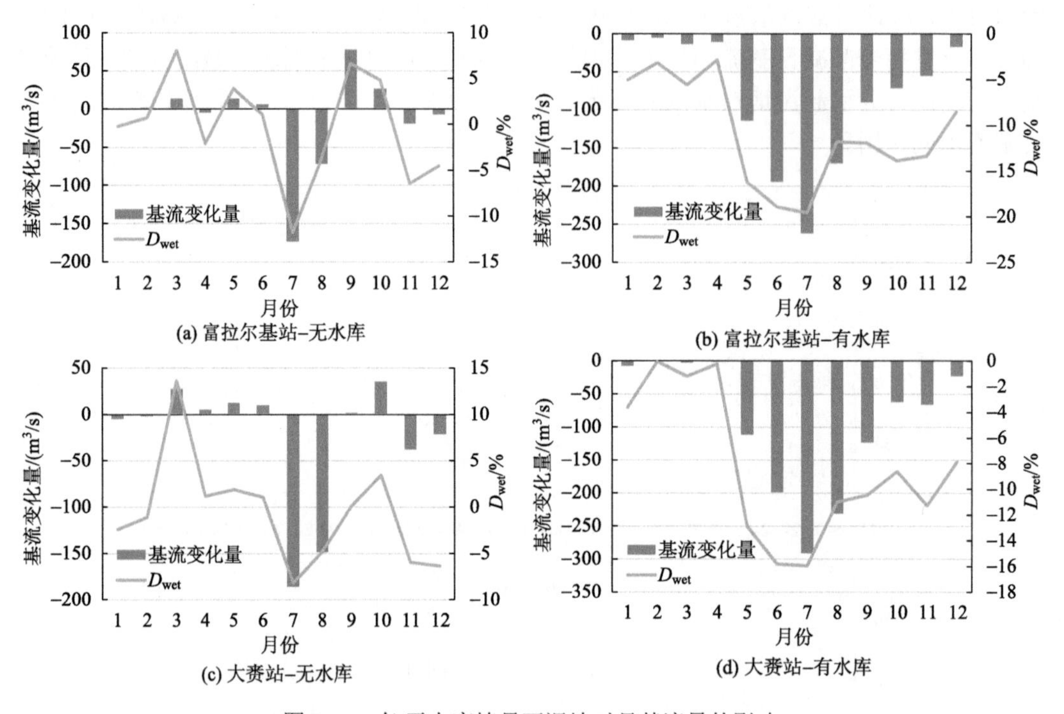

图 3.45　有/无水库情景下湿地对月基流量的影响

有/无水库情景下湿地对年基流量的影响(图 3.46)可以看出，水库主要引起湿地对年基流影响强度的变化。有/无水库情景下，湿地都发挥着削减年基流量的作用，湿地对年基流量影响的强度发生了年际尺度的变化。有水库情景下，湿地对年基流量的削减作用更加明显。

尼尔基水库改变了下游湿地对嫩江流域水文过程的调蓄作用，即削弱了湿地的径流调节、洪水调蓄和基流维持等水文功能。本节研究发现，在尼尔基水库的影响下，湿地对富拉尔基站日流量、洪水过程和基流的调蓄作用影响最明显，而对下游大赉站的影响有所减弱。这是由于富拉尔基站距离尼尔基水库较近，其水文演变在很大的程度上取决于尼尔基水库的出库量；而大赉站位于嫩江流域的出水口，加之水库下游支流径流的汇入，在一定程度上削弱了尼尔基水库的影响，也削弱了水库对湿地水文调蓄作用的影响。而在嫩江流域现已建成大型水库 6 座，中、小型蓄水工程分别为 28 座和 174 座，这些水库和蓄水工程必将影响下游湿地的水文调蓄作用，限制湿地原有水文功能的发挥。但是，尼尔基水库在防洪、城镇生活和工农业供水及改善下游航运和水环境等方面也发挥着至关重要的作用；而水库合理的水文调控可以维持下游湿地水文情势，恢复和提升现有湿地的水文调蓄功能。这迫切需要开展流域水资源综合管理，在维护流域工农业等用水的基础上，寻求湿地的水文服务与流域水利工程的综合调控耦合方案，共同在维护流域水安全和生态安全中发挥着重要的作用。

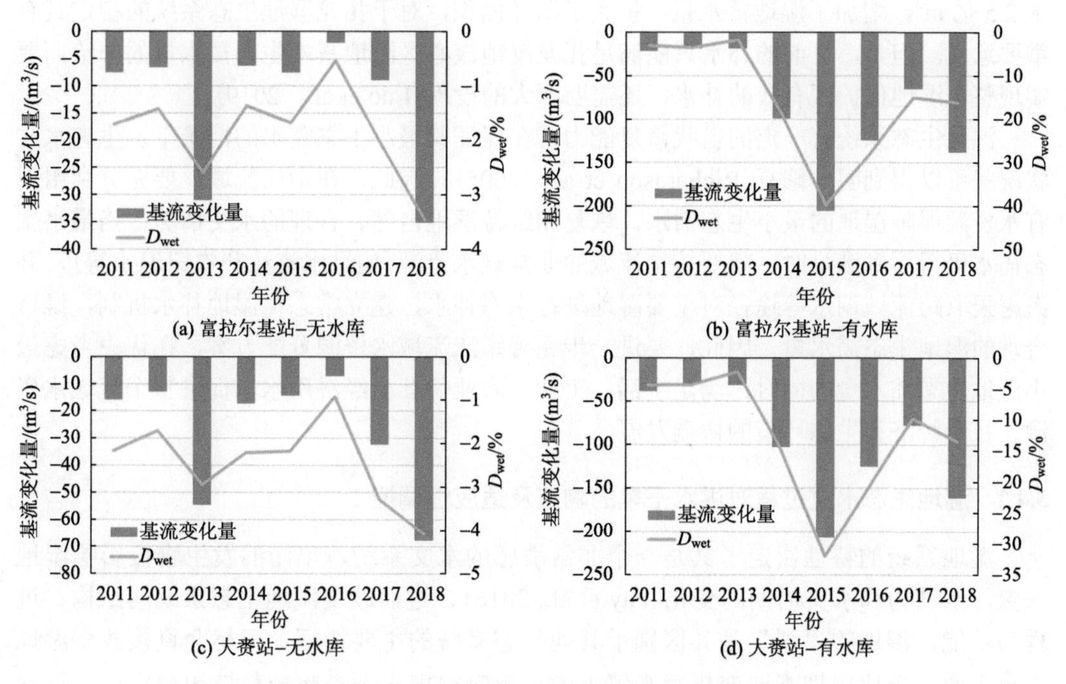

图 3.46　有/无水库情景下湿地对年基流量的影响

3.4　基于湿地生态需水与水文服务的嫩江流域水资源综合管理

湿地是流域景观的重要组成部分，在维系流域水安全和生态安全中发挥着至关重要的作用。合理的湿地生态需水是维系着湿地生态系统水文服务功能的重要保障。然而，气候变化和人类活动引起湿地生态系统退化、提供水文服务的能力下降，迫切需要开展基于湿地生态需水与水文服务的流域水资源综合管理，维持湿地生态系统健康、恢复与提升流域湿地生态系统服务功能。因此，基于现状及历史湿地格局在流域尺度上所发挥的水文调蓄功能(径流调节、调蓄洪水和维持基流)的大小、时空差异性及影响因素和未来气候变化与湿地恢复情景下湿地水文调蓄功能演变等研究成果，结合生态水文学理论和基于自然的水资源解决方案的理念，提出有针对性、切实可行的流域水资源综合管理对策措施和政策建议。

3.4.1　维持合理的湿地生态水量，保障流域湿地水文服务正常发挥

湿地是脆弱的生态系统，来水量的多少直接影响到整个系统的健康和可持续性，维持生态需水量成为保护湿地生态系统的关键手段之一。因此，要保护嫩江流域湿地生态环境，必须解决湿地给水问题，实施生态补水，维持湿地的健康水循环，才能恢复与提

升流域湿地水文调蓄功能。这就需要精细开展湿地水资源供需分析，在科学严格验证人工补水的生态效益基础上，充分发挥人工补水的多功能效益，实现水资源的优化配置，保障流域湿地湿地的健康水循环。如利用“北引”工程每年为扎龙国家级自然保护区补水 2.5 亿 m^3，增加了湿地蓄水量，扩大了沼泽面积，对于扎龙湿地生态系统的稳定具有重要意义。但是，目前的补水只能满足扎龙湿地核心区湿地基本生态需水量的补给，要实现整个湿地保护区有效的补水，还需要更大的投入(Luo et al.，2019)。

湿地生态系统有一定的自我修复能力，在保证其最小生态需水的情景下，生态水文状况就可以得到明显修复(Richardson et al.，2005)。因此，在嫩江流域，要充分利用现有水资源保障湿地的最小生态需水，恢复和维持湿地自然、合理的水文情势；当最小生态需水仍得不到满足时，就要挖掘流域的非常规水资源(如洪水资源和农田退水等)，并考虑采取跨流域调水等途径对重要湿地进行生态补水，建立常态化湿地补水机制，维持合理的湿地生态需水量。因此，要进一步完善嫩江流域水资源分配方案，在优先考虑最小湿地生态需水量的同时，满足生活、工业、农业等社会经济用水，促进整个流域水资源、社会经济和生态环境的协调发展。

3.4.2 湿地生态水文过程对洪水干旱的响应及适应性调控

湿地系统的特性决定了其是一个非常敏感的水文系统，旱涝的发生直接影响湿地水量、水动力和水文周期的变化(Fay et al., 2016)，进而改变湿地生态系统的结构、过程与功能。湿地的“湿”是其区别于其他生态系统的主要特征，干旱会直接改变湿地水量平衡，造成湿地水面面积与水位下降，影响湿地生态系统完整性和稳定性。洪水是河流对河滨洪泛湿地系统的一种正常的干扰，洪水的脉冲作用不仅可以为流域下游洪泛湿地提供丰富的水源(卢晓宁等, 2015)，还可以维持河流与其洪泛湿地不同程度的水文连通性，成为维持河流洪泛湿地景观异质性和生态系统平衡的重要营力(卢晓宁等，2005)。

在嫩江流域，气候变化和人类活动引起湿地水文过程以及水资源的变化，导致湿地干旱化、面积萎缩和功能的退化，对流域内湿地生态系统平衡产生了负面影响(董李勤和章光新, 2013)。如尼尔基水库的运行和嫩江下游干流的修堤筑坝等水利工程控制措施割裂了洪泛区湿地与河流的水文联系，改变了洪泛区湿地水循环过程及水文节律式，导致洪泛区湿地生态环境功能退化(图 3.47)。本节发现，尼尔基水库改变了湿地对嫩江下游水文过程的调蓄作用，即削弱了湿地的径流调节、洪水调蓄和维持基流等水文功能。

因此，在嫩江流域，要基于自然的水资源解决方案的理念，充分发挥自然洪水干扰对湿地生态系统及其环境所产生的正面效应，维持湿地所需的脉冲机制，即特定洪水量级、洪水发生时间、洪水持续期和洪泛频率等，修复和保护河滨湿地生态系统。此外，在极端干旱情景下，需要多水源保持湿地生态需水和加强湿地水资源保护，同时保证干旱期间湿地生态用地不被挤占，维系湿地生态系统安全。

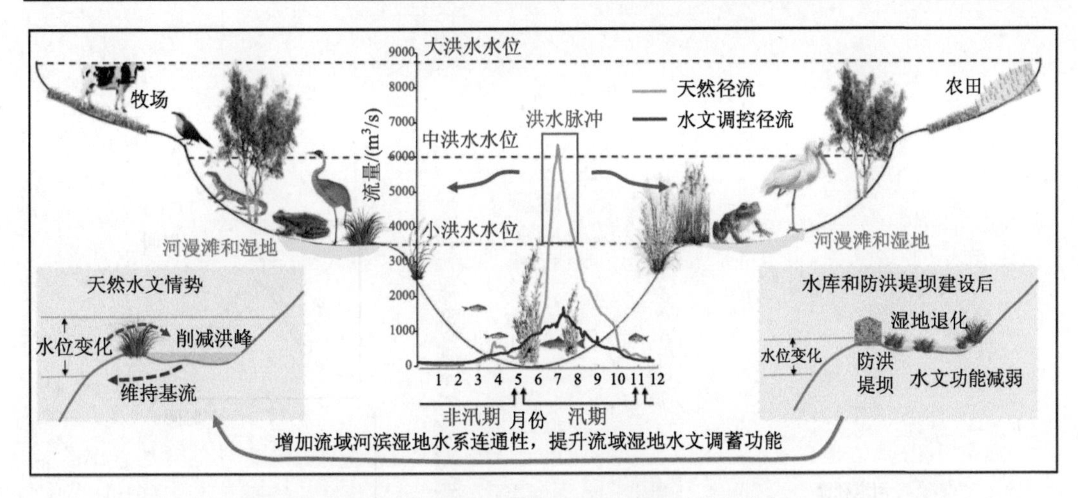

图 3.47　水库对下游湿地水文情势及其水文功能的影响(改编自 Patil et al., 2020)

3.4.3　推进生态水利工程建设，增强流域湿地水文连通性

水文连通对湿地生态系统完整性和稳定性具有重要影响，提高湿地的水文连通性，可以有助于提高湿地生态修复成功率，维持湿地的动态平衡，从而恢复与提升流域湿地水文调蓄功能(陈月庆等, 2019)。在流域以及保护区内部建设生态水利工程，通过对水资源合理配置，保障维系湿地健康的水文情势，流域和区域湿地景观格局和水文连通性产生一定影响。在嫩江流域，自 1980～2015 年，河滨湿地退化极为严重，在 1980 年河滨湿地的占流域面积的 11.29%，而至 2015 年仅仅占流域面积的 7.69%(表 3.18)，这主要是由于流域尺度湿地水文连通性退化所导致的。因此，迫切需要推进嫩江流域的生态水利工程建设，恢复和重建基于自然的河道-河滨湿地水文连通性，提升流域湿地的水文服务。

吉林西部的“河湖连通工程”就是通过合理调配和利用洪水等资源，向吉林省西部地区的 203 个重要湖泡、湿地供水，恢复湿地面积 1057km^2，使湿地总面积达到 4740km^2，达到 20 世纪 50 年代湿地面积的 74%；该工程可以增强河湖湿地水文连通性，恢复湿地水源涵养和洪水调蓄的功能，减少极端气候带来的洪涝干旱灾害风险，提升区域水资源统筹调配能力及水生态环境承载能力(章光新等, 2017)。另外，迫切需要恢复河滨区湿地与河道的地表水-地下水联系，保障河道对湿地的天然补水机制，同时也可以提升湿地对河道径流的调蓄作用(图 3.48)。

虽然嫩江流域水资源短缺问题较为严峻，但下游洪泛区过境水资源丰富，其中吉林西部过境的洪水资源每年约有 170 亿 m^3 左右(约 2/3)，多以洪水形式在汛期 7～9 月发生，具有很大的利用潜力(章光新等，2017)。通过修建水库、筑坝拦水等工程措施储蓄洪水，提高区域雨洪资源综合利用率，既可以防治洪水，又可以在一定程度上发挥弥补枯水期流域湿地水资源短缺。如引嫩入莫工程，将周围水源注入湿地，增强河、湖、库与湿地的水文连通性，从水循环的角度解决湿地退化问题，并改善局地气候，实现洪水资源化利用(崔桢等，2016)。

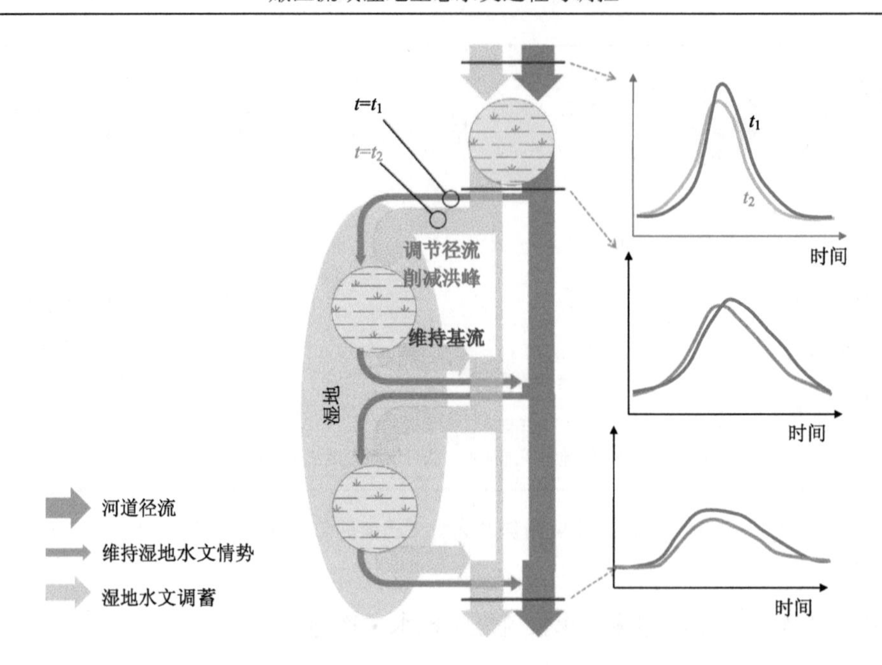

图 3.48　基于河滨湿地水文功能的流域水资源综合管理（Thorslund et al., 2017 改编）

3.4.4　优化湿地类型组合和空间格局，提升流域湿地水文服务功能

通过湿地的恢复保护与重建，可以在很大的程度上恢复历史时期湿地的生态水文状况，提升和改善现状湿地的水文功能。未来气候变化与湿地恢复情景下流域湿地水文调蓄功能预估表明，湿地面积的恢复会提升其流域的削减洪水和维持基流的水文功能。开展湿地的恢复与重建，需要从流域尺度综合考虑湿地的面积、空间位置和水文特性等要素，优化湿地恢复与保护格局，形成切实可行的湿地恢复与保护类型组合和最优空间格局，最大程度的发挥湿地水文服务效益，是嫩江流域湿地保护与重建的迫切需求。

在嫩江流域，分布着大量的孤立湿地，且多数呈斑块状分布镶嵌于农业用地中。在实际湿地恢复与保护中，如退田还湖和退田还湿等，不仅需要以最小的土地面积用作湿地，还需要考虑可恢复湿地与周边流域系统纵向、横向及垂向的水文联系，更需要考虑更大尺度上毗邻集水区以及湿地所处整个流域生态系统结构和功能的完整性，从而最大程度提升流域湿地水文服务。如嫩江下游干流的洪泛区，分布着大量的泡沼湿地，在降低流速、削减洪峰和减轻下游洪水灾害方面具有举足轻重的作用，然而由于农业活动或城市化进程的加快，越来越多的洪泛区被侵占和改变，天然洪泛区湿地景观丧失严重，迫切需要优先恢复和保护，发挥其在流域湿地水文服务中的作用。在嫩江上游大兴安岭地区的河谷和南翁河分布有大量的湿地，这些湿地在汛期发挥着拦蓄山区降水和承接滞留溢出河槽的洪水的作用，作为自然的水资源解决方案辅助下游的尼尔水库的调度与管理；在枯水期，湿地发挥着补给河道生态用水量和维持河道基流的作用，在维系下游水安全和生态安全中发挥着重要的作用。因此，在嫩江流域，首先要评估和确定优先恢复与保护的湿地，还要兼顾投入产出效益以达到湿地水文服务的最好发挥，从而最大程度改善和提升流域尺度湿地水文服务。

3.4.5　基于湿地生态需水与水文服务的流域水资源优化配置与综合管理

在流域层次上，水资源综合管理与湿地恢复保护密不可分(国家林业局《湿地公约》履约办公室，2001)，这就需要将湿地生态需水与水文服务纳入到流域水资源优化配置与综合管理中，维持流域水资源可持续利用和湿地健康水循环，实现流域“人-水-湿地”和谐共生。目前，嫩江流域水资源短缺问题较为严峻，制约着湿地生态服务功能的发挥。因此，在嫩江流域水资源优化配置与综合管理中，应首先基于湿地水文服务功能确立湿地生态保护目标和生态需水量，将湿地作为优先用水单元，通过面向生态的水资源统筹、精准和高效配置，保障湿地生态需水，维持湿地合理的水文情势，提升湿地水文服务。要进一步优化水库的生态调度，明确和保障湿地的生态需水量。如进一步优化嫩江干流尼尔基水库和支流水库的水资源调度，增加枯水期下泄流量，尤其要增加生态敏感期流量，重建维持湿地水文情势需要的洪水淹没机制。

嫩江流域湿地发挥着水资源供给和水文调蓄的服务功能，需要将湿地的水文服务纳入到流域水资源综合管理中。如尼尔基上游的湿地对洪峰流量和洪水期间流量的平均削减作用达到 39.97%和 33.12%，对洪水持续时间的延长作用达到 24.10%，可在一定程度上减轻尼尔基水库的上游防洪压力，为减轻下游洪水风险发挥着极为重要的作用。这就需要加强上游湿地的恢复与保护，发挥上游湿地在尼尔基水库调度中的作用，实现基于自然的水资源解决方案与流域水资源优化配置和综合管理紧密结合。在尼尔基水库下游，湿地仍然发挥着重要的径流调节和洪水削减的功能，这就需要尼尔基水库科学合理调度，保障下游湿地的生态需水量，充分发挥下游河滨湿地的洪水调蓄和基流维持的水文功能，实现流域水资源人为丰枯调剂和湿地天然调蓄的系统耦合(图 3.48)。

参考文献

陈月庆，武黎黎，章光新，等. 2019. 湿地水文连通研究综述. 南水北调与水利科技, 17(1): 26-38.

崔丽娟，鲍达明，肖红，等. 2006. 扎龙湿地生态需水分析及补水对策. 东北师大学报(自然科学版), 38(3): 128-132.

崔桢，沈红，章光新. 2016. 3 个时期莫莫格国家级自然保护区景观格局和湿地水文连通性变化及其驱动因素分析. 湿地科学, 14(6): 866-873.

董李勤，章光新. 2011. 全球气候变化对湿地生态水文的影响研究综述. 水科学进展, 22(3): 429-436.

董李勤，章光新. 2013. 嫩江流域沼泽湿地景观变化及其水文驱动因素分析. 水科学进展，24(2): 177-183.

国家林业局《湿地公约》履约办公室. 2001. 湿地公约履约指南. 北京：中国林业出版社.

卢晓宁，邓伟，栾卉，等. 2005. 近 50 年来霍林河流域径流量演变规律研究. 干旱区资源与环境，(S1): 90-95.

卢晓宁，王玲玲，孙志高. 2015. 1998 年特大洪水前后霍林河流域下游洪泛湿地景观变化研究. 干旱区资源与环境, 29(4): 78-84.

牛振国, 张海英, 王显威, 等. 2012. 1978—2008 年中国湿地类型变化. 科学通报, 57(16): 1400.

谭志强, 李云良, 张奇, 等. 2022. 湖泊湿地水文过程研究进展. 湖泊科学, 34(1): 18-37.

王有利. 2012. 向海湿地补水生态补偿机制研究. 长春: 吉林大学.

王斌，周天军，俞永强，等. 2008. 地球系统模式发展展望. 气象学报，66(6): 857-869.

吴其重, 冯锦明, 董文杰, 等. 2013. BNU-ESM 模式及其开展的 CMIP5 试验介绍.气候变化研究进展, 9(4): 291-294.

吴燕锋, 章光新. 2021 流域湿地水文调蓄功能研究综述. 水科学进展, 32(3):458-469.

吴燕锋, 章光新, Rousseau A N. 2020. 流域湿地水文调蓄功能定量评估. 中国科学: 地球科学, 50(2): 281-294.

吴燕锋, 章光新, 齐鹏, 等. 2019. 耦合湿地模块的流域水文模型模拟效率评价. 水科学进展, 30(3): 326-336.

袁军, 吕宪国. 2006. 湿地水文功能评价的多级模糊模式识别模型. 林业科学, 42(4): 1-6.

张赶年, 曹学章, 毛陶金. 2013. 白洋淀湿地补水的生态效益评估. 生态与农村环境学报, 29(5): 605-611.

章光新, 郭跃东. 2008. 嫩江中下游湿地生态水文功能及其退化机制与对策研究. 干旱区资源与环境, 22(1): 122-128.

章光新, 武瑶, 吴燕锋, 等. 2018. 湿地生态水文学研究综述. 水科学进展, 29(5): 736-749.

章光新, 尹雄锐, 冯夏清. 2008. 湿地水文研究的若干热点问题. 湿地科学, 6(2): 105-115.

章光新, 张蕾, 冯夏清, 等. 2014. 湿地生态水文与水资源管理. 北京: 科学出版社.

章光新, 张蕾, 侯光雷, 等. 2017. 吉林省西部河湖水系连通若干关键问题探讨.湿地科学, 15(5): 641-650.

Acreman M, Holden J. 2013. How wetlands affect floods. Wetlands, 33(5): 773-786.

Åhlén I, Hambäck P, Thorslund J, et al. 2020. Wetlandscape size thresholds for ecosystem service delivery: Evidence from the Norrström drainage basin, Sweden. Science of the Total Environment, 704: 135452.

Ameli A A, Creed I F. 2019. Does wetland location matter when managing wetlands for watershed-scale flood and drought resilience? Journal of the American Water Resources Association, 55(3): 529-542.

Ames D P, Rafn E B, Van Kirk R, et al. 2009. Estimation of steam channel geometry in Idaho using GIS-derived watershed characteristics. Environmental Model and Software, 24(3): 444-448.

An S, Verhoeven J. 2019.Wetland functions and ecosystem services: implications for wetland restoration and wise use. In: An S, Verhoeven J. Wetlands: Ecosystem Service, Restoration and Wise Use. Switzerland: Springer.

Arnold J G. 2000. Regional estimation of base flow and groundwater recharge in the Upper Mississippi River Basin. Journal of Hydrology, 227(1): 21-40.

Baird A J, Eades P A, Surridge B W. 2008. The hydraulic structure of a raised bog and its implications for ecohydrological modelling of bog development. Ecohydrogeomorphology, 1(4): 289-298.

Banaszuk P, Kamocki A. 2008. Effects of climatic fluctuations and land-use changes on the hydrology of temperate fluviogenous mire. Ecological Engineering, 32(2): 133-146.

Bay R R. 1969. Runoff from small peatland watersheds. Journal of Hydrology, 9: 90-102.

Bergström S, Carlsson B, Gardelin M, et al. 2001. Climate change impacts on runoff in Sweden assessments by global climate models, dynamical downscaling, and hydrological modelling. Climate Research, 16(2): 101-112.

Blanchette M, Rousseau A N, Foulon É, et al. 2019. What would have been the impacts of wetlands on low flow support and high flow attenuation under steady state land cover conditions? Journal of Environmental Management, 234:448-457.

Bouda M, Rousseau A N, Gumiere S J, et al. 2014. Implementation of an automatic calibration procedure for HYDROTEL based on prior OAT sensitivity and complementary identifiability analysis. Hydrological Processes, 28(12): 3947-3961.

Bracken L J, Croke J. 2007. The concept of hydrological connectivity and its contribution to understanding runoff - dominated geomorphic systems. Hydrological Processes, 21(13): 1749-1763.

Branfireun B A, Roulet N T. 1998. The baseflow and storm flow hydrology of Precambrian shield headwater peatland. Water Resources Research, 12: 57-72.

Brooks R P, Brinson M M, Havens K J, et al. 2011. Proposed Hydrogeomorphic Classification for Wetlands of the Mid-Atlantic Region, USA. Wetlands, 31(2): 207-219.

Buttle J. 2006. Mapping first-order controls on streamflow from drainage basins: The T3 template. Hydrological Processes, 20(15): 3415-3422.

Chen W, He B, Nover D, et al. 2019. Farm ponds in southern China: Challenges and solutions for conserving a neglected wetland ecosystem. Science of the Total Environment, 1322-1334.

Cheng C W, Brabec E, Yang Y, et al. 2013. Rethinking stormwater management in a changing world: Effects of detention for flooding hazard mitigation under climate change scenarios in the Charles River Watershed. Austin, Texas: Proceedings of 2013 CELA Conference.

Cukier R I, Fortuin C M, Shuler K E, et al. 1973. Study of the sensitivity of coupled reaction systems to uncertainties in rate coefficients. I Theory. The Journal of Chemical Physics, 59 (8): 3873e3878.

Demissie M, Abdul K. 1993. Influence of wetlands on streamflow in Illinois. Illinois State Water Survey Contract Report CR 561. Illinois Department of Conservation, Champaign, Illinois.

Dunn S M, Mackay R. 1995. Spatial variation in evapotranspiration and the influence of land use on catchment hydrology. Journal of Hydrology, 171(1-2): 49-73.

Eckhardt D K. 2005. How to construct recursive digital filters for baseflow separation. Hydrological Processes, 19(2): 507-515.

Elmqvist T, Setälä H, Handel S, et al. 2015. Benefits of restoration of ecosystem services in cities. Current Opinion in Environmental Sustainability, 14: 101-108.

Evans C, Davies T D, Murdoch P S. 1999. Component flow processes at four streams in the Catskill Mountains, NY analyzed using episodic concentration/discharge relationships. Hydrological Processes, 13, 563-575.

Evenson G R, Golden H E, Lane C R, et al. 2015. Geographically isolated wetlands and watershed hydrology: A modified model analysis. Journal of Hydrology, 529: 240-256.

Evenson G R, Golden H E, Lane C R, et al. 2016. An improved representation of geographically isolated wetlands in a watershed-scale hydrologic model. Hydrological Processes, 30(22): 4168-4184.

Evenson G R, Jones C N, McLaughlin D L, et al. 2018. A watershed-scale model for depressional wetland-rich landscapes. Journal of Hydrology, 1: 100002.

Fay P A, Guntenspergen G R, Olker J H, et al. 2016. Climate change impacts on freshwater wetland hydrology and vegetation cover cycling along a regional aridity gradient. Ecosphere, 7(10): e01504.

Ficklin D L, Robeson S M, Knouft J H. 2016. Impacts of recent climate change on trends in baseflow and stormflow in United States watersheds. Geophysical Research Letters, 43 (10): 5079-5088.

Fortin J P R, Turcotte S, Massicotte R, et al. 2001a. A distributed watershed model compatible with remote sensing and GIS data. Part I: Description of the model. Journal of Hydrologic Engineering, 6(2): 91-99.

Fortin J P R, Turcotte S, Massicotte R, et al. 2001b. A distributed watershed model compatible with remote sensing and GIS data. Part 2: Application to the Chaudière watershed. Journal of Hydrologic Engineering, 6(2): 100-108.

Fortin V. 1999. Le modèle météo-apport HSAMI: historique, théorie et application. Rapport de recherche, revision, 1, 5. Varennes, Québec, Canada: Institut de recherche d'Hydro-Québec (IREQ).

Fossey M, Rousseau A N, Bensalma F, et al. 2015. Integrating isolated and riparian wetland modules in the PHYSITEL/HYDROTEL modelling platform: Model performance and diagnosis. Hydrological Processes, 29(22): 4683-4702.

Fossey M, Rousseau A N, Savary S. 2016. Assessment of the impact of spatiotemporal attributes of wetlands on stream flows using a hydrological modelling framework: A theoretical case study of a watershed under temperate climatic conditions. Hydrological Processes, 30(11): 1768-1781.

Golden H E, Sander H A and Lane C R, et al. 2016 Relative effects of geographically isolated wetlands on streamflow: A watershed-scale analysis. Ecohydrology, 9(1):21-38.

Gómez-Baggethun E, Tudor M, Doroftei M, et al. 2019. Changes in ecosystem services from wetland loss and restoration: An ecosystem assessment of the Danube Delta (1960–2010). Ecosystem Services, 39: 100965.

Grünewald T, Bühler Y, Lehning M. 2014. Elevation dependency of mountain snow depth. The Cryosphere, 8(6): 2381-2394.

Gulbin S, Kirilenko A P, Kharel G, et al. 2019. Wetland loss impact on long-term flood risks in a closed watershed. Environmental Science Policy, 94: 112-122.

Gupta H V, Kling H, Yilmaz K K, et al. 2009. Decomposition of the mean squared error and NSE performance criteria: Implications for improving hydrological modelling. Journal of Hydrology, 377: 80-91.

Haque M M. 2020. Modeling Flood extent of a large wetland in a data-scarce region using hydrodynamic and empirical models. Ottawa: Université d'Ottawa/University of Ottawa.

Hayashi M, Quinton W L, Pietroniro A, et al. 2004. Hydrologic functions of wetlands in a discontinuous permafrost basin indicated by isotopic and chemical signatures. Journal of Hydrology, 296: 81-97.

Hokanson K J, Peterson E S, Devito K J, et al. 2020. Forestland-peatland hydrologic connectivity in water-limited environments: Hydraulic gradients often oppose topography. Environmental Research Letters, 15(3): 034021.

Holden J, Evans M G T P, Burt T B, et al. 2006. Impact of land drainage on peatland hydrology. Journal of Environmental Quality, 35(5): 1764-1778.

Hughes C E, Binning P, Willgoose G R. 1998. Characterization of the hydrology of an estuarine wetland.

Journal of Hydrolgy, 211: 34-49.

Ingram A J P. 1983. Mires: Swamp, Bog, Fen and Moor-Ecosystems of the World. New York: Elsevier Scientific Publishing Company.

Javaheri A, Babbarsebens M. 2014. On comparison of peak flow reductions, flood inundation maps, and velocity maps in evaluating effects of restored wetlands on channel flooding. Ecological Engineering, 73: 132-145.

Ji F, Wu Z. Huang J, et al. 2014. Evolution of land surface air temperature trend. Nature Climate Change, 4: 462-466.

Karvonen, T. 1988. A model for predicting the effect of drainage on soil moisture, soil temperature and crop yield. Helsinki: Helsinki University of Technology Publications of the Laboratory of Hydrology and Water Resources Engineering.

Kim D G, Noh H S, Kang N R, et al. 2012. Impact of Climate Change on Wetland Functions. Colorado: Colorado State University.

Kværner J, Kløve B. 2008. Generation and regulation of summer runoff in a boreal flat fen. Journal of Hydrology, 360 (1-4): 15-30.

Leclerc G，Schaake J. 1973. Methodology for assessing the potential impact of urban development on urban runoff and the relative efficiency of runoff control alternatives. Boston: Massachusetts Institute of Technology.

Lee S, Yeo I Y, Lang M W, et al. 2018. Assessing the cumulative impacts of geographically isolated wetlands on watershed hydrology using the SWAT model coupled with improved wetland modules. Journal of Environmental Management, 223: 37-48.

Linacre E T. 1977. A simple formula for estimating evaporation rates in various climates, using temperature data alone. Agricultural Meteorology, 18 (6): 409-424.

Liu Y, Yang W, Leon L, et al. 2016. Hydrologic modeling and evaluation of Best Management Practice scenarios for the Grand River watershed in Southern Ontario. Journal of Great Lakes Research, 42 (6): 1289-1301.

Liu Y, Yang W, Wang X. 2008. Development of a SWAT extension module to simulate riparian wetland hydrologic processes at a watershed scale. Hydrological Processes, 22 (16): 2901-2915.

Luo J, Wang Y, Wang Z, et al. 2019. Assessment of Pb and Cd contaminations in the urban waterway sediments of the Nen River（Qiqihar section）, Northeastern China, and transfer along the food chain. Environmental Science and Pollution Research, 26 (6): 5913-5924.

Lyons J K, Beschta R L. 1983. Land use, floods, and channel changes: Upper Middle Fork Willamette River, Oregon（1936-1980）. Water Resources Research, 19 (2): 463-471.

Marambanyika T, Beckedahl H, Ngetar N S, et al. 2017. Assessing the environmental sustainability of cultivation systems in wetlands using the WET-health framework in Zimbabwe. Physical Geography, 38 (1): 62-82.

Martinez-Martinez E, Nejadhashemi A P, Woznicki S A, et al. 2014. Modeling the hydrological significance of wetland restoration scenarios. Journal of Environment Management, 133: 121-134.

Martinez-Martinez E, Nejadhashemi A P, Woznicki S A, et al. 2015. Assessing the significance of wetland restoration scenarios on sediment mitigation plan. Ecological Engineering, 77: 103-113.

Mathews R, Richter B D. 2007. Application of the Indicators of hydrologic alteration software in environmental flow setting. Journal of the American Water Resources Association, 43 (6) : 1400-1413.

McCauley L A, Anteau M, Burg M P, et al. 2015. Land use and wetland drainage affect water levels and dynamics of remaining wetlands. Ecosphere, 6 (6) : 1-22.

Mcdonough O T, Lang M W, Hosen J D, et al. 2015. Surface hydrologic connectivity between delmarva bay wetlands and nearby streams along a gradient of agricultural alteration. Wetlands, 35 (1) : 41-53.

Mcglynn B L, Mcdonnell J J, Seibert J , et al. 2004. Scale effects on headwater catchment runoff timing, flow sources, and groundwater-streamflow relations. Water Resources Research, 40 (7) : W07504.

Millar D J, Cooper D J, Ronayne M J. 2018. Groundwater dynamics in mountain peatlands with contrasting climate, vegetation, and hydrogeological setting. Journal of Hydrology, 561: 908-917.

Monteith J L. 1965. Evaporation and environment. Symposia of the Society for Experimental Biology, 19.

Morris M. 1991. Factorial Sampling Plans for Preliminary Computational Experiments. Technometrics, 33 (2) : 161-174.

Moussa O M. 1987. Satellite data based sediment-yield models for the Blue Nile and the Atbara River watersheds. The Ohio State University.

Msa B, Gegc D, Slld E, et al. 2020. Disentangling effects of forest harvest on long-term hydrologic and sediment dynamics, western Cascades, Oregon. Journal of Hydrology, 580: 12459.

Nash J E, Sutcliffe J V. 1970. River flow forecasting through conceptual models part I-A discussion of principles. Journal of Hydrology, 10 (3) : 283-290.

Neitsch S L, Arnold J G, Kiniry J R, et al. 2005. Soil and Water Assessment Tool Theoretical Documentation, Version 2005. Temple, Tex: USDA-ARS Grassland, Soil and Water Research Laboratory.

Nathan R J. 1990. Evaluation of automated techniques for base flow and recession analyses. Water Resources Research, 26 (7) : 1465-1473.

Nicolle P, Pushpalatha R, Perrin C, et al. 2014. Benchmarking hydrological models for low-flow simulation and forecasting on French catchments. Hydrology and Earth System Sciences, 18: 2829-2857.

Noel P, Rousseau A N, Paniconi, et al. 2014. An algorithm for delineating and extracting hillslopes and hillslope width functions from gridded elevation data. Journal of Hydrologic Engineering, 19 (2) : 366-374.

Ogawa B H, ASCE A M, Male J W. Simulating the flood mitigation role of wetlands. Journal of Water Resources Planning and Management, 112 (1) : 114-128.

Oiden J D, Poffn L. 2003. Redundancy and the choice of hydrologic indices for characterizing streamflow regimes. River Research and Applications, 19 (2) : 101-121.

Orlandini S, Moretti G, Franchini M, et al. 2003. Pathbased methods for the determination of nondispersive drainage directions in grid-based digital elevation models. Water Resources Research, 39 (6) : 1144.

Owen C R. 1995. Water budget and flow patterns in an urban wetland. Journal of Hydrology, 169 (1-4) : 171-187.

Pal S, Talukdar S, Ghosh R. 2020. Damming effect on habitat quality of riparian corridor. Ecological Indicators, 114: 106300.

Patil R, Wei Y, Pullar D, et al. 2020. Evolution of streamflow patterns in Goulburn-Broken catchment during 1884-2018 and its implications for floodplain management. Ecological Indicators, 113: 106277.

Penman H L. 1950. The dependence of transpiration on weather and soil conditions. Journal of Soil Science, 1(1): 74-89.

Peters D L, Prowse T D. 2006. Generation of streamflow to seasonal high waters in a freshwater delta, northwestern Canada. Hydrological Processes, 20(19): 4173-4196.

Phillips R W, Spence C, Pomeroy J W. 2011. Connectivity and runoff dynamics in heterogeneous basins. Hydrological Processes, 25(19): 3061-3075.

Pianosi F, Wagener T. 2015. A simple and efficient method for global sensitivity analysis based on cumulative distribution functions. Environmental Modelling and Software, 67:1-11.

Priestley C H B, Taylor R J. 1972. On the assessment of surface heat flux and evaporation using large-scale parameters. Monthly Weather Review, 100(2): 81-92.

Rahman M M, Thompson J R, Flower R J. 2016. An enhanced SWAT wetland module to quantify hydraulic interactions between riparian depressional wetlands, rivers, and aquifers. Environmental Modelling Software, 84: 263-289.

Rankinen K, Karvonen T, Butterfield D. 2004. A simple model for predicting soil temperature in snow-covered and seasonally frozen soil: Model description and testing. Hydrology and Earth System Sciences Discussions, 8(4): 706-716.

Rebelo A J, Le Maitre D C, Esler K J, et al. 2015. Hydrological responses of a valley-bottom wetland to land-use/land-cover change in a South African catchment: Making a case for wetland restoration. Restoration Ecology, 23(6): 829-841.

Rebelo A J, Morris C, Meire P, et al. 2019. Ecosystem services provided by South African palmiet wetlands: A case for investment in strategic water source areas. Ecological indicators, 101: 71-80.

Richards D R, Moggridge H L, Maltby L, et al. 2018. Impacts of habitat heterogeneity on the provision of multiple ecosystem services in a temperate floodplain. Basic and Applied Ecology, 29, 32-43.

Richardson C J, Reiss P, Hussain N A, et al. 2005. The restoration potential of the Mesopotamian marshes of Iraq. Science, 307(5713): 1307-1311.

Richter B D, Baumgartner J V, Powell J, et al. 1996. A method for assessing hydrologic alteration within ecosystems. Conservation Biology, 10(4): 1163-1174.

Richter B, Baumgartner J, Wigington R, et al. 1997. How much water does a river need? Freshwater Biology, 37(1): 231-249.

Riley J P, Israelsen E K, Eggleston K O. 1973. Some approaches to snowmelt prediction. The Role of Snow and Ice in Hydrology. IAHS: 956-971.

Rosenberry D O, Stannard D I, Winter T C, et al. 2004. Comparison of 13 equations for determining evapotranspiration from a prairie wetland, cottonwood lake area, North Dakota, USA. Wetlands, 24(3): 483-497.

Roulet N T, Woo M. 1986. Low arctic wetland hydrology. Canadian Water Resources, 11(1): 69-75.

Rousseau A N, Fortin J P, Turcotte R, et al. 2011. PHYSITEL, a specialized GIS for supporting the implementation of distributed hydrological models. Water News-Official Magazine of the Canadian

Water Resources Association, 31(1): 18-20.

Rousseau A N, Savary S, Tremblay S. 2017. Développement de PHYSITEL 64 bits avec interface graphique pour supporter les applications d'HYDROTEL sur des bassins versants de grande envergure: Incluant des compléments d'aide et des développements pour HYDROTEL. Québec, Canada: Centre Eau Terre Environnement, Institut national de la recherche scientifique (INRS-ETE).

Safeeq M, Grant G E, Lewis S L, et al. 2020. Disentangling effects of forest harvest on long-term hydrologic and sediment dynamics, western Cascades, Oregon. Journal of Hydrology, 580: 124259.

Salimi S, Almuktar S A, Scholz M. 2021. Impact of climate change on wetland ecosystems: A critical review of experimental wetlands. Journal of Environmental Management, 286: 112160.

Saltelli A, Ratto M, Andres T, et al. 2008. Global Sensitivity Analysis, the Primer. New York: Wiley.

Schanze J. 2017. Nature-based solutions in flood risk management-Buzzword or innovation?. Journal of Flood Risk Management, 10(3): 281-282.

Schoning K, Charman D J, Wastegoard S. 2005. Reconstructed water tables from two ombrotrophic mires in eastern central Sweden compared with instrumental meteorological data. The Holocene, 15(1): 111-118.

Scott D T, Gomez-Velez J D, Jones C N, et al. 2019. Floodplain inundation spectrum across the United States. Nature Communications, 10(1): 1-8.

Shantz M A, Price J S. 2006. Hydrological changes following restoration of the Bois-des-Bel Peatland, Quebec, 1999-2002. Journal of Hydrology, 331(3-4): 543-553.

Singh J, Knapp H, Demissie M. 2004. Hydrologic modeling of the Iroquois river watershed using HSPF and SWAT. ISWS CR 2004, 08. Champaign, Ill. : Illinois State Water Survey.

Spear R, Hornberger G. 1980. Eutrophication in peel inlet, II, identification of critical uncertianties via generalized sensitivity. Water Resources Research, 14: 43-49.

Spence C, Guan X J, Phillips R. 2011. The hydrological functions of a boreal wetland. Wetlands, 31(1): 75-85.

Spence C, Woo M. 2003. Hydrology of subarctic Canadian Shield: Soil-filled valleys. Journal of Hydrology, 279: 151-166.

Spence C, Woo M. 2006. Hydrology of subarctic Canadian Shield: Heterogeneous headwater basins. Journal of Hydrology, 317(1-2): 138-154.

Spence C. 2007. On the relation between dynamic storage and runoff: A discussion on thresholds, efficiency, and function. Water Resources Research, 43(12): W12416.

Spence C. 2010. A paradigm shift in hydrology: Storage thresholds across scales influence catchment runoff generation. Geography Caompass, 4(7): 819-833.

Streich S C, Westbrook C J. 2019. Hydrological function of a mountain fen at low elevation under dry conditions. Hydrological Processes, 33: 1-14.

Thornthwaite C W. 1948. An approach toward a rational classification of climate. Geographical Review, 38(1): 55-94.

Thorslund J, Jarsjo J, Jaramillo F, et al. 2017. Wetlands as large-scale nature-based solutions: Status and challenges for research, engineering, and management. Ecological Engineering, 108: 489-497.

Tiner R. 2003. Estimated extent of geographically isolated wetlands in selected areas of the United States.

Wetlands, 23 (3): 636-652.

Turcotte R, Fortin J P, Rousseau A N, et al. 2001. Determination of the drainage structure of a watershed using a digital elevation model and a digital river and lake network. Journal of Hydrology, 240 (3-4): 225-242.

Turcotte R, Fortin L, Fortin V, et al. 2007. Operational analysis of the spatial distribution and the temporal evolution of the snowpack water equivalent in southern Québec, Canada. Nordic Hydrology, 38 (3): 211-234.

Uhlenbrook S, Connor R, Abete V, et al. 2018. Nature-based solutions for water. Paris: the United Nations Educational, Scientific and Cultural Organization: 52-54.

Umer Y M, Jetten V G, Ettema J. 2019. Sensitivity of flood dynamics to different soil information sources in urbanized areas. Journal of Hydrology, 577: 123945.

Voldseth R A, Johnson W C, Gilmanov T, et al. 2017. Model estimation of land - use effects on water levels of northern prairie wetlands. Ecological Applications, 17 (2): 527-540.

Waddington J M, Morris P J, Kettridge N, et al. 2009. Hydrological feedbacks in northern peatlands Ecohydrology, 8 (1): 113-127.

Wagener T, Kollat J. 2007. Numerical and visual evaluation of hydrological and environmental models using the Monte Carlo analysis toolbox. Environmental Modelling Software. 22 (7): 1021-1033.

Wagener T, Mcintyre N, Lees M J, et al. 2003. Towards reduced uncertainty in conceptual rainfall-runoff modeling: Dynamic identifiability analysis. Hydrological Processes, 17 (2): 455-476.

Walters K, Babbarsebens M. 2016. Using climate change scenarios to evaluate future effectiveness of potential wetlands in mitigating high flows in a Midwestern U. S. watershed. Ecological Engineering, 89: 80-102.

Wang X, Yang W, Melesse A M. 2008. Using hydrologic equivalent wetland concept within SWAT to estimate streamflow in watersheds with numerous wetlands. Transactions of the ASABE, 51 (1): 55-72.

Weibull, W. 1939. A statistical theory of strength of materials. Ing Vetenskaps Acad Handl.

Whittington P N, Price J S. 2006. The effects of water table draw-down (as a surrogate for climate change) on the hydrology of a fen peatland, Canada. Hydrological Processes, 20 (17): 3589-3600.

Wright N, Hayashi M, Quinton W L. 2009. Spatial and temporal variations in active layer thawing and their implication on runoff generation in peat-covered permafrost terrain. Water Resources Research, 45: W05414.

Wu K, Johnston C A. 2008. Hydrologic comparison between a forested and a wetland/lake dominated watershed using SWAT. Hydrological Processes, 22 (10): 1431-1442.

Xu X, Wang Y C, Kalcic M, et al. 2017. Evaluating the impact of climate change on fluvial flood risk in a mixed-used watershed. Environment Modeling Software, 122: 104031.

Yapo P O, Gupta H V, Sorooshian S. 1996. Automatic calibration of conceptual rainfall-runoff models: Sensitivity to calibration data. Journal of Hydrology, 181 (1-4): 23-48.

Yeo I, Lee S, Lang MW, Yetemen O, et al. 2019. Mapping landscape-level hydrological connectivity of headwater wetlands to downstream waters: A catchment modeling approach-Part 2. Science of the Total Environment, 653: 1557-1570.

Zedler J B. 2003. Wetlands at your service: Reducing impacts of agriculture at the watershed scale. Frontiers in Ecology and the Environment, 1(2): 65-72.

Zedler J B. 2006. Wetland restoration//Batzer D P, Sharitz R R.Ecology of Freshwater and Estuarine Wetlands. Berkeley: University of California: 348-406.

Zhang X, Song Y. 2014. Optimization of wetland restoration siting and zoning in flood retention areas of river basins in China: A case study in Mengwa, Huaihe River Basin. Journal of Hydrology, 519: 80-93.

Zheng Y, Zhang G, Wu Y, et al. 2019. Dam effects on downstream riparian wetlands: The Nenjiang River, northeast China. Water, 11(10): 2038.

第4章 嫩江流域重要湖沼湿地生态水文过程与调控

湿地生态水文过程的核心内容是研究湿地生态过程与水文过程相互作用机理及其耦合机制，是确定湿地合理水文情势和科学计算湿地生态需水量的基础，为湿地生态恢复与保护提供水文学依据和用水安全保障。

本章针对嫩江流域重要湖沼湿地存在的生态水文问题，开展了“多要素、多过程”的湿地生态水文相互作用机理及耦合机制研究。在探明查干湖水循环过程及水环境生态效应的基础上，构建了查干湖水动力-水质-水生态综合模型，确定了基于水生态系统健康的查干湖水质控制目标，提出了最佳的多水源调控方案；通过研究白鹤湖生态水文格局演变特征，以及白鹤食源植物的生态特征及群落演替规律的水文驱动机制，确定了白鹤的适宜生境条件，利用构建的湿地水动力模型模拟了不同来水情景下白鹤湖水文情势变化，以适宜白鹤的生态水位为调控目标，提出了相应的白鹤湖生态水文调控对策和措施；基于多源遥感数据阐释了补水前(1984～2000年)和补水后(2001～2018年)扎龙湿地生态水文演变及其驱动机制，提出了应对生态干旱的扎龙湿地生态水文调控策略。

4.1 基于水质控制目标的查干湖多水源调控

在气候变化和人类活动的双重影响下，湖泊干旱缺水、水质恶化已成为威胁全球湖泊生态系统稳定和健康的关键要素。多水源调控是缓解湖泊水资源短缺、改善水质和恢复水生态系统的有效措施和重要途径。查干湖位于嫩江流域平原区，是中国十大淡水湖之一和东北地区重要渔业基地，灌区退水是其主要补给水源之一。在国家粮食增产工程驱动的背景下，新建盐碱地灌区退水大量排入查干湖，加剧了湖泊富营养化，同时也增加了水体盐化的风险，威胁其水生态系统健康。如何科学确定维持查干湖水生态系统健康的水质控制目标，并基于此目标对查干湖进行多水源调控，是当前查干湖水环境治理亟须解决的关键问题。本节在厘清查干湖水环境演变特征和规律基础上，基于 Delft3D软件平台，耦合改进的水华模块(BLOOM)构建了查干湖水动力-水质-水生态综合模型，预测了湖泊盐分到达渔业养殖盐度限制阈值所需时间，基于多环境因子综合作用下查干湖浮游植物的竞争机制研究，明确了维持湖泊水生态系统健康的湖泊水质控制目标，通过设置不同水文年以控制灌区退水和改善水动力条件为调控措施等组合情景，结合水质改善率(IPWQ)模拟评价结果和吉林西部河湖连通工程对查干湖的生态补水方案，提出了最佳的多水源调控方案，为查干湖水质管理和吉林西部河湖连通工程对查干湖的生态补水方案提供科学依据，也是践行我国“一湖一策”精准治理的要求。

4.1.1 查干湖水环境演变特征及富营养化评价

本节基于长时序的气象、水文和水质数据的统计分析，阐明了水循环要素的演变特征，划分了查干湖水质的演变阶段，揭示了查干湖水质时空分布特征和规律。利用多种营养状态指数评价湖泊的富营养化程度，为查干湖水动力-水质-水生态综合模型的构建提供数据支撑和机理认知。

1. 查干湖概况和样品采集

查干湖位于中国东北的松嫩平原中部，位于124°03′～124°34′E、45°09′～45°30′N之间，东西最宽17 km，南北纵长37 km(图4.1)。查干湖保护区总面积507 km^2，水域面积372 km^2，湖内平均水深2.5 m，湖面高程平均130 m，由新庙泡、马营泡、库里泡与查干湖主体连接而成。

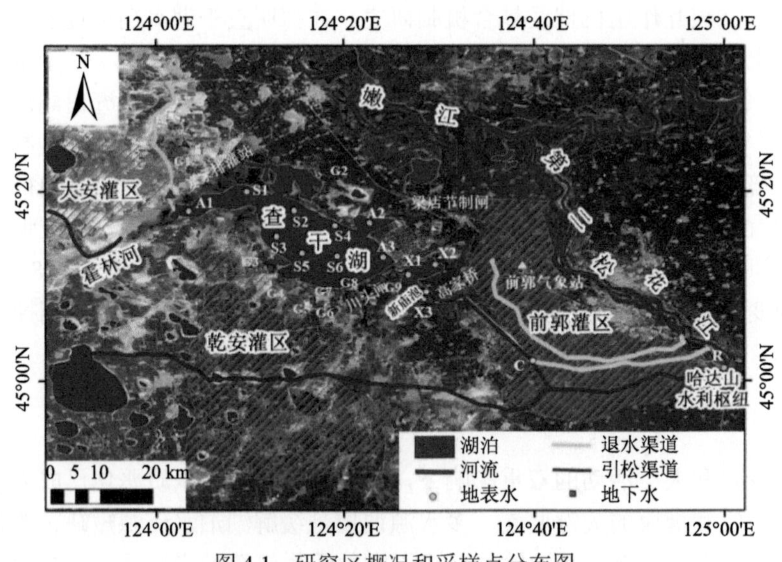

图4.1　研究区概况和采样点分布图

根据中华人民共和国水利部行业标准《水环境监测规范》(SL219—2013)结合查干湖具体野外调查情况及实际需求，在查干湖和新庙泡的主出入口、引松渠道和哈达山水利枢纽设置8个常年水质监测断面，于川头闸设置常年的水位和流量监测。2018年5～10月和2019年5～9月对查干湖主湖体、马营泡和新庙泡的湖体共计18个水质监测点进行逐月的水质样品采集，共采集到地表水样品154个。2018年8～9月对查干湖周边9个浅水井进行地下水样品采集，共采集到18个地下水样品。水温、pH、电导率、盐度和总溶解固体等参数通过HANNA多功能水质仪现场直接检测，其余水质指标(八大离子、总氮、氨氮、硝氮、总磷、叶绿素、总悬浮物、COD、BOD_5等)在中国科学院东北地理与农业生态研究所测试中心参照GB/T8538—2008中的方法进行化验检测。

2. 查干湖水循环要素演变特征

查干湖的非冰封期分为雨季和旱季，雨季包括6～9月，旱季包括5月和10月。基于前郭气象站1960～2019年日观测数据对查干湖地区气温、降水和蒸发进行了系统分析。可以发现，气温、降水和蒸发量均具有明显的年内变化特征(图4.2)。降水主要集中在雨季(6～9 月)，雨季降水量占全年降水量的 78.02%；平均气温在 4～10 月大于 0℃，其他月份平均气温小于 0℃，最高气温和最大降水量均发生在每年的 7 月份，具有明显的雨热同期的特征。前郭站蒸发皿实际观测数据显示，查干湖地区蒸发能力较强，若供水条件充分，年内各月份蒸发量均大于当月降水量，尤其在 3～6 月份，蒸发量将远远大于降水量。为了研究降水在一日内的分布及变化规律，同时分析了查干湖地区降水的昼夜变化。区内降水大多集中在 08:00～20:00，1960～2019 年间共计有 35 个年份中昼降水量大于夜降水量(20:00 至翌日 08:00)，24 个年份夜降水量大于昼降水量，但昼降水量和夜降水量的变化趋势不明显，表现出一定的随机性(图 4.3)。

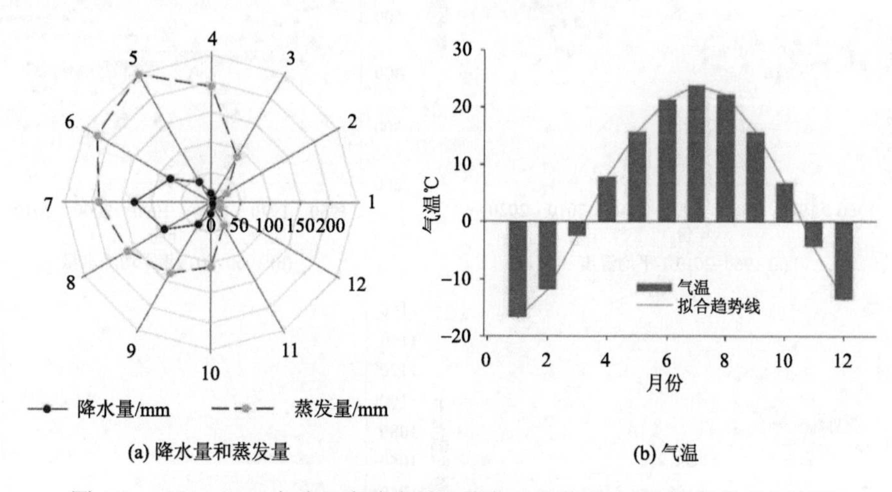

图 4.2　1960～2019 年查干湖降水量和蒸发皿蒸发量以及气温的月变化特征

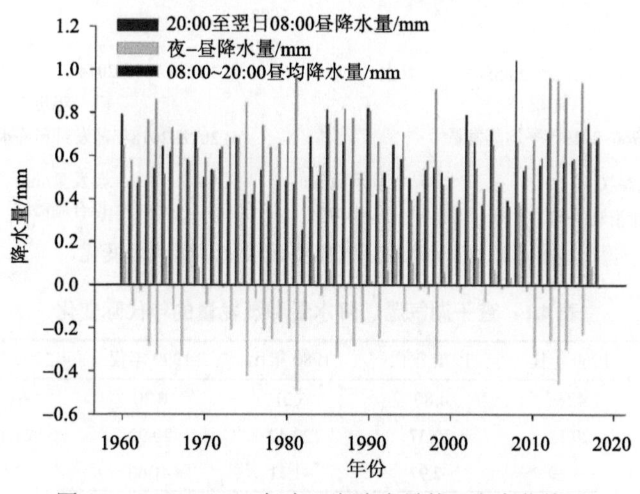

图 4.3　1960～2019 年查干湖降水量的昼夜变化特征

各要素年际和年代际变化分析表明，查干湖地区平均气温呈现明显的上升趋势(0.43℃/10a，R^2=0.7657)[图 4.4(a)]，且在 20 世纪 90 年代显著升高(表 4.1)。多年来，年平均降水量呈现出微弱的上升趋势[图 4.4(b)]，其中，2000 年代相比于 1960 年代的雨季降水量略有下降而旱季降水量略有升高(表 4.1)。通过前郭站蒸发皿实际观测数据可以发现，过去 60 年间多年平均蒸发量呈现明显下降趋势(65.3 mm/10a，R^2=0.7907)[图 4.4(c)]，其中雨季蒸发量下降更为明显(表 4.1)。2012 年以后降水量呈现明显下降趋势，而蒸发量呈现明显的上升趋势[图 4.4(d)]。综上，在全球气候变暖的背景下，半干旱地区逐渐由暖干转向暖湿，但 2012～2018 年蒸发量增大，降水量有所下降，雨季干旱趋势更显著。

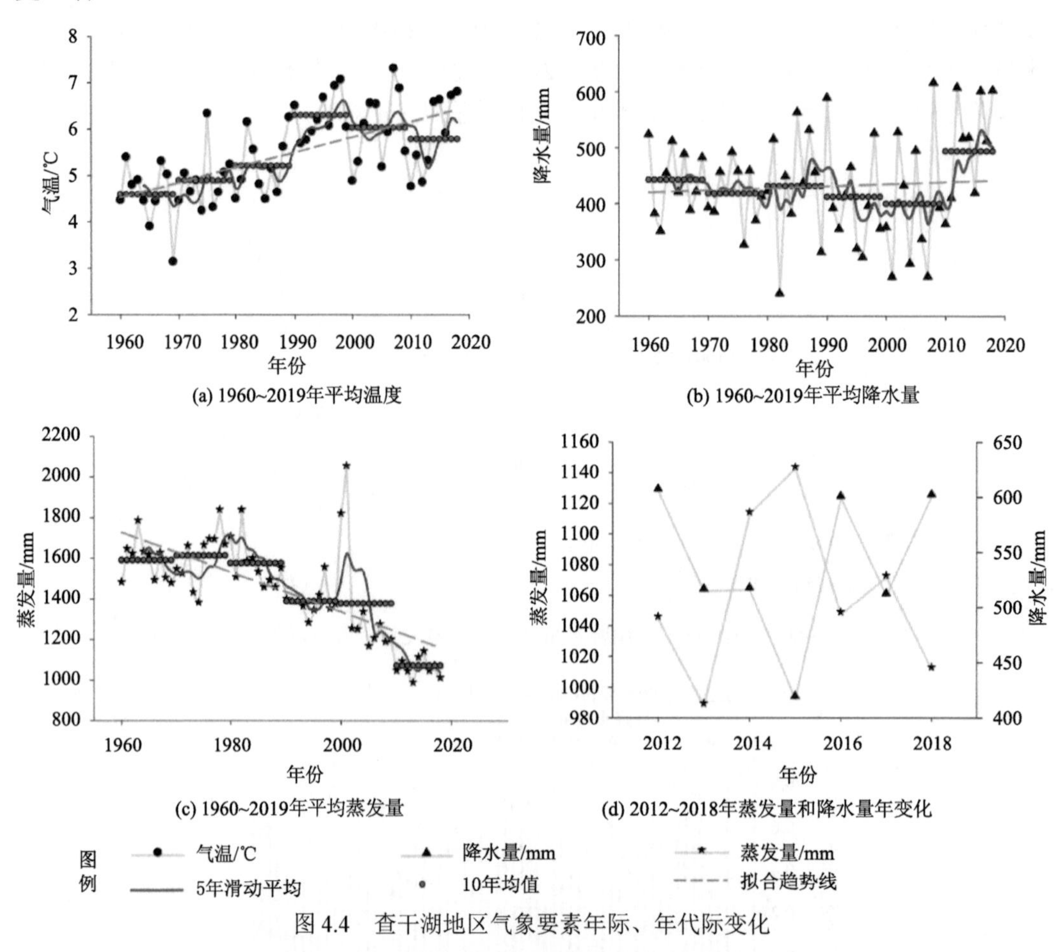

图 4.4　查干湖地区气象要素年际、年代际变化

表 4.1　查干湖气温、降水量和蒸发量的年代际变化

指标	季节	1960 年代	1970 年代	1980 年代	1990 年代	2000 年代	Δ
气温/℃	年	4.59	4.89	5.21	6.30	6.03	+1.72
	雨季	20.12	20.37	20.42	20.92	21.46	+1.34
	旱季	–3.29	–2.97	–1.11	–1.66	–2.06	+2.18
降水量/mm	年	442.99	417.86	431.64	412.05	493.99	+81.94
	雨季	368.56	325.56	356.88	319.36	363.32	-49.2
	旱季	74.34	92.3	74.76	92.69	72.30	+20.39
蒸发量/mm	年	1591.3	1613.32	1575.54	1388.83	1376.87	–236.45
	雨季	1564.58	1610.4	1581.02	1432.46	1118.96	–491.44
	旱季	808.69	808.12	785.02	672.60	661.99	–146.7

此外，对查干湖地区非冰封期(5～10 月)气象要素的多年平均特征值进行了统计(表 4.2)。结果表明，查干湖地区非冰封期多年平均降水量为 400.91 mm，2008 年达到最大值，最大降水量为 615.98 mm，1982 年降水量最小，仅有 240.66 mm。非冰封期蒸发皿数据多年均值为 1448.59 mm，最大值和最小值分别出现在 2001 年和 2013 年，对应蒸发量分别为 2057.50 mm 和 989.58 mm。多年平均来看，查干湖地区非冰封期蒸发皿蒸发量远大于降水量，约为多年平均降水量的 3.36 倍。

表 4.2　非冰封期(5～10 月)多年平均日气象要素统计表

参数	最大值	最小值	平均值	RMSE
气温/℃	7.31(2007 年)	3.14(1969 年)	5.45	0.89
降水量/mm	615.98(2008 年)	240.66(1982 年)	400.91	87.40
蒸发量/mm	2057.50(2001 年)	989.58(2013 年)	1448.59	233.33

基于 MK 检测法分析了 1960～2019 年查干湖非冰封期平均气温、降水量和蒸发量序列的突变情况，设定显著性水平 α=0.05(图 4.5)。结合 UF 和 UB 的交点，可以判断查干湖地区气温在 1985 年左右发生了显著性突变[图 4.5(a)]，平均气温有明显的上升趋势，90 年代以后升温趋势显著(α=0.05)。查干湖的降水量没有明显的突变现象，且变化趋势不明显[图 4.5(b)]。蒸发皿蒸发量自 20 世纪 90 年代中期呈现显著下降趋势，并在 1995 年发生突变[图 4.5(c)]。

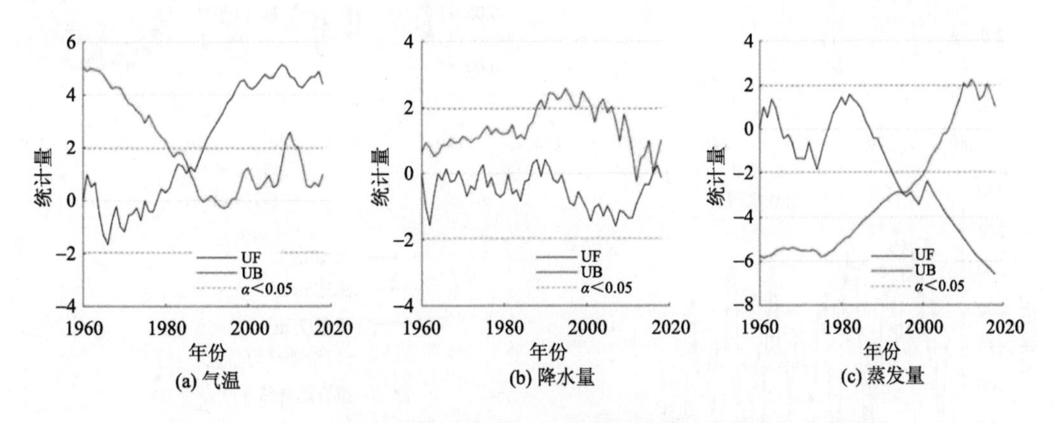

图 4.5　1960～2019 年查干湖气温、降水量和蒸发皿蒸发量的突变分析

基于 SPSS 软件对查干湖地区 1960～2019 年来冰封期蒸发皿蒸发量、降水量和气温进行 Person 相关分析，结果表明，蒸发量与降水量和温度均具有显著的负相关性，通过了 0.01 的显著性检验，但降水量和平均气温不具有明显的相关性(表 4.3)。

表 4.3　查干湖日均蒸发量、降水量、气温的相关性分析

参数	E	P	T
E	1	-0.384^{**}	0.379^{**}
P	-0.384^{**}	1	-0.118
T	-0.379^{**}	-0.118	1

注：P 和 E 分别表示年均降水量和年均蒸发量，单位：mm，T 表示平均气温，单位：℃。

**表示通过了 0.01 的显著性检验

基于查干湖监测到 2018～2019 年 5 月 1 日至 10 月 31 日的实时水深、流速和流量数据，时间步长为 5 min 共计 184 天的实测数据，计算均值后得出其变化趋势如图 4.6 和表 4.4 所示。结果显示，查干湖多日平均水深为 2.24 m，9 月 8 日达到最大值为 2.57 m，5 月 26 日为最小值 1.30 m。流速和日流量的平均值分别为 8.02 m/s 和 88.11 万 m^3/d，最小值均发生在十月。根据现有的实测水文资料，研究区内日平均水深、流速和流量均呈现先上升后下降的趋势，夏季流量最大，春秋流量较小。

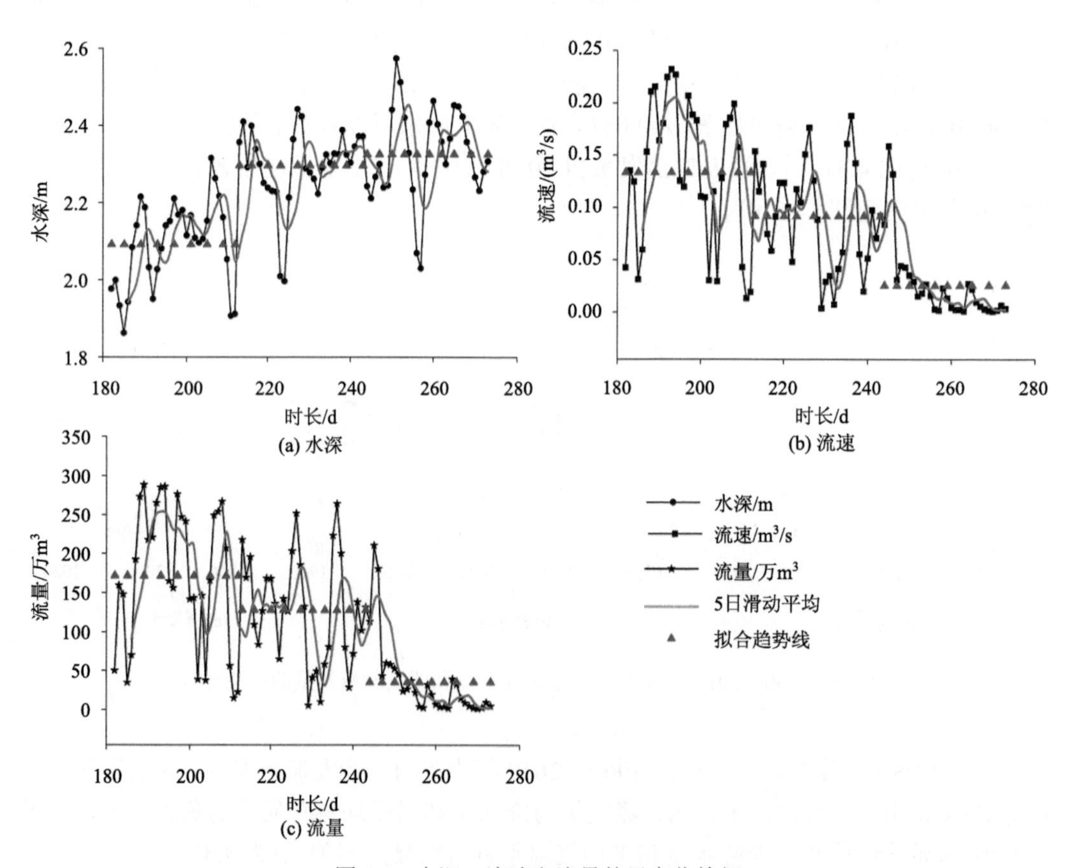

图 4.6　水深、流速和流量的日变化特征

表 4.4　水深、流速和日流量的特征值分析

参数	最大值	最小值	平均值	RMSE
水深/m	2.57 (9 月 8 日)	1.30 (5 月 26 日)	2.24	0.36
流速/(m^3/s)	27.3 (7 月 12 日)	0.11 (10 月 25 日)	8.02	6.25
日流量/(万 m^3/d)	320.58 (7 月 27 日)	0.64 (10 月 27 日)	88.11	91.44

通过对查干湖多年(1970～2019 年)水位变化趋势的分析得出早期水位呈现一定的波动性，于 20 世纪 80 年代后期趋于稳定[图 4.7(a)]。20 世纪 70 年代初，霍林河上游众多水库的兴建导致了霍林河发生长时间的断流，查干湖的水域面积一度萎缩面临干涸威胁，呈现碱泡子的现象，促使查干湖的生态环境恶化。因此，1970～1974 年的水位一直呈现下降趋势，于 1974 年已大多时段测不到水位。多年水位的峰值出现在 1986 和 1998 年[图 4.7(a)]，1987～1996 的水位几乎无波动，1998 年后，水位呈现波动增长的趋势。1986 年的水位峰值由于吉林西部建设了引水工程——哈达山水利枢纽工程，大量二松和农田退水进入查干湖，促使查干湖的水量和水质得以恢复，1998 年水位峰值由于特大洪水带来了大量降水和嫩江倒灌入查干湖。查干湖的水位也存在一定的季节性变化特征[图 4.7(b)]，1～12 月查干湖水位呈现秋季高春季低的特征，维持在多年平均水位附近。最大平均水位出现在 10 月份(130.76 m)，最小平均水位出现在 4 月份(130.32 m)，多年平均水位为 130.49 m。8 月份存在大量的错误值，由于 2017 年 8 月水位出现大量大于 131 m 的超高水位情况。

查干湖地表水的补给途径包括降水补给、二松引水、前郭灌区退水、大安灌区退水、洪泛期间的嫩江倒灌补给与霍林河洪水补给。查干湖年均天然降水量为 1.25 亿 m^3，主要发生在 6～9 月。目前，前郭灌区实际灌溉面积 45 万亩，多年平均用水量 5.28 亿 m^3，经引松渠道排入查干湖退水约 1.6 亿 m^3，退水时间为 5～10 月。大安灌区规划建设灌区

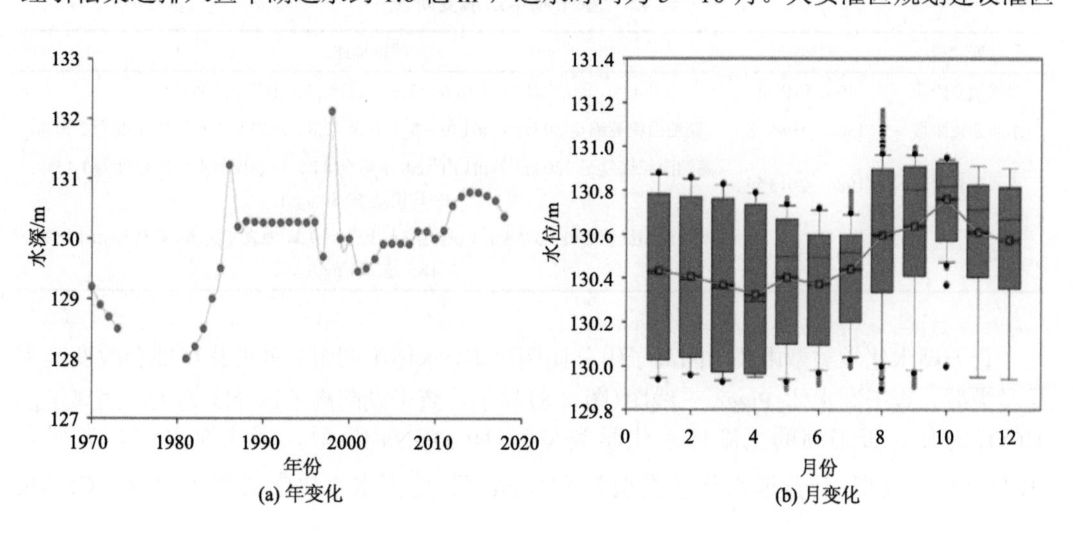

图 4.7　查干湖水位年变化特征和月变化特征

54 万亩，现已整理 31.7 万亩，实灌 8.1 万亩，每年约向查干湖退水 0.9 亿 m^3。根据水量平衡方程估算，地下水补给量约为 0.69 亿 m^3/a(章光新等, 2014)。根据在查干湖入口川头闸布置的多普勒超声流量计，多日平均水深 2.24 m，流速和日流量的平均值分别为 8.02 m/s 和 88.11 万 m^3/d。研究区内日平均水深、流速和流量均呈现先上升后下降的趋势，夏季流量最大，春秋季流量较小。

3. 查干湖水质演变特征

依据查干湖水文、水质实测和收集的数据整理分析，阶段，将查干湖水质的演变划分为 4 个阶段：自然演变阶段、水质恶化阶段、水质改善阶段和水质风险阶段，水质不同演变阶段及特征描述如表 4.5 所示。1960 年以前为自然演变阶段，通过文献整理对湖泊水面积和水质的基础认识，主要是水面积最大达到 600 km^2；1960～1986 年为水质恶化阶段，其水面积急剧萎缩至 50 km^2，水质也急剧恶化；1986～2013 年为水质改善阶段，其水面积逐渐恢复至 370 km^2，水质也由Ⅴ类水恢复至Ⅳ类水；2013 年至今为水质风险阶段，湖泊水质恶化至Ⅴ类水，总悬浮固体含量和 pH 也急剧增加。查干湖水质演变阶段的划分主要受到区域人类活动的影响，如水库建设、引水工程和灌区发展的影响。1960～1985 年湖泊水质恶化主要受到霍林河上游水库建设和下游水流扩散及人类过度的开发利用的影响，末端逐渐发生了断流现象，导致没有充足的水源补给而水面积迅速萎缩水质急剧恶化(卢晓宁等, 2011)。随后政府为解决当地用水需求短缺的问题，开展了自第二松花江引水至查干湖的引松工程。大量外来水源的输入恢复了查干湖水面积和蓄水量。然而，2013 年新建盐碱地灌区富含高浓度营养盐、盐分和悬浮物的退水大量排入查干湖，致使查干湖水质急剧恶化，富营养化程度由轻度富营养转变为中度富营养，近年来面临着重度富营养的风险(苗成凯, 2008；李然然等, 2014; Liu et al., 2019)。

表 4.5　查干湖水质演变阶段

演变阶段	发生时段	特征描述
自然演变阶段	1960 年以前	湖泊面积最大达 600 km^2、pH=8.5、无其他水质记录
水质恶化阶段	1960～1986 年	湖泊面积萎缩至 50 km^2、pH 由 8.5 上升至 12.8、地表Ⅴ类水、矿化度为 2.75%
水质改善阶段	1986～2013 年	湖泊面积恢复至 370 km^2、pH 由 12.8 下降至 8.8、地表Ⅳ类水、矿化度为 1.15%、TSS 均值达 59.89 mg/L
水质风险阶段	2013 年至今	湖泊面积维持 370～376 km^2、pH 由 8.5 上升至 9.3、地表Ⅴ类水、矿化度为 1.75%、TSS 达 231 mg/L

查干湖水化学类型由其阴阳离子组分比例决定，水体不同组分的变化可能会改变其水化学类型。查干湖水体 Piper 三线图(图 4.8)显示，查干湖阳离子以 Na^+为主，阴离子以 HCO_3^- 为主。查干湖的主湖体水化学类型为 HCO_3-Na-K 型，新庙泡水化学类型为 HCO_3-SO_4-Na 型，马营泡水化学类型为 SO_4-Na 型，地下水水化学类型为 HCO_3-Ca-Mg 型。

基于查干湖的湖底地形(DEM)，将湖泊分为西部(A1，S1)，中部(S2～S5)和东部(A2～A3，S6)。湖体不同区域、新庙泡、渠道和哈达山水库的水质参数测定值如表 4.6

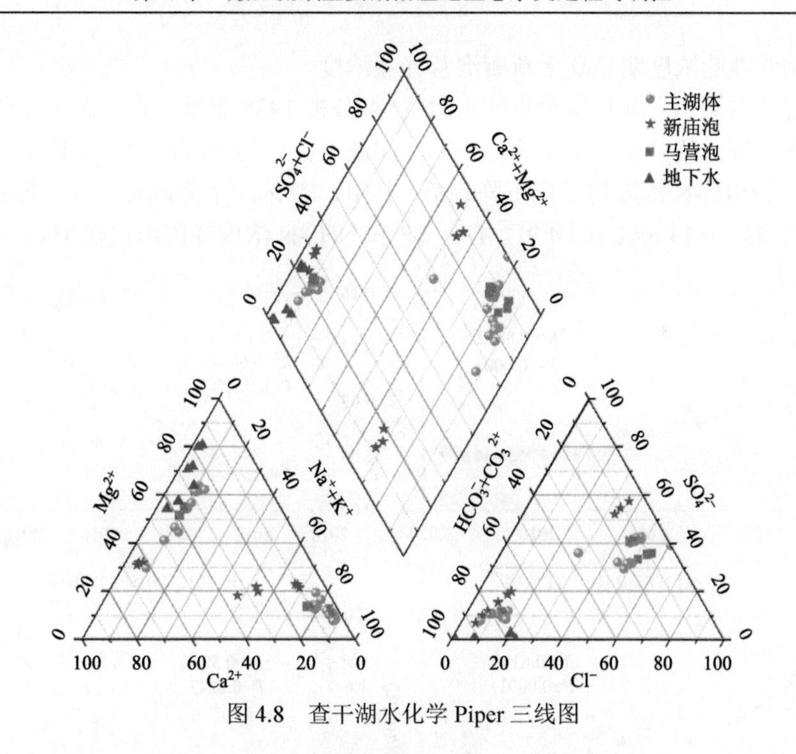

图 4.8　查干湖水化学 Piper 三线图

表 4.6　不同水域水质参数实测值

参数	湖泊西部	湖泊中部	湖泊东部	新庙泡	渠道	水库
水温/(℃,T)	21.91±5.79	22.28±6.16	21.63±5.94	21.83±4.14	19.41±5.78	20.32±6.71
水深/(m, WD)	1.20±0.49	4.1±0.25	2.1±0.38	0.61±0.23	—	—
电导率/(S/m, Cond)	0.97±0.19	1.33±0.65	0.72±0.22	0.49±0.18	0.54±0.07	0.26±0.06
溶解氧/(mg/L, DO)	5.00±1.29	6.14±1.31	7.03±1.02	7.11±0.35	5.90±0.92	7.70±1.38
透明度/(cm, SD)	10±2.57	33±2.19	17±1.75	8±1.77	—	—
pH	8.93±0.34	8.56±0.48	8.76±0.37	8.57±0.42	7.86±0.21	8.54±0.41
氯离子/(mg/L, Cl^-)	101.45±32.33	74.88±15.52	47.39±20.57	28.29±9.57	68.32±7.57	23.79±6.57
总磷/(mg/L, TP)	0.17±0.11	0.15±0.09	0.13±0.10	0.09±0.08	0.16±0.12	0.05±0.03
磷酸盐/(mg/L, PO_4^{3+})	0.33±0.30	0.12±0.03	0.08±0.04	0.05±0.02	0.16±0.02	0.16±0.10
总氮/(mg/L, TN)	1.96±0.22	1.48±0.26	1.22±0.51	1.01±0.43	1.69±0.34	1.00±0.21
硝氮/(mg/L, NO_3^--N)	0.38±0.53	0.28±0.13	0.26±0.18	0.21±0.23	1.29±0.21	1.0±0.13
氨氮/(mg/L, NH_4^+-N)	0.24±0.17	0.24±0.16	0.22±0.13	0.20±0.06	0.19±0.11	0.25±0.09
叶绿素 a/(μg/L, Chla)	23.42±6.21	19.68±3.81	22.98±7.91	14.50±8.91	—	—
总悬浮固体/(mg/L, TSS)	320±21.56	116±18.79	219±20.41	—	—	—
化学需氧量/(mg/L, COD)	14.71±5.78	10.23±4.98	9.21±5.21	6.28±1.50	14.10±4.26	14.05±2.45
生化需氧量/(mg/L, BOD)	4.81±2.19	4.46±1.89	5.56±2.39	3.18±1.09	4.94±1.09	3.98±1.08

所示。查干湖平均 pH 为 8.75，最高可达 9。盐度、总氮(TN)、总磷(TP)、硝氮(NO_3^--N)和氨氮(NH_4^+-N)表现为自东向西递增的趋势，而透明度表现为西部和东部低、中部高的特征，与总悬浮固体的变化特征相反。哈达山水库的营养盐浓度明显低于湖泊营养盐浓

度。查干湖营养盐浓度明显高于新庙泡营养盐浓度。

基于野外监测和文献数据收集的水质资料，分析 1985 年以来查干湖主要营养物质浓度动态变化特征，营养盐浓度呈现一定的时间波动性。与 20 世纪 80 年代初期相比，湖体 TN、TP 和 NH_4^+-N 浓度均呈现下降趋势，其中，TP 浓度下降降幅较大，其浓度从 1.94 mg/L 降到 0.03～0.13mg/L（图 4.9）。TN、TP 和 NH_4^+-N 浓度峰值出现在 1985 年，之后浓

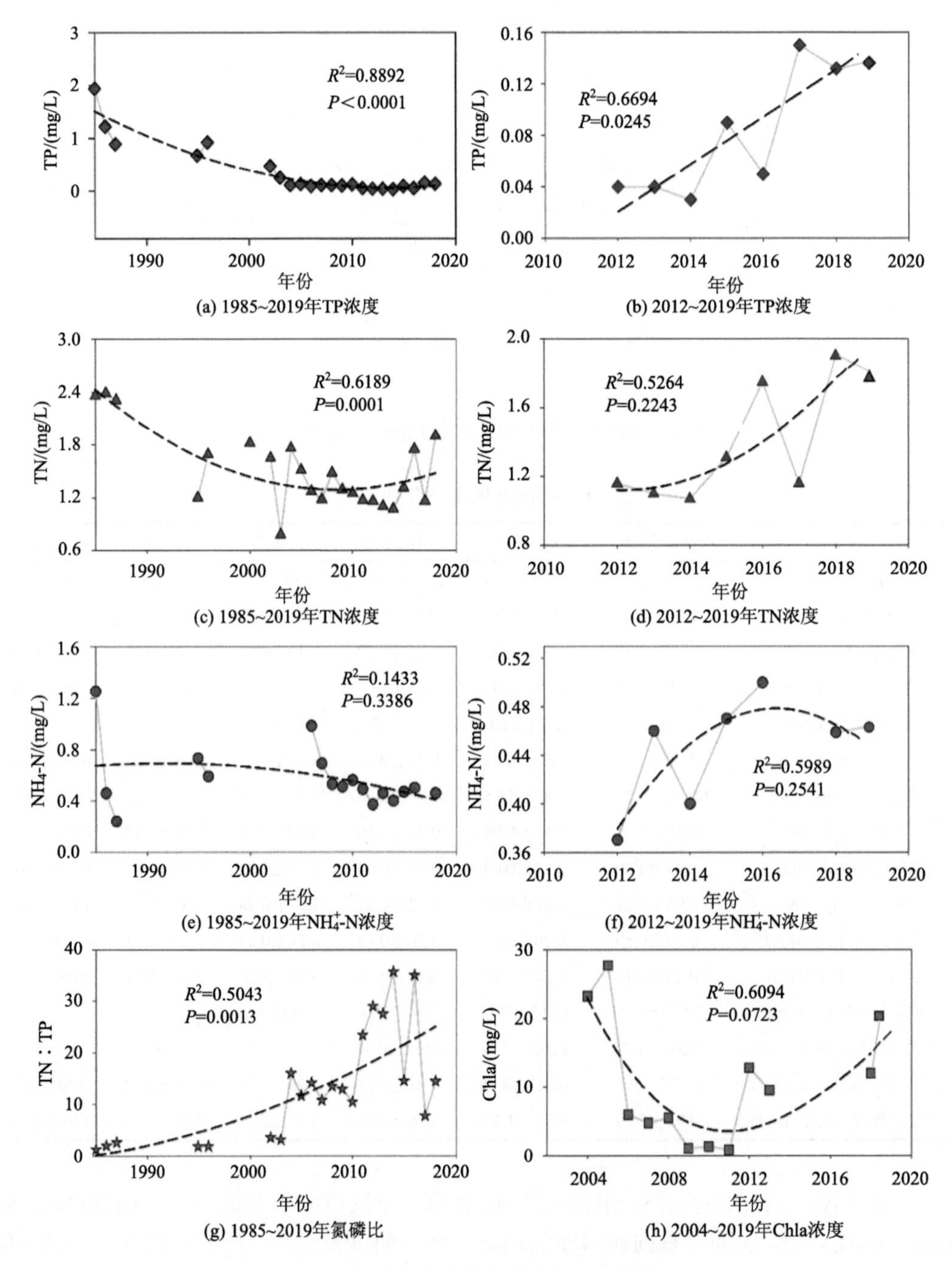

(a) 1985~2019年TP浓度　(b) 2012~2019年TP浓度

(c) 1985~2019年TN浓度　(d) 2012~2019年TN浓度

(e) 1985~2019年NH_4^+-N浓度　(f) 2012~2019年NH_4^+-N浓度

(g) 1985~2019年氮磷比　(h) 2004~2019年Chla浓度

图 4.9　查干湖营养盐浓度年变化特征

度明显下降，直至 1996 年有所增高。2012 年大安灌区建成后农田退水排入查干湖导致水体 TN、TP 和 NH_4-N 浓度均呈现一定的上升趋势。值得注意的是，近 7 年来湖水中氮磷比始终维持在较高的水平，并且氮磷比以 0.81/a 的趋势呈现上升趋势，近年来湖泊的氮磷比在 16∶1 上下浮动。2004～2012 年查干湖 Chla 浓度呈现一定的下降趋势，直到 2012 年以后有一定的回升。查干湖水质月变化特征分析有助于理解气象因子对水质的影响。基于 2006～2011 年和 2018 年 5～10 月的月实测数据对查干湖 TN、TP 和 NH_4^+-N 浓度进行月变化分析(图 4.10)。TN 浓度在旱季高于雨季，TP 浓度是在夏半年明显高于冬半年。NH_4-N 浓度在雨季浓度高于旱季。

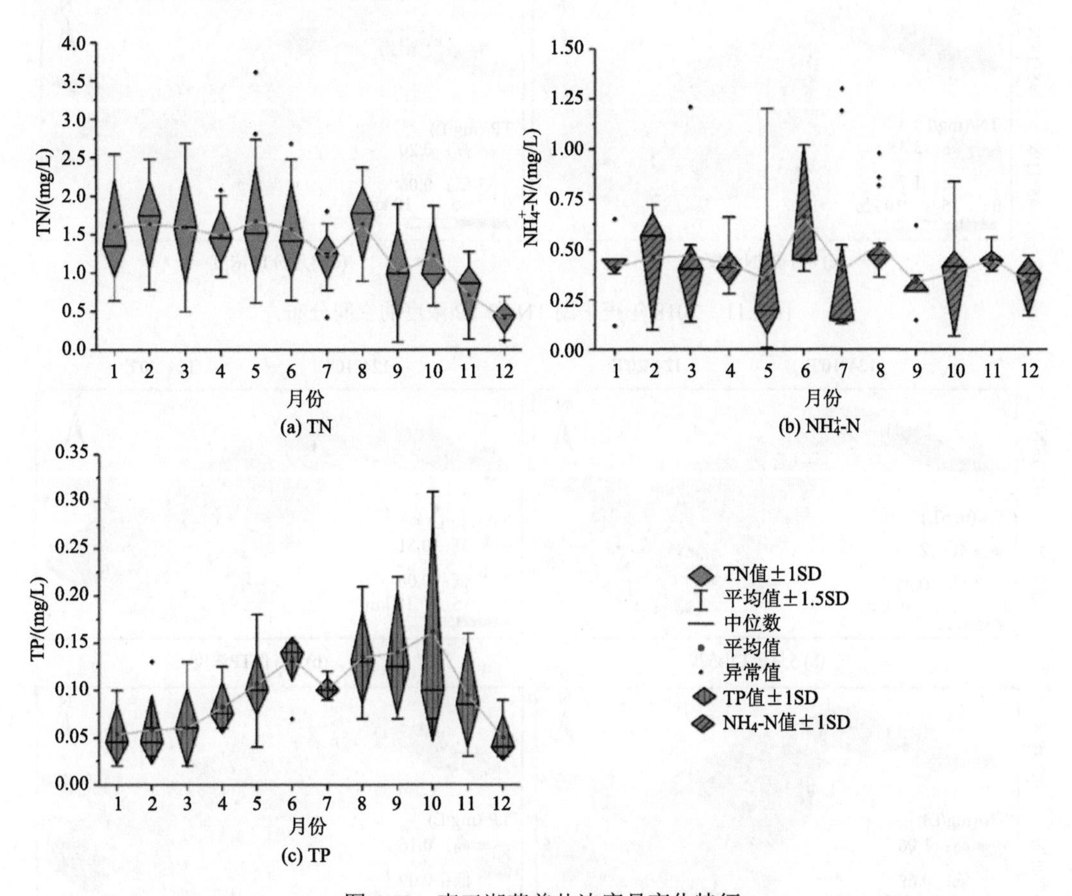

图 4.10　查干湖营养盐浓度月变化特征

查干湖营养盐浓度表现出明显的时空差异性(图 4.11 和图 4.12)。2018 年和 2019 年查干湖 TN 和 TP 均表现出西高东低的空间分布特征，这与西部新建的大安灌区退水携带高浓度的营养盐有关。由于东部前郭灌区退水经过新庙泡后营养盐浓度降低，且湖泊中部水流流速较慢，湖泊中部营养盐浓度高于东部。2018 年湖泊营养盐浓度高于 2019 年，其中最大 TN 值出现在 2018 年 8 月份，最大 TP 值出现在 2018 年 9 月份。

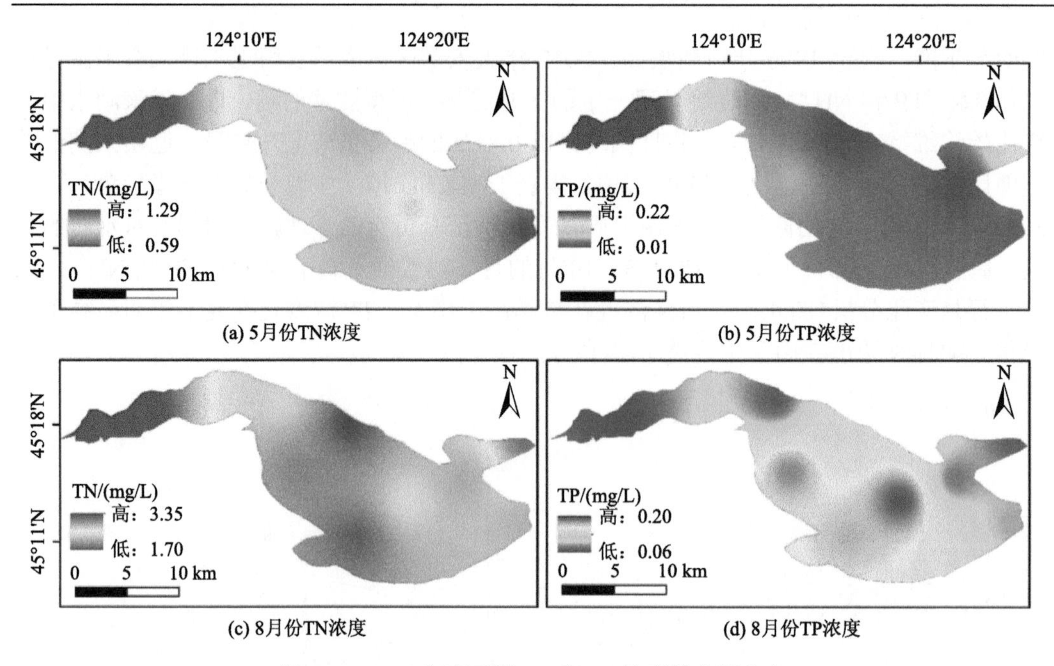

(a) 5月份TN浓度 (b) 5月份TP浓度

(c) 8月份TN浓度 (d) 8月份TP浓度

图 4.11 2018 年查干湖 TN 和 TP 浓度的空间分布

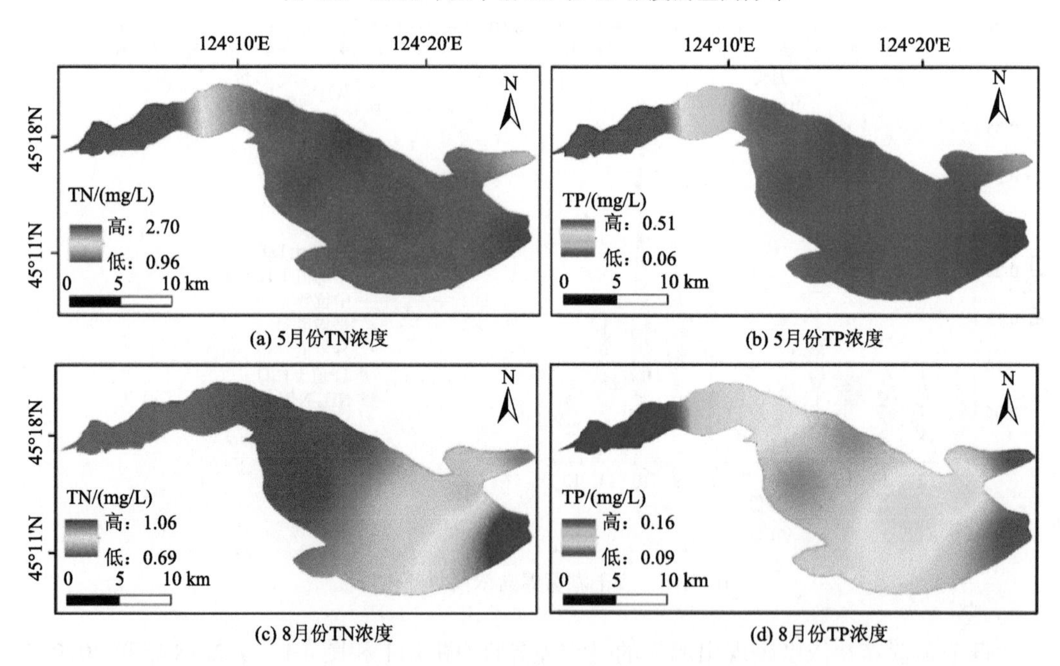

(a) 5月份TN浓度 (b) 5月份TP浓度

(c) 8月份TN浓度 (d) 8月份TP浓度

图 4.12 2019 年查干湖 TN 和 TP 浓度的空间分布

基于 2018～2019 年获取的水质数据，依据《地表水环境质量标准》(GB3838—2002) 对查干湖进行水质评价。结果表明，2019 年水质总体劣于 2018 年。2018 年 5～7 月查干湖水质为Ⅳ类地表水标准，8～9 月为劣Ⅴ类水地表水标准；2019 年查干湖水质均为劣Ⅴ类地表水标准(表 4.7)。

表 4.7　查干湖水质评价结果

参数	5 月		6 月		7 月		8 月		9 月	
	2018	2019	2018	2019	2018	2019	2018	2019	2018	2019
TN	III	IV	IV	IV	IV	IV	V	IV	IV	IV
TP	IV	V	IV	V	IV	V	V	V	V	V
综合	IV	V	IV	V	IV	V	V	V	V	V

通过查干湖 pH、水温(T_w)、NH_4^+-N 和非离子氨(UIA)浓度的相关分析得知(表 4.8)，pH 和 T 对 UIA 浓度的影响较大，通过了 0.05 的显著性检验。高家桥和川头闸水体中的 UIA 浓度主要受到 NH_4^+-N 和 T_w 的影响较为显著。针对查干湖、高家桥和川头闸水体中的 UIA 进行逐月分析(图 4.13)，结果显示，对于查干湖主湖体而言，UIA 浓度大多超过了标准值(0.02 mg/L)。对于川头闸而言，水体中的 UIA 数值在 5～9 月份超标，其他月份正常。UIA 是 NH_4^+-N 的重要组成部分，也是渔业生态水体环境的重要指标(Hayashi et al., 2007; 谢江宁和阎喜武, 2008)。当 UIA 浓度高时，其通过影响水生生物理化指标从而影响着鱼类的生长条件，限制了渔业的发展(Evans et al., 2006)。鱼类常出现窒息、不进食、抵抗力下降、抽搐、畸形等现象，甚至导致大量鱼类死亡，这些现象均与非离子氨浓度超过标准值(0.02mg/L)有关。根据我国《渔业水质标准》(GB11607—89)，UIA 浓度应该小于 0.02mg/L，查干湖 UIA 浓度在非冰封期明显高于标准值(图 4.13)，对渔业发展有严重的限制作用。

表 4.8　环境因子和非离子氨的相关分析

参数	pH	NH_4^+-N	T_w
UIAa	0.597*	0.036	0.821**
UIAb	0.228	0.692*	0.592*
UIAc	0.112	0.781**	0.829**

注：UIAa，UIAb 和 UIAc 分别表示查干湖、高家桥和川头闸的非离子氨，T_w 表示水温
**表示通过了 0.01 的显著性水平检验，*表示通过了 0.05 的显著性水平检验
数据来源：娄春雨等, 2018

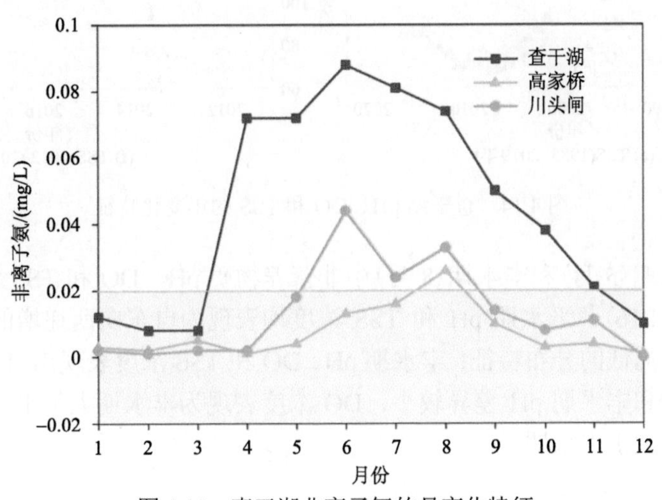

图 4.13　查干湖非离子氨的月变化特征

根据野外监测及文献数据收集的水质资料，得出 1985～2019 年查干湖非营养物质(pH、DO 和 TSS)的年变化特征(图 4.14)。结果显示，查干湖 pH 的峰值为 9.1，出现在 1985 年，之后呈现微弱的下降趋势；溶解氧(DO)年际波动较大，近年来有所下降；总悬浮固体(TSS)呈现先下降后上升的趋势，尤其是近年来 TSS 浓度呈现显著性增加趋势(R^2=0.8758)，年均值的最值达 158 mg/L。查干湖水体 pH、DO 和 TSS 浓度也表现出一定的月变化特征(图 4.15)，冬半年 pH 和 DO 浓度均高于夏半年；TSS 浓度在非冰封期(5～10 月)呈下降趋势。

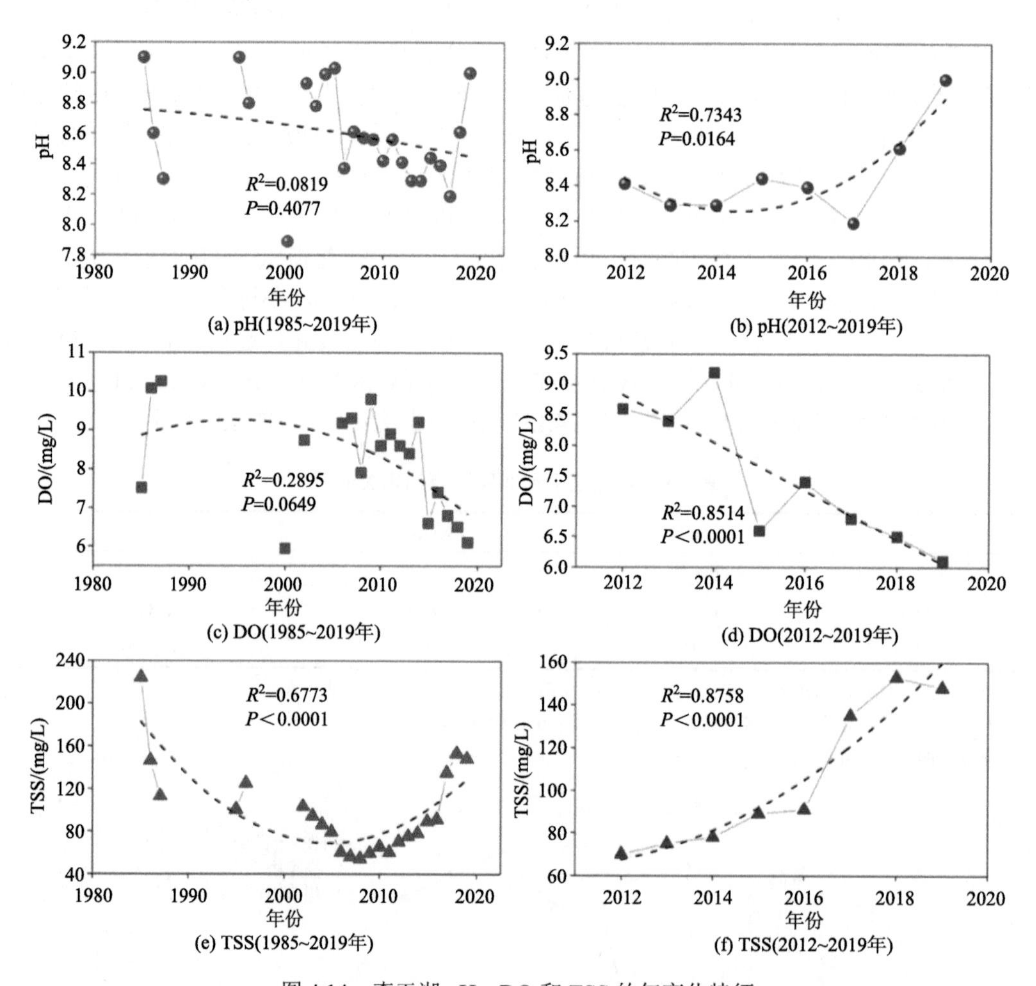

图 4.14　查干湖 pH、DO 和 TSS 的年变化特征

查干湖平水期(5 月)和丰水期(8 月)中非营养物质 pH、DO 和 TSS 浓度表现出明显的空间差异(图 4.16)。平水期 pH 和 TSS 浓度均表现为自东向西递增的变化趋势，DO 表现出中间高四周低的分布特征；丰水期 pH、DO 和 TSS 浓度表现出自东向西增加的变化趋势；平水期和丰水期 pH 差异较小，DO 浓度表现为丰水期大于平水期，而 TSS 浓度表现为平水期大于丰水期。

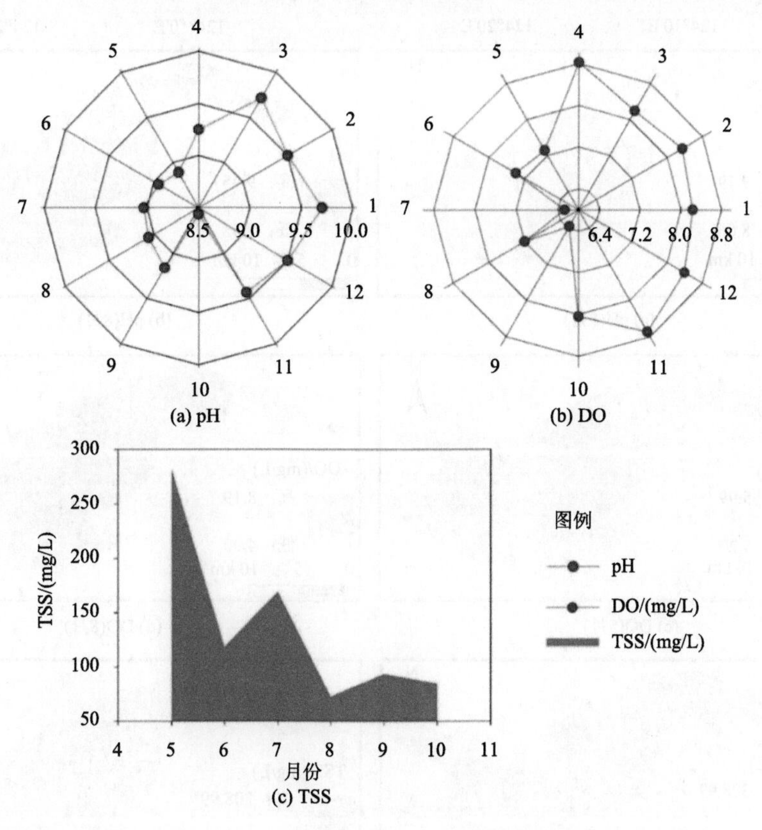

图 4.15　2006～2019 年查干湖 pH、DO 和 TSS 的月变化特征

4. 查干湖富营养化评价及其驱动因素分析

营养状态指数(trophic state index，TSI)是一个与生物相关的常用指数，该指数利用最少的数据量表征特定的时间地点内水生生物的总重量(Carlson, 1977)，是评价湖泊富营养化的重要手段(Dodds, 2006; Lewis and Wurtsbaugh, 2008)。卡尔森营养状态指数(Carlson's trophic state index: CTSI)是第一个用于内陆湖泊营养状态等级划分的评价指数(Carlson, 1977)。TSI 指数的表征参数包括 Chla、TP 和透明度(SD)，其中 TP 和 Chla 的表征效果优于透明度。由于 TN 仍然是湖泊富营养化的重要限制指标，因此 TN 的影响可以通过与 TP 的 TSI 的伴生指数来估计。其中 Chla 和 TP 的单位是 μg/L，TN 的单位是 mg/L，透明度的单位是 m。随着富营养化影响因素的深入研究，单一影响因素的评价不足以描述湖泊综合富营养化程度(Cai et al., 2002; Feng et al., 2018)。因此，综合营养状态指数(comprehensive trophic level index: TLI)逐渐应用于湖泊水质评价(Zhang et al., 2011; Huo et al., 2013; Wang et al., 2019)，而中国根据湖泊特色提出适用于中国的综合营养状态指数(EI) (Zhang et al., 2017)。

$$\mathrm{TSI(SD)} = 60 - 14.41\ln(\mathrm{SD}) \tag{4.1}$$

$$\mathrm{TSI(Chla)} = 9.81\ln(\mathrm{Chla}) + 30.6 \tag{4.2}$$

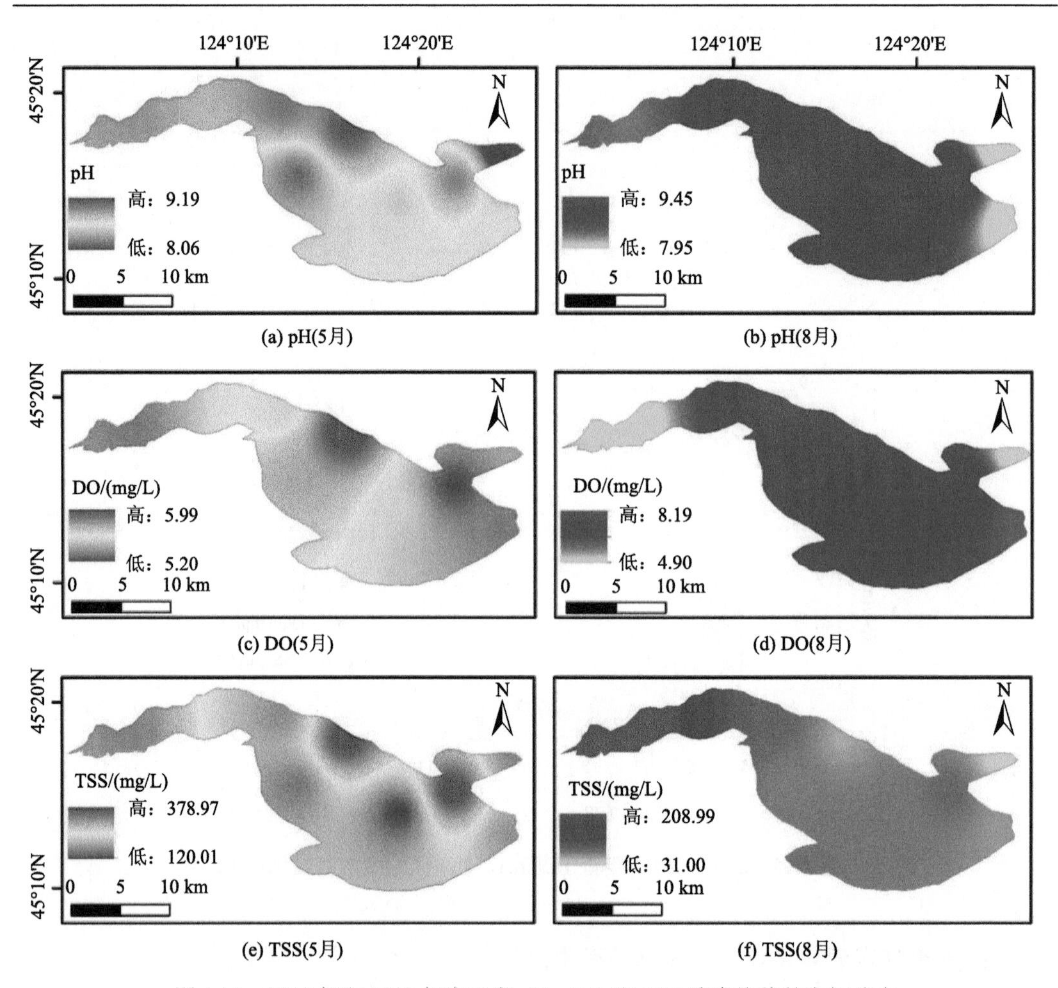

图 4.16　2018 年和 2019 年查干湖 pH、DO 和 TSS 浓度均值的空间分布

$$\mathrm{TSI(TP)} = 14.42\ln(\mathrm{TP}) + 4.15 \tag{4.3}$$

$$\mathrm{TSI(TN)} = 54.45 + 14.43\ln(\mathrm{TN}) \tag{4.4}$$

$$\mathrm{TLI(Chla)} = 10[2.5 + 1.08\ln(\mathrm{Chla})] \tag{4.5}$$

$$\mathrm{TLI(TP)} = 10[9.436 + 1.624\ln(\mathrm{TP})] \tag{4.6}$$

$$\mathrm{TLI(TN)} = 10[5.453 + 1.694\ln(\mathrm{TN})] \tag{4.7}$$

$$\mathrm{TLI(SD)} = 10[5.118 + 1.94\ln(\mathrm{SD})] \tag{4.8}$$

$$\mathrm{TLI(COD)} = 10[0.109 + 2.66\ln(\mathrm{COD})] \tag{4.9}$$

$$\mathrm{EI} = \sum\nolimits_{j=1}^{n} W_j \times \mathrm{EI}_j = 10.77 \times \sum\nolimits_{j=1}^{n} W_j \times \ln X_j^{1.1826} \tag{4.10}$$

根据多种营养状态指数评价标准(表 4.9)，利用多种营养状态指数(TLI、TSI 和 EI)对查干湖平水期和丰水期的富营养化状态进行评价。结果表明，查干湖富营养化状态有明显的空间差异(图 4.17)。平水期和丰水期湖泊整体均处于富营养状态，TLI、TSI 和 EI 平均值为 60mg/L、50mg/L 和 56mg/L；丰水期湖泊整体的营养状态指数数值略低于平

水期，但仍处于富营养状态，除了 TSI 指数为中营养状态，TLI、TSI 和 EI 平均值为 56mg/L、48mg/L 和 54mg/L。TSI 指数计算结果明显低于 TLI 和 EI，表明多因子测定能更加准确地对富营养化程度进行评定。

表 4.9　查干湖 TSI、TLI 和 EI 评价标准　（单位：mg/L）

营养等级	TN	TP	Chla	TLI	TSI	EI
贫营养	0.08	＜12	＜7.3	＜30	＜40	＜20
中营养	0.31	12～24	2.6～7.3	30～50	40～50	20～39.42
富营养	1.2	24～96	7.3～56	50～60	50～70	39.42～61.29
重度富营养	2.3	96～192	56～155	60～70	70～80	61.29～76.28
极度富营养	9.1	192～384	＞155	＞70	＞80	76.28～99.77

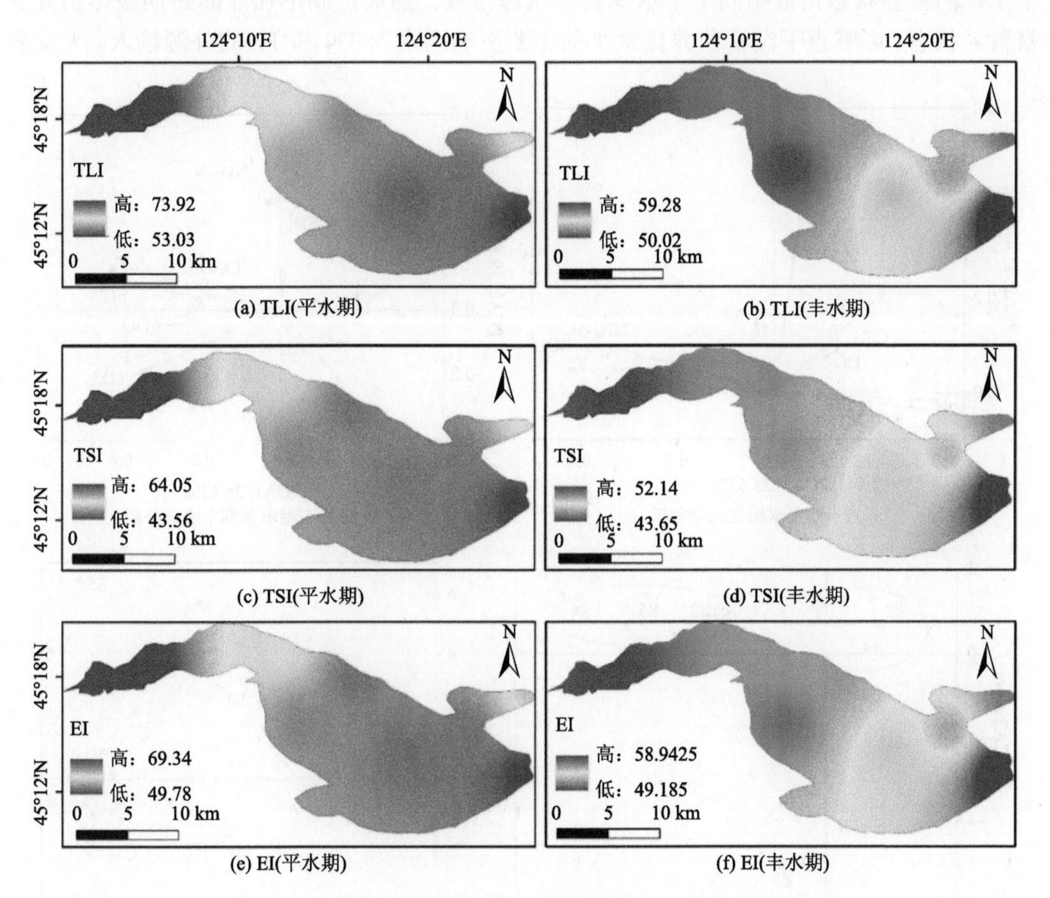

图 4.17　平水期和丰水期查干湖三种营养状态指数的空间分布

通过查干湖的 TP、TN、NH_4^+-N、NO_3^--N、COD_{Mn}、Chla、SD、pH、EC、TDS、F^-、T_w、DO、BOD_5、P、E、T 和 R_h 之间的相关分析得出 COD_{Mn}、Chla、BOD_5 与 TN 和 TP 之间表现出显著的正相关（$p<0.01$）；F^- 与 EC 和 TDS 表现显著的正相关（$p<0.01$）；EC、

TDS 和 F^-与 TN 呈现负相关关系($p<0.01$)。基于 14 种水质参数和 4 种气象参数通过主成分分析得出影响湖泊富营养化的主要影响因素(图 4.18)，最终得出两种主成分，其在平水期和丰水期的得分分别是 47%和 46.1%。通过主成分分析得出，无论是平水期还是丰水期，营养盐浓度、水温和蒸发与湖泊的富营养化状态均呈现正相关关系，促进湖泊富营养化；而 TDS、pH、透明度(SD)与湖泊的富营养化呈现负相关关系，抑制湖泊富营养化。

为了提出科学合理的查干湖可持续发展策略，需要进一步探索查干湖水生态修复和治理的科学性和合理性，探究其水体富营养化形成机制(任亚楠和赵立志, 2020; 马锋敏和杨敬爽, 2020)。目前，随着大安灌区建设，大量富含高浓度营养盐的农田退水排入湖泊，水质为劣Ⅴ类水，整体呈现富营养状态。平水期由于农田退水的大量排入其外源污染负荷较大(李然然等, 2014)，丰水期湖面降水量较大对湖泊有一定的稀释作用。因此，平水期的营养状态指数略高于丰水期营养状态指数。然而，湖泊在非冰封期整体仍处于富营养状态。影响查干湖富营养化水平的主要影响因素为 TN 和 TP 的外源输入。大安灌

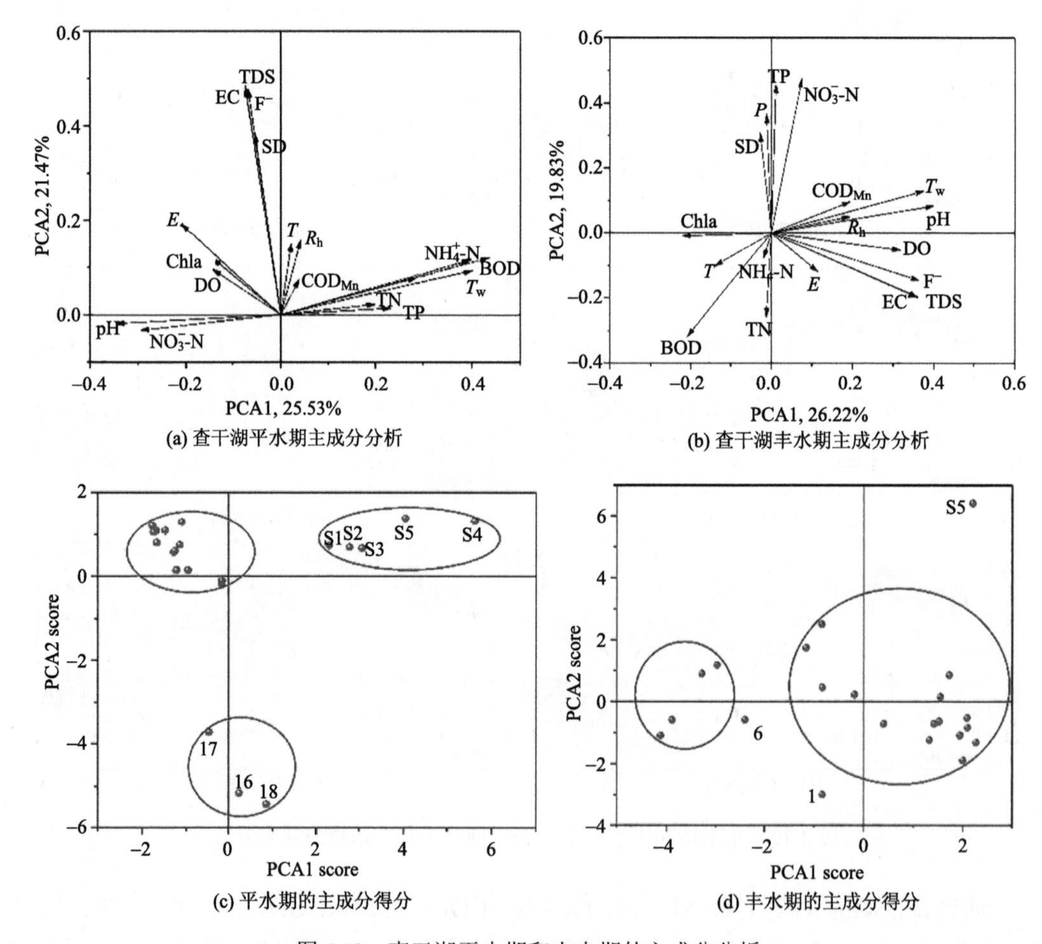

图 4.18　查干湖平水期和丰水期的主成分分析

区退水直接通过姜家排灌站排入查干湖西部，并且大安灌区是新建灌区，其退水中营养盐浓度较高(Liu et al., 2019)。前郭灌区的农田退水经由新庙泡后通过川头闸排入查干湖，新庙泡湿地对营养盐有一定的净化效果(Yang et al., 2015; Liu et al., 2019)。因此，湖泊 TN 和 TP 的浓度均表现出自东西向增加变化趋势。

4.1.2　查干湖水动力-水质-水生态综合模型构建

湖泊水动力-水质-水生态综合模型是揭示湖泊生态对水动力因子和水质因子响应机制、明确水质控制目标和多水源生态补水等研究不可或缺的有效工具。在弄清查干湖水环境演变特征和规律的基础上，耦合水华模块(BLOOM)构建了适用于查干湖水环境模拟的水动力-水质-水生态综合模型，利用纳什系数、标准偏差、均方根误差和目视解译法对综合模型的水动力、水质和生态参数进行率定和验证。

1. 模型基本原理、参数和初始值

Delft3D 中的水质模块(Delft3D-WAQ)是在水动力模块的基础上建立的，分为一维、二维、三维多种维度的模拟运算，最终将多种运算模式嵌套成成套件，用于计算航道、海洋、河口、沿海和河流等区域的输沙量、流量、地形演变、波浪形态、水质与水生态等多种情景的变化特征。基于正交曲线网格来求解上百种物质，如温度、盐度、悬移质、氯化物、溶解氧、pH、各类营养盐(N、P)、有机物、重金属、微生物等的对流一扩散方程。Delft3D 水质模块在过程库中(process library)综合考虑物质的物理过程、化学过程和生物过程。

生态模块的机理公式和内在参数针对模型的反映机理和过程如下所示。

(1)物质动态平衡方程

$$\frac{\mathrm{d}[\mathrm{NO}_3^-]}{\mathrm{d}t} = \mathrm{nit} - \mathrm{den} - \mathrm{upt}_\mathrm{N} \times (1 - f_\mathrm{am}) \tag{4.11}$$

$$\frac{\mathrm{d}[\mathrm{NH}_4^+]}{\mathrm{d}t} = \mathrm{dec}_\mathrm{PON} - \mathrm{nit} + \mathrm{dec}_{\mathrm{PON}_\mathrm{S}} + \mathrm{rsp}_\mathrm{N,G} + f_\mathrm{aut} \times \mathrm{mor}_\mathrm{P} - \mathrm{upt}_\mathrm{P} \tag{4.12}$$

$$\frac{\mathrm{d}[\mathrm{PO}_4^{3+}]}{\mathrm{d}t} = \mathrm{dec}_\mathrm{POP} + \mathrm{dec}_{\mathrm{PON}_\mathrm{S}} + \mathrm{rsp}_\mathrm{N,G} + f_\mathrm{aut} \times \mathrm{mor}_\mathrm{P} - \mathrm{upt}_\mathrm{P} \tag{4.13}$$

$$\frac{\mathrm{dALG}_i}{\mathrm{d}t} = \mathrm{gro}_i - \mathrm{mrt}_i - \mathrm{sed}_i \tag{4.14}$$

其中，i 为 1～6 种藻类功能群。nit 为硝化；den 为反硝化；$\mathrm{upt_N}$ 为动物对 TN 的吸收率；$\mathrm{upt_P}$ 为动物对 TP 的吸收率；f_am 为氨的动力学系数；f_aut 为自溶死藻生物量部分；POX 为颗粒态有机营养盐；ALG 为藻种生物量；X 为氮或为磷；rsp 为藻类能量表征型的呼吸速率；mor 死亡率；gro 为指浮游植物的净生长；mrt 为浮游植物净死亡率；sed 为沉降量。

$$\mathrm{upt}_X = \sum_{i=1}^{n} (\mathrm{gro}_i \times S_{X,i}) \tag{4.15}$$

$$\mathrm{mor}_X = \sum_{i=1}^{n}(\mathrm{mrt}_i \times S_{X,i}) \tag{4.16}$$

$$f_{\mathrm{am}} = \frac{\mathrm{Min}([\mathrm{NH}_4^+], \mathrm{upt}_\mathrm{N} \times \Delta t)}{\mathrm{upt}_\mathrm{N} \times \Delta t} \tag{4.17}$$

(2)藻类表征型、生长和竞争方程

$$\sum_{i=1}^{n}(\mathrm{pg}_i \times \mathrm{le}_i - r_i) \times \mathrm{Phy}_i \qquad \text{最大生物量} \tag{4.18}$$

$$\sum_{i=1}^{3}\mathrm{Phy}_{i,\mathrm{new}} \leqslant \sum_{i=1}^{3}(\mathrm{Phy}_i)\mathrm{e}^{(\mathrm{pg}\times\mathrm{le}_i - r_i)\times\Delta t} \qquad \text{生长限制} \tag{4.19}$$

$$\sum_{i=1}^{3}\mathrm{Phy}_{i,\mathrm{new}} \geqslant \sum_{i=1}^{3}\mathrm{Phy}_i\,\mathrm{e}^{-m_i\times\Delta t} \qquad \text{死亡限制} \tag{4.20}$$

$$\sum_{i=1}^{n}(S_{\mathrm{N},i} \times \mathrm{Phy}_{i,\mathrm{new}}) \leqslant \sum_{i=1}^{n}(S_{\mathrm{N},i} \times \mathrm{Phy}_i) + \mathrm{NO}_3 + \mathrm{NH}_4 \qquad \text{氮限制} \tag{4.21}$$

$$\sum_{i=1}^{n}(S_{\mathrm{P},i} \times \mathrm{Phy}_{i,\mathrm{new}}) \leqslant \sum_{i=1}^{n}(S_{\mathrm{P},i} \times \mathrm{Phy}_i) + \mathrm{PO}_4 \qquad \text{磷限制} \tag{4.22}$$

$$k_{\mathrm{min},i} \leqslant k_\mathrm{d} \leqslant k_{\mathrm{max},i} \qquad \text{能量限制} \tag{4.23}$$

$$\mathrm{gro}_i = \frac{\mathrm{Phy}_{i,\mathrm{new}} - \mathrm{Phy}_i}{\Delta t} + \mathrm{mrt}_i \qquad \text{生长过程} \tag{4.24}$$

$$\mathrm{mrt}_i = m_i \times \mathrm{Phy}_i \tag{4.25}$$

$$m_i = m_{i,0} \times (\mathrm{kt}_{\mathrm{m},i})^t \tag{4.26}$$

$$k_\mathrm{d} = k_\mathrm{b} + k_\mathrm{SPM} + k_\mathrm{Phy} + k_\mathrm{POM} \qquad \text{光消解过程} \tag{4.27}$$

$$\mathrm{nit} = k_\mathrm{nit} \times [\mathrm{NH}_4^+] \times f_{\mathrm{T,nit}} \qquad \text{硝化过程} \tag{4.28}$$

$$\mathrm{den} = k_\mathrm{den} \times [\mathrm{NO}_3^-] \times f_{\mathrm{T,den}} \qquad \text{反硝化过程} \tag{4.29}$$

其中，Phy_i为浮游植物类型；pg 为最大生长率；le 为生长系数；r 为初级生产量消耗的能量；mrt 为浮游植物死亡率；m_i为 i 型藻类的死亡率；$\mathrm{kt}_{\mathrm{m},i}$为 i 型藻类死亡率的温度系数；k_d为总消光系数；k_b为背景消光；k_SPM是指无机悬浮物的消亡；k_POM为死颗粒物有机物的消亡；k_Phy为由于浮游植物而完全消亡，淡水输入的腐殖质导致了的消亡；nit 为硝化，den 为反硝化，k_nit和 k_den分别为硝化速率和反硝化速率；$f_{\mathrm{T,\ nit}}$、$f_{\mathrm{T,\ den}}$分别为硝化反硝化过程的温度函数；$S_{\mathrm{N},i}$为 i 型浮游植物中营养物质氮的化学计量特征，$S_{\mathrm{P},i}$为 i 型浮游植物中营养物质磷的化学计量特征。

湖泊 BLOOM 模块的内在形成机制包含了营养盐输入的物质平衡原理，刻画了湖泊不同藻类功能群、表征型，计算了藻类的生长和竞争过程，耦合了藻类生长过程、死亡过程、沉降过程、硝化和反硝化过程、光的消解过程、沉积物的再悬浮过程和食物链的摄食过程(图 4.19)。传统的生态模型主要大多数集中于模拟营养盐对浮游植物总生物量(或 Chla 浓度)或单一环境要素的限制机理，缺乏浮游植物自身相互作用的过程和共同环境条件对浮游植物演替和竞争的影响(Crisci et al., 2017; Wang and Zhang, 2020)。相比于以往模型研究，本节耦合的 BLOOM 模块考虑到物种功能群水平上的动态变化的同时也添加了表征型水平上的刻画，综合考虑了多环境因子限制条件下浮游植物演替和竞争。具体而言，模块添加了硅藻、绿藻、鱼腥藻(*Anabaena*)、微囊藻(*Microcystis*)、束丝藻(*Aphanizomenon*)和颤藻(*Oscillatoria*)六种功能群，每种功能群又分别有三种表征型即氮限制型、磷限制型和能量限制型。

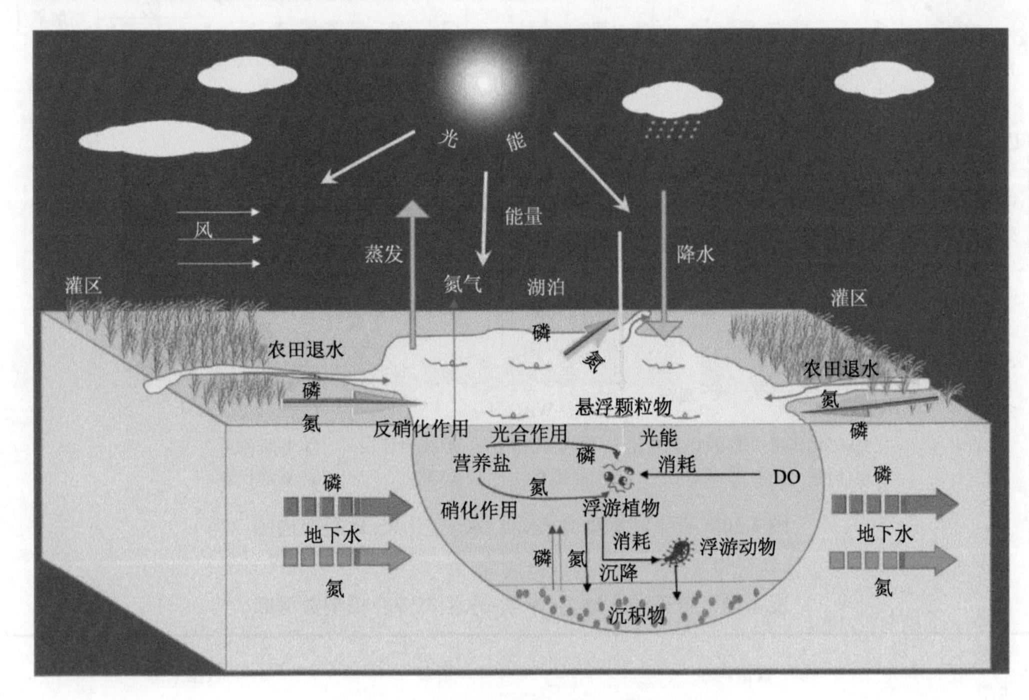

图 4.19　湖泊浮游植物水华模拟概念图

查干湖水动力-水质-水生态耦合模型的构建依托于 Deflt3D 模型软件，结合查干湖边界条件构建了查干湖二维水动力-水质-水生态综合模型(图 4.20)。水动力模块为水质和生态模块提供水动力学基础，为污染物质的运移提供基础，水质模块为生态模块中藻类的生长演替提供营养源。水动力模块主要有网格生成模块(Delft3D-Rgfgrid)、初始数值生成模块(Delft3D-Quickin)、水动力计算模块(Delft3D-Flow)等。其中网格生成模块(Delft3D-Rgfgrid)主要将遥感和实测获取的 DEM 数据和模拟边界进行网格化，构建一个适合水动力模拟的陆地-水边界，并且剖分适合运行的网格。初始数值生成模块(Delft3D-Quickin)叠合水底地形和粗糙率设定 Flow 模块的初始条件，主要是初始水底地形的生成。水动力计算模块(Delft3D-Flow)将已经获取的网格和湖底地形结合，进行具体参数的设定后进行运算。水质模块有水动力耦合模块(coupling)、过程库模块(process library)和水质模拟模块(Waq-1 和 Waq-2)进行污染物运移的模拟。水动力耦合模块(coupling)主要将正交网格转化为水质模拟运移网格，将原来 1 h 的时间步长修改为 1 日的时间步长，直接调用水动力模拟出的模拟结果(communication file)，而过程库模块(process library)

需要具体模拟物质的反应过程，水质模拟模块(Waq-1 和 Waq-2)启动具体的模拟。该模型综合了大气沉降、内源和外源输入以及物种之间的竞争机制。具体的运行数据的获取如表 4.10 所示。

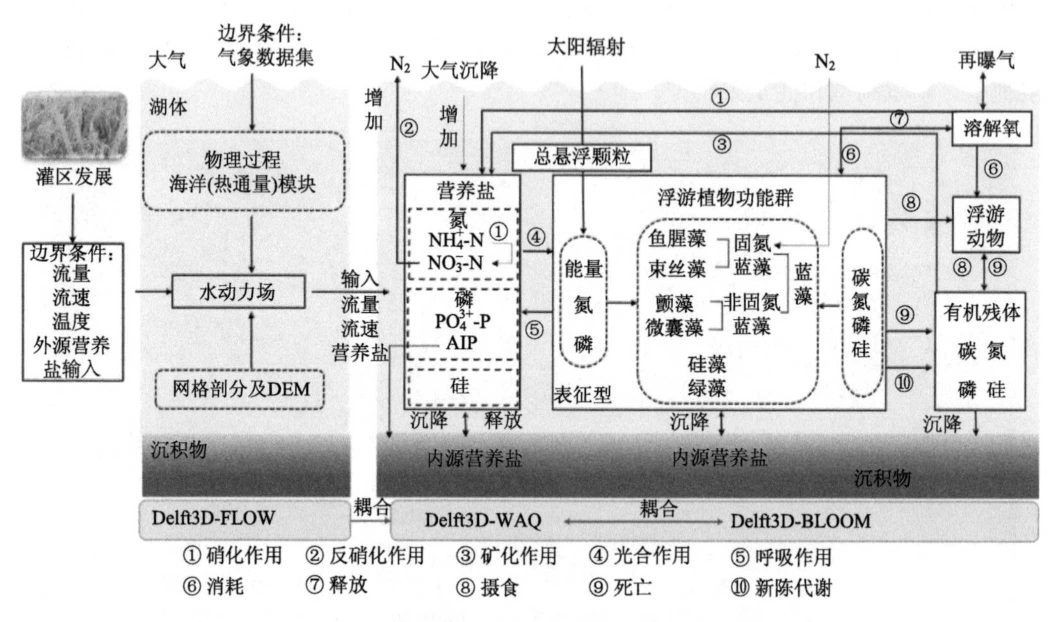

图 4.20 查干湖水动力-水质-水生态综合模型架构图

表 4.10 查干湖水动力-水质-水生态综合模型数据库

数据类型	数据内容	频率	数据来源
水文数据	湖区主出入口水量和水位、引水量和农田退水量	日数据；小时数据	水位、流速监测仪和实地调研(野外监测)
水质数据	地表水和地下水中八大离子、TDS、DO、COD、BOD、TP、TN、NH_4^+-N、TSS、总盐、pH 和 Chla	月数据	中国科学院东北地理与农业生态研究所测试中心(室内实验)
气象数据	风速、气压、降雨量、蒸发量、湿度和太阳辐射等参数	日和小时数据	国家气象科学数据共享服务平台(https://data.cma.cn/)
遥感数据	Landsat8 OLI 影像	16 天间隔	USGS（Landsat）(https://earthexplorer.usgs.gov/)
浮游生物	生物量、种类	月数据	中国科学院东北地理与农业生态研究所测试中心(室内实验)
其他数据	pH、EC、*Ts*(地表水温)和 DEM	月数据	便携式测定仪，灌区管理局(野外监测)

2. 模型参数的率定和验证

模型的性能取决于是否有足够数量和质量的可用数据用来模型的率定和验证(Wang et al., 2019)。因此，模型构建时需要考虑输入数据的频率对模型性能的影响。2018～2019年逐时气温、降水、蒸发、相对湿度、太阳辐射、风向风速、云量等气象数据作为构建水动力模块的输入数据。模型的网格剖分如图 4.21 所示。本节共剖分了 4928 个网格。以水动力的输出作为水质-生态模块的输入，构建综合响应集成模型。该集成模型综合考虑了 Delft3D-WAQ-ECO 模块中有关浮游植物水华发生过程中所有状态变量(TN 和 TP、TSS 等)的质量平衡和生化反应过程。利用月 TN、TP、NH_4^+-N、NO_3^--N、BOD、DO、TSS、Chla 浓度和浮游植物生物量数据集驱动 WAQ-ECO 模型。此外，综合响应模型还考虑了地下水输入和大气沉降的月数据集。模型的初始输入值和主要参数如表 4.11 和表 4.12 所示。

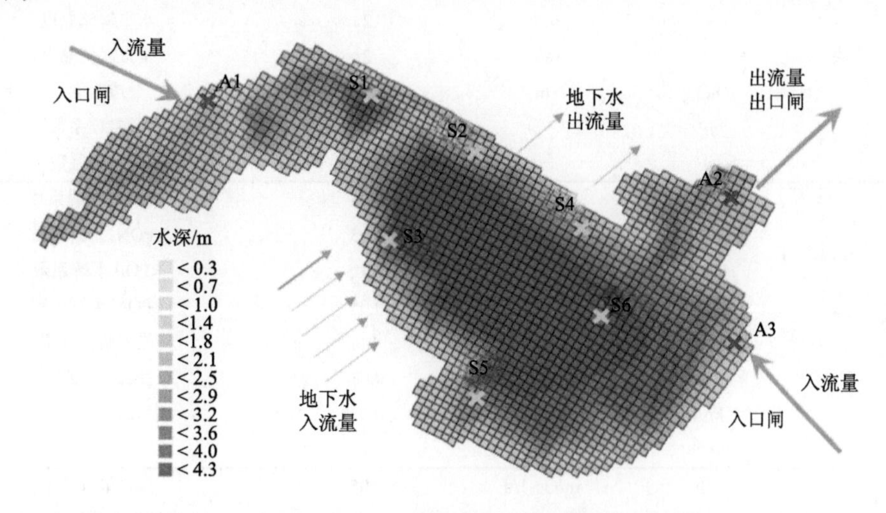

图 4.21　查干湖网格剖分及水深分布

表 4.11　查干湖水动力-水质-水生态综合模型的初始输入值

初始输入条件		变量因子	值	单位
水动力模块	初始值	水深、湖底高程	野外调查	m
	时间序列变量因子输入	出、入流量及水温和盐度	水文监测和野外水质采样	m^3/s、℃、psu
		气象因子	前郭气象站	/
水质模块	初始值	NO_3^--N	0.27	mg/L
		NH_4^+-N	0.04	mg/L
		TN	0.82	mg/L
		TP	0.05	mg/L
		DO	7.20	mg/L
		TSS	282	mg/L
		Chla	7.91	mg/L
	时间序列输入	水质参数	每月野外水质采样	mg/L

续表

初始输入条件		变量因子	值	单位
水生态模块	初始值	湖泊平均水深	2.50	m
		浮游植物	0.05	mg/L
		浮游动物	0.67	mg/L
	时间序列变量因子输入	水质参数的输入	水质模块的参数输出	mg/L
		出、入流量和流速	水动力模块的参数输出	m^3/s m/s

表 4.12　查干湖水动力-水质-水生态综合模型的主要参数

模块	参数	单位	数值	描述
水动力模块	*n*	m	U:0.022 V:0.022	粗糙度系数
	v	m^2/s	2	水平涡流黏度
	d	m^2/s	2	垂直涡流黏度
	SD	m	0.5	透明度
	n	—	0.0013	道尔顿系数
	n	—	0.0013	斯坦顿系数
水质模块	KRN	d^{-1}	0.05	RPON 水解系数
	KLN	d^{-1}	0.05	LPON 水解系数
	KRP	d^{-1}	0.005	RPOP 水解系数
	KLP	d^{-1}	0.05	LPON 水解系数
	rNitM	d^{-1}	1.0	最大硝化速率
	kden	d^{-1}	0.03	反硝化速率
	knit	d^{-1}	0.07	硝化速率
	krea	d^{-1}	4	再生率
水生态模块	kflt	m^3Gc-1/d	0.05	摄食最大速率
	cDCarrBent	—	10.0	底栖生物的承载能力
	cMuMaxVeg	d^{-1}	0.20	20℃最大生长速率
	cPrefPOM	—	0.25	有机颗粒物系数
	cQ10ProdVeg	—	1.20	初级生产力温度商
	cQ10RespVeg	—	2.00	再生率的温度商
	cSigTmZoo	℃	13.0	浮游动物的温度常数
	ktden	—	1.11	反硝化温度系数
	cTmOptZoo	℃	25.0	浮游动物的最适温度
	fDAssZoo	—	0.35	浮游动物的同化效率
	fRootVegWin	g	0.60	生长季节外的根分数
	hFilt	mg/L	1.00	摄食时食物浓度的半饱和度
	hLRefVeg	W/m	17.0	20℃光能半饱和度
	kDRespVeg	d^{-1}	0.02	植物暗呼吸速率

利用 2018 年 5～10 月和 2019 年 5～9 月的 9 个采样点的水温和盐度以及 A1 采样点的水位数据对水动力模块进行率定和验证，其中 2018 年 5～10 月和 2019 年 5～9 月 S1～

S6 观测点数据用于率定，A1-A3 观测点的数据用于验证。利用纳什系数(Nash-Sutcliffe efficiency，NSE)、标准偏差(standard regression percent bias，PBIAS)和目视解译法对校准效果进行评价。通常认为 NSE 越接近 1 效果越好，PBIAS 低于 25 模型的模拟效果较好(Moriasi et al., 2015)。水动力模块性能的率定和验证结果如图 4.22、图 4.23 和表 4.13 所示。水温和盐度的 NSE 值均大于 0.7，尤其是水温达到 0.9 以上，而 PBIAS 值均小于 25；并且观测的水深值分布于模拟值附近，均表明该模型可以较好地适用于查干湖水动力的模拟。

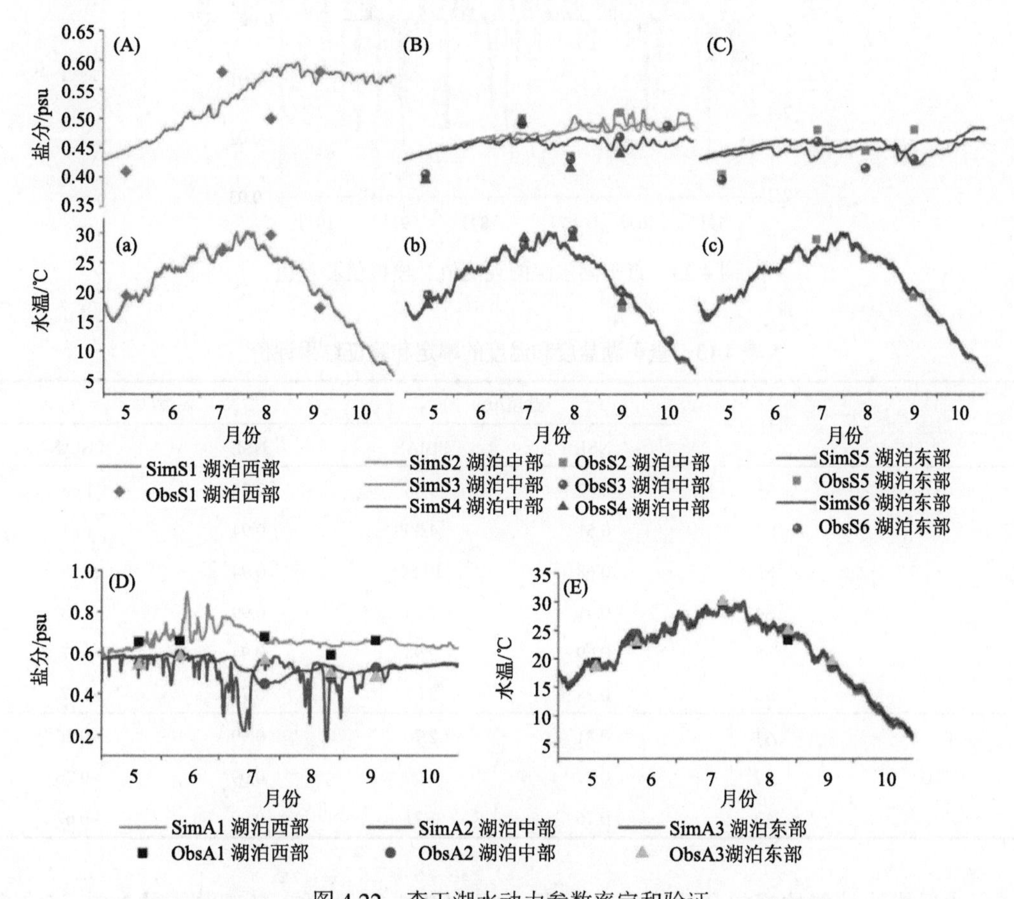

图 4.22　查干湖水动力参数率定和验证

(A)、(B)、(C)分别为湖泊的西、中、东部盐分的模拟和观测值月变化；(a)、(b)、(c)为湖泊的西、中、东部水温的模拟和观测值月变化；(D)为湖泊出入口监测点的盐分月变化，(E)为湖泊出入口监测点的水温月变化，“Sim”和“Obs”分别表示模拟值和观测值；A-C 为模块的率定，D-E 为模块的验证

利用 2018 年 5～10 月和 2019 年 5～9 月的 9 个采样点的 TN、TP、DO 和 Chla 数据对水质模块进行率定和验证。其中 2018 年 5～10 月 A1-A3 观测点的数据用于率定，2019 年 5～9 月 A1-A3 观测点的数据用于验证。此外，利用浮游植物生物量占比进行生态模块的校正。采用纳什系数(NSE)、均方根误差(RMSE)、平均标准偏差(ARD%)和目视解译法对模拟效果进行评价。通常认为，当 NSE 大于 0.36、PBIAS 小于 25 和 ARD%小

于25%时，可以认为模型的性能良好，可以用于模型的应用(Xu et al., 2017)。

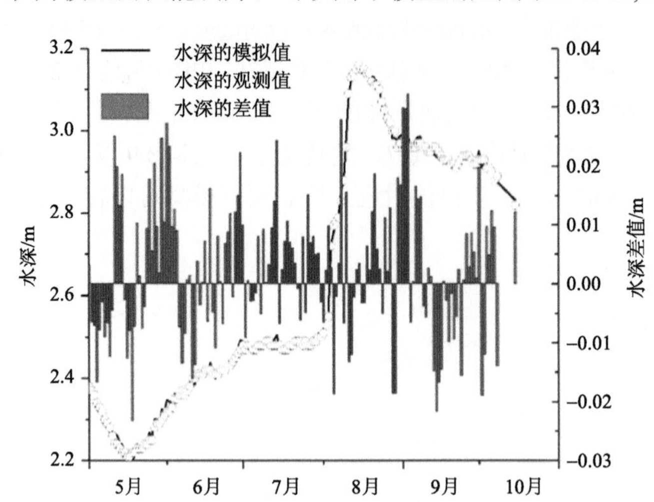

图4.23　查干湖水深的观测值、模拟值和差值

表4.13　查干湖盐度和温度的率定和验证结果评价

指标	采样点	盐度/psu		温度/℃	
		NSE	PBIAS	NSE	PBIAS
率定	S1	0.62	5.88	0.75	1.65
	S2	0.51	4.30	0.94	1.65
	S3	0.68	10.54	0.94	3.88
	S4	0.41	7.15	0.99	0.68
	S5	0.69	9.98	0.94	2.97
	S6	0.38	5.01	0.74	2.47
验证	A1	0.81	2.76	0.99	−0.56
	A2	0.77	−0.54	0.99	−0.76
	A3	0.76	1.71	0.99	−0.67

水质模块性能的率定和验证结果如表4.14和图4.24所示。各观测点的NSE值大多大于0.36，RMSE值均小于25，模拟值和观测值的ARD%都小于25%，说明模型在各观测站模拟效果较好。基于浮游植物观测和模拟的生物量占比发现，模型可以较好地实现查干湖水质和浮游植物的模拟与预测(图4.25)。一般的水质模型是用月监测数据进行校准，用来模拟预测水质参数的季节变化和年变化(Xu et al., 2017)。然而，与水质模型相比，一般的生态模型需要描述突发的水污染事件中浮游植物的动态，这往往受到观测数据频率的限制(Kara et al., 2012)。低频率的数据可能会限制对实际水质和生态动态变化特征的捕捉(Jørgensen and Bendoricchio, 2001)。数据频率对水体氮、磷浓度预测的影响较小(Bowes et al., 2016)。高频输入数据(如小时气象数据和流量数据)可以提高水动力模块的精度(Pathak et al., 2021; Shan et al., 2022)。本节以水动力模块的小时输出作为嵌套

水质和生态模型的输入，保障数据的输入频率，应用基于过程的查干湖水动力-水质-水生态综合模型，对多环境因子协同作用的水质和浮游植物演替进行探究，并且利用浮游植物占比进行了标准校正。

表 4.14　基于纳什系数、均方根误差和平均标准偏差的水质和水生态参数率定和验证

参数	指标	内容	A1	A2	A3	S1	S3	S6
TN	NSE	C	0.46	0.36	0.28	0.37	0.13	0.28
		V	0.52	0.42	0.46	0.49	0.37	0.36
	RMSE/(mg/L)	C	1.06	0.97	0.97	1.22	1.07	0.95
		V	1.28	1.12	1.08	1.49	1.19	1.11
	ARD/%	C	7	9	16	10	15	18
		V	5	8	10	7	12	14
TP	NSE	C	0.38	0.24	0.27	0.13	0.26	0.25
		V	0.60	0.36	0.48	0.48	0.44	0.37
	RMSE/(mg/L)	C	0.03	0.02	0.01	0.02	0.02	0.02
		V	0.05	0.02	0.01	0.04	0.03	0.03
	ARD/%	C	8	11	18	9	14	17
		V	4	8	12	7	11	12
DO	NSE	C	0.45	0.28	0.03	0.32	0.16	0.31
		V	0.46	0.36	0.42	0.54	0.36	0.46
	RMSE/(mg/L)	C	1.58	1.38	1.46	1.55	1.31	1.42
		V	1.68	1.54	1.56	1.67	1.48	1.53
	ARD/%	C	8	15	16	18	10	22
		V	6	12	14	16	8	18
Chla	NSE	C	0.34	0.26	0.13	0.22	0.16	0.32
		V	0.59	0.37	0.39	0.49	0.36	0.46
	RMSE/(mg/L)	C	1.13	1.04	1.42	1.11	1.07	0.99
		V	1.87	1.52	1.67	1.17	1.46	1.19
	ARD/%	C	5	10	18	8	15	24
		V	3	8	14	6	14	22
蓝藻	ARD/%	—	12	14	13	19	20	18
绿藻	ARD/%	—	9	8	10	14	16	17
硅藻	ARD/%	—	10	8	9	12	13	15

注：其中：“C”代表率定，“V” 代表验证

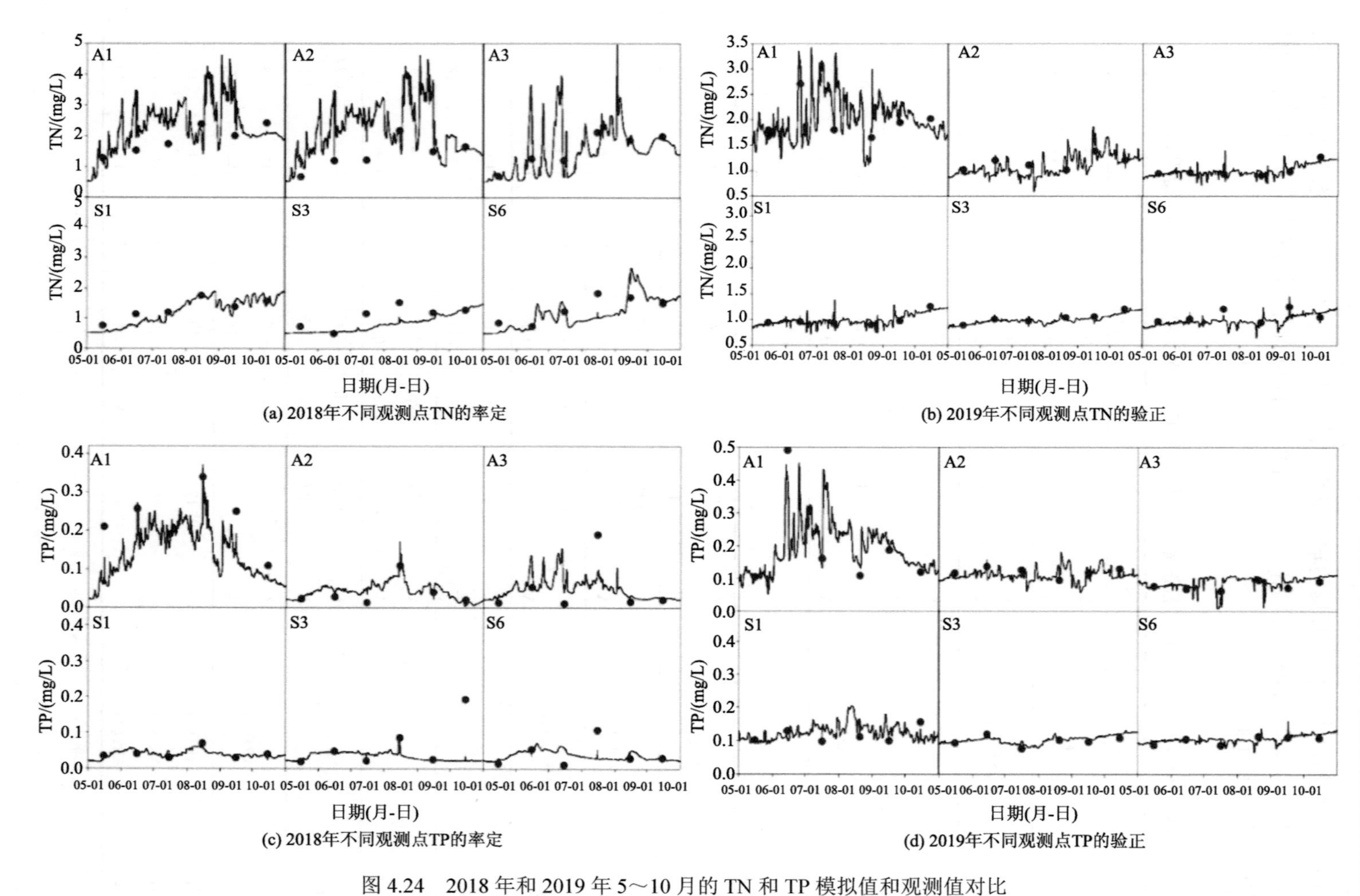

图 4.24　2018 年和 2019 年 5～10 月的 TN 和 TP 模拟值和观测值对比

注：A1、A2、A3 为湖泊出入口观测值；S1、S3、S6 为湖泊内部观测值；(a) 和 (c) 为 2018 年 TN 的模拟值和观测值的率定结果；(b) 和 (d) 为 2019 年 TP 的模拟值和观测值的验证结果

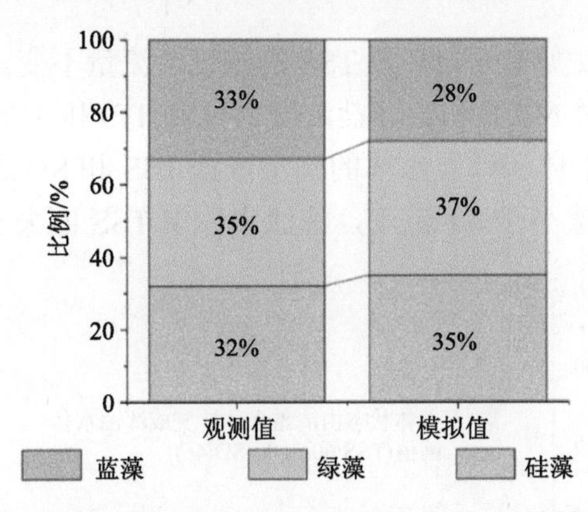

图 4.25　浮游植物模拟值(左侧)和观测值(右侧)生物量占比

4.1.3　基于水生态系统健康的查干湖水质控制目标确定

浮游植物是表征湖泊水生态系统健康的重要指标，其过度增殖导致的水华现象已成为全球水环境面临的重要问题之一。本节利用构建的查干湖水动力-水质-水生态综合模型，量化浮游植物生物量和占比在功能群和表征型水平上的动态变化，揭示多环境因子协同作用下浮游植物的竞争机制，量化了营养盐(TN 和 TP)、总悬浮固体(TSS)和氮磷比(N∶P)对浮游植物竞争机制的贡献，确定维持查干湖水生态系统健康的水质控制目标，为查干湖多水源调控提供科学依据。

1. 情景设置

本节设计了 10 个情景，设置多环境因子包含氮磷比(N∶P)、总氮(TN)、总磷(TP)和总悬浮固体(TSS)对浮游植物生长竞争的影响。描述查干湖浮游植物生长限制以及动态竞争(表 4.15)。在这 10 个场景中，N∶P 分别设定 5、10、15、20 或 30 模拟清澈水体和浑浊水体中浮游植物变化量。营养盐(TN 和 TP)浓度根据《地表水环境质量标准》(GB3838—2002)III 和 IV 类水标准值进行设置，TSS 浓度由实测值和遥感反演值进行设

表 4.15　基于多环境因子的浮游植物生长竞争模拟的情景设置

情景	N∶P	TN/(mg/L)	TP/(mg/L)	TSS/(mg/L)	状态
1	N∶P=10	观测值	观测值	观测值	浑浊阶段
2	N∶P=10	反演值	反演值	反演值	清澈阶段
3	N∶P=5	III (1.0)	IV (0.1)	观测值	浑浊阶段
4	N∶P=5	III (1.0)	IV (0.1)	反演值	清澈阶段
5	N∶P =15	IV (1.5)	IV (0.1)	观测值	浑浊阶段
6	N∶P =15	IV (1.5)	IV (0.1)	反演值	清澈阶段
7	N∶P =20	III (1.0)	III (0.05)	反演值	浑浊阶段
8	N∶P =20	III (1.0)	III (0.05)	反演值	清澈阶段
9	N∶P =30	IV (1.5)	III (0.05)	观测值	浑浊阶段
10	N∶P =30	IV (1.5)	III (0.05)	反演值	清澈阶段

置。在这些情景中，仅改变 TN、TP 和 TSS 的浓度，流量不变。情景 1 和 2 被作为基础情景进行比较，旨在探讨 N∶P 和营养盐浓度(TN 和 TP)和 TSS 对浮游植物生物量以及物种演替的影响。清澈水体和浑浊水体的确定依据 TSS 和 SD 之间的观测值和相关关系确定，清澈水体中 TSS 值小于 60 mg/L，浑浊水体中 TSS 值大于 60 mg/L(图 4.26)。

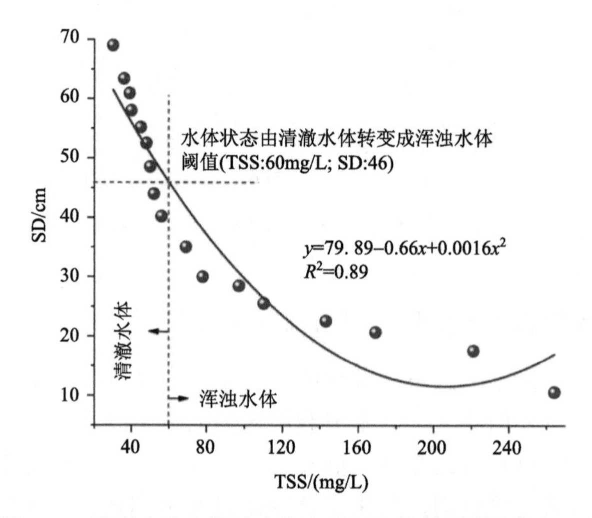

图 4.26　清澈水体和浑浊水体中月平均总悬浮固体物(TSS)和透明度(SD)之间的相关性

2. 查干湖浮游植物时空特征

根据查干湖水动力-水质-水生态综合模型对于基础情景下浮游植物生物量的模拟结果显示，雨季(6～9 月)的生物量显著高于旱季(5 月和 10 月)的生物量[图 4.27(a)]。查干湖浮游植物的种类组成主要为硅藻、绿藻和蓝藻[图 4.27(b)]。查干湖的蓝藻主要包括固氮蓝藻和非固氮蓝藻，固氮蓝藻包括束丝藻和鱼腥藻，非固氮蓝藻包括微囊藻和颤藻，其中非固氮蓝藻的比例高于固氮蓝藻的比例[图 4.27(c)]。

2018～2019 年旱季平均浮游植物生物量和雨季平均浮游植物生物量存在明显的空间异质性(图 4.28)。旱季查干湖浮游植物生物量呈现由西向东增加的趋势，而雨季呈相反趋势。雨季浮游植物生物量变化较大，浑浊水体中生物量较高。

如图 4.29 所示，基准情景模拟的结果表明，微囊藻、束丝藻、颤藻、硅藻和绿藻均是以能量限制型为主，其次是氮和磷限制，即光照对查干湖的浮游植物的初级生产力有较强的影响。虽然每组浮游植物种类在三种限制类型上表现出不同程度限制，但能量限制类型的浮游植物生物量在不同月份所占比例约为 50%。氮限型和磷限型在鱼腥藻、硅藻、绿藻、微囊藻和束丝藻所占比例相近，约为 25%。氮限型的颤藻比例(约 37%)高于磷限型的比例(约 23%)。旱季(5 月、10 月)浮游植物磷限制比例较低。

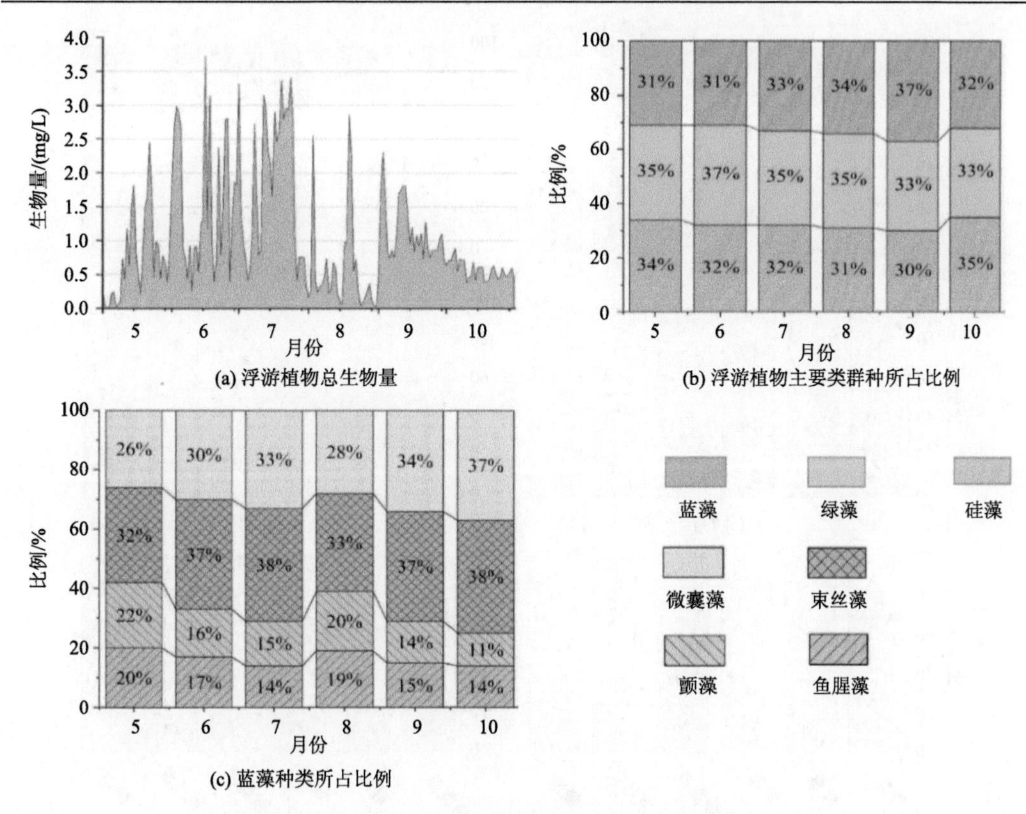

图 4.27　5～10 月查干湖浮游植物种类和生物量的月平均变化

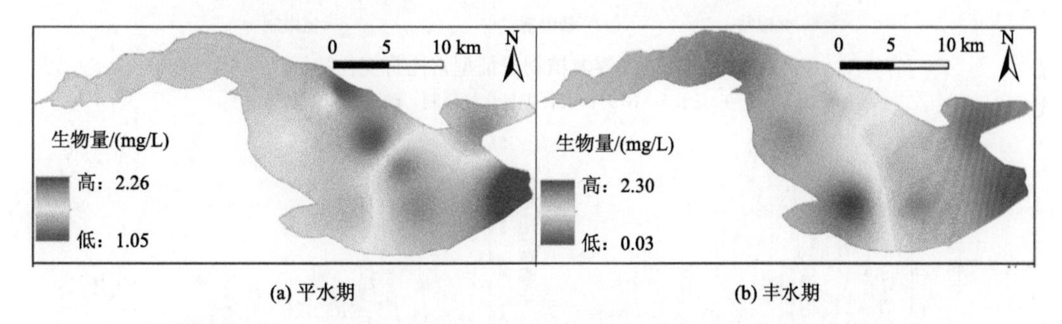

图 4.28　查干湖平水期和丰水期浮游植物平均生物量的空间分布

3. 浮游植物生物量对多环境因子协同作用的响应

N∶P 和 TN、TP、TSS 浓度对浮游植物生物量影响的月变化模拟结果如图 4.30 所示。总体而言，在 TN 和 TP 浓度不变的情况下，浑浊水体(TSS＞60 mg/L)的浮游植物生物量低于清澈水体(TSS＜60mg/L)。在清澈水体中，浮游植物生物量随着 TN 和 TP 浓度增加和 TSS 浓度降低而迅速增加。N∶P 和 TN、TP 浓度的变化对混浊水体中浮游植物生物量的影响不大。当 TN≥1.5 mg/L 时，清澈状态下浮游植物生物量随 N∶P 的降低而增加。情景 3、情景 4、情景 7、情景 8 的浮游植物生物量低于其他情景的生物量。

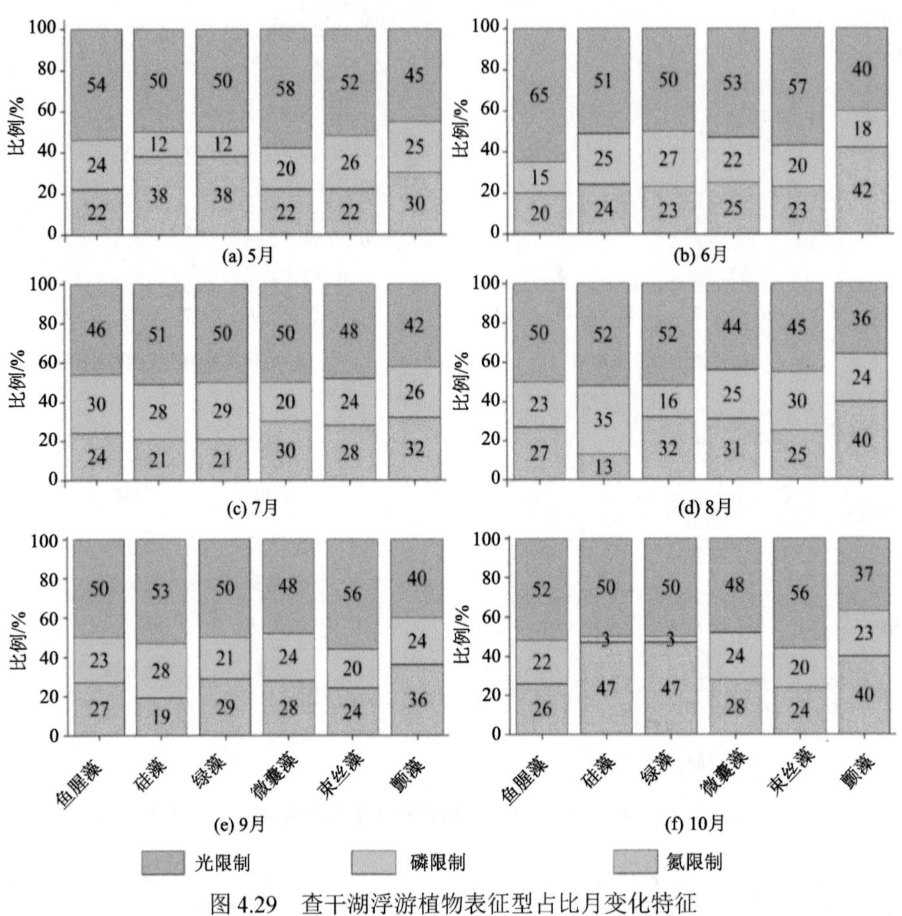

图 4.29　查干湖浮游植物表征型占比月变化特征

注：A～F 表示 5～10 月；表征型包含光限制、磷限制和氮限制

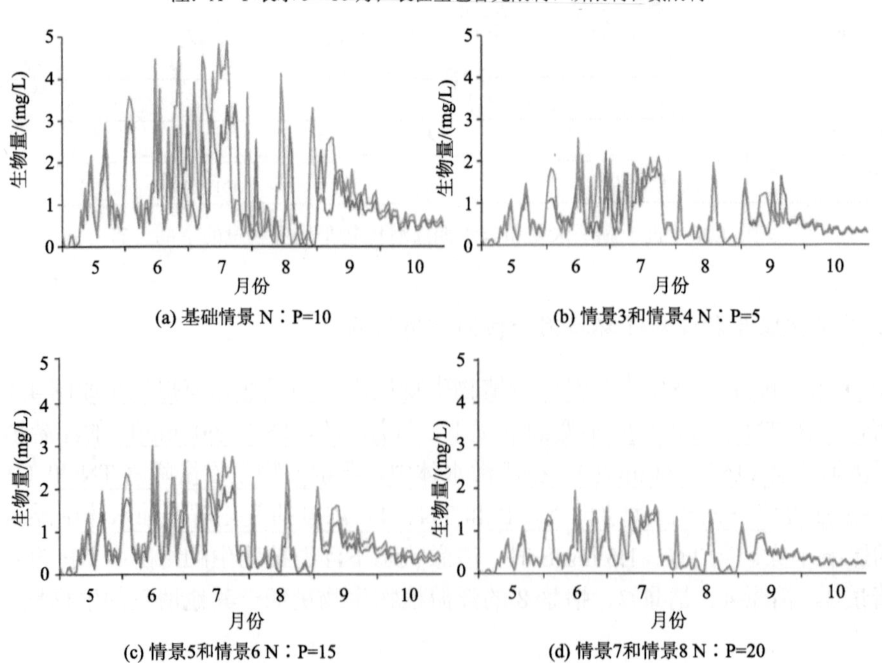

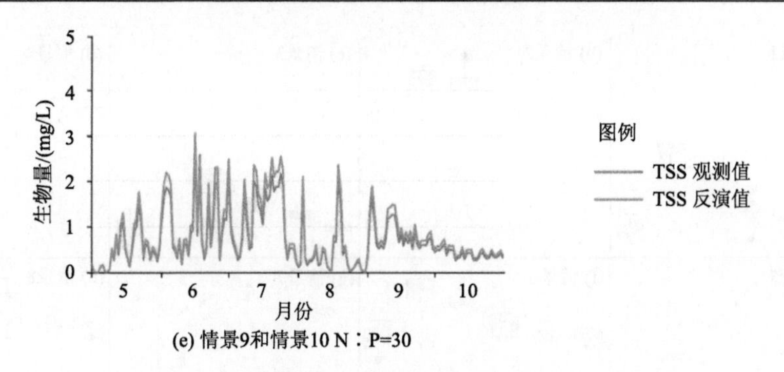

图 4.30　10 种情景下浮游植物生物量模拟值的月变化

注：橙色线和绿色线分别为 TSS 浓度观测值和反演值中对应情景下浮游植物生物量的动态。较高的 TSS 浓度表明为浑浊状态，较低的 TSS 浓度表明为清澈状态。

4. 浮游植物竞争机制对多环境因子协同作用的响应

浮游植物动态竞争和演替随着 N：P 和 TN、TP、TSS 浓度表现出明显的月变化特征(图 4.30)。清澈状态下，旱季硅藻的比例高于雨季硅藻的比例。浑浊水体中，硅藻和绿藻的比例没有明显的季节变化。在相同的营养浓度下，浑浊水体中固氮蓝藻(鱼腥藻和束丝藻)的比例低于非固氮蓝藻(微囊藻和颤藻)。蓝藻占比随着 N：P 的增加而增加。当 N：P 小于 20 时，固氮蓝藻占比高于非固氮蓝藻，而当 N：P 超过 20 时，非固氮蓝藻占比高于固氮蓝藻。在混浊水体中，当氮磷比接近 20 时，蓝藻将占主导地位(表 4.16)。高浓度的 TSS 促使浮游植物向蓝藻演替。

表 4.16　不同情景下查干湖浮游植物演替及优势种比例　(单位：%)

功能群	1	2	3	4	5	6	7	8	9	10
蓝藻	28	28	28	27	36	29	46	34	34	30
绿藻	36	33	36	33	34	34	27	32	32	35
硅藻	34	39	36	40	30	37	27	34	34	35

浑浊水体状态下湖泊透明度(SD)5～8 月呈增加趋势而 8～10 月呈减少趋势；清澈水体状态下湖泊透明度(SD)5～9 月呈增加趋势(图 4.31)。湖泊透明度在浑浊水体状态下变化量小于清澈水体状态下的变化量。浑浊水体状态下透明度的变化范围为 4.36～30.90 cm，清澈水体状态下透明度变化范围为 30.90～70.6 cm；N：P 比对 SD 值的变化影响不大。

5. 基于水生态系统健康的查干湖水质控制目标确定

查干湖水质控制目标的确定遵循在浮游植物生物量较低的基础上减少有害蓝藻的占比。根据不同模拟情景下浮游植物生物量变化趋势可以得出，情景 1 和情景 2 的生物量最大；情景 7 和情景 8 的生物量最小(图 4.32)。不同模拟情景下，当 N：P 在 5～15 之间时即情景 1～6，蓝藻占比没有明显变化，N：P 在 15～20 之间即情景 7～8 时蓝藻占比呈现

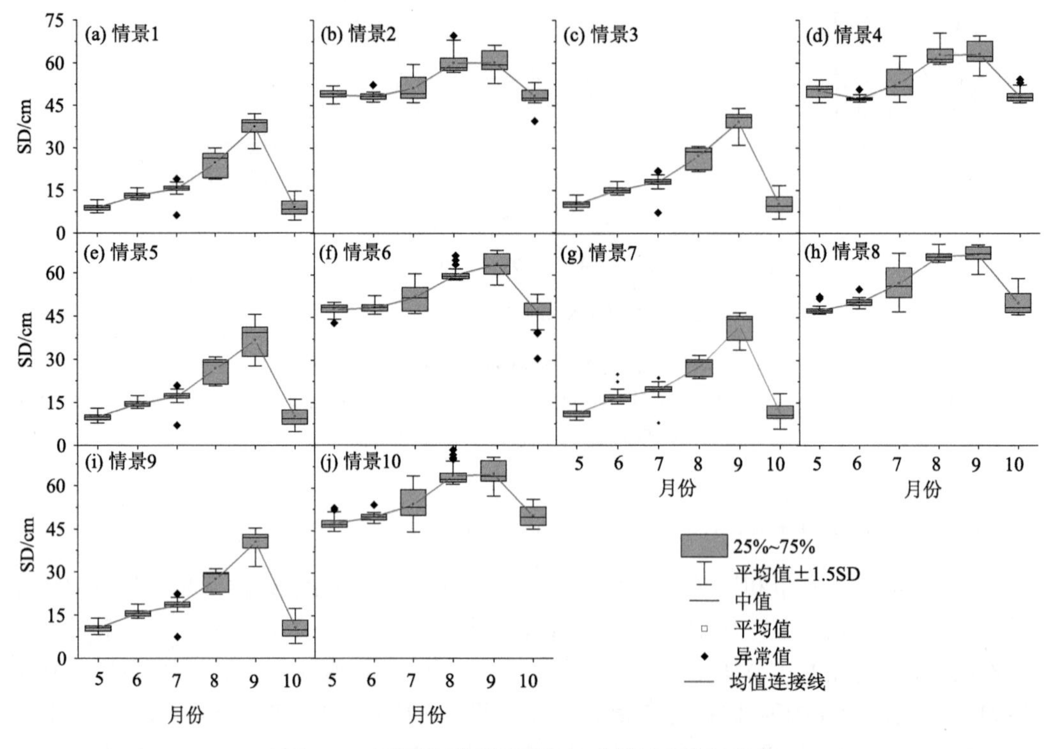

图 4.31　不同情景下透明度(SD)模拟值的月变化

上升趋势，N∶P 大于 20 即情景 9～10 时蓝藻占比呈现下降趋势(图 4.33)。综上，情景 3～6 能保持较低的浮游植物生物量和较低的蓝藻占比(图 4.34)。然而过低的 N∶P 即情景 3～4 能导致固氮蓝藻占比增加，尤其是在清澈水体环境中(图 4.35)。

物种竞争对有害藻类的爆发至关重要，其影响因素包括 N∶P 比以及 TN、TP 和 TSS 浓度。异质性通过影响其他共生藻类的生长和浮游动物的摄食来影响浮游植物的种间竞争，从而获得竞争优势。强光照可以促进绿藻生长，而氮磷比对绿藻生长影响不大(Béchet et al., 2013)。因为硅藻在磷供应不足(高氮磷比)的水环境中竞争力较弱(Torres-Águila et al., 2018)。固氮蓝藻在较低氮磷比和强光照的清澈水体中有较强的竞争力，而在浑浊的水体中由于没有足够的能量支撑固氮蓝藻的固氮作用而没有较强的竞争力。以往研究表明，高氮磷比和较低光照强度的浑浊水体状态有利于非固氮蓝藻的竞争(Carey et al., 2012; Scott et al., 2019)，这也与我们的研究结果相符(图 4.34)。微囊藻和颤藻等非固氮蓝藻通过释放毒素可能会危害生态系统功能和人类健康(Ziegmann et al., 2010; Horst et al., 2014)。因此，要减少有害藻类的占比。研究结果表明，查干湖蓝藻优势种群的分布呈现出沿 N∶P 梯度的动态变化。已有研究表明，在天然水体中，当 N∶P 比值不超过 29 时，蓝藻往往占优势(Smith, 1983; Paerl et al., 2001; Liu et al., 2011)。本节表明，在浑浊水体状态中藻类优势种从硅藻和绿藻向蓝藻转变当 N∶P 比增加到 20(表 4.15 和图 4.35)。一般来说，低氮磷比和低光照强度不利于非固氮蓝藻的竞争。当浑浊水体中 N∶P 比接近 Redfield 比(N∶P=16)时，蓝藻没有明显的竞争优势(Redfield, 1958)。当 N∶P <20 时，硅藻和绿藻的生物量比例增加，蓝藻的生物量比例减少，尤其是清澈水体状态

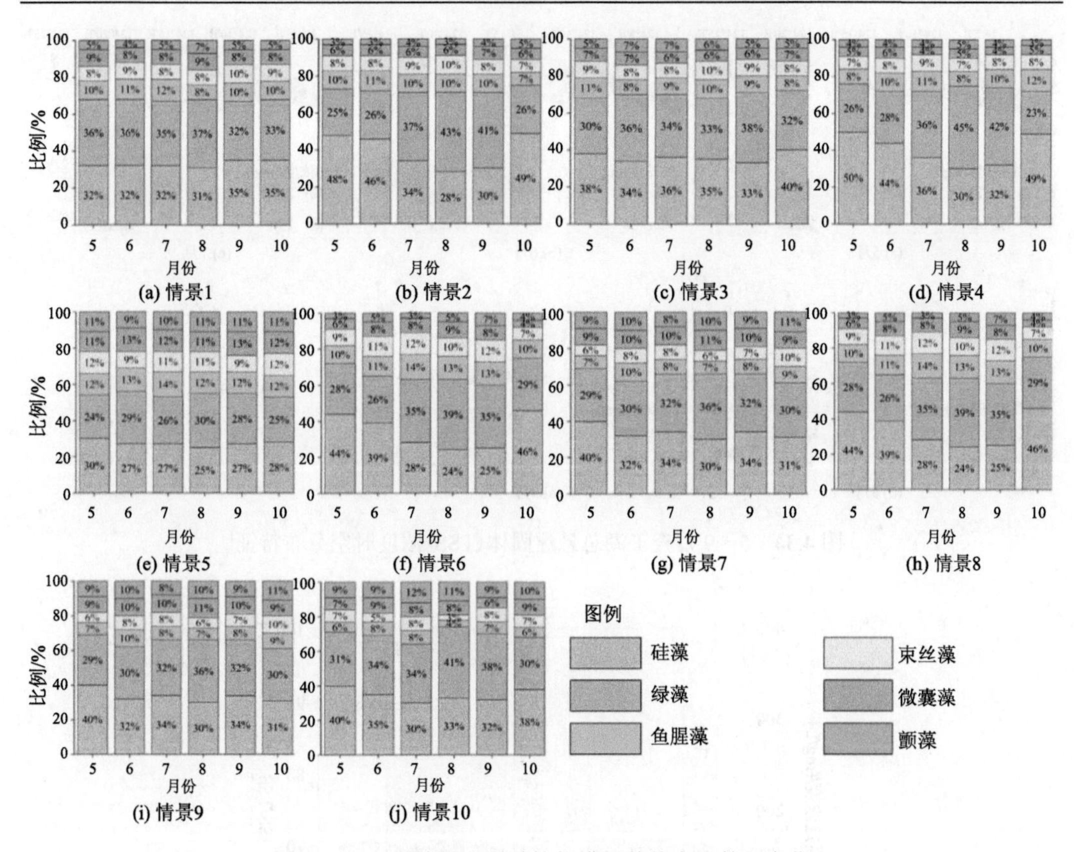

图 4.32　不同情景下浮游植物模拟数值占比的月变化

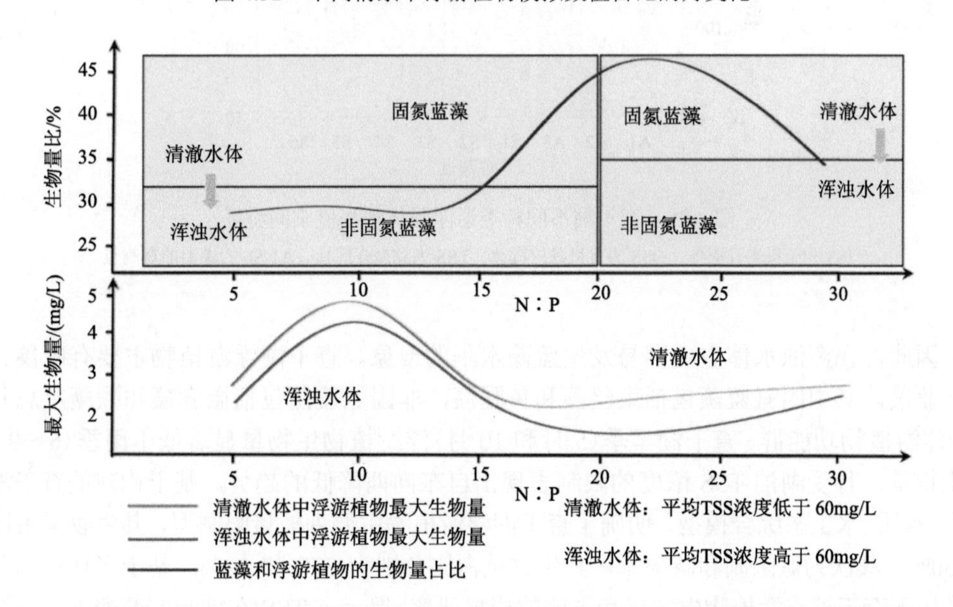

图 4.33　清水和浊水状态下查干湖浮游植物最大生物量以及蓝藻(固氮蓝藻和非固氮蓝藻)生物量占比随氮磷比的动态变化

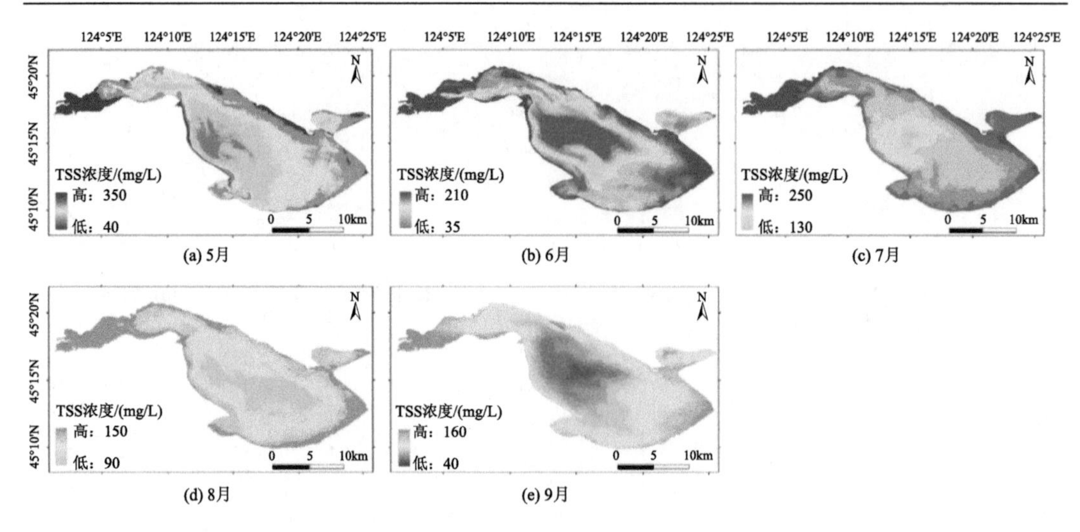

图 4.34　5～9 月查干湖总悬浮固体(TSS)浓度时空分布特征

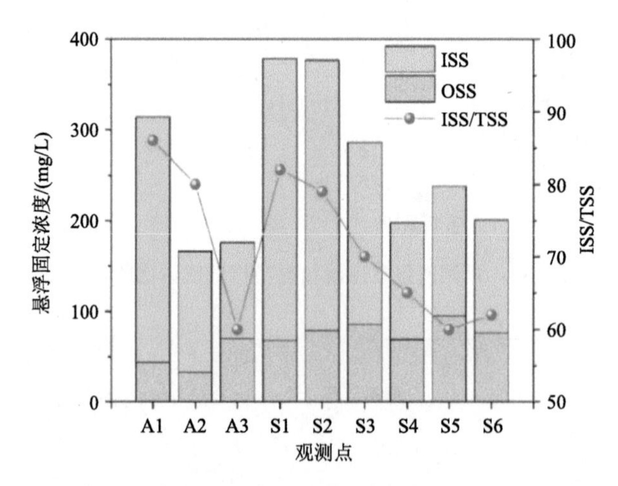

图 4.35　查干湖不同种类悬浮固体观测值空间特征

ISS 为无机悬浮固体、OSS 为有机悬浮固体、TSS 为总悬浮固体、A1-S6 为湖泊的观测点

中。因此，在浑浊水体中更容易发生蓝藻水华的现象。查干湖浮游植物主要有硅藻、绿藻和蓝藻，其中固氮蓝藻包括束丝藻和鱼腥藻，非固氮蓝藻包括微囊藻和颤藻，总共有 6 种浮游植物功能群。查干湖旱季(5 月和 10 月)浮游植物生物量显著低于雨季(6～9 月)的生物量，且受湖泊 TSS 浓度的限制表现出自东向西降低的趋势。基于构建的查干湖水动力-水质-水生态综合模型，明确了查干湖浮游植物主要为能量限制型，其生物量占比约为 50%，其次为氮限制和磷限制，其生物量占比分别为 37%和 23%。基于多环境因子协同作用下查干湖浮游植物生物量和占比的模拟研究，揭示了 TSS 在抑制富营养湖泊中浮游植物生物量过度增殖的同时也驱动优势种向蓝藻演替。当 N∶P 超过 20 时，非固氮蓝藻比例超过固氮蓝藻成为优势种。在浑水状态下，非固氮蓝藻占主导；在清水状态下，固氮蓝藻占主导，光能为植物生长和演替过程中发生的生化反应提供主要的能量支撑。遵循在较低的

浮游植物生物量的基础上减少有害蓝藻占比，并且减少低氮磷比环境中固氮蓝藻的生物量，确定了查干湖水质控制目标为 TN≤1.5mg/L 且 TP≤0.1mg/L。

4.1.4　基于水质控制目标的查干湖多水源调控

1. 查干湖水质达到控制目标所需时间

以查干湖氮、磷浓度(TN≤1.5mg/L 且 TP≤0.1mg/L)为水质控制目标，以查干湖分时分区的多水源调控为基本原则，设置了不同水文年以控制灌区退水和改善水动力条件为调控措施的共计 18 种组合情景。利用水质改善率结合吉林西部河湖连通工程对查干湖的生态补水规划对多水源调控方案进行评价，从而提出最佳的多水源调控方案。具体调控方案设置如表 4.17 所示。

表 4.17　基于不同水文年、水动力改善和灌区退水控制的情景设置

情景	调控情景描述
I1H1P1	当前灌区退水情景+当前一个出水口+25%的降水保证率
I1H1P2	当前灌区退水情景+当前一个出水口+50% 降水保证率
I1H1P3	当前灌区退水情景+当前一个出水口+75% 降水保证率
I1H2P1	当前灌区退水情景+新增一个出水口+25%的降水保证率
I1H2P2	当前灌区退水情景+新增一个出水口+50%的降水保证率
I1H2P3	当前灌区退水情景+新增一个出水口+75%的降水保证率
I2H1P1	大安灌区完全不排入查干湖情景+当前一个出水口+25%的降水保证率
I2H1P2	大安灌区完全不排入查干湖情景+当前一个出水口+50%的降水保证率
I2H1P3	大安灌区完全不排入查干湖情景+当前一个出水口+75%的降水保证率
I2H2P1	大安灌区完全不排入查干湖情景+新增一个出水口+25%的降水保证率
I2H2P2	大安灌区完全不排入查干湖情景+新增一个出水口+50%的降水保证率
I2H2P3	大安灌区完全不排入查干湖情景+新增一个出水口+75%的降水保证率
I3H1P1	1/2 大安灌区排入查干湖情景+当前一个出水口+25%的降水保证率
I3H1P2	1/2 大安灌区排入查干湖情景+当前一个出水口+50%的降水保证率
I3H1P3	1/2 大安灌区排入查干湖情景+当前一个出水口+75%的降水保证率
I3H2P1	1/2 大安灌区排入查干湖情景+新增一个出水口+25%的降水保证率
I3H2P2	1/2 大安灌区排入查干湖情景+新增一个出水口+50%的降水保证率
I3H2P3	1/2 大安灌区排入查干湖情景+新增一个出水口+75%的降水保证率

注：当前灌区退水情景为前郭灌区退水和大安灌区退水完全排入查干湖

日平均 TN 和 TP 浓度达到水质控制目标所需的时间差异明显(图 4.36 和图 4.37)。查干湖东部达到水质控制目标所需时间短于湖泊西部水质达到控制目标的时间(表 4.18)。在大安灌区退水完全排入查干湖(I1H1)情境下，湖泊西部 TN 和 TP 日平均浓度达到水质控制目标所需时间分别为 6 年和 8 年；湖泊中部所需时间分别为 4 年和 6 年；湖泊东部所需时间分别为 3 年和 4 年。在大安灌区退水完全不排入查干湖(I2H1)情境下，湖泊西部 TN 和 TP 日平均浓度达到水质控制目标所需时间均为 4 年；湖泊西部达到水质

控制所需时间为 3 年，湖泊东部所需时间为 2 年。在 1/2 大安灌区退水排入查干湖(I3H1)情景下，湖泊西部 TN 和 TP 日平均浓度达到水质控制目标所需时间分别为 5 年和 6 年；湖泊中部所需时间为 4 年，湖泊东部所需时间为 3 年。综合 TN 和 TP 控制目标，在大安灌区退水完全排入湖泊时湖泊西、中、东部所需时间分别为 8 年、6 年和 4 年；大安灌

表 4.18　查干湖西部、中部和东部区域水质到达控制目标所需的时间　（单位：年）

参数	情景	西部	中部	东部
TN	I1H1	6	4	3
	I2H1	4	3	2
	I3H1	5	4	3
TP	I1H1	8	6	4
	I2H1	4	3	2
	I3H1	6	4	3
TN 和 TP	I1H1	8	6	4
	I2H1	4	3	2
	I3H1	6	4	3

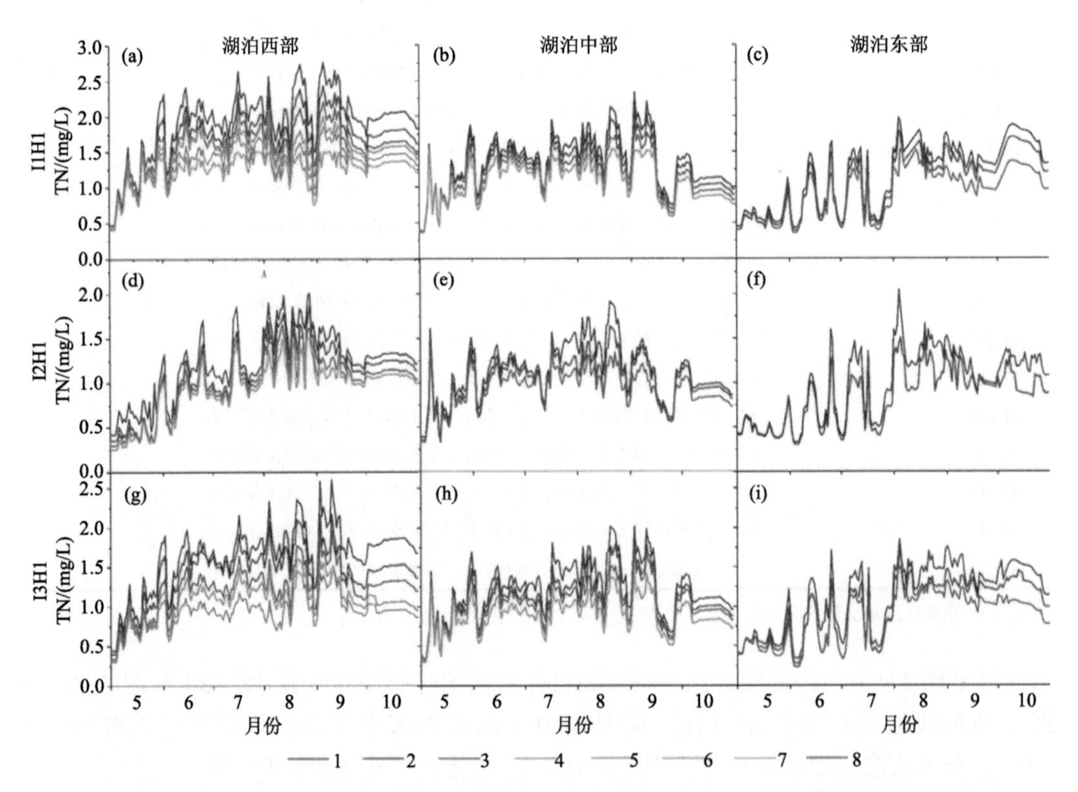

图 4.36　查干湖西部、中部和东部区域 TN 日平均浓度达到水质控制目标所需的时间(年)

(a)～(c) I1H1 情景下湖泊西部、中部和东部 TN 达到水质控制目标所需时间；(d)～(f) I2H1 情景下湖泊西部、中部和东部 TN 达到水质控制目标所需时间；(g)～(i) I3H1 情景下湖泊西部、中部和东部 TN 达到水质控制目标所需时间

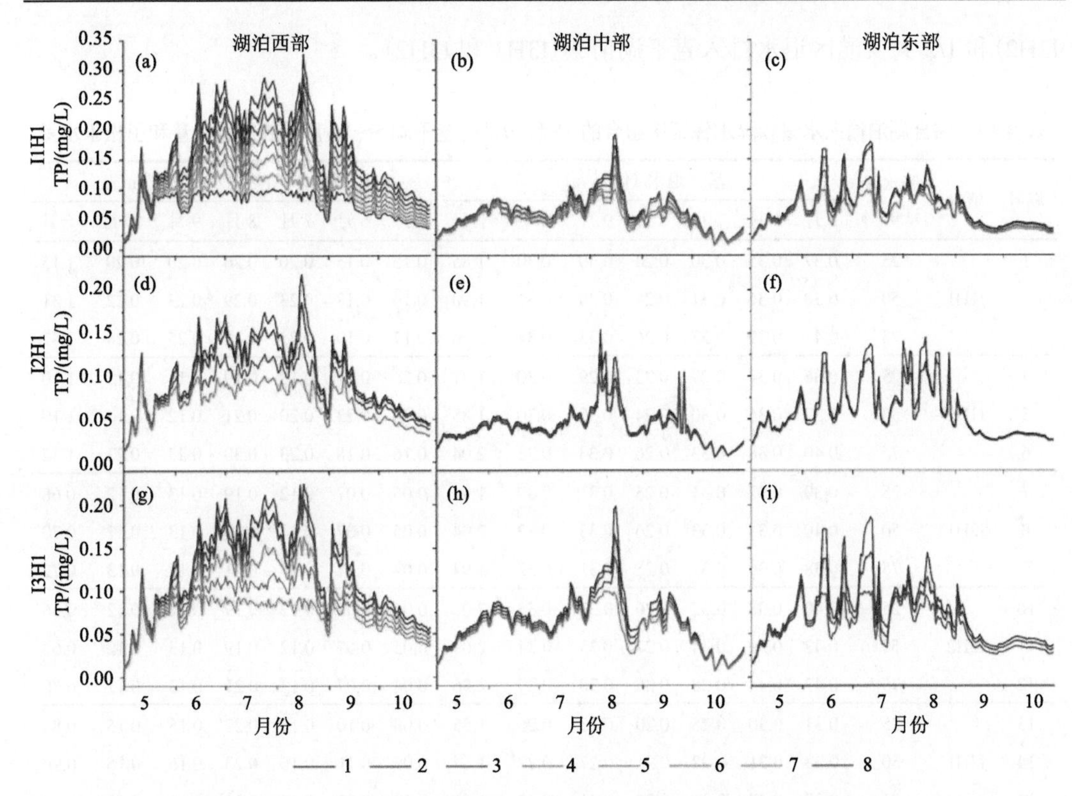

图 4.37　查干湖西部、中部和东部区域 TP 日平均浓度达到水质控制目标所需的时间(年)

(a)～(c) I1H1 情景下湖泊西部、中部和东部 TP 达到水质控制目标所需时间；(d)～(f) I2H1 情景下湖泊西部、中部和东部 TP 达到水质控制目标所需时间；(g)～(i) I3H1 情景下湖泊西部、中部和东部 TP 达到水质控制目标所需时间

区退水完全不排入湖泊时湖泊西、中、东部所需时间分别为 4 年、3 年和 2 年；1/2 大安灌区退水排入湖泊时湖泊西、中、东部所需时间分别为 6 年、4 年和 3 年。

2. 基于水质控制目标的查干湖多水源调控方案及比选

不同调控情景达到水质控制目标所需引调水量和可承载的农田退水量明细如表 4.19 所示。吉林西部河湖连通工程对查干湖的补水规划是哈达山常规引调水为 0.77 亿 m^3/a，过境洪水资源量为 0.51 亿 m^3/a，总计 1.28 亿 m^3/a。因此，控制大安灌区退水完全不排入查干湖情景下，哈达山水库常规水资源量可满足引调水的需求量，而 1/2 控制大安灌区退水排入查干湖情景下，还需要利用过境洪水资源量，但具有一定的不确定性。

不同多水源调控情景下，引调水工程对湖泊不同区域的水质改善(TN 和 TP)存在明显的时空差异(图 4.36 和图 4.37)。基于不同降水保证率、农田退水量以及水动力场综合驱动的 18 种情景的多水源综合调控对湖泊氮磷浓度改善效果得出，通过提高降水保证率和新增出水口改变水动力场来稀释湖泊氮磷浓度，效果均较差，尤其是 TN 浓度(图 4.38)。TN 和 TP 的日平均浓度在夏季最高，且呈由东向西增加的趋势。I2H1 和 I2H2 即大安灌区退水完全不排入查干湖情景的 TN 和 TP 日均浓度低于当前灌区退水情景(I1H1 和

I2H2）和 1/2 大安灌区退水排入查干湖情景（I3H1 和 I3H2）。

表 4.19　综合湖泊输入水量和降水保证率组合的 18 种情景的查干湖 5～10 月的农田退水量和引松来水量

编号	情景	降水保证率/%	灌区退水/(亿 m^3/a)							引调水（自哈达山水库）/(亿 m^3/a)						
			5月	6月	7月	8月	9月	10月	合计	5月	6月	7月	8月	9月	10月	合计
1	I1H1	25	0.37	0.35	0.30	0.24	0.30	0.30	1.85	0.13	0.15	0.20	0.26	0.20	0.20	1.15
2		50	0.38	0.36	0.31	0.24	0.30	0.31	1.90	0.16	0.18	0.23	0.29	0.23	0.22	1.31
3		75	0.41	0.39	0.33	0.26	0.33	0.34	2.06	0.17	0.19	0.25	0.32	0.25	0.24	1.41
4	I1H2	25	0.36	0.34	0.29	0.23	0.29	0.30	1.81	0.26	0.21	0.18	0.19	0.11	0.15	1.10
5		50	0.37	0.35	0.30	0.24	0.30	0.30	1.85	0.28	0.23	0.20	0.21	0.12	0.16	1.19
6		75	0.40	0.38	0.33	0.26	0.33	0.33	2.04	0.16	0.18	0.23	0.30	0.23	0.23	1.32
7	I2H1	25	0.39	0.37	0.31	0.25	0.31	0.32	1.94	0.05	0.07	0.12	0.19	0.13	0.12	0.68
8		50	0.40	0.38	0.33	0.26	0.33	0.33	2.04	0.05	0.07	0.13	0.20	0.13	0.12	0.70
9		75	0.38	0.36	0.31	0.25	0.31	0.32	1.94	0.04	0.07	0.13	0.21	0.14	0.13	0.72
10	I2H2	25	0.40	0.38	0.32	0.26	0.32	0.33	2.00	0.05	0.07	0.12	0.19	0.12	0.12	0.66
11		50	0.42	0.39	0.34	0.27	0.33	0.34	2.09	0.05	0.07	0.12	0.19	0.13	0.12	0.67
12		75	0.47	0.44	0.38	0.30	0.38	0.39	2.36	0.04	0.07	0.13	0.21	0.13	0.12	0.70
13	I3H1	25	0.31	0.30	0.25	0.20	0.25	0.26	1.55	0.08	0.10	0.15	0.22	0.15	0.15	0.84
14		50	0.33	0.31	0.27	0.21	0.27	0.27	1.64	0.09	0.11	0.16	0.23	0.16	0.16	0.90
15		75	0.39	0.37	0.31	0.25	0.31	0.32	1.91	0.10	0.12	0.18	0.24	0.18	0.17	0.99
16	I3H2	25	0.31	0.29	0.25	0.20	0.25	0.25	1.57	0.08	0.09	0.14	0.20	0.14	0.14	0.80
17		50	0.32	0.31	0.26	0.21	0.26	0.27	1.67	0.08	0.10	0.15	0.21	0.15	0.15	0.85
18		75	0.38	0.36	0.31	0.24	0.31	0.31	1.95	0.23	0.19	0.16	0.17	0.08	0.12	0.95

研究结果表明，大安灌区退水不排入湖泊的多水源调控方案最有利于降低湖泊 TN 和 TP 浓度（图 4.38 和图 4.39）。同时，多水源综合调控的有效性可以利用水质改善率（IPWQ）进行进一步探讨（Zhang et al., 2016）。大安灌区退水完全不排入湖泊的多水源调控情景下，查干湖 TN 和 TP 峰值浓度的改善率分达到 60%和 70%（图 4.40），对查干湖富营养化程度的改善率达 27%（图 4.41）。因此，大安灌区退水不排入查干湖的多水源调控情景是最佳的水质管理方案。

吉林西部的河湖连通工程对查干湖的补水量有限，其中常规水资源量为 0.77 亿 m^3/a，最大可利用的洪水资源量为 0.51 亿 m^3/a（章光新等, 2017）。现状灌区退水情景下，多水源综合调控所需的引调水量超出了可供水量（表 4.19）。1/2 大安灌区退水排入湖泊的多水源综合调控情景中，外引调水量需要较多的洪水资源量，增加了工程降水难度以及改善程度的不确定性，主要原因是由于洪水水质也较差（表 4.19）。因此，基于综合水质改善程度以及吉林西部河湖连通工程对查干湖的可供水量，大安灌区退水完全不排入湖泊的多水源调控是最佳的水质管理方案。

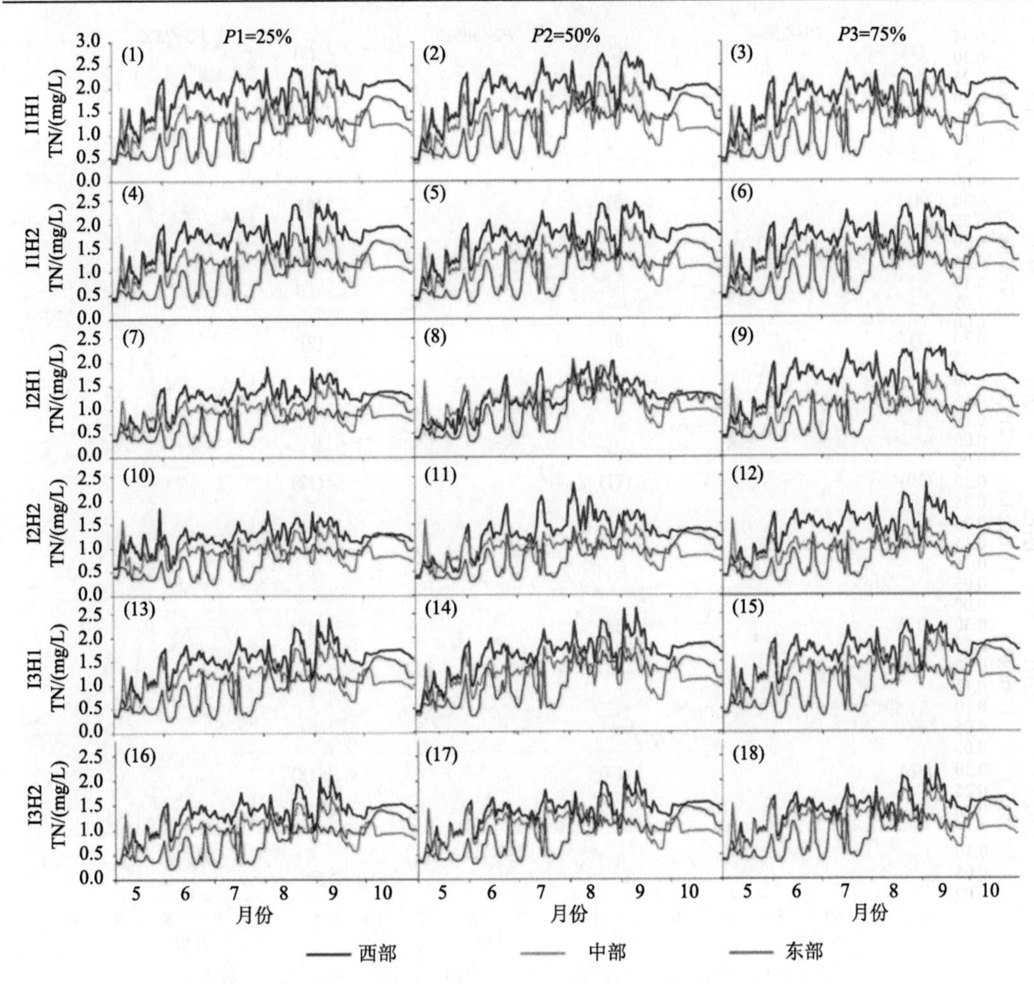

图 4.38　18 种情景下查干湖西部、中部和东部 TN 日平均浓度的变化

(1)～(3) 25%、50%和 75%降水保证率下 I1H1 情景下 TN 5～10 月的变化趋势；(4)～(6) 25%、50%和 75%降水保证率下 I1H2 情景下 TN 5～10 月的变化趋势；(7)～(9) 25%、50%和 75%降水保证率下 I2H1 情景下 TN 5～10 月的变化趋势；(10)～(12) 25%、50%和 75%降水保证率下 I2H2 情景下 TN 5～10 月的变化趋势；(13)～(15) 25%、50%和 75%降水保证率下 I3H1 情景下 TN 5～10 月的变化趋势；(16)～(18) 25%、50%和 75%降水保证率下 I3H2 情景下 TN 5～10 月的变化趋势

已有研究表明，清洁的引调水可以稀释湖泊中的 TN、TP 和 Chla 浓度(Zhu et al., 2008; Nong et al., 2020)。然而，引调水对湖泊污染物的稀释受到湖泊水动力场和自净能力差异性影响而具有一定的异质性。控制大安灌区退水不排入湖泊的多水源调控情景下湖泊 TN 和 TP 浓度的改善率最高，尤其是对湖泊西部水质的改善，明显缩短了湖泊西部水质达到控制目标的时间(图 4.35 和图 4.36)。其原因主要新建设的灌区大安灌区退水中的氮磷浓度较高，促使湖泊西部的水质较差。减少外源营养盐负荷和增加清洁引调水量是改善湖泊水质的有效措施(Qu et al., 2020)。我们的研究表明，达到 TN 单一目标所需的时间小于达到 TP 单一目标和双营养(N&P)目标所需的时间(图 4.37 和表 4.19)。

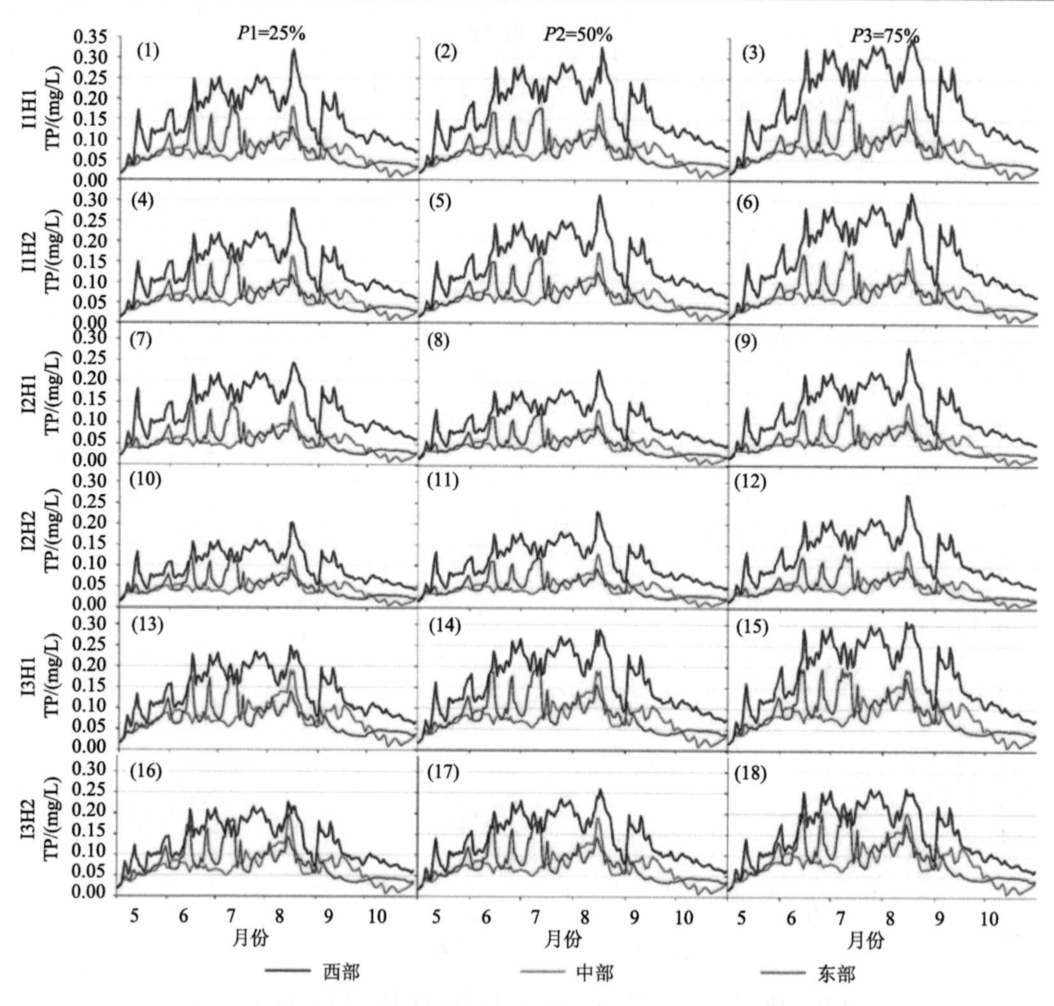

图 4.39　18 种情景下查干湖西部、中部和东部 TP 日平均浓度的变化

(1)～(3) 25%、50%和 75%降水保证率下 I1H1 情景下 TP 5～10 月的变化趋势；(4)～(6) 25%、50%和 75%降水保证率下 I1H2 情景下 TP 5～10 月的变化趋势；(7)～(9) 25%、50%和 75%降水保证率下 I2H1 情景下 TP 5～10 月的变化趋势；(10)～(12) 25%、50%和 75%降水保证率下 I2H2 情景下 TP 5～10 月的变化趋势；(13)～(15) 25%、50%和 75%降水保证率下 I3H1 情景下 TP 5～10 月的变化趋势；(16)～(18) 25%、50%和 75%降水保证率下 I3H2 情景下 TP 5～10 月的变化趋势

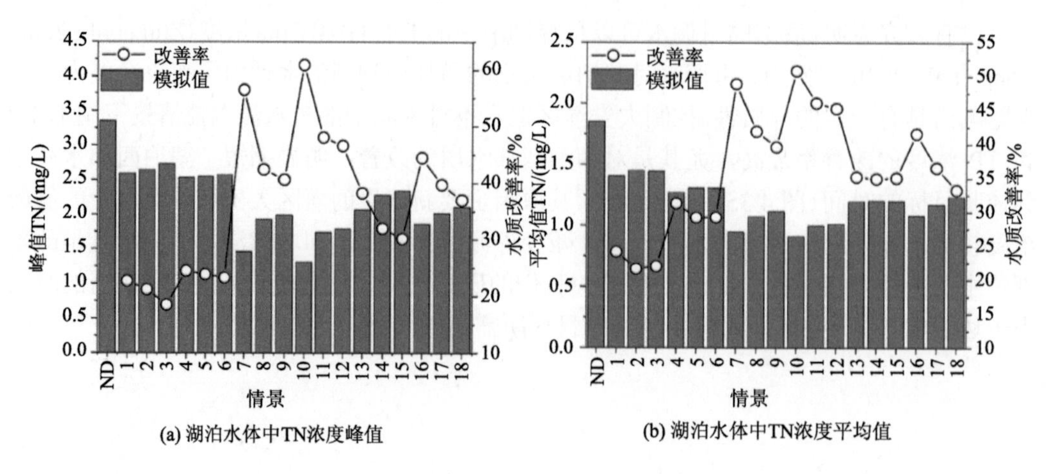

(a) 湖泊水体中TN浓度峰值　　(b) 湖泊水体中TN浓度平均值

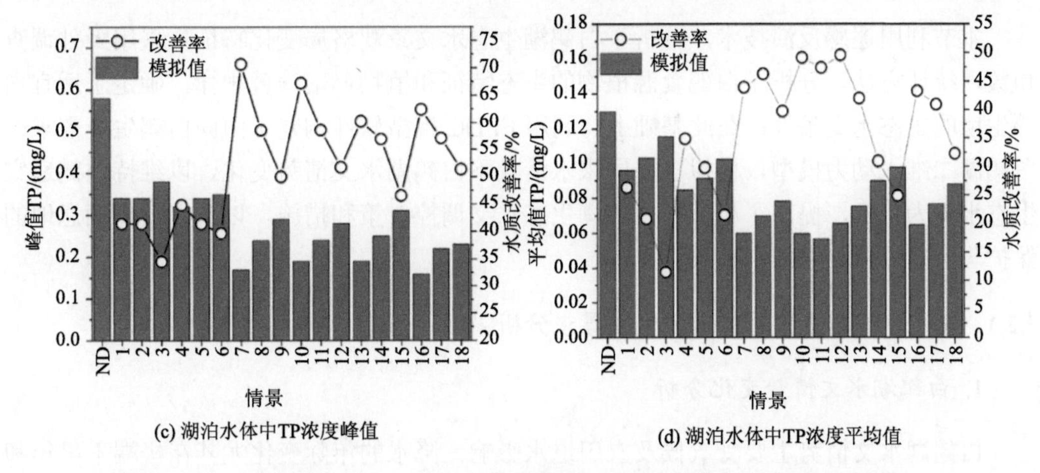

图4.40　不同情景下TN、TP的峰值浓度和平均浓度以及水质改善率的变化

"ND"表示没有引水

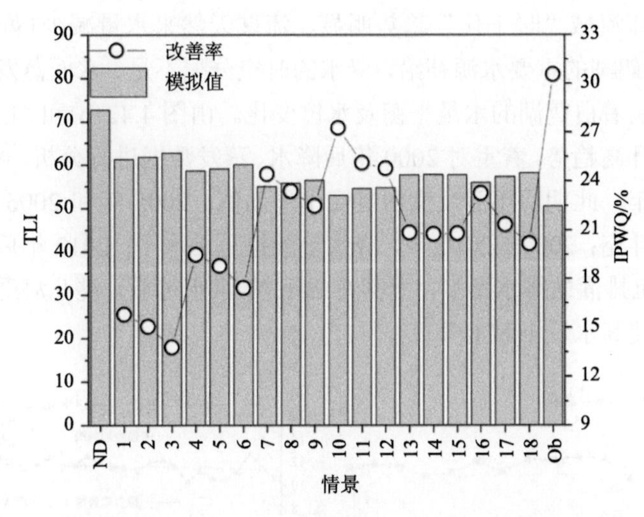

图4.41　不同情景下查干湖综合富营养化程度(TLI)和水质改善率(IPWQ)的变化

"ND"为没有引调水，"Ob"为以水质控制目标计算得的综合营养状态指数

4.2　基于白鹤生境需求的白鹤湖生态水文调控

莫莫格国家级自然保护区是以白鹤等珍稀水禽栖息地为主要保护对象的内陆湿地和水域生态系统保护区，是世界白鹤种群迁徙的重要栖息地，每年在这里停歇的白鹤数量超过整个种群的95%。目前，白鹤湖是白鹤的主要停歇地之一。近30年来，由于洪水干旱等极端水文事件引起的区域水量不平衡和人为管理措施不合理，导致白鹤湖出现水多或水少等问题，极大地影响了白鹤生境需求的水文条件及其停歇数量。因此，如何科学调控白鹤湖生态水文过程，满足白鹤生境需求条件，已经成为白鹤栖息地保护工作中亟需解决的关键问题。

本节利用遥感反演技术，分析了白鹤湖生态水文景观格局变化特征；采用野外调查和数理统计方法，分析了白鹤食源植物的生态特征和植物群落演替规律，确定了适宜白鹤生境的生态水文条件；在此基础上，利用EFDC模型软件构建了面向白鹤生境需求的白鹤湖二维水动力模型，模拟了不同来水情景下白鹤湖水文情势变化，以维持白鹤适宜生态水位为目标，提出了相应的白鹤湖生态水文调控对策和措施，以期为白鹤栖息地的保护与恢复提供科学依据和决策支持。

4.2.1　基于生态水文过程的白鹤生境需求分析

1. 白鹤湖水文情势变化分析

白鹤湖水文情势主要受气候及农田退水影响，降水的年际变化尤其在极端干旱年和洪水年对水情影响较大，农田退水季节性影响水情，主要在秋季。

1) 气象要素年际变化

近年来，嫩江流域"暖干化"趋势明显，流域天然来水量减少(董李勤和章光新，2013)。降水是白鹤湖的重要水源补给，降水的时空分配不足、水面蒸发量加大、温度的逐年升高显著影响着白鹤湖的水量平衡及水位变化。由图4.42(b)可知，白鹤湖自80年代气温呈不显著升高趋势。着重对2000年后降水、蒸发数据进行分析，可知：2000～2004年出现连续枯水年，此期间年蒸发量明显高于平均值；2005年和2006年降水增多，对白鹤湖水量有所补充；2007～2010年，降水量维持正常水平；2012年后，白鹤湖天然降水增加，而且前杭排灌站排水增多，尤其在2013年洪水过后，洮儿河受嫩江水顶托，部分倒灌到白鹤湖使其水位不断上升。

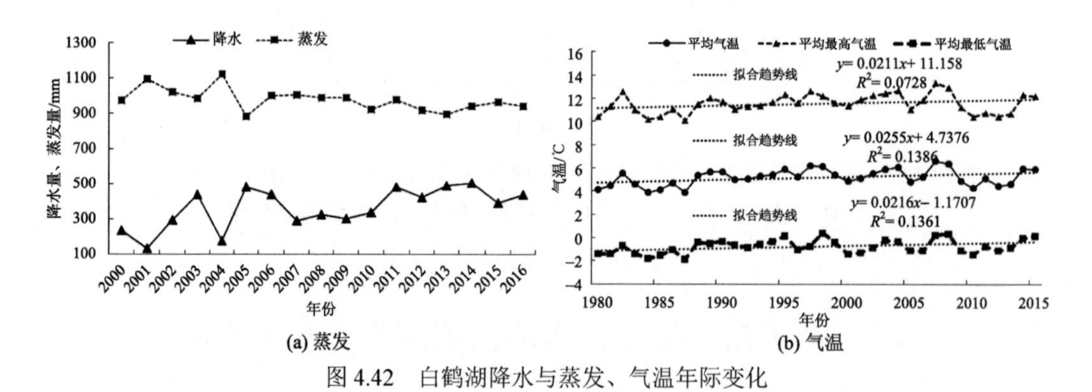

图4.42　白鹤湖降水与蒸发、气温年际变化

2) 水位年内变化

农田退水排入白鹤湖打破了湿地天然的季节性干旱规律。在干旱季节，保持低水位对挺水植物的生长具有重要作用。对白鹤湖水位变化的分析，从图4.43可以看出：7～8月份水位达到一个高峰，主要是汛期天然降雨所致，在9月中旬，水位又出现一个高峰，根据实地调查，发现每年9月15～25日左右因大量农田退水往西强行提水排入白鹤湖，导致水位增加。

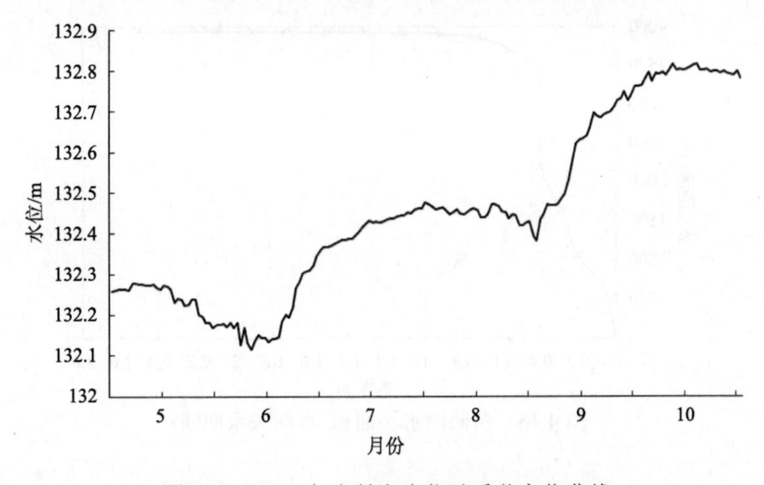

图 4.43　2016 年白鹤湖水位随季节变化曲线

3) 水面面积多年变化

水面面积与水位一样，都是表征白鹤湖受气候变化与人类活动影响程度的重要指示器(李鹏等，2013)。利用遥感解译得到不同年份白鹤湖水面面积，发现水面面积与降水量呈正相关(图 4.44)。

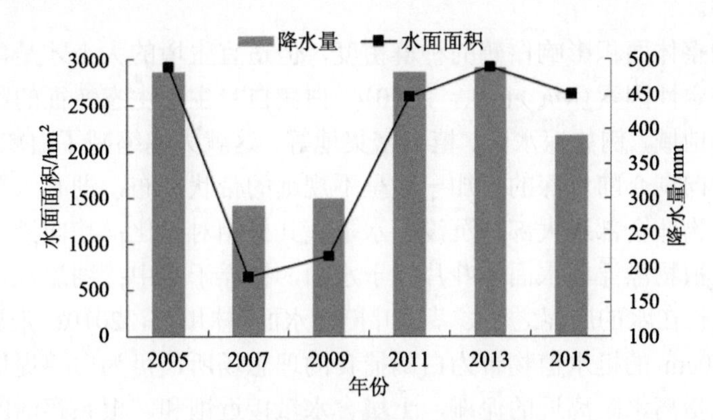

图 4.44　水面面积多年变化曲线

4) 水面面积-水深关系曲线

水面面积-水深关系曲线可描述白鹤湖的水力学特征(宋求明等，2011)。利用数字高程模型研究白鹤湖水面面积-水深关系曲线，得出不同水深下湖面动态变化及空间扩展规律，为由实时水位推算水面面积提供可靠的参考(图 4.45)。

水文情势变化是通过影响白鹤生境来影响白鹤种群停息的数量。根据历史规律发现，满足白鹤生存的水文条件要求比较高，水量过多过少都不能满足白鹤栖息条件，需要控制在一定阈值范围内。水位(或水深)作为表征水文情势改变的重要指标，对湿地生态系统稳定和健康有着重要影响，下面从栖息地面积及其内部结构、白鹤食源植物两方面探究水位变化对白鹤生境的影响，探寻白鹤湖适宜生态水位范围。

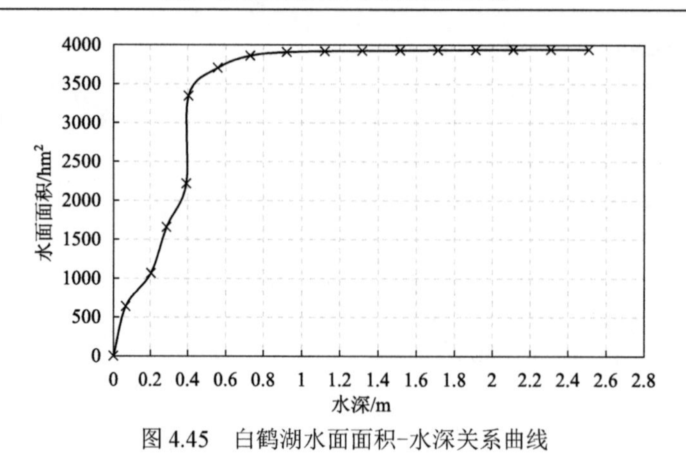

图 4.45　白鹤湖水面面积-水深关系曲线

2. 基于遥感解译的白鹤生境类型变化分析

1) 白鹤生境类型划分

白鹤是需求较大面积、多种生境类型的特殊物种。本节利用遥感解译分析不同水文条件下白鹤湖水面面积、植被覆盖等景观格局演变，分析其与白鹤种群分布及数量的关系，阐明水文情势变化对白鹤生境质量的影响，获得白鹤生境对植物类型及水位、水面面积的需求条件。

虽然湿地的整体面积影响白鹤的种群密度，但适宜生境的大小才是决定湿地可被白鹤利用程度的决定性因素(Ma et al.，2010)。白鹤自身生理生态特征的限制，会使其避免选择一些特殊地域，例如深水区、植物密集地等，这就大幅缩减了白鹤适宜生境范围。湿地植物沿湖岸向湖心随水深的增加一般呈不规则的带状分布，湖心水深较深地带为沉水植物带，其植物体全部或大部分沉没于水下，其根相对退化；趋向湖岸的浅水地带为浮水植物带，其植物漂浮于水面，叶片浮于水面，根浮于水中；湖岸浅水域为挺水植物带，植物的根生长在水的底泥之中，茎、叶挺出水面(林川等，2010；张翼然等，2012)，其中水深小于 50cm 的挺水植物带为白鹤捕食的理想场所，可为白鹤提供隐蔽地且减少人类干扰。软泥指离水距离近的泥滩，土壤含水量接近饱和、根系存活的区域，有利于白鹤啄入泥中觅食(齐述华等，2014)。硬泥指暂无植物生长、含水量低，泥土硬化或龟裂的区域，不适于白鹤栖息觅食。深水域主要分布在湖泊的中心地带，水深较深，同样不适于白鹤栖息。因此，将挺水植物带和软泥区划分为白鹤适宜生境。

2) 不同水文年白鹤生境面积变化

白鹤湖水位变化制约着植物类型的变化以及一些优势植物的消长。不同水文年，各植物类型及非植物的裸土区被淹没的面积不同。2003 年处于连续枯水年后，莫莫格主要补给河流洮儿河断流，枯水年不能满足湿地生态需水要求，导致白鹤湖水域面积小，植物长势差；2007 年虽处于偏枯水年，但 2005～2006 年降水量较大，对白鹤湖水量及周边土壤水有所补充；2011 年为偏丰水年，处于连续平水年之后，植物长势较好；2013 年嫩江流域发生大洪水，降水超过多年平均 80mm，莫莫格与嫩江相连的洪泛湿地全部被淹没，白鹤湖在很大程度上也受到影响。利用面向对象分类决策树，对 2003 年、2007 年、2011 年、2013 年白鹤湖景观格局进行了解译。

由遥感影像解译结果可知(图 4.46、表 4.20)：2003 年水域面积仅为 679.23hm^2，植被覆盖率仅为 22.8%，土质较硬，结合上文分析，此年份秋季白鹤迁徙数量较少；2007 年水域面积仅为 452.25hm^2，但 2007 年挺水植被覆盖率及软泥区面积分别为 28.9%和 217.0hm^2，均高于 2003 年，秋季白鹤迁徙数量达 1156 只；2011 年水域面积近 2003 年的 3 倍，湿地植被覆盖面积尤其是挺水植物覆盖面积显著增加，达到 1287.99hm^2，占湖区面积的 32.5%，该年秋季白鹤迁徙停歇数量达高峰值，约 3000 只；2013 年水域面积大幅增长，达 2339.1hm^2，沉水植物面积与 2011 年相比增加了 108.36hm^2，挺水植物部分被淹，2013 年秋季白鹤数量迅速下降，仅为 50 只。由图 4.47 可知，白鹤生境面积占湖区面积的比例 2003 年＜2007 年＜2011 年，2013 年又呈减少趋势，与白鹤数量变化规律相符(白鹤数据资料来源：莫莫格国家级自然保护管理局)。依据白鹤湖水面面积-水深关系曲线，确定白鹤生存适宜的水深为 40cm。

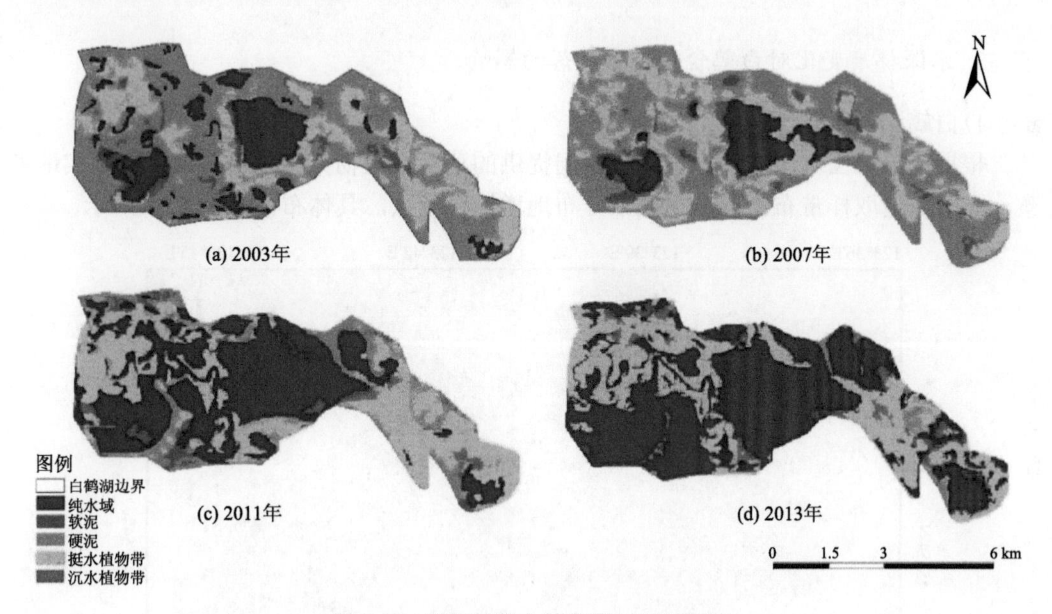

图 4.46　不同年份白鹤生境面积及比例

表 4.20　白鹤生境类型、面积和占比

类型	2003 年		2007 年		2011 年		2013 年	
	面积/hm^2	比例/%	面积/hm^2	比例/%	面积/hm^2	比例/%	面积/hm^2	比例/%
纯水域	679.2	17.1	452.25	11.4	1811.8	45.7	2339.1	59.1
硬泥区	2198.6	55.5	2115.5	53.4	595.1	15.0	142.4	3.6
软泥区	178.7	4.5	217.0	5.5	140.8	3.6	19.6	0.5
挺水植物带	866.8	21.9	1145.5	28.9	1288.0	32.5	1226.2	31.0
水域	792.4	20.0	651.2	16.4	2600.0	65.6	2921.8	73.8
植物覆盖	904.4	22.8	1176.3	29.7	1413.4	35.7	1459.9	36.9
生境面积	1045.6	26.4	1362.4	34.4	1428.8	36.1	1245.8	31.5
总面积	3961.0	100	3961.0	100	3961.0	100	3961.0	100
秋季白鹤数量/只	—		1156		3000		50	

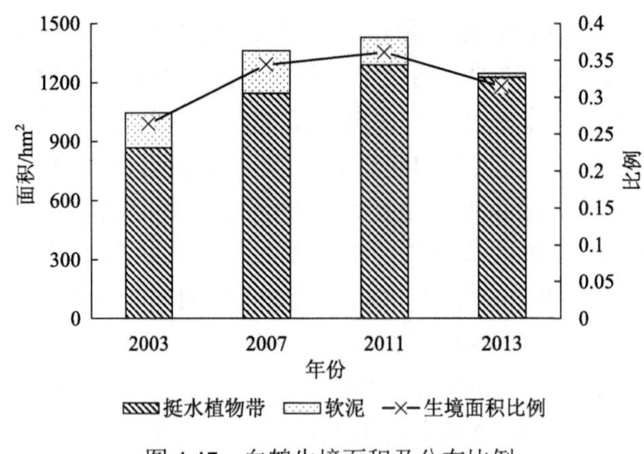

图 4.47　白鹤生境面积及分布比例

3. 水深梯度变化对白鹤食源植物群落的影响

1) 白鹤湖样带布设

根据莫莫格国家级自然保护区管理局提供的莫莫格植物分布图，并结合野外实地考察，在全区选取样带布设点，在藨草分布地增加布设点，具体布设如图 4.48 所示。

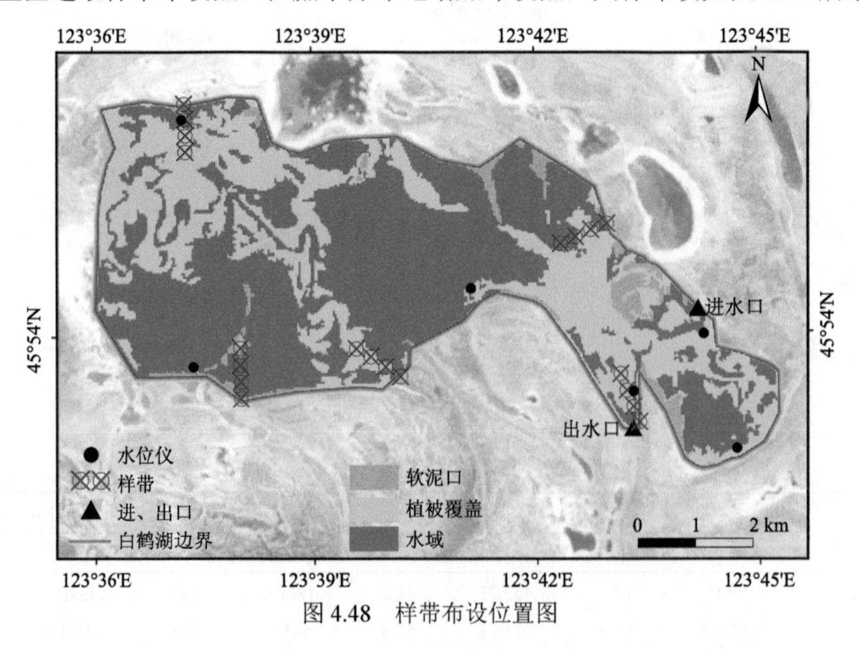

图 4.48　样带布设位置图

计算样方内植物群落组分的重要值及优势度。重要值及相对优势度是评价物种在群落中相对作用大小的一种综合性数量指标(吕宪国，2005)，应用这些指数可评价不同水深条件下各种湿地植物在群落中的优势程度。

2) 水深变化对湿地植物群落物种组成的影响

通过大量野外调查将沉水植物带、浮水植物带、挺水植物带中的植物类型具体区分出来，探究不同水文条件(干-湿交替)对白鹤湖湿地植物群落分布的影响。

其中白鹤湖浮叶植物主要包括荇菜(*Nymphoides peltatum* O. Kuntze)、芡实(*Euryale ferox* Salisb.)、莲(*Nelumbo nucifera* Gaertn.)和菱(*Trapa japonica* Fler.)等；挺水植物包括扁秆藨草(*Scirpus planiculmis* Fr. Schmidt)、三江藨草(*S.nipponicus* Makino)、水葱(*Scirpus validus* Vahl)、长芒稗(*Echinochloa caudata* Roshev.)、杉叶藻(*Hippuris vulgaris* L.)、芦苇(*Phragmites australis* (Cav.) Trin.ex Steud)和香蒲(*Typha orientalis* Presl)等；沉水植物主要有金鱼藻(*Ceratophyllum demersum* L.)、眼子菜(*Potamogeton distinctus* A. Benn.)等。研究白鹤湖湿地植物群落的演替模式，有助于了解和掌握湿地植物的演替规律，以便根据白鹤生境需求采取相应的措施，控制植物演替的方向和速度，向有利白鹤生存环境的方向发展。群落演替时间跨度大，采用以空间变化代替时间变化过程的方法，即以现有群落组成及结构为基础，通过研究植被组成及格局，揭示植物群落在时间上的演替过程。

通过对 7 月、8 月野外采集数据进行统计，得到不同水深梯度下以不同植物为优势种、亚优势种的群落类型(表 4.21)。水深 0～10cm 情景下，湿地植被覆盖主要以扁秆藨

表 4.21　白鹤湖湿地植物群落随水深变化分类

水深/cm	群落类型	优势种及亚优势种	重要值 IV	相对优势度 SDR_3	群落组成
0	a	碱蓬	1.58	0.87	碱蓬、灰绿藜、芦苇、扁秆藨草
0～10	a	扁秆藨草	0.63	0.78	扁秆藨草、碱蓬、芦苇、滨藜、灰绿藜、长芒稗
		碱蓬	0.78	0.78	
	b	扁秆藨草	2.02	1	扁秆藨草
10～20	a	扁秆藨草	2.00	1	扁秆藨草
	b	扁秆藨草	1.60	0.98	扁秆藨草、三江藨草、芦苇、长芒稗、滨藜
		三江藨草	0.43	0.53	
20～30	a	扁秆藨草	2.02	1	扁秆藨草
	b	芦苇	0.95	0.64	芦苇、香蒲、扁秆藨草
		香蒲	0.81	0.69	
30～50	a	三江藨草	1.57	0.95	三江藨草、扁秆藨草
		扁秆藨草	0.45	0.53	
	b	三江藨草	2.02	1	三江藨草
	c	芦苇	1.05	0.74	芦苇、三江藨草、香蒲
		三江藨草	0.96	0.82	
	d	芦苇	2.03	1	芦苇
	e	水葱	2.00	1	水葱
50～70	a	香蒲	0.96	0.63	香蒲、芦苇、水葱、菹草
		芦苇	0.84	0.64	
	b	三江藨草	2.02	1	三江藨草、狸藻
	c	芦苇	2.02	1	芦苇、狸藻、狐尾藻
>70	a	三江藨草	2.02	1	三江藨草
	b	芦苇	1.95	1	芦苇、三江藨草、狐尾藻、杉叶藻、狸藻
	c	香蒲	2.01	1	香蒲、狐尾藻、杉叶藻

草-碱蓬混合群落为主，同时也存在纯扁秆藨草群落；水深 10～20cm 情景下，湿地植被覆盖主要为扁秆藨草+三江藨草混合群落、纯扁秆藨草群落，碱蓬、灰绿藜等中旱生植物逐渐消失；水深 20～30cm 情景下，植被覆盖以扁秆藨草群落为主，以芦苇、香蒲为优势种的群落逐渐出现，长芒稗消失；水深 30～50cm 情景下，湿地植被覆盖以三江藨草群落、水葱群落、芦苇群落及三江藨草+扁秆藨草混合群落、芦苇-三江藨草混合群落为主；水深 50～70cm 情景下，植被覆盖主要为芦苇群落、三江藨草群落、芦苇+香蒲混合群落，狸藻、狐尾藻等沉水植物及浮叶植物荇菜开始少量出现，扁秆藨草消失；水深 70～100cm 时，沉水植物逐渐增多，挺水植物部分被淹没，香蒲群落、芦苇群落、三江藨草群落所占植被覆盖面积仍然较大。由此可见，白鹤湖水深变化制约着湿地植物类型的变化以及一些优势植物的消长。不同水深梯度下白鹤湖典型湿地植物的分布概率如图 4.49 所示。

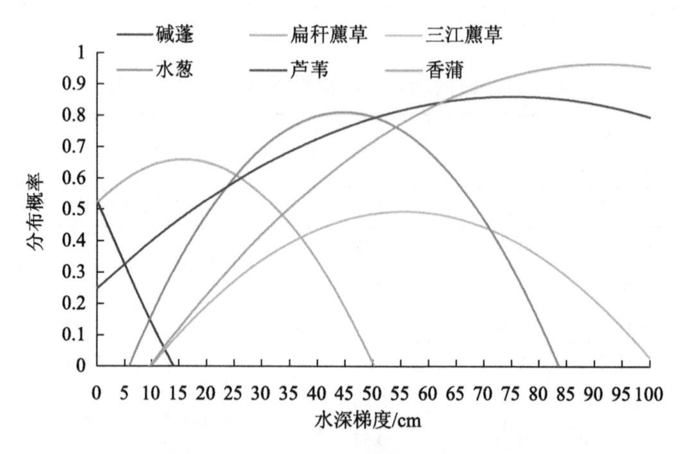

图 4.49　不同水深梯度下白鹤湖典型湿地植物的分布概率

从月尺度分析湿地植物群落内优势种群的更替模式，选取白鹤湖 4 种典型湿地植物扁秆藨草、三江藨草、芦苇、香蒲，分析其在群落中的相对作用大小随时间变化规律。由图 4.50 可知，湿地水位 5～7 月呈逐月上升趋势，相同位置的样方内扁秆藨草的重要值及优势度呈下降趋势，芦苇及三江藨草呈先上升后下降的趋势，且芦苇的重要值及优

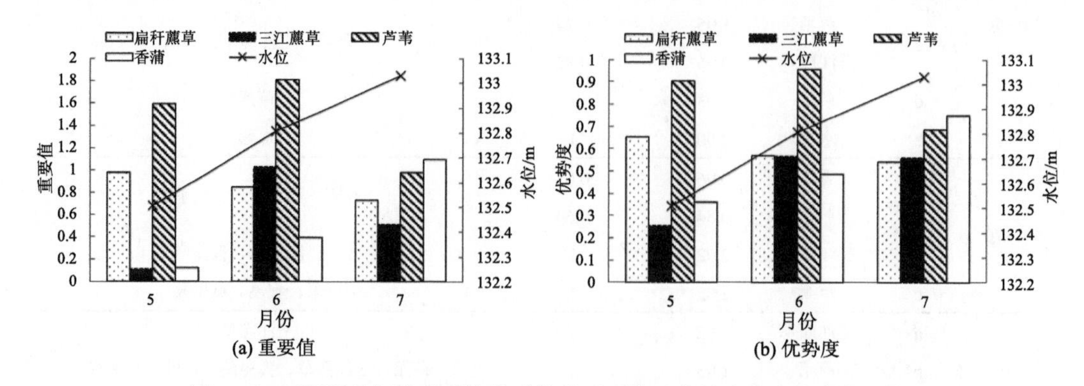

图 4.50　不同月份湿地典型植物群落的重要值及优势度随水位变化规律

势度一直高于三江藨草，香蒲呈逐月上升趋势，7 月已超过芦苇及三江藨草。由此可见，不同月份随着水位的上升，优势植物群落先逐渐由扁秆藨草群落转为三江藨草及芦苇群落，再被芦苇及香蒲群落所取代。

据有关研究报告，2012 年白鹤湖年平均水深在 10～20cm 范围内，优势植物为扁秆藨草，而到 2015 年，年平均水深范围增至 40～70cm，植物类型也演替为芦苇群落和香蒲(吉林西部供水工程湿地生态影响专题报告，2016)。根据历史资料，结合野外实地调查数据，对白鹤湖湿地植物群落物种组成随水深变化进行分析(图 4.51)。湿地植物群落组成主要按着“香蒲+芦苇群落→芦苇-三江藨草群落→三江藨草/水葱群落→三江藨草+扁秆藨草群落→扁秆藨草群落→扁秆藨草-碱蓬群落→碱蓬群落”演替顺序改变，呈现水深主导下的渐进式演替规律。近年来，白鹤湖水深增加，芦苇和香蒲群落在整个白鹤湖迅速扩张，而作为白鹤主要食物来源的藨草植物类逐渐减少，这也是白鹤分布数量减少的原因之一。

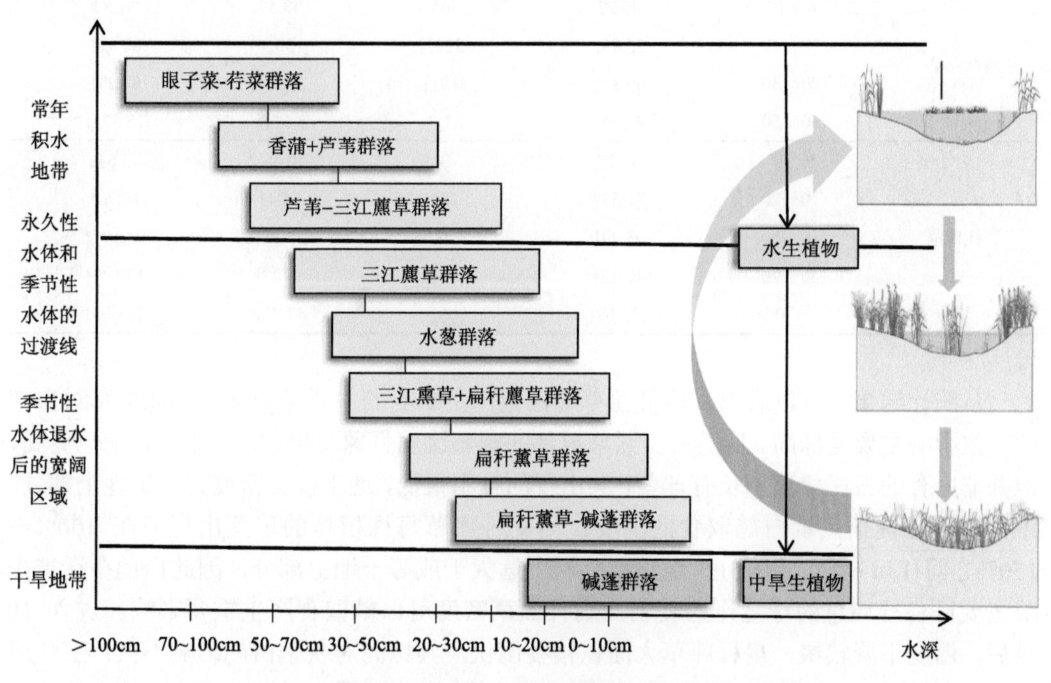

图 4.51　不同水深条件下白鹤湖湿地植物群落演替示意图

3) 水深变化对白鹤食源植物生长特征的影响

白鹤对食源植物密度具有选择性，密度并非越大越有利，白鹤主要以掘食方式进食，过高的植物密度会增加能量消耗(孔维尧等，2013)。因此，营养物质的多少并不是白鹤选择食物的首要因素，挖掘的难易程度和植物的密度可能是白鹤选择栖息地的主要因素(贾亦飞，2013)。另外，白鹤警惕性很强，植株太高会影响白鹤视线，因此株高也是影响白鹤栖息停歇的因素之一。

David(1996)认为水深的轻微变化都会影响植物的生长特征，而湿地植物对水深变化的响应最直观地反映在植物的地上部分，因此选择对 7 月、8 月扁秆藨草、三江藨草地上各生态指标随水深变化趋势进行分析。7 月和 8 月扁秆藨草/三江藨草地上植株生物量、密度和大小比例变化趋势基本一致，植物的各项指标达到其年内生长的理想状态，可以反映不同生境下扁秆藨草/三江藨草群落地上植株特征的差异，选择 7 月和 8 月平均数据有利于进行不同水深条件下扁秆藨草、三江藨草生长特征的差异分析(郝明旭，2016)。

分析结果显示：扁秆藨草成熟株高随水深增加而增加，密度及盖度随水深增加而减少，地上生物量随水深先增加后减少，在 20～30cm 处达到最大；当水深>30cm 时，其密度、盖度、生物量显著减少；当水深>50cm 时，扁秆藨草消失。三江藨草成熟植株在各水深梯度均有分布，其株高、盖度、生物量在水深 70cm 以下时随水深增加而增长，在水深>30cm 时增长较快；当水深>50cm 时，三江藨草密度开始降低(表 4.22)。

表 4.22　不同水深梯度下白鹤食源植物生长特征

物种名	水深梯度/cm	株高/cm	密度/(株/m^2)	盖度/%	地上生物量/g
扁秆藨草	0～10	45.22	365	33.53	61.83
	10～20	58.86↑	323↓	33↓	80.41↑
	20～30	69.35↑	219↓↓	31.23↓	84.23↑
	30～50	72.54↑	67↓↓	8.67↓↓	15.57↓↓
三江藨草	0～10	32.25	3	0.68	2.63
	10～20	71.53↑	22↑	5.04↑	15.70↑
	30～50	93.29↑	72↑↑	36.18↑	96.19↑↑
	50～70	140.42↑↑	70↓	46.27↑	139.22↑
	>70	152.69↑	66↓	47.77↑	151.90↑

从统计结果还可以看出，扁秆藨草对白鹤产生影响的主要是密度，三江藨草对白鹤的产生影响主要是株高。虽然三江藨草根部的球茎比扁秆藨草更柔软，淀粉含量也更高，但并非所有的三江藨草均长有球茎，其出现的频率很低，地下部分密度远小于地上部分，不能满足迁徙期大量白鹤取食的需要；而扁秆藨草每株植株的球茎出现率在 100%～150%之间(Liu et al.，2016)，地下部分密度远大于或等于地上部分，因此白鹤在迁徙季节主要以扁秆藨草的球茎作为食物，扁秆藨草密度对白鹤取食产生重要影响。进入 10 月后，温度下降较快，扁秆藨草大面积枯萎倒伏，其株高对秋季白鹤影响不大；三江藨草倒伏时间较晚，进入 10 月份后，植物明显变黄，但主要是地上生物量发生变化，株高对秋季白鹤取食仍造成影响。

对扁秆藨草植株密度随水深变化及三江藨草株高随水深变化进行分析。由图 4.52(a)可以看出，三江藨草在水深 30cm 以上时大量出现，其密度几乎稳定于一个较低值；扁秆藨草植株密度随水深升高而下降，水深 30cm 以上的水域扁秆藨草密度大幅下降，而扁秆藨草存活但密度较低的区域是适宜白鹤取食的地区。扁秆藨草、三江藨草[图 4.52(b)]的株高随水深升高而增高，当水深达到 50cm 时，扁秆藨草消失，且这一高度下三江藨草的株高超过 100cm，白鹤身长约 130cm，将会使白鹤全身隐没，遮挡了白鹤的视野，不利于警惕。综上，白鹤的适宜水深为 30～50cm 之间，水深超过 60cm 的区域几乎无白鹤停歇，根据 GPS 定位得到该水深范围下的湖底高程，确定其对应水位约为 132.4～132.6m。

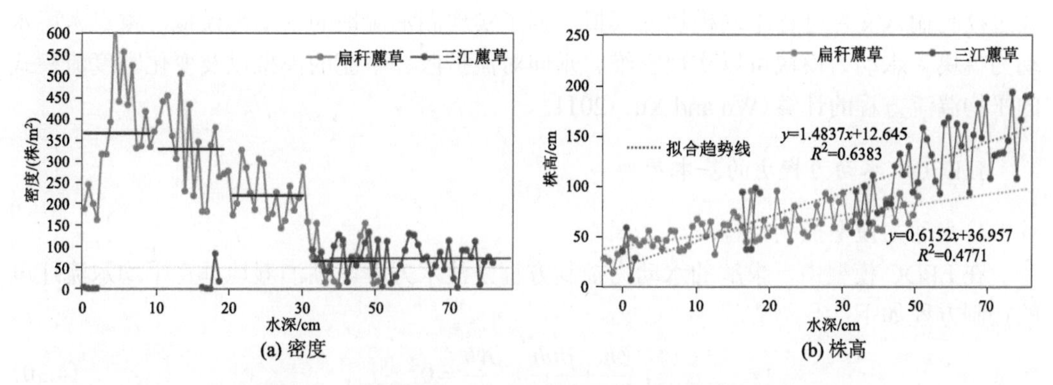

图 4.52　扁秆藨草、三江藨草密度及株高随水深变化

4. 白鹤适宜生境条件的确定

根据白鹤停歇数量最多的年份对应的水面面积推求白鹤适宜生态水深；根据白鹤适宜觅食的水深范围推求白鹤适宜生态水位。将两种方法得到的数值相比较，得出白鹤适宜的生态水位为 132.4～132.6m。因此，可以将白鹤湖水位调控至此合理的生态水位范围，进而调节植物类型向白鹤生境需求目标方向演替，使适宜白鹤的栖息和繁殖的生境面积增加，从而提高白鹤种群停歇数量。许多研究表明白鹤的种群密度在稳定的水位条件比在季节性洪泛湿地要大，稳定的水位为白鹤提供适宜的栖息地，有利于其觅食(Ma et al.，2010)。因此，营造稳定的白鹤湖水位是吸引白鹤停歇的重要条件。白鹤适宜生境需求条件如表 4.23 所示。

表 4.23　白鹤生境需求条件

类别	生境类型	植物类型	水深/cm	水位/m	水面面积/hm^2	水面面积占全区比例/%
白鹤	挺水植物带、软泥区	扁秆藨草、三江藨草	30～50	132.4～132.6	2600	65

4.2.2　基于 EFDC 的白鹤湖水动力模型构建

目前湿地生态需水与补水的主要方法是通过水量平衡模型构建出入流与湿地蓄水量变化量的相互关系，该方法只考虑流入和流出生态系统的水量和渗漏量，不考虑生态系统内部分配等问题(章光新等，2014)。水量平衡方法较适用于一些小型湖泊或内陆封闭性湖泊，但水量平衡方法只是对湖泊特性的一般性描述和认识，且时间分辨率(月尺度或年尺度）较粗，也无法描述湖泊关键水文要素的空间特征和显著的水动力过程。因此，本节采用环境流体动力学模型(the environmental fluid dynamics code, EFDC 模型软件)，克服湖泊流域系统难以切实描述和完整模拟的难点，可在湖泊流域系统水资源管理与调控中发挥重要作用。

EFDC 模型可广泛用于水生态系统，用以支持环境评估与管理(Hamrick，2007)，可通过控制输入文件进行不同模块的模拟。为了实现湖泊湿地的水动力模拟，重点考虑水动力模块。水动力模块可以实现三维、垂向对流扩散、平流的模拟以及变化密度流模式的平均湍流方程的计算(Wu and Xu，2011)。

1. EFDC 水动力模块的基本原理

1) 水动力模型控制方程

在 EFDC 模型中，求解的水动力控制方程是浅水方程。湖泊湿地垂直平均水流速度的控制方程如下：

$$\frac{\partial h}{\partial t}+\frac{\partial uh}{\partial x}+\frac{\partial vh}{\partial y}=0 \tag{4.30}$$

$$\frac{\partial u}{\partial t}+u\frac{\partial u}{\partial x}+v\frac{\partial u}{\partial y}+g\frac{\partial z}{\partial x}=\frac{\tau_x^z-\tau_x^b}{h}+fv \tag{4.31}$$

$$\frac{\partial v}{\partial t}+u\frac{\partial v}{\partial x}+v\frac{\partial v}{\partial y}+g\frac{\partial z}{\partial y}=\frac{\tau_y^z-\tau_y^b}{h}-fu \tag{4.32}$$

式中，u、v 分别为 x，y 方向的流速；t 为时间，z 和 h 分别为水位及水深；τ_x^z、τ_y^z 分别为 x、y 方向的水面剪切力；τ_x^b、τ_y^b 分别为 x、y 方向的水底剪切力；f 为科氏系数。

2) 水动力模块控制方程求解

初始条件和边界条件是求解水动力的必要条件，研究模型需要通过一系列的初始条件来指定水体的初始状态；边界条件是外界的源和汇，以及固体边界和开边界，通常湖泊作为一个整体的区域，自身不能计算其边界条件，因此需指定边界条件。

垂向速度边界条件为水面和水底的速度为 0，即

$$W(x,y,1,t)=0, W(x,y,0,t)=0 \tag{4.33}$$

2. 基于 EFDC 的白鹤湖水动力模型构建

1) 计算区域网格划分

借助由南京地理与湖泊研究所开发的 iLAKE 软件所附带的网格剖分功能(Huang et al.，2015a)，用于生成网格文件。iLAKE 软件的网格剖分所需要的输入文件仅为计算区域的边界坐标文件，文件结构相对简单。借助 Google Earth 软件准备的白鹤湖边界的 KML 文件，及湖底高程的 Excel 文件导入 iLAKE 软件中。综合考虑空间分辨率及计算时间，将网格设置为水平方向 100m×100m 的方形网格。沿垂直方向将白鹤湖分为两层，从而可以描述由风应力引起的表层及底层水流速度的不同方向。当 iLAKE 完成网格剖分后，自动生成以.grd 为后缀的网格结构文件。然后将 grd 文件导入 EFDC，如图 4.53 所示。

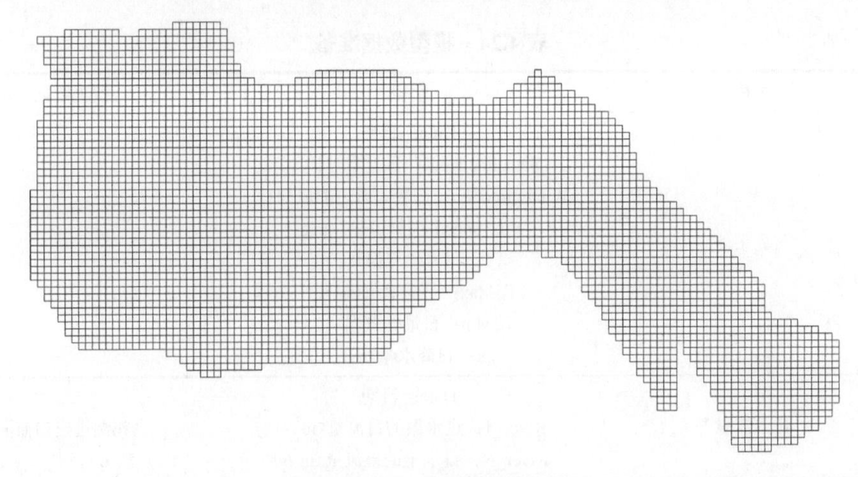

图 4.53　白鹤湖网格剖分图

2) 湖底地形概化

湖底地形采用白鹤湖实测高程点数据与下载的 DEM 数据相结合的方法，借助于 iLAKE 软件，生成 EFDC 模型所需要的网格文件，包括 dxdy.inp(文件指定了水平网格间距或指标、深度、底高程，底部粗糙度)、lxly.inp(文件指定水平网格中心坐标)。此外，cell.inp 和 cellt.inp 都是水平网格的识别文件，但后者包含了物质运输的相关信息(图 4.54)。

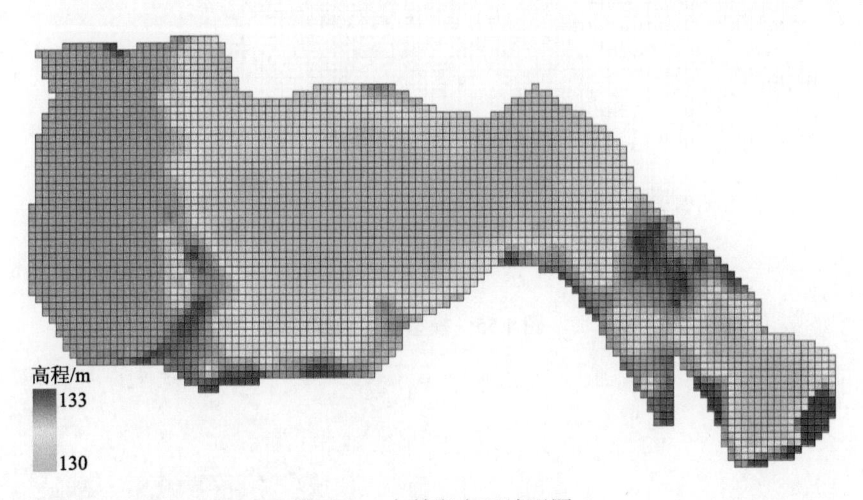

图 4.54　白鹤湖水下地形图

3) 模型初始条件及参数设定

EFDC 受控于进/出流量、气象条件(如风切变、降水)等。模型输入数据如表 4.24 所示。

A. 模型网格边界条件设置

入流边界是白沙滩灌区二排干入湖流量，出流边界是出湖流量(图 4.55)。进湖口水量是白鹤湖主要水源，日最大入流量可达 18.3m^3/s。进湖流量、出湖流量均采用实测数据(图 4.56、图 4.57)。

表 4.24　模型数据准备

编号	名称	字段	搜集数据情况
1	气象条件	Date：日期 Sunshine Hour：日光照时长(h) Wind direction：日最大风速的风向(°) Wind speed：日均风速(m/s) T：日平均气温(°C) TdMax：日最高气温(°C) TdMin：日最低气温(°C) pr：日降水量(mm)	
2	出入流量	Date：日期 River_1：进水渠的日流量(m^3/s) River_N：排水渠的日流量(m^3/s)	白鹤湖进出口监测流量
3	植物分布	生物量/粗糙系数	遥感解译
4	湖泊边界文件 出入湖口的位置文件 湖底高程文件	Lake.shp Flows.shp TIN	Lake.shp Flows.shp DEM

图 4.55　模型边界设定

(a) 进湖口　(b) 出湖口

图 4.56　白鹤进湖口和出湖口

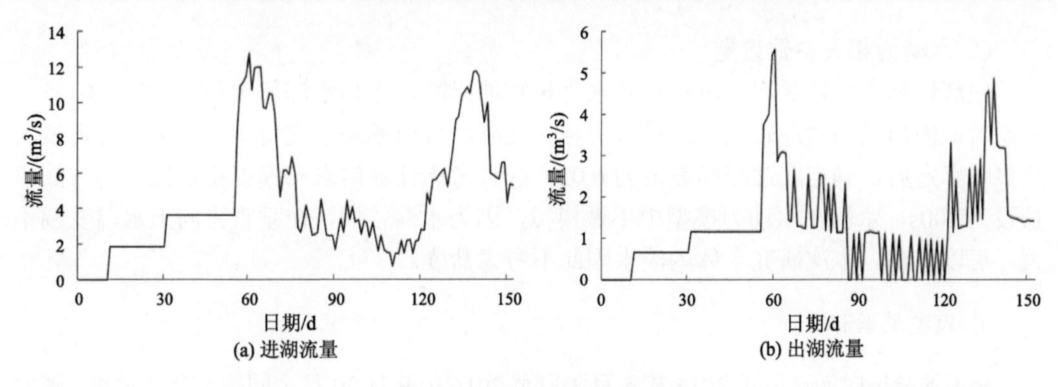

图 4.57 进湖流量和出湖流量

B. 模型气象数据

EFDC 模型进行水动力模拟需要输入气象数据(包括气压值、气温、相对湿度、降雨量、蒸发量等)以及风速、风向数据。图 4.58 描述了气象数据中气温、降水量、风速、风向变化曲线，其中气温采用日最高气温，降水采用日降水总量。气象数据和风数据分别存放于 aser.inp 和 wser.inp 文件内。本次模拟所采用的气象数据源于吉林省镇赉县气象局。

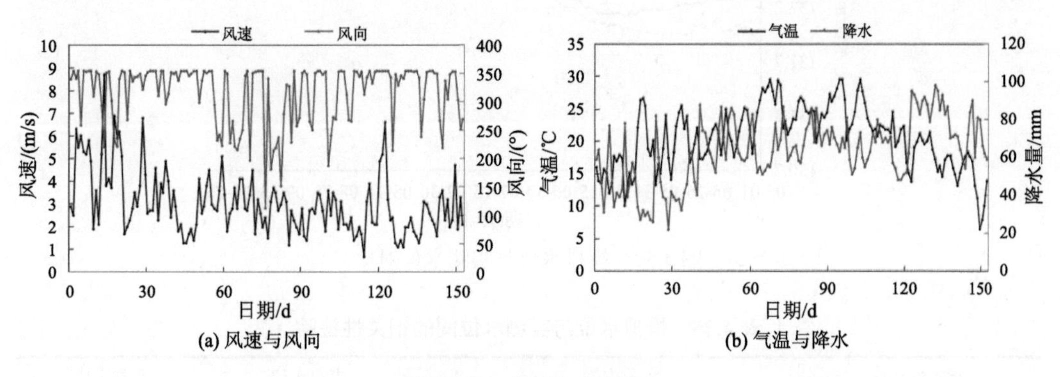

图 4.58 模型气象数据

总蒸散发量为植物实际蒸发量与自由水面蒸发量之和。计算湖面的蒸散发量可考虑应用 Penman–Monteith 方程计算：

$$\mathrm{ET_0}=\frac{1}{\lambda}\left[\frac{\Delta(R_\mathrm{n}-G)+\rho_\mathrm{a}c_\mathrm{p}(e_\mathrm{s}-e_\mathrm{d})/r_\mathrm{a}}{\Delta+\gamma(1+r_\mathrm{s}/r_\mathrm{a})}\right] \tag{4.34}$$

另外植物产生的实际 ET 速率通过下式计算：

$$\mathrm{ET_{veg}}=\mathrm{ET_0}\times\frac{-0.524\times\log(C_i)+1.264}{17} \tag{4.35}$$

式中，R_n 为净辐射，MJ/(m^2·d)；G 为土壤热通量，MJ/(m^2·d)；e_s 为饱和水气压，kPa；e_d 为实际水气压，kPa；Δ 为饱和水气压—温度曲线斜率，kPa/℃；γ 为湿度系数，kPa/℃；r_s 为表面阻抗，约为 70s/m。

C. 水动力相关参数设定

底部粗糙率往往受河底沉积物和水生植物的影响，也与水深相关(张文时，2014)。本次模拟的白鹤湖水深较浅，通过查阅相关文献结合白鹤湖水文特征，经多次的调试、测算和率定后，确定底部粗糙度值为 0.02。综合考虑计算需求和模型稳定性，将时间步长设为 100s。水温在水动力模型中不做模拟，因为水深较浅，在垂直方向上水温变幅不大，可以忽略。本次研究水体为淡水因此不考虑盐度。

3. 模型的验证

模型的验证时间选取了 2016 年 5 月 1 日至 2016 年 9 月 29 日之间的 5 个月时间，该时段包括了白鹤湖的丰水期，排除了湿地封冻期。由分析结果可知，实测水位与模拟水位的平均绝对误差 0.13m、平均相对误差 0.1%；并在 SPSS 中对两组数据做相关性检验，$P<0.001$ 说明模拟水位和实测水位间具有显著的相关性，模型模拟效果较好(图 4.59、表 4.25)。

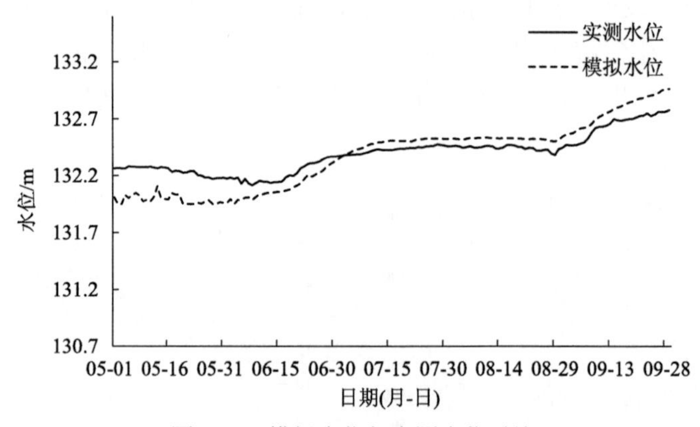

图 4.59 模拟水位与实测水位对比

表 4.25 模拟水位与实测水位间的相关性检验

相关性检验	参数	模拟水位	实测水位
模拟水位	Pearson 相关	1	0.962**
	Sig. (2-tailed)		< 0.001
	N	152	152
实测水位	Pearson 相关	0.962**	1
	Sig. (2-tailed)	< 0.001	
	N	152	152

**表示差异显著性小于 0.01(双尾检验)；Sig. (2-tailed)表示双尾检验的概率值

4. 白鹤湖水动力模拟结果分析

1) 水位变化分析

由图 4.60 分析可知，不同月份典型日期的水位大小和分布明显不同。全湖平均水位随时间呈显著上升趋势。6 月水位与 5 月相比无明显变化，但 7 月水位显著高于 6 月，7

月全湖平均水位高于6月0.39m。7月、8月全湖平均水位分别为132.48m、132.53m，在白鹤适宜生态水位范围内。但9月水位又经历一次明显上涨，高出8月水位0.26m，超出了白鹤适宜生态水位。

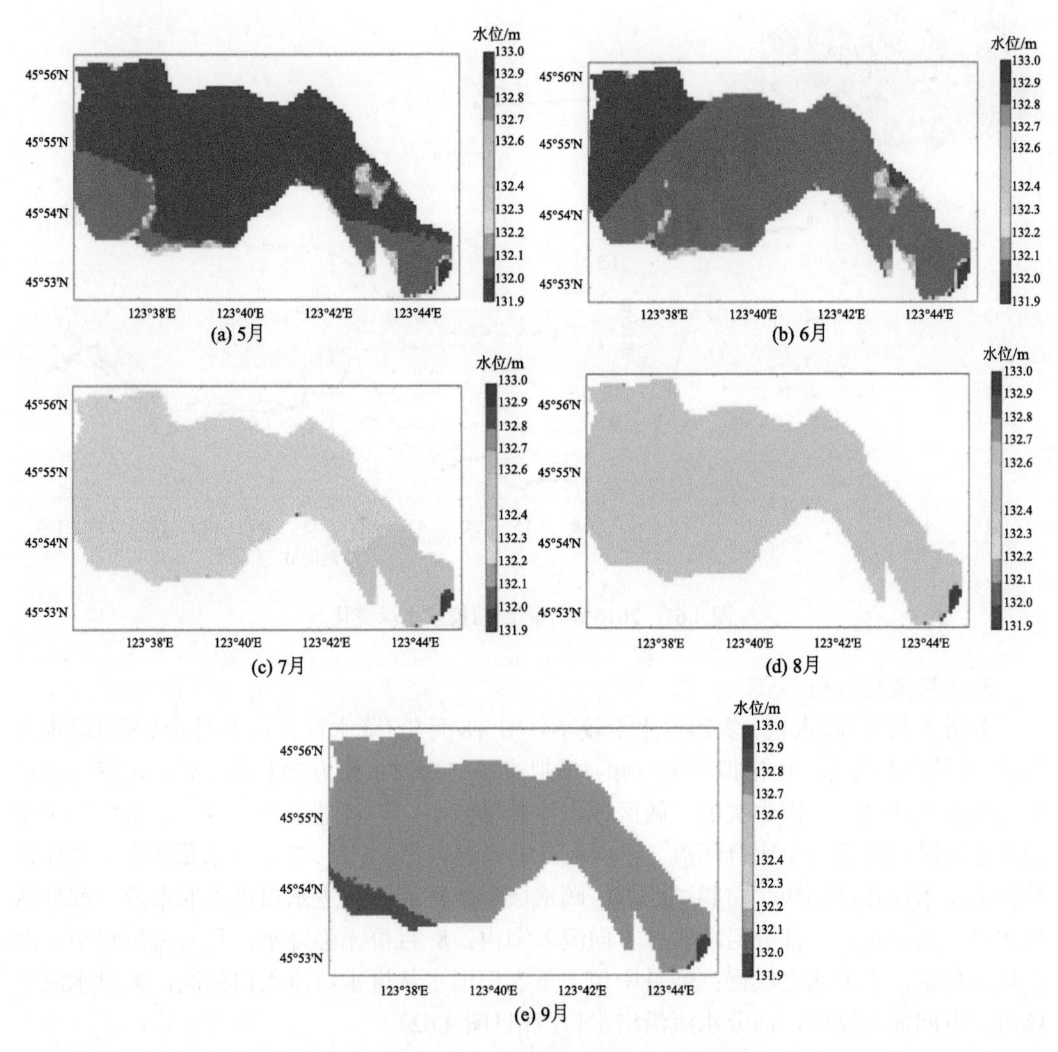

图4.60 2016年不同月份模拟水位分布图

2）水深变化分析

模型模拟2016年5～9月份白鹤湖水深变化。从总体上看，湖中央c断面水深＞进水口a断面水深＞出水口b断面水深＞扁秆藨草群落d断面水深。受农田退水及大气降水影响，白鹤湖水深年内分配不均匀。由气象数据可知，2016年6月份降水达153mm，占全年的35%。根据水深变化数据表明，6月份(30～60d)各断面水深呈显著上升趋势。9月份降水异常偏多，达128mm，占全年降水的30%，与此同时9月份前杭排灌站农田排水为1904万m^3，占农田退水总量的31%。9月份(即120～150d期间)出现又一波峰，各断面变化比较明显，a、b、c、d四个断面9月份最大水深分别达到了1.18m、0.99m、

2.06m、0.95m。本节以 d 点达到白鹤适宜生态水位为目标进行调控(图 4.61)。

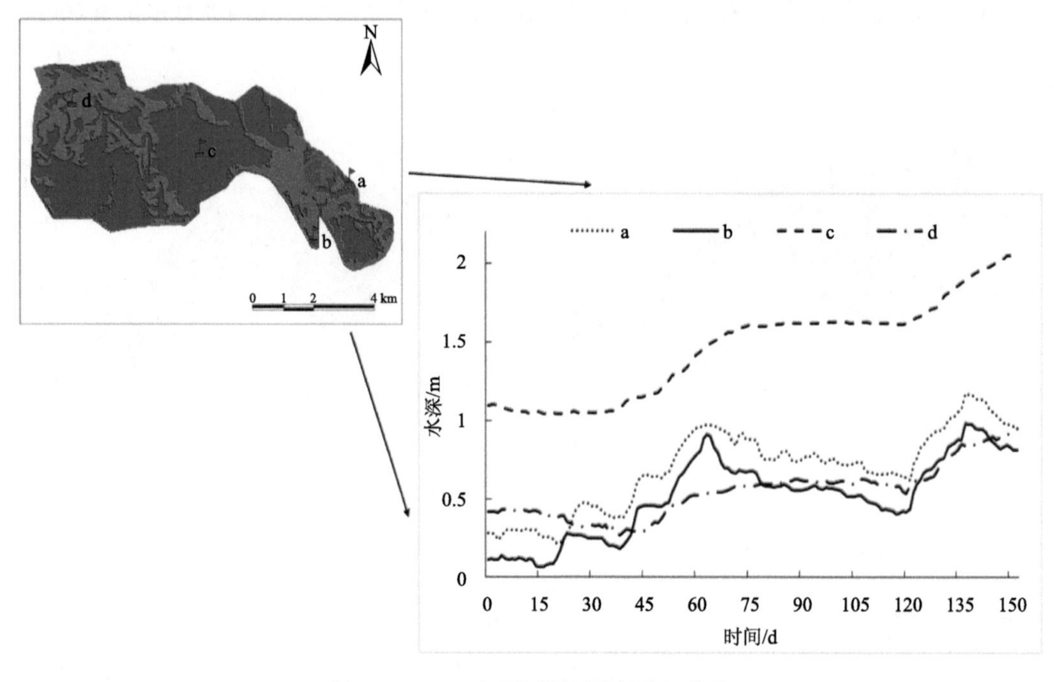

图 4.61　2016 年不同断面模拟水深变化

3) 流场变化分析

分析 5 月份(降水量、农田退水量较小)、6～8 月份(降水量大)、9 月份(农田退水大量排放)的流场分布。由模拟结果可知，模拟流场与湖内水流方向基本一致，转弯处和较窄区域水流速度大，湖中央的广阔区域水流速度较小。5 月进水量较少，进水口与出水口的中间区域形成一个闭合环流，较少水流进入湖内部；6 月、7 月降水量较多，湖体扰动较大，水流速度加快，白鹤湖西部广阔水域形成环流，从进水口进入的水流一部分从出水口直接流走，一部分沿顺时针方向流入湖内；8 月份无强降水，且入流量较小，湖面比较稳定，水流速度较慢；9 月中旬大量农田退水从进水口流入白鹤湖，大量水流沿顺时针方向流入湖中，部分水流沿出水口流出(图 4.62)。

针对白鹤湖水文特性，构建基于 EFDC 的白鹤湖水动力模型，模型的验证时间为 2016 年 5 月 1 日至 2016 年 9 月 29 日，此期间模型模拟水位和实测水位的平均绝对误差为 0.13m、平均相对误差为 0.1%、拟合度 r 达 0.9。因此建立的模型能较精准模拟白鹤湖水动力过程。

基于白鹤湖水动力模型分析了水位、流场变化特性。模型模拟的 2016 年 5～9 月份水位、水深均随时间呈上升趋势。其中，6 月与 9 月全湖水位上涨明显，主要受天然降水与农田退水的作用影响。各月份白鹤湖流场在进出口西侧均呈现大的环流。从进水口流入的水流一部分直接从出水口流出，一部分沿顺时针方向流入湖内部。

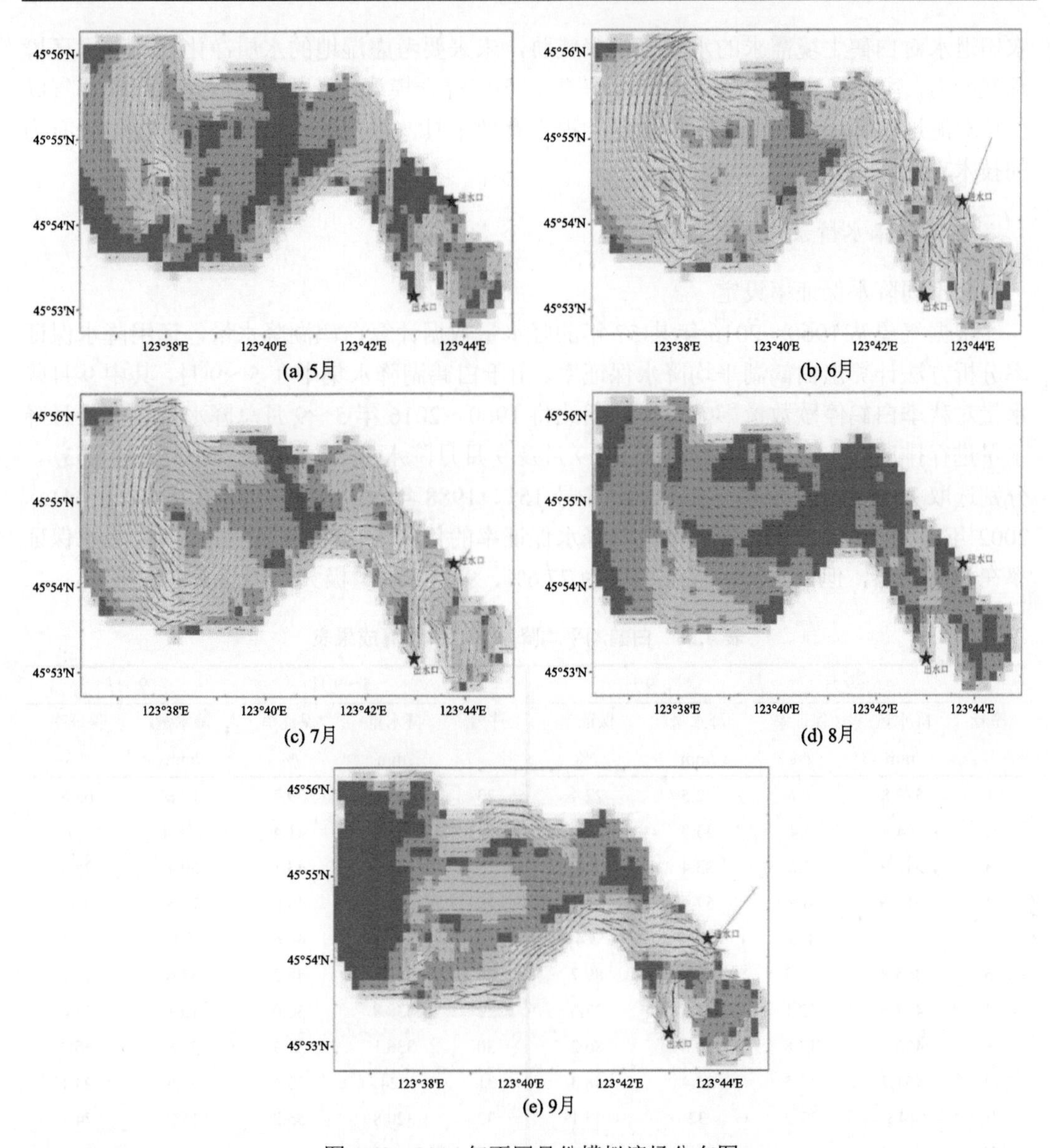

图 4.62　2016 年不同月份模拟流场分布图

4.2.3　基于白鹤生境需求的白鹤湖生态水文调控

在莫莫格国家级自然保护区白鹤湖，白鹤主要栖息在挺水植物群落分布区，其食源植物为扁秆藨草和三江藨草，适宜水深为 30～50cm，适宜水位为 132.4～132.6m。白鹤湖需按季节和水文年进行水文调控。在白鹤迁徙的秋季，白鹤湖的农田退水补给量较多，应该通过出口的泄水闸增加白鹤湖的泄流量。在丰水年，在入流量保持不变的情况下，白鹤湖需要提前放水，并增大泄流量；在平水年，一般无需调控即可达到白鹤适宜水位，但是，在 9 月降水量异常偏多的情景下，需增大 9 月泄流量；在枯水年，天然降水量和农田退水量不足以使白鹤湖达到白鹤的适宜水位，需要对其进行补水，此期间无需排水。

农田退水对白鹤生境需求的水环境带来威胁，未来要考虑湿地的水质净化功能和水环境承载能力，建立湿地水文-水动力-水质-生态响应综合模型，可以为预估人类活动和气候变化对湿地水环境及其生态特征的影响提供有效工具，为白鹤栖息地的保护提供强有力的技术支撑。

1. 不同来水情景设置

1) 不同降水保证率设定

根据气象站 1960～2016 年共 57 年的降水量数据计算白鹤湖降水量，运用降水保证率分析方法计算出白鹤湖平均降水保证率。由于白鹤湖降水集中在 5～9 月，其中 9 月降水量对秋季白鹤停歇数量影响较大，因此将 1960～2016 年 5～9 月总降水量及 9 月月降水量进行排序(表 4.26)，并绘制了 5～9 月及 9 月月降水量-保证率变化曲线(图 4.63)。分别选取 2014 年(序号 6)、2011 年(序号 15)、1988 年(序号 29)、2010 年(序号 44)、2002 年作为 10%、25%、75%、90%降水保证率的代表。1988 年虽然 5～9 月降水保证率在 50%左右，但 9 月降水保证率仅为 77.6%，9 月降水量极大，因此需单独考虑。

表 4.26　白鹤湖平均降水保证率计算成果表

序号	5～9 月		9 月		序号	5～9 月		9 月	
	降水量/mm	保证率/%	降水量/mm	保证率/%		降水量/mm	保证率/%	降水量/mm	保证率/%
1	579.8	1.7	52.5	22.4	23	392.8	39.7	18.8	63.8
2	564.4	3.4	33.8	37.9	24	375.7	41.4	128.4	1.7
3	542.9	5.2	83.4	5.2	25	361.9	43.1	50.4	25.9
4	519.5	6.9	57.4	17.2	26	356.1	44.8	77.5	8.6
5	493.1	8.6	109.7	3.4	27	355.8	46.6	5.1	93.1
6	465.8	10.3	7.5	89.7	28	342.9	48.3	33.6	39.7
7	457.7	12.1	49.6	27.6	29	338.8	50.0	13.1	77.6
8	455.8	13.8	10.8	86.2	30	336.1	51.7	21.8	55.2
9	451.7	15.5	25.4	48.3	31	324	53.4	50.6	24.1
10	446	17.2	32	43.1	32	320.8	55.2	15.2	74.1
11	443.3	19.0	54.1	19.0	33	319.9	56.9	34.4	36.2
12	440.6	20.7	22.1	53.4	34	317.8	58.6	33.3	41.4
13	434.8	22.4	16.5	69.0	35	310.8	60.3	25.2	50.0
14	434.7	24.1	42.1	34.5	36	308.9	62.1	60	15.5
15	428.2	25.9	21.7	56.9	37	295.1	63.8	24.4	51.7
16	427.1	27.6	61.8	13.8	38	288.4	65.5	8.7	87.9
17	423.1	29.3	31.4	44.8	39	286.3	67.2	15.7	72.4
18	420.1	31.0	65.5	12.1	40	282.7	69.0	12.8	81.0
19	403.4	32.8	29.6	46.6	41	281.8	70.7	18.2	65.5
20	402.8	34.5	82.4	6.9	42	278.2	72.4	12.2	82.8
21	402.4	36.2	70.7	10.3	43	270.3	74.1	17	67.2
22	399	37.9	43.7	31.0	44	253.6	75.9	13.7	75.9

续表

序号	5～9 月		9 月		序号	5～9 月		9 月	
	降水量/mm	保证率/%	降水量/mm	保证率/%		降水量/mm	保证率/%	降水量/mm	保证率/%
45	253.5	77.6	53.3	20.7	52	209.1	89.7	47.8	29.3
46	242.2	79.3	6.5	91.4	53	208.2	91.4	21.6	58.6
47	237.4	81.0	19.3	62.1	54	182.2	93.1	2	96.6
48	230.3	82.8	3.9	94.8	55	166.5	94.8	1	98.3
49	218.1	84.5	16.2	70.7	56	159.6	96.6	20.4	60.3
50	217.9	86.2	10.8	84.5	57	96.7	98.3	13	79.3
51	214.4	87.9	43	32.8					

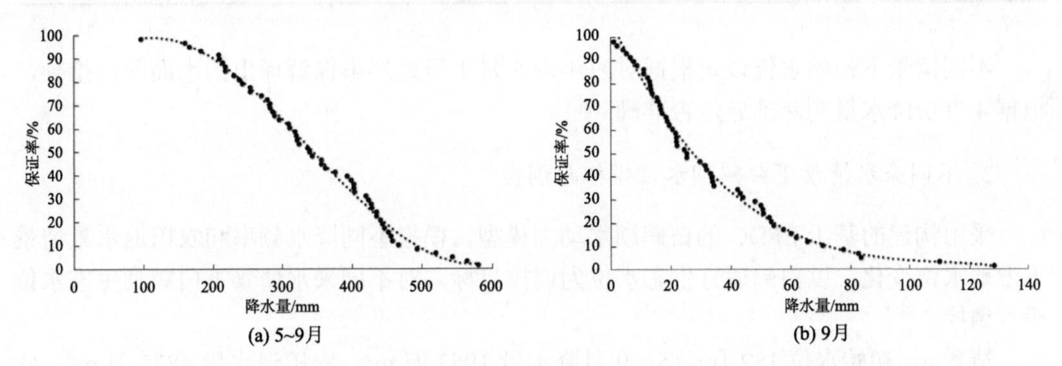

图 4.63　5～9 月份总降水量保证率及 9 月份月降水保证率分布曲线图

2) 不同农田退水量设定

农田退水量依据前杭排涝站提供的 2008～2016 年数据，并结合当年的降水情况和灌区发展规划综合分析设定农田退水量(表 4.27)。

表 4.27　2008～2016 年农田退水情况

年份	开机时间	停机时间	运行时间/h	水量/万 m^3	累积频率/%
2008	7 月 12 日	11 月 6 日	1715	1389.15	80
2009	6 月 10 日	11 月 21 日	1329	1076.49	90
2010	5 月 28 日	10 月 5 日	2171	1758.51	70
2011	5 月 10 日	10 月 18 日	5209	4219.29	40
2012	5 月 18 日	10 月 4 日	4600	3726.00	50
2013	6 月 30 日	10 月 6 日	4476	3703.56	60
2014	5 月 16 日	10 月 14 日	6266	5075.46	20
2015	5 月 12 日	10 月 16 日	6143	5000.00	30
2016	5 月 12 日	10 月 19 日	7508	6222.92	10

3) 不同情景设定

丰水年，大量的天然降水导致农田水量过多，为防止农田被淹、影响粮食产量，大量农田退水排入白鹤湖中；而枯水年，农田的天然补给水量不足，仅产生少量农田退水。因此设置以下 5 种情景(表 4.28)。

表 4.28　不同情景设置

情景	降水保证率 P/%	农田退水累积频率 F/%	初始水位/m	对应年份
a	10	25	132.10	2014
b	25	50	132.07	2011
c	50	10	132.12	1988
d	75	75	132.00	2010
e	90	90	131.90	2002

不同情景下初始水位设定根据对应年份 5 月 1 日遥感影像解译出的水面面积推导，根据 4 月份降水量判断推导是否准确。

2. 不同来水情景下白鹤湖水位模拟与调控

采用构建的基于 EFDC 的白鹤湖水动力模型，模拟不同降水频率和农田退水量情景下湿地水位变化，以白鹤适宜生态水位为调控目标，对不同来水情景下白鹤湖生态水位进行调控。

情景 a：初始水位 132.1m，5～9 月降水量 1953 万 m^3，农田退水量 4825 万 m^3。此情景下调水对策：从 7 月份开始，将出流量扩大为 4.56m^3/s，7～9 月份总泄水量 3617 万 m^3，在秋季白鹤到来之前可达到其适宜生态水位(图 4.64)。

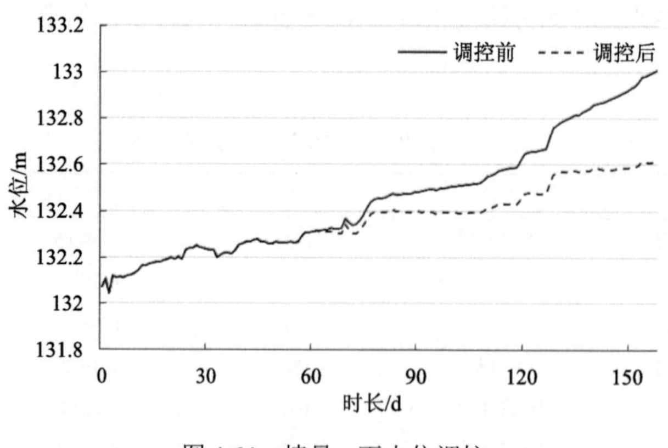

图 4.64　情景 a 下水位调控

情景 b：初始水位 132.1m，5～9 月降水量 1722 万 m^3，农田退水量 4219 万 m^3。此情景下调水对策：从 7 月份开始，将出流量扩大为 2.70m^3/s，7～9 月份总泄水量 2143 万 m^3，在秋季白鹤到来之前可达到其适宜生态水位(图 4.65)。

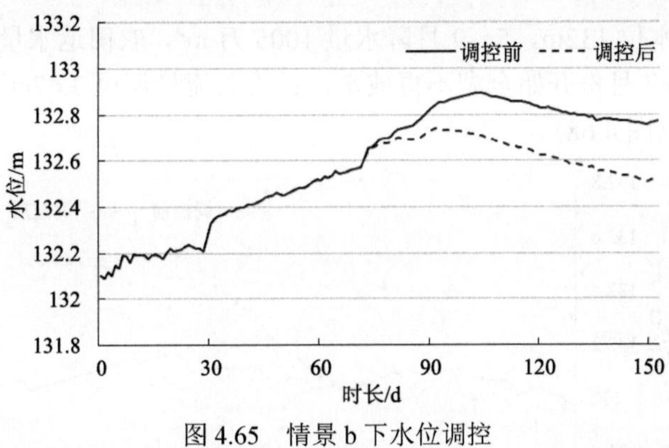

图 4.65　情景 b 下水位调控

情景 c：初始水位 132m，5～9 月降水量 1488 万 m^3，农田退水量 5834 万 m^3，其中仅 9 月份降水量达 509 万 m^3，农田退水量 1904 万 m^3。此情景下调水对策：将 9 月份出流量调至 $8.81m^3/s$，9 月份总出湖量达 2284 万 m^3，在秋季白鹤到来之前可达到其适宜生态水位(图 4.66)。

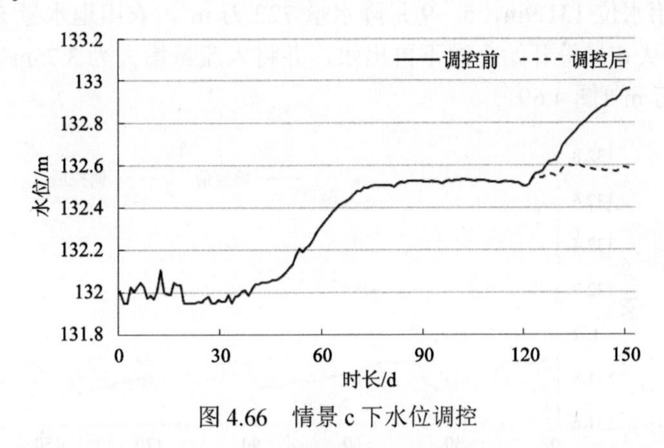

图 4.66　情景 c 下水位调控

情景 d：初始水位 132.05m，5～9 月降水量 1358 万 m^3，农田退水量 2863 万 m^3。此情景下，汛期降水量适中，农田退水量适中，无需调控，在秋季白鹤到来之前即可达到其适宜生态水位(图 4.67)。

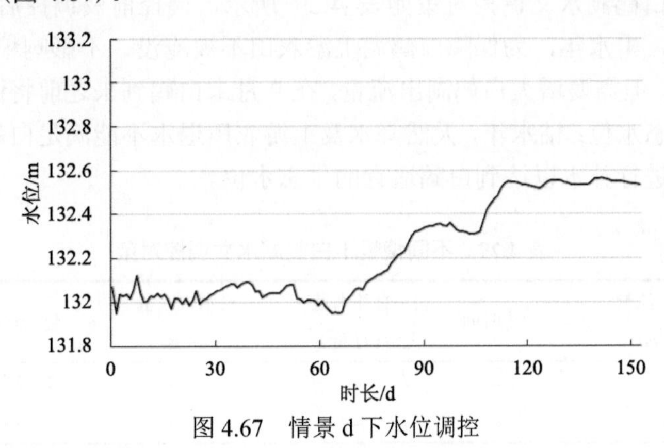

图 4.67　情景 d 下水位调控

情景 e：初始水位 132m，5～9 月降水量 1005 万 m^3，农田退水量 1759 万 m^3。此情景下调水对策：从 7 月份开始全湖不再放水，并将入流量调至 3.67m^3/s，7～9 月份总补水量为 2919 万 m^3(图 4.68)。

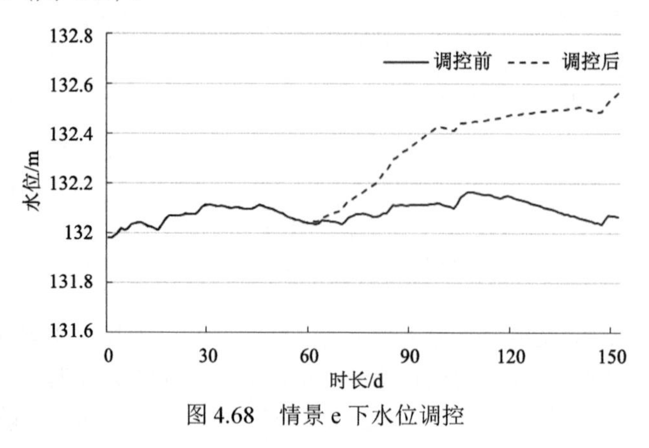

图 4.68　情景 e 下水位调控

情景 f：初始水位 131.9m，5～9 月降水量 722 万 m^3，农田退水量 528 万 m^3。此情景下调水对策：从 6 月份开始全湖不再出水，并将入流量增大为 3.75m^3/s，6～9 月份总补水量为 3948 万 m^3(图 4.69)。

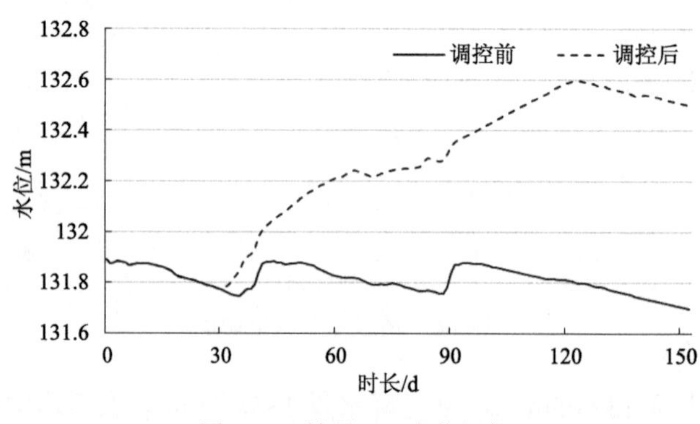

图 4.69　情景 f 下水位调控

不同情景下白鹤湖水文调控对策如表 4.29 所示，调控前及调控后的水量平衡如表 4.30 所示。综上，丰水年，为保障白鹤湖上游农田不被淹没、不影响粮食产量，允许上游向白鹤湖排水，但需要增大白鹤湖出流量，在 9 月末白鹤到来之前将进水量全部排出，达到白鹤适宜生态水位；枯水年，天然降水及上游农田退水不能满足白鹤湖水位需求时，需另外对白鹤湖进行补水以达到白鹤适宜的生态水位。

表 4.29　不同情景下白鹤湖水文调控对策

不同情景	入水口流量/(m^3/s)	起止时间	总补水量/(万 m^3)	出水口流量/(m^3/s)	起止时间	总泄水量/(万 m^3)
情景 a	—	—	—	4.56	7～9 月	3617
情景 b	—	—	—	2.70	7～9 月	2143

续表

不同情景	入水口流量 /(m³/s)	起止时间	总补水量 /(万 m³)	出水口流量 /(m³/s)	起止时间	总泄水量 /(万 m³)
情景 c	—	—	—	8.81	9 月	2284
情景 d	—	—	—	—	—	—
情景 e	3.67	7～9 月	2919	0	7～9 月	0
情景 f	3.75	6～9 月	3948	0	6～9 月	0

—表示无需调控

表 4.30　不同情景下白鹤湖 5～9 月份调控前及调控后的水量平衡　(单位：万 m^3)

不同情景	调控前					调控后				
	入湖项		出湖项		蓄水变化量	入湖项		出湖项		蓄水变化量
	降水	入湖径流	蒸散发	出湖径流		降水	入湖径流	蒸散发	出湖径流	
情景 a	1953	4825	2490	1523	2765	1953	4825	2490	4013	275
情景 b	1722	4219	2667	1359	1915	1722	4219	2667	2788	486
情景 c	1488	5834	2676	1732	2914	1488	5834	2676	3445	1201
情景 d	1358	2863	2370	993	858	1358	2863	2370	993	858
情景 e	1005	1759	2708	695	–639	1005	3705	2708	300	1702
情景 f	722	528	2798	364	–1912	722	3983	2798	54	1853

3. 白鹤湖生态水文调控对策和措施

在分析白鹤湖生态水文格局演变特征及规律的基础上，明确白鹤生境的生态水位需求，通过多种调控对策与措施，维持白鹤湖适宜的生态水位，保护与恢复白鹤湖湿地生态系统的结构和功能，确保白鹤栖息地的稳定和安全。达到保持栖息地生态系统健康和安全的目标。

1) 按季节进行调水，保证秋季白鹤来临之前达到其适宜生态水位

白鹤湖水位需按白鹤候鸟迁徙季进行调控，及时满足白鹤觅食、停歇等特殊需求。根据降水和来水规律，将每年 6 月至翌年 5 月作为一个水文年，6～10 月为丰水期，11 月至翌年 4 月为枯水期。通过上述分析可知，高水位会影响食物可获取性，低水位只有低于最小生态水位时才会影响白鹤生存，因此白鹤对高水位比低水位敏感。白鹤湖目前水多问题较为严重，主要针对农田退水的管控。

从时间上看，春季处于枯水时期，每年 4～5 月白鹤湖水量可以保障藨草类植物的正常生长，因此无需人为干预。在秋季，特别是每年 10 月份白鹤迁徙季节，这一时期降水较多且无法控制，因此加强对农田退水入流量或湖泊出流量的调控，以保证白鹤栖息的适宜的水文条件。进入 11 月白鹤迁徙南飞，可向白鹤湖补充适量水源以维持来年春天白鹤湖适宜生态水位。

2) 上游农田退水多区域排放，在白鹤湖增设泄水口，减轻其排水压力

根据《吉林省水利发展“十一五”规划》，农田退水经蓄水泡沼自净符合莫莫格保护

区湿地水质要求之后，均可排放到莫莫格保护区湿地(王伟，2009)。定额计算上游农田退水量，将总的农田退水按不同区域湿地的生态需水量进行分配，而不是一味地排放到同一块湿地中，这样既可以为湿地补水，又不会淹没湿地植物。

目前秋季农田退水集中在每年9月末10月初，正是秋季白鹤来临季节，丰水年大量降水加上上游农田退水，增加了白鹤湖排水压力。由白鹤湖流场分布分析可知，在农田退水大量排入白鹤湖时，大量水流沿西南方向进入湖内部，因此建议在白鹤湖南边地势较低处增设出水口，缓解排水压力。

3)白鹤湖实施退耕还湿政策，限制放牧、捕鱼活动，恢复白鹤食源植物

白鹤湖内围湖造田现象比较严重，导致湿地面积减少、白鹤栖息地破坏。因此，必须制定严格的退耕还湿政策，提高居民对退耕还湿的认识，对已开垦的农田实施退耕还湿工作，尤其是白鹤集中停歇地，成为无人居住区，禁止一切放牧、捕鱼活动，防止牲畜践踏白鹤食源植物及频繁捕鱼对白鹤栖息的扰动，还白鹤安全宁静的栖息繁殖环境。

恢复湿地植被面积，调节植物类型向白鹤生境需求目标方向演替。促进水生植物的生长，一方面可加快植物对污染物的吸收与降解，改善白鹤湖水质，防止农业面源污染对水生态系统健康造成的损害；另一方面，可通过湿地植物建立隔离带，为白鹤提供适当的隐蔽物，并保证鹤类的食物来源。

4)将白鹤湖划分到核心区内，加强保护，定期开展栖息地健康状况调查与监测，并开展珍稀水禽保护的宣传教育工作

莫莫格湿地核心区为湿地植物、珍稀水禽的重点保护区域。白鹤湖分布在核心区外围地带的缓冲区内，该区村屯交错分布，人类活动频繁，影响到了白鹤的栖息与繁殖，因此建议将白鹤湖划分到核心区内。

在白鹤湖应定期开展对白鹤种群数量、植物类型与结构、水源补排状况、水化学特征、土壤类型等方面的调查与监测，建立保护区湿地资源信息库，了解保护区健康状况，进而制定出科学的栖息地管理对策。

白鹤湖与周边居民区息息相关，社会参与能够充分增强社会居民主人翁精神和责任感，从而提高保护区水资源与自然资源保护管理的有效性。通过“世界湿地日”“爱鸟周”“野生动物保护月”等时机和广播、电视、报纸、书刊杂志、宣传画册、学校教育等多种手段，广泛宣传保护区湿地及珍稀水鸟的重要意义，努力提高各级领导及湿地区群众的湿地保护意识。

5)建立流域水文气象动态监测和预警机制，掌握自然和社会系统中的不确定性

流域大气过程、水文过程的变化，会导致白鹤湖水资源供给的不确定性增加，有些年份水量过剩，有些年份干涸缺水；同时，伴随经济社会的发展，水土资源开发利用方式不断变化，破坏了白鹤湖原有的水量平衡，水资源供需矛盾激化。白鹤湖水资源特点与整个流域的水文气象息息相关，完善地面和卫星遥感监测系统，加强对整个流域水资源及与其密切相关的大气降水、气温、太阳辐射、湿度等气候要素的监测水平，提高对气候灾害的动态监测能力；同时，加强社会系统中人口数量、产业结构、经济目标及发展规律的监测与评价，分析需水结构的动态变化。为白鹤湖科学有效地量化监测数据，并进行预测及区域适应性管理提供基础。

6) 实施湿地生态恢复的水系连通技术，修复和改善白鹤湖湿地生态环境

吉林省西部河湖水系连通工程，是将江河湖库、湿地、灌区等用水区连通在一起，形成一个体系，科学调度水资源，适时转移局部地区的洪灾风险，将多余出来的水资源循环利用，以实现水的流动性、河湖水系的连通性，提高水资源统筹调配能力。在白鹤湖设立的进、出水闸作为河湖连通工程的一部分，应建立泄水进水调控机制，调控湿地水位，以恢复湿地多样性，实现生态-经济综合效益为最终目标。在丰水期，加强白鹤湖与其他泡沼之间的水文连通，充分利用区域众多泡沼的巨大蓄水空间，对白鹤湖上游洪水分流，适时转移白鹤湖的洪水风险，避免高水位对白鹤停歇的影响；在枯水期，将丰水期存蓄的洪水资源化利用，为白鹤湖补水，恢复和改善白鹤湖生态环境，从可持续发展的角度看，保障了区域生态环境的健康与安全。

7) 强化各级水行政部门间及与其他部门的协调机制，优化白鹤湖水资源管理体系，成立协调管理办公室

加强对白鹤湖生态水文管理，必须增强白鹤湖水行政部门与其他行政部门间的联系和协调，便于在重大问题上取得共识；建立健全全流域各级水行政部门间的协调机制，以便自上而下有组织地开展白鹤湖生态水文管理工作。

将白鹤湖水资源管理部门与涉及农业、畜牧、林业等多职能部门联系在一起，共同在地方政府统一领导下，兼顾各部门之间的利益，保持各部门间良好的协作关系，按照轻重缓急统一规划、统一安排、统一调整、统一实施；各级水行政部门之间也要协调、协作，在满足保护区水资源供给和保障保护区环境整体发展的前提下，通过相互学习和相互监督，从流域整体角度提高变化环境下水资源的不确定性的适应能力；成立协调管理办公室，综合考虑白鹤湖进水、泄水等水资源管理及生态环境管理中的关键问题。

不同情景下水文调控对策如下：情景 a 和情景 b，降水量大，为保障白鹤湖上游农田不被淹没、不影响粮食产量，保持入湖径流不变，但需增大出水口流量，7～9 月份总泄水量分别为 3617 万 m^3 与 2143 万 m^3，在秋季白鹤到来之前方可将多余洪水全部排出；情景 c，入湖径流不大但集中在 9 月份，保持入水口流量不变，扩大 9 月份出水口流量，9 月份总泄水量为 2284 万 m^3；情景 d，无需调控，在秋季白鹤到来之前即可达到其适宜生态水位；情景 e、f，天然降水及农田退水不足以补充湿地需水量，情景 e 需从 7 月份开始扩大入湖径流，7～9 月份总补水量为 2919 万 m^3，情景 f 需从 6 月份开始扩大入湖径流，6～9 月份总补水量为 3948 万 m^3，且补水期间出水口不再放水，保证在秋季白鹤到来之前达到其适宜生态水位。

总体上看，上游农田退水量随降水量的增加而增大；丰水年在入流量保持不变的情况下，白鹤湖需提前放水，并增大泄流量；枯水年，天然降水及上游农田退水量不足以使白鹤湖达到白鹤适宜生态水位，需对其进行补水且此期间全湖不再排水；在平水年一般无需调控即可达到白鹤适宜生态水位，但 9 月份降水异常偏多的情景下，需增大 9 月份泄流量。

4.3　生态补水背景下扎龙湿地生态水文过程与调控

湿地生态水文状况是影响湿地植被长势和土壤状态的关键因素。气候变化和人类活

动引起的湿地生态水文条件恶化，可能导致湿地生态环境的退化。定量分析湿地植被变化趋势及湿地淹没频率的演变是研究湿地生态水文情势的重要方向之一。水资源的短缺和淹没频率的降低促使湿地植被和生态功能退化。因此，为了促进湿地植被健康、功能服务和生态系统完整性，有必要对湿地生态水文状况进行系统的分析。本节利用长时间序列遥感数据提取扎龙湿地水体面积、淹没频率和 NDVI，对扎龙湿地植被长势变化趋势及其对淹没频率变化的响应进行分析，探究补水前(1984～2000 年)和补水后(2001～2018 年)扎龙湿地生态水文变化及其驱动机制，并开展扎龙湿地生态补水工程的有效性评价，为扎龙湿地生态水文调控提供技术支撑。

4.3.1 扎龙湿地植被变化特征及规律

1. 扎龙湿地植被长势变化趋势分析

本节利用 Landsat 数据计算扎龙湿地 1984～2018 年各年 5～9 月逐月 NDVI，采用最小二乘法分析像素尺度下各月 NDVI 变化趋势，采用 T 检验对 NDVI 变化趋势进行显著性分析(陈宽等，2020)。变化趋势结果分为五类(表 4.31)，用于分析 1984～2018 年扎龙湿地 NDVI 变化趋势格局的空间异质性。

表 4.31 扎龙湿地植被 NDVI 变化趋势的变化程度等级划分

NDVI 趋势斜率	NDVI 变化趋势	T 检验
≥0.001	明显变好	$p<0.01$
0.0001～0.001	变好	$p<0.05$
−0.0001～0.0001	稳定或无植被区域	—
−0.001～−0.0001	变差	$p<0.05$
≤−0.001	明显变差	$p<0.01$

采用最小二乘法，在像素尺度下分析生态补水前后扎龙湿地植被生长季各月 NDVI 的变化趋势(图 4.70)。在生态补水之前扎龙湿地 5 月、6 月和 7 月 NDVI 呈现显著下降趋势的面积比例较大(图 4.70 左半部分)，呈显著下降的比例分别为 26%、17%、20%在变化趋势各级比例中均是最高，呈下降趋势的比例远高于呈上升趋势的比例。特别是 5 月份的变差趋势最为明显，显著变差所占比例最大，为 26%，显著改善的比例仅为 1%。8 月和 9 月变化和变差的比例大致相同。在生态补水后，各月 NDVI 主要呈上升趋势。各月份显著改善的远高于显著退化的比例，5 月显著改善的比例增加到 19%，6 月和 7 月显著改善的比例分别为 73%和 66%。5～8 月各月出现显著改善的比例均高于生态补水前，9 月改善的比例变化不大。总体来说，在生态补水后，各月植被长势变好的比例远高于变差的比例。结果表明，生态补水后，扎龙湿地植被生长得到了改善，其中作用效果最为明显的为 5～7 月。

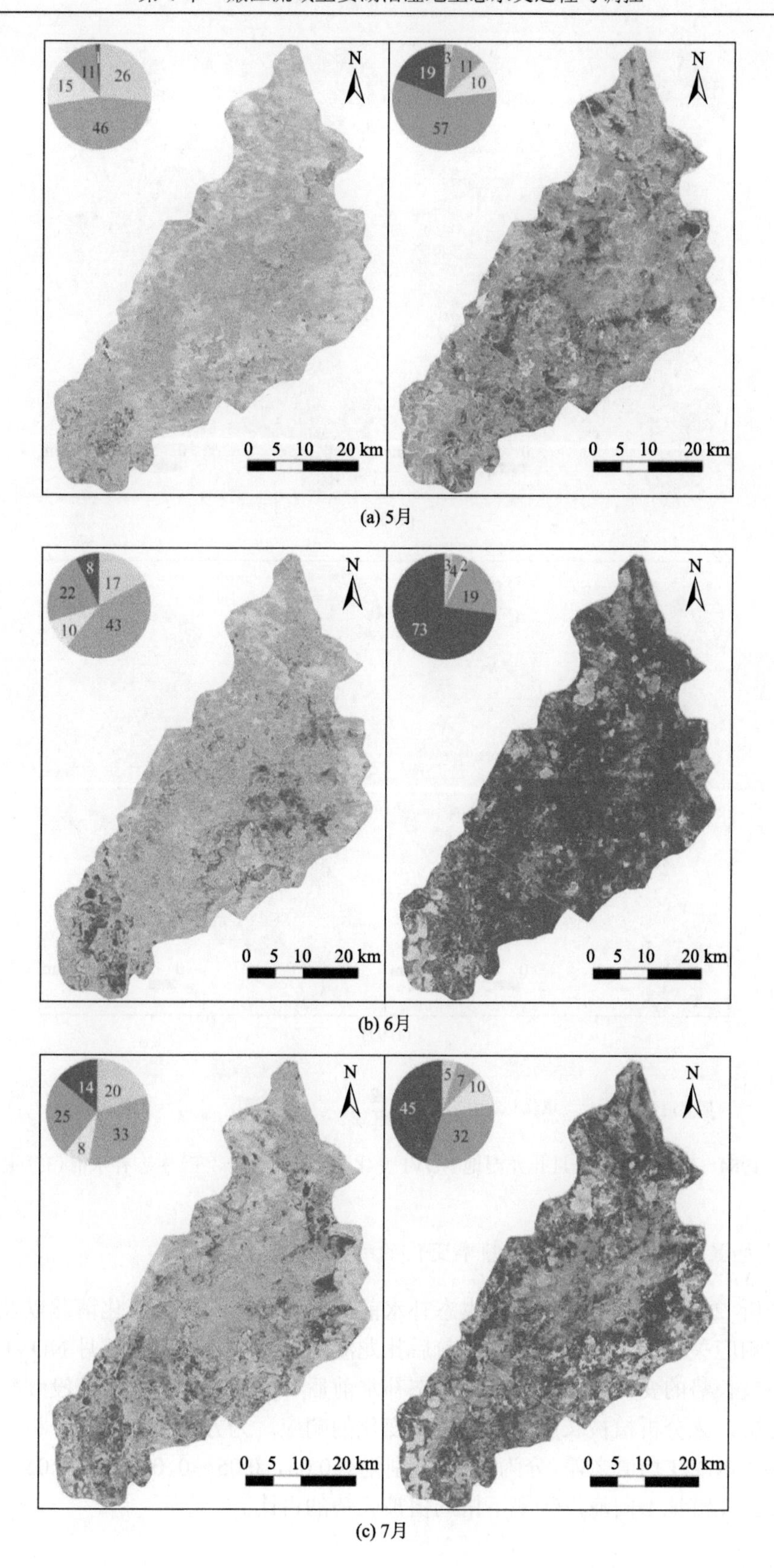
N
0 5 10 20 km
(a) 5月
(b) 6月
(c) 7月

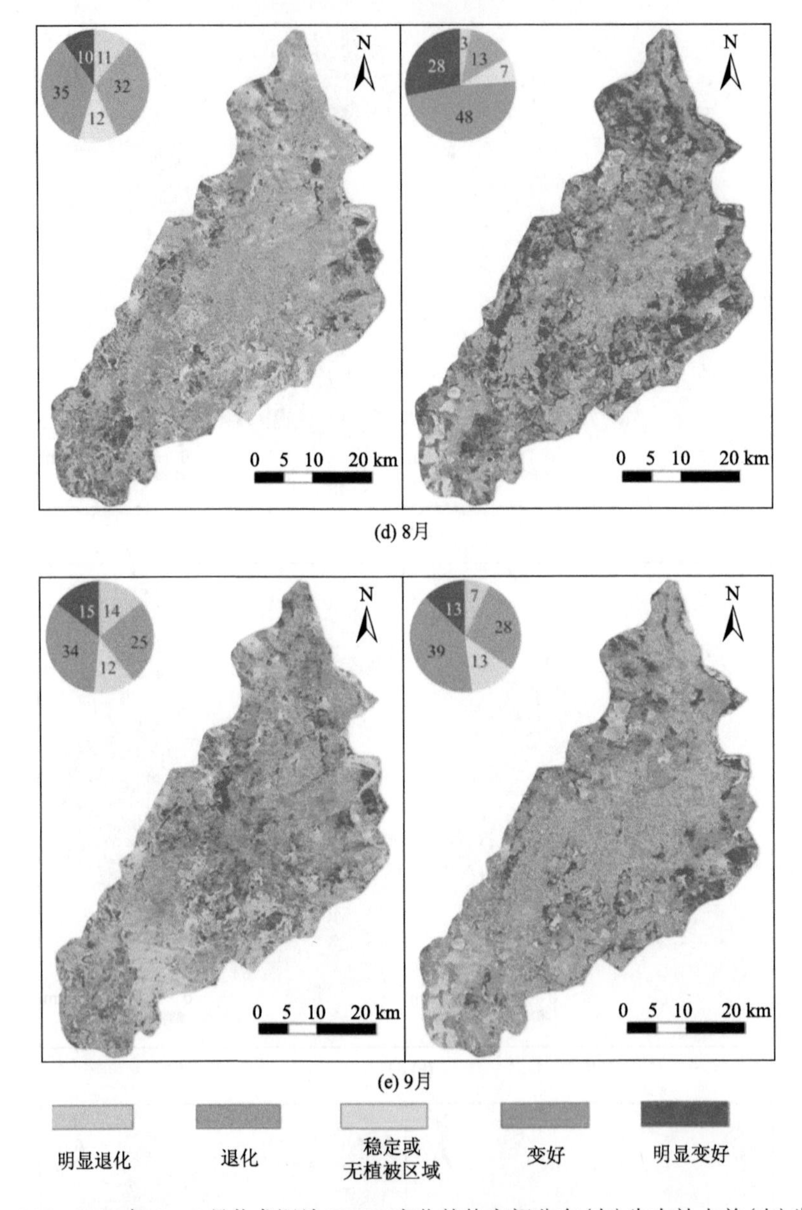

图 4.70　1984～2018 年 5～9 月扎龙湿地 NDVI 变化趋势空间分布(左)生态补水前(右)生态补水后

2. 扎龙湿地植被长势对淹没频率变化的响应机制

为分析 2001 年扎龙湿地实施生态补水前后植被长势的具体变化情况以及对淹没频率变化的响应关系，本节以生态补水前后扎龙湿地植被生长季历年各月 NDVI 均值之差来分析植被长势的变化，进一步利用生态补水前后 NDVI 均值之差与淹没频率的变化进行叠加分析，来分析植被长势对淹没频率变化的响应。为方便统计分析，将生态补水前后历年各月 NDVI 均值之差，分为 5 级，分别为<–0.05，–0.05～0，0～0.05，0.05～0.1，>0.1，最后统计扎龙湿地不同淹没频率下格局植被长势的占比。

利用相对丰度(relative abundance，RA)来定量分析植被生长对淹没频率的响应。RA 公式：

$$\mathrm{RA}=\frac{\mathrm{VEG}_i}{\mathrm{WAF}_j}\times 100\% \tag{4.36}$$

式中，RA 为不同淹没频率下不同级别植被长势的相对比例；VEG_i 为第 i 类植被长势的面积；WAF_j 为第 j 类淹没频率的面积。VEG 为 2001～2018 年生长季(5～9 月)各月的 NDVI 平均值减 1984～2000 年的对应各月 NDVI 平均值来表示。基于 Otsu 阈值分割算法，我们将 VEG 分为<–0.05、–0.05～0、0～0.05、0.05～0.1、>0.1 五个级别，即Ⅴ级(极差)、Ⅳ级(较差)、Ⅲ级(一般)、Ⅱ级(较好)、Ⅰ级(极好)。

从图 4.71 可以看出 5 月、6 月、9 月扎龙湿地 NDVI 在生态补水后明显高于生态补水前($p<0.01$)。两期 NDVI 之差大于 0.1 的区域面积占比较大。从图 4.71 和图 4.72 中可以明显看出，淹没频率由低转高的区域植被整体状况变好，植被状况较好的面积占比超过 60%。淹没频率由高向低变化的区域植被状况较差。

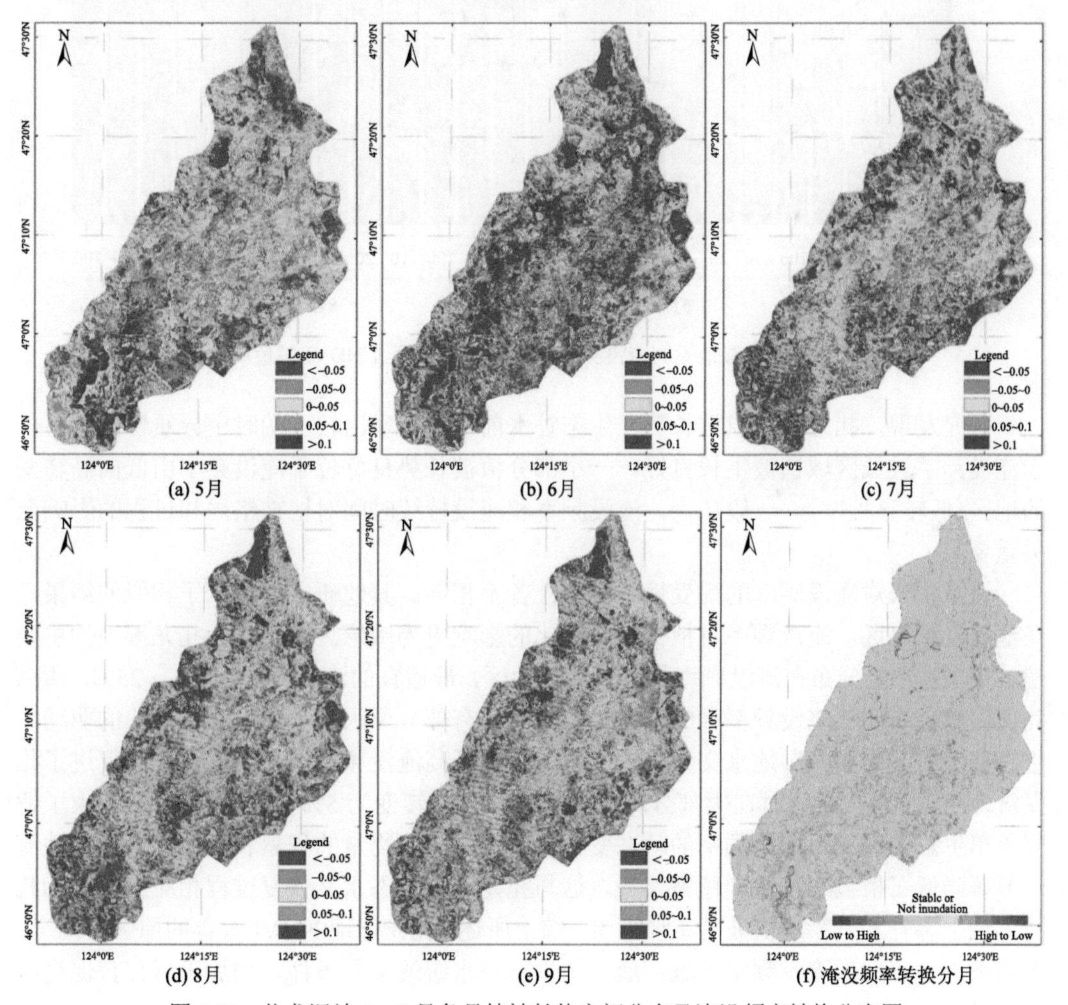

图 4.71　扎龙湿地 5～9 月各月植被长势空间分布及淹没频率转换分布图

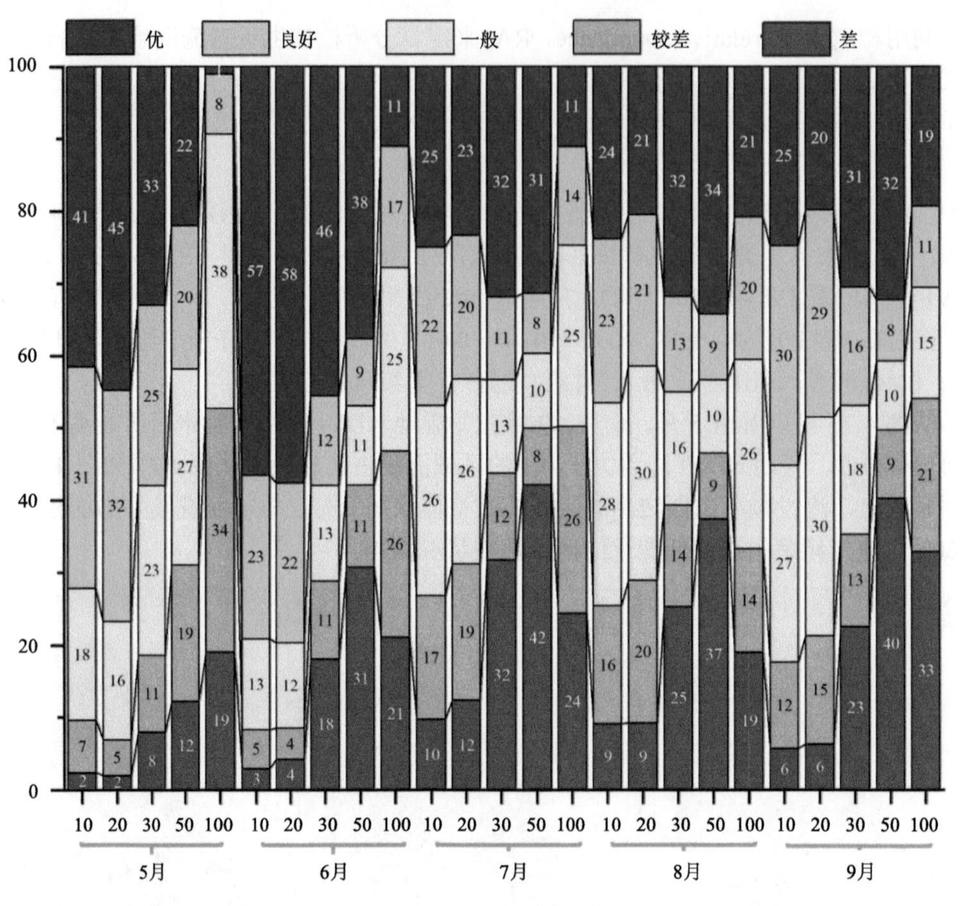

图 4.72　扎龙湿地不同淹没频率转换区域不同等级 NDVI 差值的比例

研究发现，扎龙湿地植被长势在生态补水前后均表现出较大的时空异质性，大多位于淹没频率较低区域植被生长良好，一小部分植被长势良好位于淹没频率由低向高转变的地区(低转移程度)。一般认为，淹没频率和淹没持续时间对植被格局和过程的影响至关重要。

植被生长对淹没频率的耐受性和敏感性各不相同。其他研究也显示了相似的结果，在低淹没频率区，淹没频率对植被长势变化的影响更为敏感。芦苇作为扎龙湿地的主要植被类型，主要分布在淹没频率相对较低的地区，最适宜的淹没频率为 5%～25%，所以扎龙湿地分布在低淹没频率区的芦苇长势的变化有部分原因是受淹没频率变化的驱动。生态补水引起的扎龙湿地水文条件的改善，维持了高淹没频率区的水文情势，促进了扎龙湿地芦苇的生长，同时在大部分淹没频率大于 25%转变为 5%～25%的区域，扩大了适宜芦苇生长的区域。淹没频率的动态变化显著促进了生物量的积累和生长，而持续性淹没显著降低了植被生物量和植被长势。这与扎龙湿地生态水文恢复过程相对应，因为扎龙湿地生态补水是影响植被的重要因素。综上所述，扎龙湿地 NDVI 改善的原因有两个：①植被进一步向低淹没频率区域扩展；②生态补水缓解干旱条件，增加干湿交替促进植被生长。

4.3.2　扎龙湿地水文情势

本节共利用 1984～2018 年间 420 期月尺度的全球地表水(GSW)水体数据，数据从 Google Earth Engine(GEE)下载(https://code.earthengine.google.com/)。GSW 数据集空间分辨率为 30m，经过精度评价分析，证明水体提取精度可满足研究需要。本节共获取 1984～2018 年 2 个气象站的年降水量数据，下载自(http://data.cma.cn/)。龙安桥站 1984～2018 年年径流量数据和 2001～2018 年生态补水量数据，均来自黑龙江扎龙国家级自然保护区。

利用 1984～2018 年的月尺度水体数据计算淹没频率(WAF)，一些专家和学者利用该方法做了很多水体淹没频率相关工作(Borro et al., 2014；Wu et al., 2016；Inman and Lyons, 2020)。公式为

$$\mathrm{WAF}_j = \frac{\sum_{i=1}^{N} I_j}{N} \times 100\% \tag{4.37}$$

式中，WAF_j 为某一时次第 j 个像素的淹没频率；N 为水体面积总时间序列的个数；i 为对应的第 i 时次的水体分布；I_j 为第 i 张水体数据对应的像元值。WAF 的最高值为 100%，最低值为 0。当 WAF 值接近 100%时，表示淹没频率高，当 WAF 值接近 0 时，表示淹没频率低。为了表征湿地的淹没频率时空动态变化，计算了扎龙湿地在生态补水前后的淹没频率。根据淹没频率的分布情况，我们将淹没频率分为 5 类，分别为 0～10%、10%～20%、20%～30%、30%～50%、50%～100%。淹没频率 0～20%、20%～50%、50%～100%分别表示低、中和高淹没频率。

为定量分析扎龙湿地淹没频率在生态补水前后的演变规律，将上文确定的五类淹没频率分别赋值为 1、2、3、4、5，定义无淹没区为 0。对生态补水前后淹没频率进行差值计算，相应的淹没频率变化的最小值是值为 5 的像元在生态补水后转换为 0，转换值 0 – 5 = –5，最大值是在生态补水前淹没频率为 0 的像元在生态补水后转换为淹没频率为 5，那么相应的转换值 5–0 = 5。这样，差值的区间为–5～5，其中–5～0 表示淹没频率减小，0～5 表示淹没频率增大。我们将–5～0 和 0～5 重新划分为三类，分别表征淹没频率的转换程度，分别对应 A、B、C 和 D、E、F，A、B、C 对应的值分别为–5～–4、–3～–2 和 –1。D、E、F 对应值分别为 1、2～3、4～5。分别为高、中、低，D、E、F 表示从低淹没频率向高淹没频率的转移程度不同，分别为低、中、高。

1. 扎龙湿地淹没面积时空动态变化分析

从扎龙湿地水体面积的变化趋势来看，扎龙湿地自 1984 年以来水体面积波动较大，可以很明显看出水体面积变化趋势线分为两个趋势，按照趋势线划分两个时段，可发现与扎龙湿地启动生态补水工程的时间节点一致。从扎龙湿地整体的水面积变化趋势来看，2000 年后扎龙湿地的水体面积，低于 2000 年之前的水体面积。但从变化趋势来看，生态补水前，扎龙湿地水体面积呈下降趋势，生态补水后，扎龙湿地水体面积呈上升趋势(图 4.73)。两个时期的水面面积变化范围分别为 446～744 km^2 和 290～602 km^2。

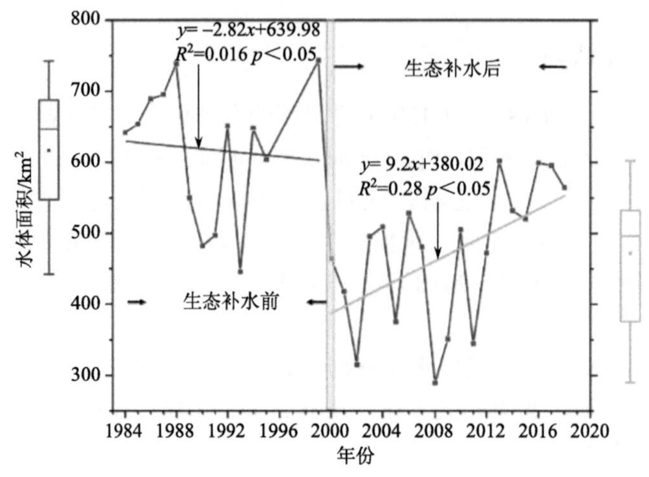

图 4.73　1984～2018 年扎龙湿地水面面积年际变化趋势

2. 扎龙湿地淹没频率分析

从扎龙湿地淹没频率分布图可以看出，扎龙湿地水体总体上分布于中部和南部。在生态补水之前，淹没频率面积最大的为 10%～20%，面积占比为大于 40%。在生态补水后，面积最大的为 0～10%，面积占比 33%。在生态补水前，淹没频率主要集中在 20%以下，占比大于 60%。在生态补水后，淹没频率大多集中 30%以下，占比 80%左右(图 4.74、图 4.75)。从图 4.74 可以看出淹没频率高的区域基本为大型湖泊和泡沼，不同区域的淹

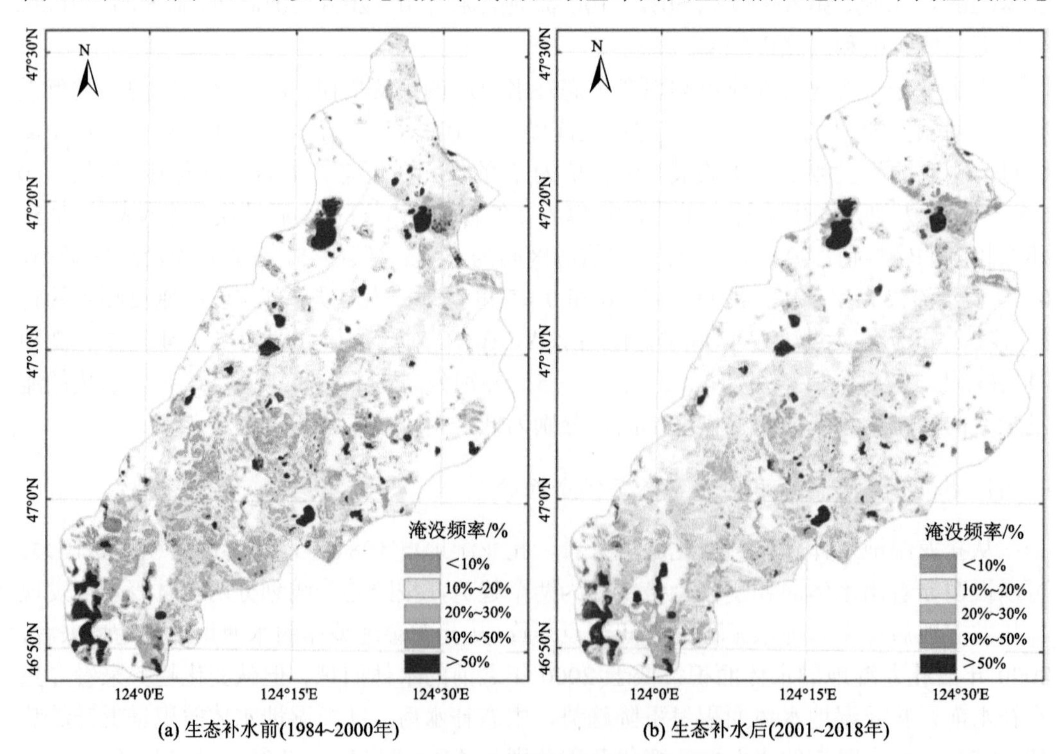

图 4.74　淹没频率空间分布

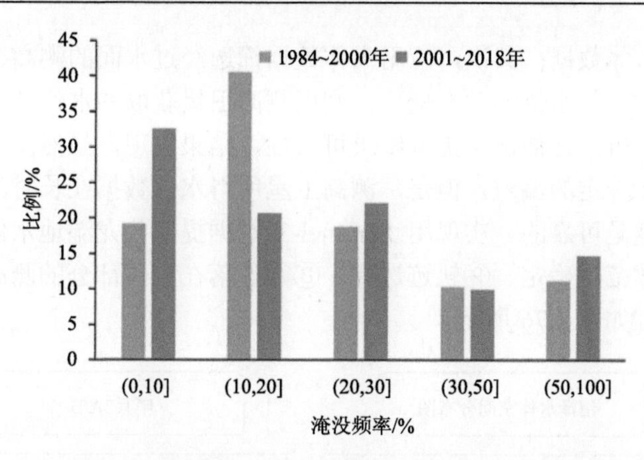

图 4.75　不同级别淹没频率在生态补水前后所占面积比例

没频率变化程度不同，湖泊和泡沼变化不大，湿地中部的淹没频率变化较大。从图 4.75 可以看出，生态补水后各淹没频率等级面积占比的差别小于生态补水前。生态补水后，淹没频率为 50%～100%的面积占比高于生态补水前。

具体而言，在生态补水前，(10%～20%) 和 (20%～30%) 淹没频率区域分别占淹没总面积的 41%和 19%。生态补水后，(0～10%) 和 (10%～30%) 分别占淹没总面积的 33%和 22%(图 4.74)。通过转移矩阵分析(表 4.32)，生态补水后(0～10%)淹没频率区域主要由生态补水后(10%～20%)淹没频率向补水前(20%～30%)淹没频率区域转移。淹没频率(30%～50%)的区域变化不大。高淹没频率(50%～100%)的百分比增加了 4%。这些结果表明，生态补水对扎龙湿地的低淹没频率区域没有明显改善，但能够维持和恢复高淹没频率区域。

表 4.32　淹没频率的面积转移矩阵　（单位：km²）

Pre-EWR \ Post-EWR	非水体	淹没频率					总计
		0～10%	10%～20%	20%～30%	30%～50%	50%～100%	
非水体	1560.08	25.34	19.08	8.36	4.88	0.89	1618.62
0～10%	3.15	28.63	30.17	9.16	3.69	1.95	76.75
10%～20%	15.29	52.13	35.72	45.28	10.04	2.20	160.66
20%～30%	12.00	53.08	20.26	50.20	13.94	3.42	152.91
30%～50%	4.17	20.88	8.55	11.34	10.92	7.11	62.98
50%～100%	0.39	2.68	2.76	3.49	7.40	75.51	92.22
总计	1595.09	182.75	116.54	127.82	50.87	91.08	2164.15

3. 扎龙湿地水位变化分析

利用测高卫星数据结合实测水位数据，获取扎龙湿地大范围水体的水位数据。首先，基于 GEE 平台应用 Landsat 数据采用随机森林分类算法，获取扎龙湿地 1984～2020 年植被生长季各月水体数据；其次，应用水体数据筛选经过水面的测高卫星轨迹，实现基于 Sentinel-3 监测水体水位的动态变化。利用测高卫星获取的水位结果与实测水位及水体面积进行相关分析，评估水位提取结果可靠性，结果发现，虽然测高卫星所得水位数据与实测水位存在一定的偏差，但是，测高卫星所得水位数据在长时间变化趋势及空间变化趋势上的精度是可靠的。实现用 Sentinel-3 数据提取扎龙湿地水体水位，包括三个主要步骤：①水体范围确定、②轨迹选择、③筛选落在水体部分的测高数据计算得出水位数据。具体流程如图 4.76 所示。

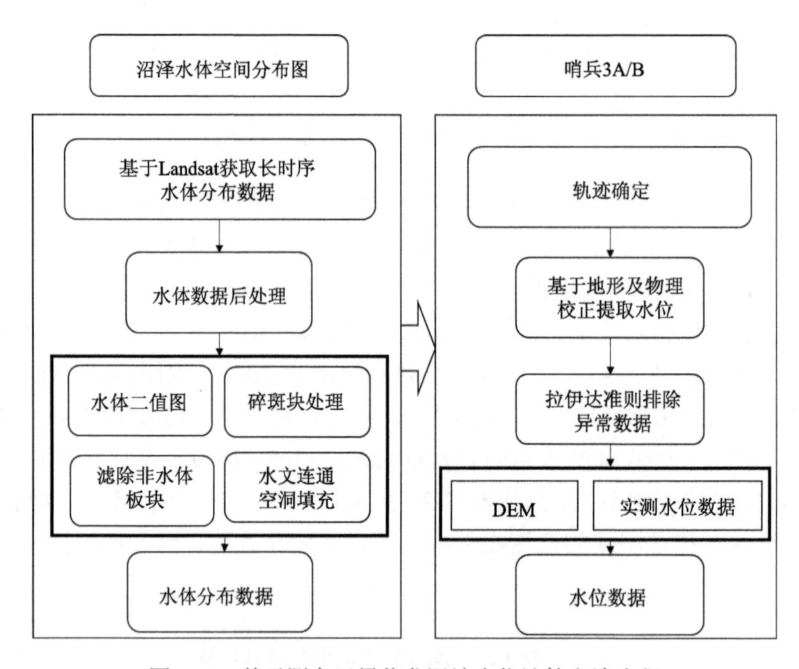

图 4.76　基于测高卫星扎龙湿地水位计算方法流程

1) 水体提取

为了分析扎龙湿地水体面积的时空变化趋势，利用 1984～2020 年 Landsat(5/8)数据，基于随机森林分类算法(random forest，RF)在 GEE 平台上提取了 1984～2020 年植被生长季(5～10 月)的水体，最终获得了逐月沼泽湿地水体分布数据，用于分析扎龙湿地水体面积的时空动态变化趋势。

研究中使用的所有遥感数据均由 GEE 平台在线调用和处理，具体包括 Landsat 5/8、卫星的多光谱数据。考虑到 2012 年只有 Landsat7 数据，而 Landsat-7ETM+机载扫描行校正器(SLC)故障，导致获取的影像出现了数据条带丢失，严重影响了 Landsat ETM 遥感影像的使用。因此，本节不考虑 2012 年。为了排除云对影像质量的干扰，在合成无云影像时设定云量百分比低于 20%，然后使用云掩膜算法对指定时间和空间范围内影像进行计算，以中值合成方法重构最小云量合成影像。受益于 GEE 平台的数据运算和管理机制，并且 GEE 通过内嵌算法统一坐标系确保不同数据之间的几何配准精度。基于不同地物类型在不同时期的地面特征的差异性，采用多时相遥感数据融合方法进行样本点的选取，得到的样本总数为 3300 个，其中用于训练和验证的比例为 7∶3。同时，在分类任务中，利用 NDVI、NDWI 和归一化建筑指数(normalized difference built-up index，NDBI)三个典型指标来加强特征识别。具体流程如图 4.77 所示。

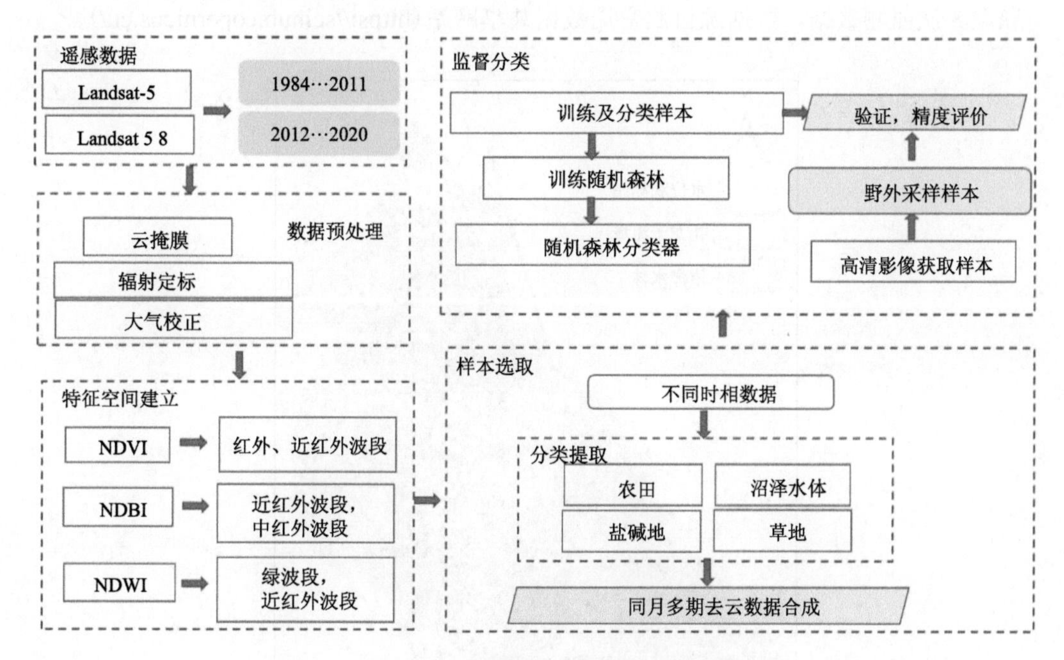

图 4.77　扎龙湿地水体提取流程图

本节利用 Kappa 系数和总体分类精度用于评估基于 GEE 提取的水体提取精度。每期 Kappa 系数值均大于 0.9，总体准确率为 95.2%。表明分类结果与研究区域土地利用的实际情况具有良好的一致性。为了获得更详细的扎龙湿地地面特征信息，进行了几次现场调查，用于对水体提取结果进行精度评价，评价结果为，GEE 提取的水体最大相对误差为 1.3%，说明水体提取结果足以满足本节的要求。

2)湿地水位提取分析

本节利用哨兵 3 号(Sentinel-3)卫星测高数据进行扎龙湿地水位的计算，在确定湿地水体分布前提下，提取 Sentinel-3 轨迹经过水面的卫星测高数据，对 Sentinel-3 数据进行地球物理校正和大气校正以提高测量的准确性，根据以下公式得出目标水体的水位，计算公式如下:

$$H_{\text{waterlevel}} = H_{\text{alt}} - R - \text{Cor} \tag{4.38}$$

式中，$H_{\text{waterlevel}}$ 为 EGM96 大地水准面参考水位，m；H_{alt} 为卫星轨道与参考椭球体之间的高度，m；R 卫星轨道与水面之间的距离，m；Cor 被称为地球物理和环境修正参数。

$$\text{Cor} = C_{\text{dry}} + C_{\text{wet}} + C_{\text{iono}} + C_{\text{solidEarth}} + C_{\text{pole}} + C_{\text{EGM96}} \tag{4.39}$$

式中，C_{dry}、C_{wet} 和 C_{iono} 分别是干对流层、湿对流层和电离层校正；$C_{\text{solidEarth}}$ 和 C_{pole} 分别是固体地球潮汐和极地潮汐校正；C_{EGM96} 是 EGM96 大地水准面。

本节 Sentinel-3a/3b 数据经过扎龙湿地的轨道分别为 46 和 237(图 4.78)。采用经过校正的 Sentinel-3a/3b SRAL 的 L2 级陆地数据产品，该数据基于 L1 级产品与微波辐射产品生成，不需进行波形重定，数据以 NetCDF 文件格式存储，2018 年前只有 Sentinel-3a 的一个轨道过境，其中每月可获取 1 次监测数据。2018 年增加了 Sentinel-3b 卫星，每月可获取 3 次监测数据，数据源自欧空局数据共享网站(https://scihub.copernicus.eu/)。

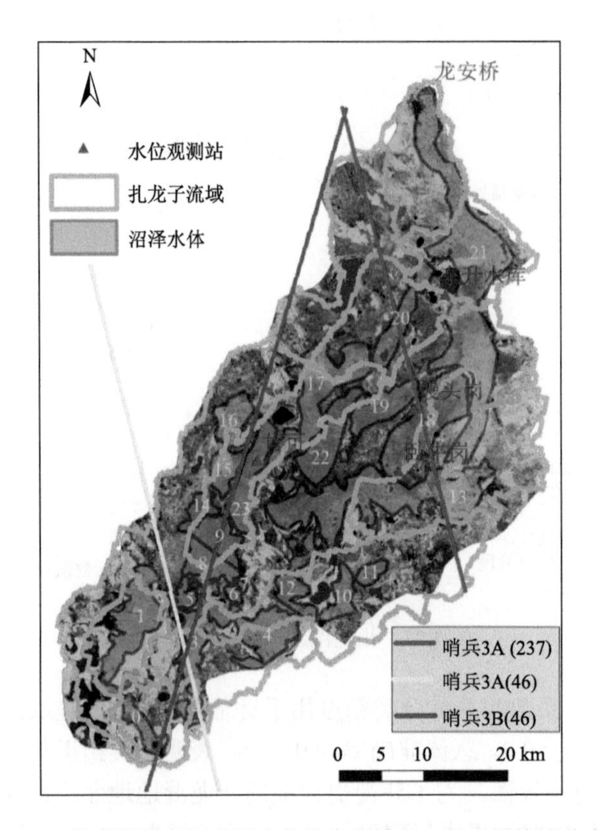

图 4.78　扎龙湿地各汇水区水位站点和哨兵 3 号卫星轨迹分布图

3) 分析方法

利用相关分析方法对筛选后的卫星监测水位数据进行分析，主要包括：拉伊达准则，用于卫星水位点异常值校验；相关性分析用于卫星水位与实测数据的相关性分析，对卫星水位数据精度进行分析。

异常值是指一次样本观测数据组内隐含的个别异常数据，即由各种原因造成的具有离群特征的样本数据。这种数据并不一定是错误的，有可能仅仅是统计特性上不具代表性。所以仅从统计代表性出发，对卫星水位异常值进行识别并去除，将剔除异常值后的卫星水位点均值作为当日平均值。拉依达准则具体如下：

拉伊达准则基于样本服从正态分布的假定，认为被检验值与平均值之间差值的绝对值超过 3 倍样本的标准差时被检验值数据异常，需要舍弃，然后重新生成样本继续判断。对于一组测高水位值，假设为等精度独立测量，测量值为 $x_i\,(i=1,2,\cdots,n)$，其平均值为 $\bar{x}$，

残差 $g_i = x_i - \overline{x}$，水位序列的标准偏差 $s = \sqrt{\frac{1}{n-1}\sum_{i=0}^{n} g_i^2}$，如果$|g_i|>3s$，则判定 x_i 为异常值，剔除，以此规则循环判断，直至所有序列值满足$|g_i|<3s$。

4)扎龙湿地水位变化分析

本节采用王文种等(2020)对 Sentinel-3 测高卫星获取的水位数据验证分析的思路，利用 2019 年鄱阳湖星子站观测的逐日水位数据对基于 Sentinel-3 Ku 波段卫星测高数据的计算的水位数据(图 4.79)进行了初步评价，基于卫星测高数据获取的水位与同期实测水位数据的一致较好，相关系数大于 0.94，说明 Sentinel-3 用于计算水位精度可满足研究需求。

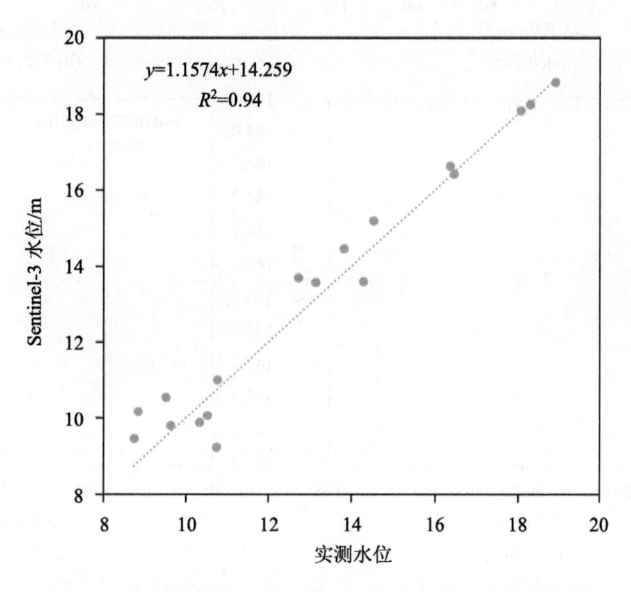

图 4.79　2019 年星子站实测水位与 Sentinel-3 水位相关分析

2005～2008 年扎龙湿地共有 5 个水位观测点，观测位置如图 4.80 所示，分别为龙安桥、东升水库、馒头岗、卧牛岗和肯可。由于每个水位观测站的水位实测数据代表的水体范围有限，为得到每个站点所控制水体范围，利用实测 DEM 数据，将扎龙湿地划分 12 个子流域，分别按子流域分析扎龙湿地水体面积变化及其与水位的关系，得到 5 个站点所在的子流域分别为，子流域 1、2、8、5 和 7，水体面积与实测水位关系均较好，龙安桥、东升水库、馒头岗、卧牛岗及肯可与各站点所控制子流域的水体面积相关系数 R^2 分别为 0.8、0.63、0.82、0.71 和 0.83。从图 4.80 中可以看出，2005～2008 年 5～10 月龙安桥、东升水库、馒头岗、卧牛岗和肯可的月均水位最高分别为 154.8m、149.46m 、145.96m、144.36m 和 143.59m，最低水位分别为，153.15m、148.85m、145.23m、143.48m 和 143.0m。龙安桥站水位波动较大最高水位与最低水位差为 1.65m。

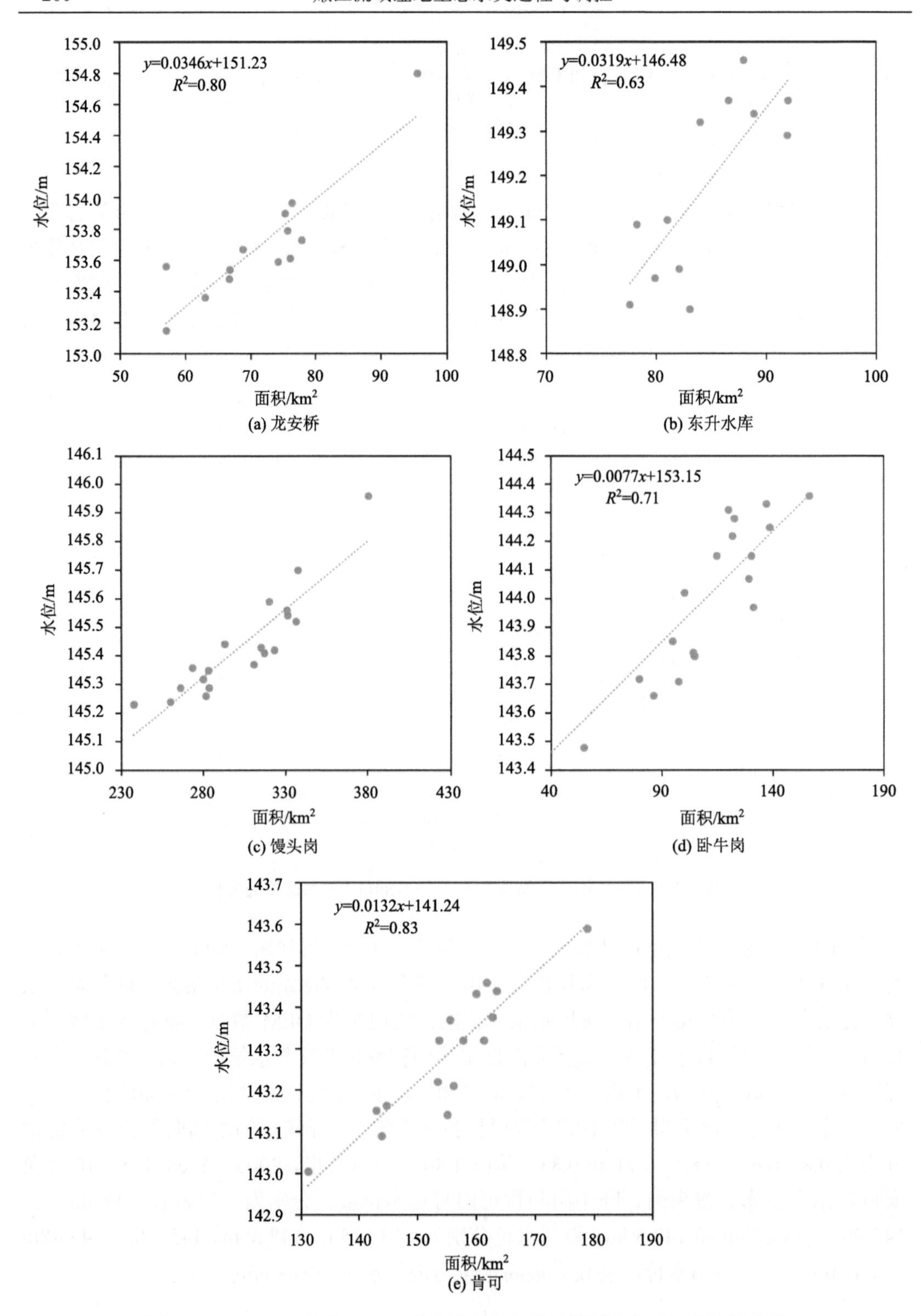

图 4.80　2005～2008 年 5～10 月实测水位与各子流域水体面积相关性分析

Sentinel-3 卫星轨迹经过的子流域包括子流域 8 和 5 这两个具有水位实测站点的子流域，实测站点分别为卧牛岗和馒头岗，利用 2016～2020 年水体面积与测高卫星所得水位数据进行相关分析，得出 R^2 分别为 0.71 和 0.82，如图 4.81 所示。基于上述分析可得到以下结论，①基于随机森林分类算法所得到的水体面积信息可靠；②基于 Sentinel-3 测高数据所得水体区域的水位数据信息准确。

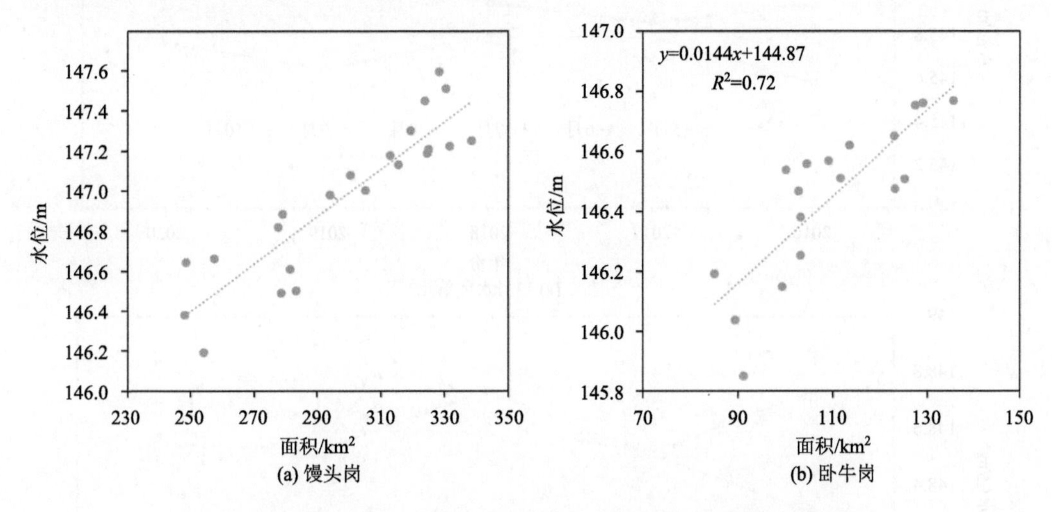

图 4.81　Sentinel-3 测高卫星水位与各子流域水体面积相关关系

本节以目视解译的方式将扎龙湿地保护区分为 24 个小的水体单元，用于提取经过各水体的 Sentinel-3 卫星轨迹。利用 2016 年以来 Sentinel-3 水位数据，对扎龙湿地水位变化进行分析，分析 Sentinel-3 卫星轨迹经过的水体单元的水位变化情况。2016～2020 年 Sentinel-3A 卫星经过扎龙湿地的轨迹经过 13 号、18 号、20 号水体单元(图 4.78)。

从图 4.82 中可以看出，13 号水体单元在 2016～2020 年的 5 月、6 月、7 月、10 月，年际间水位波动较小，8 月、9 月水位波动较大，2019 年 8 月、9 月的水位升高较多。从水位各年变化角度可以看出，在 2017 年、2018 年、2019 年最高水位出现在 8 月。2016～2020 年期间各年 6 月的水位呈现明显增加的趋势。18 号水体单元，各个年份的水位波动变化情况与 13 号类似，区别在于 2016～2020 年间 9 月水位变化不大，没有明显增加的趋势。2017～2019 年 8 月水位远高于其他月份的水位。20 号水体单元较 13 号、18 号年际波动较小，月际波动较大，尤其是 6 月水位在各年波动较大，2017～2020 年持续增高。从三个水体单元可以看出，扎龙湿地 2016 年以来水位有增加的趋势。

由于 2018 年 Sentinel-3b 的发射，使得利用 Sentinel 获取扎龙湿地水位数据的频次和范围均有所增加。利用 Sentinel-3b 分析了扎龙湿地 2019 年、2020 两年的 10 个水体单元水位的变化情况。从图 4.83 和图 4.84 中可以看出，在 2019 和 2020 年扎龙湿地 10 个水体单元水位变化较规律，每年 5 月、6 月、7 月变化不明显，在每年的 8 月、9 月水位达到最高。

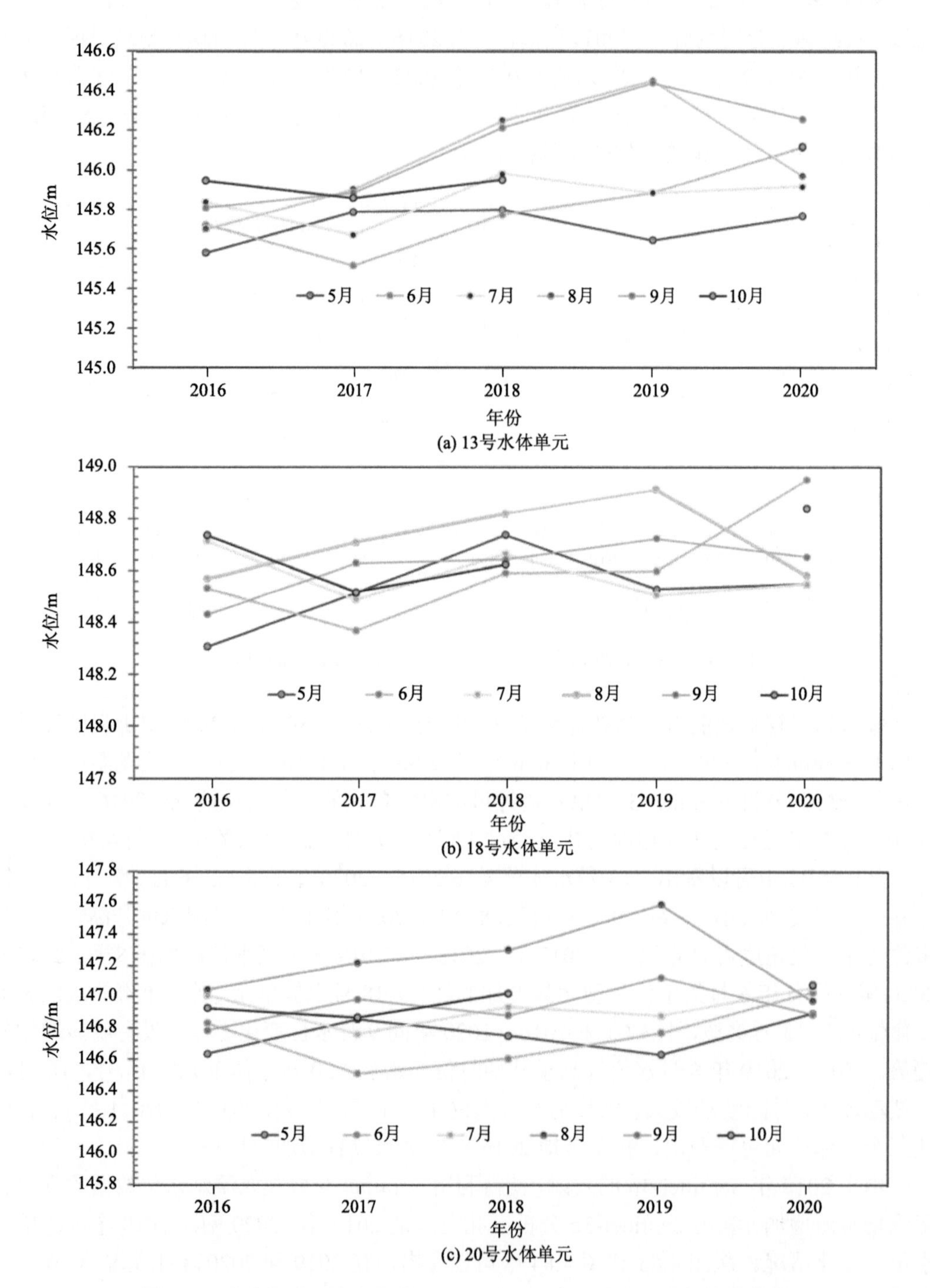

图 4.82　扎龙湿地 3 个水体单元 2016～2020 年际和月际水位变化趋势

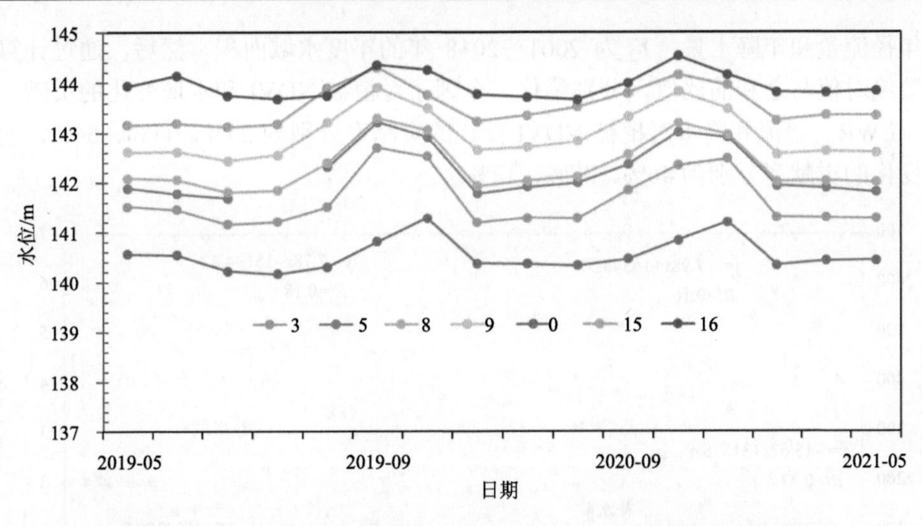

图 4.83　基于 Sentinel-3b 的 2019～2020 年 7 个水体单元水位变化趋势

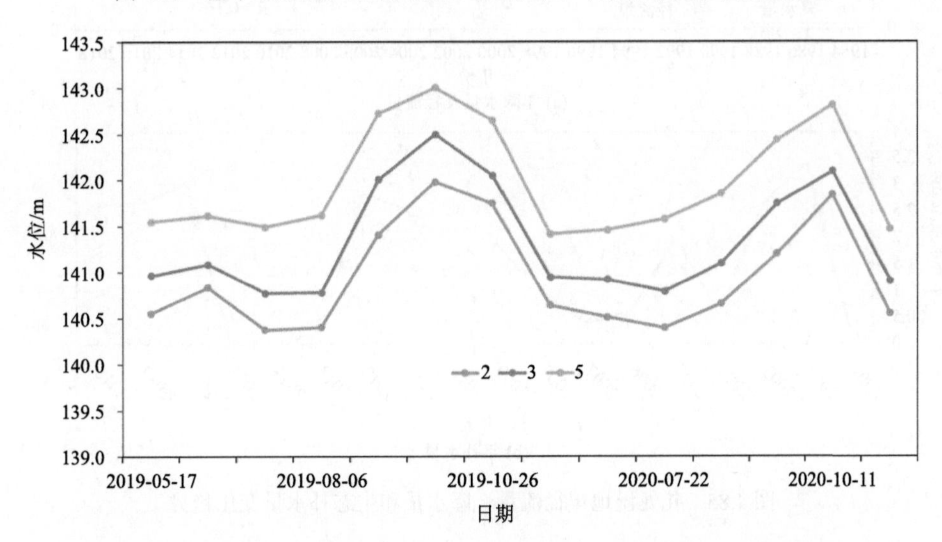

图 4.84　基于 Sentinel-3b 的 2019～2020 年 3 个水体单元的水位变化趋势

4.3.3　扎龙湿地生态水文变化的驱动机制分析

1980～2001 年间，乌裕尔河通过龙安桥水文站流入扎龙湿地的径流量呈现下降趋势，2001 年降至最低，不足 1 亿 m^3。自 2001 年扎龙湿地进行生态补水后，径流量略有增加，至 2018 年增加至 2 亿 m^3（图 4.85）。

利用多元回归模型分析了生态补水水量、径流量和降雨量对植被 NDVI 和水面积变化的贡献。多元回归模型如下：

$$Y_1=0.025X_1+0.011X_2+0.06X_3,\ R^2=0.52,\ F=0.04 \tag{4.40}$$

$$Y_2=0.29X_1+0.23X_2+0.11X_3,\ R^2=0.48,\ F=0.04 \tag{4.41}$$

式中，Y_1 为 2001～2018 年 NDVI 最大值；X_1、X_2、X_3 分别为 2001～2018 年年生态补水

量、年径流量和年降水量；Y_2 为 2001～2018 年的年度水域面积。然后，通过计算各因子系数绝对值与之和的比值，分别量化三个因子对植被 NDVI 和水域变化的贡献。结果表明，EWR、径流和降水对植被 NDVI 变化的贡献率分别为 25%、11%、64%，对水域面积变化的贡献率分别为 46%、37%、17%。

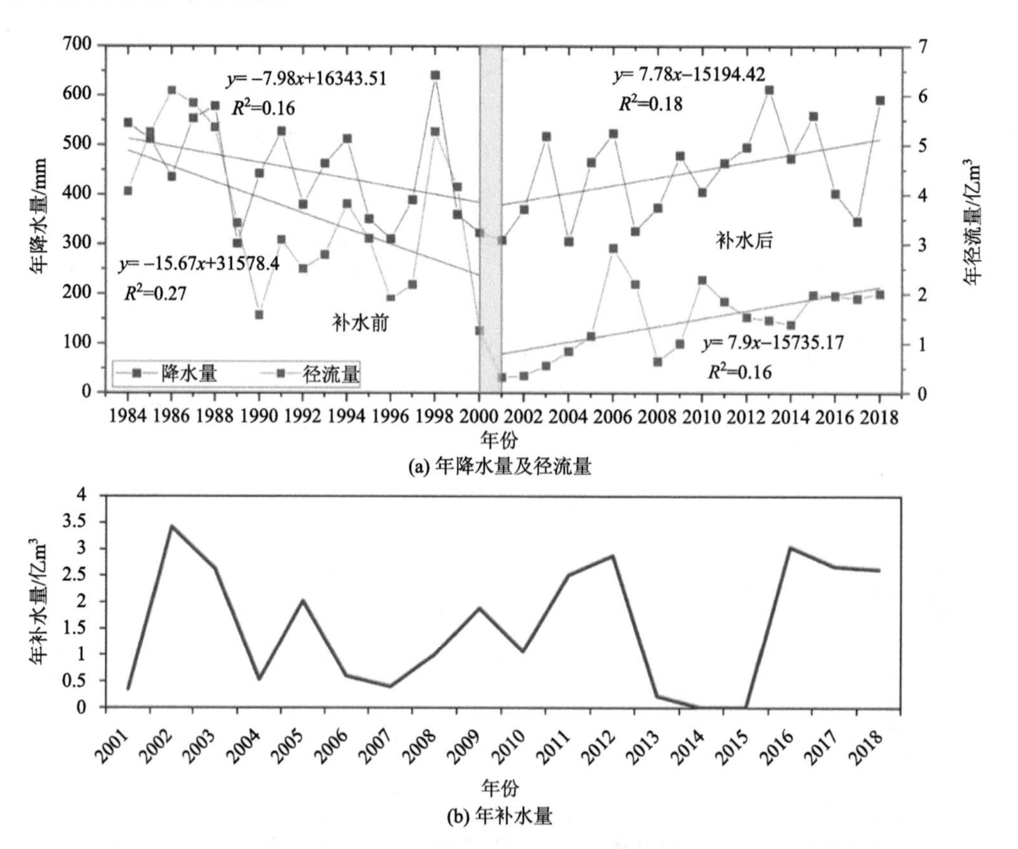

图 4.85　扎龙湿地年径流量、降水量和生态补水量变化趋势

研究发现，在生态补水后，扎龙湿地水体面积呈增加趋势，并能维持高淹没频率区域，但对低淹没频率区域没有明显改善。该变化结果可能与扎龙湿地上游乌裕尔河流入湿地水量的变化有关。上游径流来水占扎龙湿地水资源总量的 60%，对维持扎龙湿地生态系统稳定健康至关重要。乌裕尔河流域农业灌溉用水导致流入扎龙湿地的水量减少，导致扎龙湿地长期缺水和干旱，破坏湿地生态功能。以上结果表明扎龙湿地干旱缺水的主要原因是上游入流量的急剧减少。径流和降水虽然在生态补水后呈增加趋势，但对水体面积的相对贡献分别为 37%和 17%，显著低于生态补水后对水体面积的贡献(47%)。研究结果表明：扎龙湿地生态补水在一定程度上维持了高淹没频率区的稳定性，减轻了低淹没频率区的干旱强度。因此，生态补水维持了扎龙湿地基本的生态需水量，有效地抑制了其生态退化趋势。然而，目前的生态补水方案不足以进一步改善扎龙湿地的生态水文状况。

4.3.4 应对生态干旱扎龙湿地水文调控

扎龙湿地水源为其上游的乌裕尔河来水、生态补水以及大气降水。从降水和径流的历年变化分析来看，年降水量变化不明显，上游径流来水量有明显的减少趋势。因此，为应对湿地生态干旱，进一步改善扎龙湿地生态水文状况的有效途径是科学合理地进行生态补水。虽然目前在生态补水的基础上，成功地缓解和改善了扎龙湿地生态恶化的状况，但仍存在一些问题，甚至有恶化趋势。生态补水后，大面积淹没频率没有得到改善，以及非核心区植被长势有变差的现象。这意味着管理者应考虑模拟洪水脉冲模式进行生态补水，以期达到使生态补水能通过水文连通方式抵达淹没频率较低的区域，这是维持湿地淹没情势的关键。因为水到达河滨湿地时，只有当水位越过沟渠岸堤时才会发生(图 4.86)。

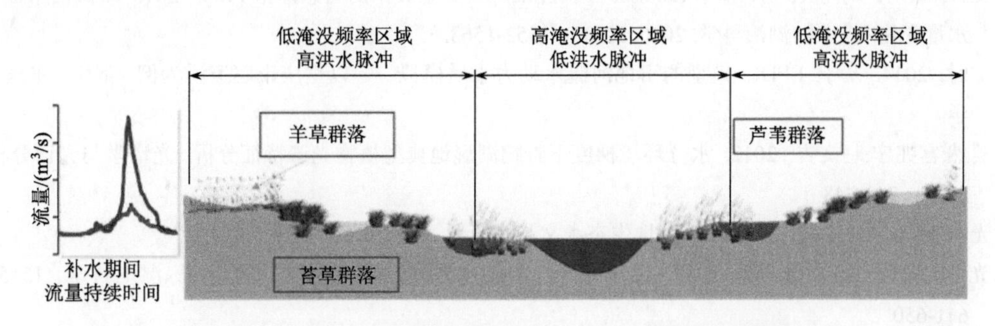

图 4.86　不同洪水脉冲条件下湿地高、低淹没频率区域概念图

扎龙湿地为许多鸟类和珍稀水禽提供了理想的栖息地和繁殖地，也是丹顶鹤等跨国飞禽的“驿站”。然而扎龙湿地的丹顶鹤和其他水鸟的数量由于频繁的干旱正在减少。湿地面积的萎缩是影响濒危物种栖息地变化的主要因素。因此为了保护鹤类，应重点改善不同时期的水文状况，为水鸟创造栖息地。这可以通过在繁殖期增加淹没频率和水位来实现。因此，未来的研究需要阐明如何通过生态补水途径实现景观尺度上栖息地最佳保护。

参 考 文 献

陈宽，潮洛濛. 2020. 内蒙古植被 NDVI 变化趋势及影响因子数据集(2000–2015). 全球变化数据学报(中英文), 4(2): 137-143.

董李勤，章光新. 2013, 嫩江流域沼泽湿地景观变化及其水文驱动因素分析. 水科学进展, 24(2): 177-183.

郭子良，张余广，刘丽. 2019. 河北衡水湖湿地生态补水策略的探讨. 湿地科学与管理, 15(4): 27-30.

郝明旭. 2016. 莫莫格扁秆藨草湿地生态恢复研究. 北京：中国科学院大学.

贾亦飞. 2013. 水位波动对鄱阳湖越冬白鹤及其他水鸟的影响研究. 北京：北京林业大学.

孔维尧，郑振河，吴景才，等. 2013, 莫莫格自然保护区白鹤秋季迁徙停歇期觅食生境选择. 动物学研究, 34(3): 166-173.

李然然，章光新，魏晓鸿，等. 2014. 查干湖湿地水环境演变特征分析. 地理科学, 34(6): 762-768.

林川，宫兆宁，赵文吉. 2010, 基于中分辨率 TM 数据的湿地水生植被提取. 生态学报，30(23): 6460-6469.

卢晓宁，邓伟，张树清，等. 2011. 霍林河流域洪水径流演变规律及驱动机制研究. 干旱区资源与环境, 25(11): 93-99.

马锋敏，杨敬爽. 2020. 查干湖可持续发展策略与途径. 湿地科学与管理, 16(2): 48-50.

苗成凯. 2008. 查干湖保护区可持续发展对策研究. 沈阳：东北师范大学.

齐述华，张起明，江丰，等. 2014, 水位对鄱阳湖湿地越冬候鸟生境景观格局的影响研究. 自然资源学报, 29(8): 1345-1355.

任亚楠，赵立志. 2020. 查干湖水生态修复与治理的机制体制创新探究. 吉林水利, (12): 52-56.

王伟，王维胜，张德辉等. 2009. 白鹤 GEF 项目成果系列丛书——莫莫格保护区水资源管理计划. 澳门特别行政区:读图时代出版社.

王文种，黄对，刘九夫，等. 基于 Landsat 与 Sentinel-3A 卫星数据的当惹雍错 1988—2018 年湖泊水位—水量变化及归因. 湖泊科学, 2020, 32(05): 1552-1563.

张文时. 2014. 基于 EFDC 模型的山地河流水动力水质模拟——以重庆市赵家溪为例. 重庆：重庆大学.

张翼然,宫兆宁,赵文吉. 2012. 水分环境梯度下野鸭湖湿地典型植物光谱特征分析. 光谱学与光谱分析, 32(3): 743-748.

章光新，张蕾，冯夏清，等. 2014. 湿地生态水文与水资源管理. 北京：科学出版社.

章光新，张蕾，侯光雷，等. 2017. 吉林省西部河湖水系连通若干关键问题探讨. 湿地科学，15(5): 641-650.

Béchet Q, Shilton A, Guieysse B. 2013. Modeling the effects of light and temperature on algae growth: state of the art and critical assessment for productivity prediction during outdoor cultivation. Biotechnology Advances, 31(8): 1648-1663.

Bhagwat T, Klein I, Huth J, et al. 2019. Volumetric Analysis of Reservoirs in Drought-Prone Areas Using Remote Sensing Products. Remote Sens, 11: 1974.

Borro M, Morandeira N, Salvia M, et al. 2014. Mapping shallow lakes in a large South American floodplain: A frequency approach on multi temporal Landsat TM/ETM data. J Hydrol, 512: 39-52.

Bowes M J, Loewenthal M, Read D S, et al. 2016. Identifying multiple stressor controls on phytoplankton dynamics in the River Thames (UK) using high-frequency water quality data. Science of the Total Environment, 569: 1489-1499.

Cai Q, Liu J, King L A. 2002. Comprehensive model for assessing lake eutrophication. Journal of Applied Ecology, 13(12): 1674-1678.

Carey C C, Ibelings B W, Hoffmann E P, et al. 2012. Eco-physiological adaptations that favour freshwater cyanobacteria in a changing climate. Water Research, 46(5): 1394-1407.

Carlson R E. 1977. A trophic state index for lakes. Limnology and Oceanography, 22(2): 361-369.

Chu H H, Venevsky S, Wu C, et al. 2019. NDVI-based vegetation dynamics and its response to climate changes at Amur-Heilongjiang River Basin from 1982 to 2015. Sci Total Environ, 650: 2051-2062.

Crisci C, Terra R, Pacheco J P, et al. 2017. Multi-model approach to predict phytoplankton biomass and composition dynamics in a eutrophic shallow lake governed by extreme meteorological events. Ecological Modelling, 360: 80-93.

David P G.1996. Changes in plant communities relative to hydrologic conditions in the Florida Everglades . Wetlands, 16(1):15-23.

de Jager N R, Thomsen M, Yin Y. 2012. Threshold effects of flood duration on thevegetation and soils of the Upper Mississippi River floodplain, USA. For Ecol Manag, 270: 135-146.

de Tezanos Pinto P, Litchman E. 2010a. Eco-physiological responses of nitrogen-fixing cyanobacteria to light. Hydrobiologia, 639(1): 63-68.

de Tezanos Pinto P, Litchman E. 2010b. Interactive effects of N∶P ratios and light on nitrogen-fixer abundance. Oikos, 119(3): 567-575.

Dodds W K. 2006. Eutrophication and trophic state in rivers and streams. Limnology and Oceanography, 51(1): 671-680.

Feng T, Wang C, Hou J, et al. 2018. Effect of inter-basin water transfer on water quality in an urban lake: A combined water quality index algorithm and biophysical modelling approach. Ecological Indicators, 92(9): 61-71.

Graneli E, Weberg M, Salomon P S. 2008. Harmful algal blooms of allelopathic microalgal species: the role of eutrophication. Harmful Algae, 8(1): 94-102.

Gross J L, Yellen J. 2003. Handbook of Graph Theory. CRC Press.

Hamrick J. 2007. The Environmental Fluid Dynamics Code: Theory and Computation. US EPA, Fairfax, VA.

Han M, Sun Y N, Xu S G. 2007. Characteristics and driving factors of marsh changes in Zhalong wetland of China. Environ. Monit Assess, 127: 363-381.

Hayashi K, Azuma Y, Koseki S, et al. 2007. Different effects of ionic and non-ionic compounds on the freeze denaturation of myofibrils and myosin subfragment-1. Fisheries Science, 73(1): 178-183.

Horst G P, Sarnelle O, White J D, et al. 2014. Nitrogen availability increases the toxin quota of a harmful cyanobacterium, Microcystis aeruginosa. Water Research, 54(5): 188-198.

Hu L, Hu W, Zhai S, et al. 2010. Effects on water quality following water transfer in Lake Taihu, China. Ecological Engineering, 36(4): 471-481.

Huang J C, Gao J F, Xu Y, et al. 2015. Towards better environmental software for spatio-temporal ecological models: Lessons from developing an intelligent system supporting phytoplankton prediction in lakes. Ecological Informatics, 25: 49-56.

Huo S, Ma C, Xi B, et al. 2013. Establishing eutrophication assessment standards for four lake regions. China Journal of Environmental Sciences, 25(10): 2014-2022.

Inman V L, Lyons M B. 2020. Automated Inundation Mapping Over Large Areas Using Landsat Data and Google Earth Engine. Remote Sens, 12: 1348.

Jørgensen S E, Bendoricchio G. 2001. Fundamentals of Ecological Modelling. Elsevier.

Kara E L, Hanson P, Hamilton D, et al. 2012. Time-scale dependence in numerical simulations: assessment of physical, chemical, and biological predictions in a stratified lake at temporal scales of hours to months. Environmental Modelling Software, 35: 104-121.

Lewis Jr W M, Wurtsbaugh W A. 2008. Control of lacustrine phytoplankton by nutrients: erosion of the phosphorus paradigm. International Review of Hydrobiology, 93(4-5): 446-465.

Li H, Barber M, Lu J, et al. 2020. Microbial community successions and their dynamic functions during harmful cyanobacterial blooms in a freshwater lake. Water Research, 185: 116292.

Liu B, Jiang M, Tong S, et al. 2016. Effects of burial depth and water depth on seedling emergence and early growth of Scirpus planiculmis Fr.Schmidt. Ecological Engineering, 87: 30-33.

Liu X, Lu X, Chen Y. 2011. The effects of temperature and nutrient ratios on Microcystis blooms in Lake Taihu, China: an 11-year investigation. Harmful Algae, 10(3): 337-343.

Liu X, Zhang G, Sun G, et al. 2019. Assessment of lake water quality and eutrophication risk in an agricultural irrigation area: a case study of the Chagan Lake in Northeast China. Water, 11(11): 2380.

Ma Z, Cai Y, Li B, et al. 2010, Managing Wetland Habitats for Waterbirds: An International Perspective. Wetlands, 30(1): 15-27.

Nong X, Shao D, Zhong H, et al. 2020. Evaluation of water quality in the South-to-North Water Diversion Project of China using the water quality index（WQI）method. Water Research, 178: 115781.

Otsu N A. 1979. Threshold Selection Method from Gray-Level Histograms. IEEE Trans. Syst. Man Cybern, 9: 62-66.

Paerl H W, Fulton R S, Moisander P H, et al. 2001. Harmful freshwater algal blooms, with an emphasis on cyanobacterial. The Scientific World Journal, 1: 76-113.

Pathak D, Hutchins M, Brown L, et al. 2021. Hourly prediction of phytoplankton biomass and its environmental controls in lowland rivers. Water Resources Research, 57(3): e2020WR028773.

Qu X, Chen Y, Liu H, et al. 2020. A holistic assessment of water quality condition and spatiotemporal patterns in impounded lakes along the eastern route of China's South-to-North water diversion project. Water Research, 185: 116275.

Redfield A C. 1958. The biological control of chemical factors in the environment. American Scientist, 46(3): 221-230.

Scott J T, McCarthy M J, Paerl H W. 2019. Nitrogen transformations differentially affect nutrient-limited primary production in lakes of varying trophic state. Limnology and Oceanography Letters, 4(4): 96-104.

Shan K, Ouyang T, Wang X, et al. 2022. Temporal prediction of algal parameters in Three Gorges Reservoir based on highly time-resolved monitoring and long short-term memory network. Journal of Hydrology, 605: 127304.

Shen G, Yang X, Jin Y, et al. 2019. Remote sensing and evaluation of the wetland ecological degradation process of the Zoige Plateau Wetland in China. Ecol Indic, 104: 48-58.

Smith V H. 1983. Low nitrogen to phosphorus ratios favor dominance by blue-Green algae algae in lake phytoplankton. Science, 221: 669-671.

Su X, Steinman A D, Tang X, et al. 2017. Response of bacterial communities to cyanobacterial harmful algal blooms in Lake Taihu, China. Harmful Algae, 68: 168-177.

Tang C, He C, Li Y, et al. 2021. Diverse responses of hydrodynamics, nutrients and algal biomass to water diversion in a eutrophic shallow lake. Journal of Hydrology, 593: 125933.

Torres-Águila N P, Martí-Solans J, Ferrández-Roldán A, et al. 2018. Diatoms bloom-derived biotoxins cause aberrant development and gene expression in the appendicularian chordate Oikopleura dioica. Communications Biology, 1(1): 1-11.

Wang J, Zhang Z. 2020. Phytoplankton, dissolved oxygen and nutrient patterns along a eutrophic river-estuary continuum: Observation and modeling. Journal of Environmental Management, 261: 110233.

Wang J, Fu Z, Qiao H, et al. 2019. Assessment of eutrophication and water quality in the estuarine area of Lake Wuli, Lake Taihu, China. Science of the Total Environment, 650: 1392-1402.

Wu G, Xu Z. 2011. Prediction of algal blooming using EFDC model: Case study in the Daoxiang Lake. Ecological Modelling, 222(6): 1245-1252.

Wu Y F, Zhang G X, Shen H, et al. 2016. Attribute analysis of aridity variability in north Xinjiang, China. Adv Meteorol, 2016: 1-11.

Xu C, Zhang J, Bi X, et al. 2017. Developing an integrated 3D-hydrodynamic and emerging contaminant model for assessing water quality in a Yangtze Estuary Reservoir. Chemosphere, 188: 218-230.

Yang Y N, Sheng Q, Zhang L, et al. 2015. Desalination of saline farmland drainage water through wetland plants. Agricultural Water Management, 156: 19-29.

Zhang J, Ni W, Luo Y, et al. 2011. Response of freshwater algae to water quality in Qinshan Lake within Taihu Watershed, China. Physics and Chemistry of the Earth, 36(9-11): 360-365.

Zhang W, Jin X, Liu D, et al. 2017. Temporal and spatial variation of nitrogen and phosphorus and eutrophication assessment for a typical arid river-Fuyang River in northern China. Journal of Environmental Science, 55: 41-48.

Zhang W, Watson SB, Rao Y R, et al. 2013. A linked hydrodynamic, water quality and algal biomass model for a large, multi-basin lake: a working management tool. Ecological Modelling, 269: 37-50.

Zhang X, Zou R, Wang Y, et al. 2016. Is water age a reliable indicator for evaluating water quality effectiveness of water diversion projects in eutrophic lakes? Journal of Hydrology, 542: 281-291.

Zhu Y P, Zhang H P, Chen L, et al. 2008. Influence of the South–North Water Diversion Project and the mitigation projects on the water quality of Han River. Science of the Total Environment, 406(1-2): 57-68.

Ziegmann M, Abert M, Müller M, et al. 2010. Use of fluorescence fingerprints for the estimation of bloom formation and toxin production of Microcystis aeruginosa. Water Research, 44(1): 195-204.

第 5 章　嫩江干流河滨湿地生态水文过程与调控

湿地水文过程与生态过程的相互作用与反馈调控着湿地系统结构与功能的平衡与稳定。河滨湿地是流域典型的水陆过渡型生态系统，其生态水文过程与河道径流机制密切相关。气候变化和人类活动共同作用影响着河滨湿地生态水文过程，其中以水利工程建设为代表的人类活动对河滨湿地的影响最为直接和强烈。河流水库(大坝)的建设会显著影响下游水文情势，引起河流流量、水位等水文指标变化，进而改变河滨湿地自然的水文过程，致使河滨湿地生态退化。

尼尔基水库是建立在嫩江干流上的唯一控制性水利工程，深刻影响着下游河道水文情势，破坏了河滨湿地水文节律，威胁到河滨湿地生态系统的稳定和健康。因此，本章在分析嫩江干流河滨湿地生态水文演变的基础上，剖析了尼尔基水库下游河流水文情势和河滨湿地淹没动态变化，并揭示了尼尔基水库运行对下游河滨湿地淹没动态的影响机制，为基于水库调度的下游河滨湿地恢复与保护提供科学依据。

5.1　嫩江干流河滨湿地景观格局演变

湿地景观格局能够反映湿地景观要素在一定时空范围内的配置和组合方式，是理解干扰因子和自然环境之间协同适应关系的理论基础(刘润红等，2017；张红华等，2021)，对于深入理解全球变化背景下环境因子对景观格局的演变具有重要的意义。本节以历史时期嫩江流域洪水最大淹没区，划定了嫩江下游干流河滨带(图 5.1)，并从斑块类型水平和景观水平分析了滨湿地景观格局演变特征。

5.1.1　数据来源与研究方法

在下游干流河滨带内，河网水系密布，分布有大量的河滨湿地。由于洪水是河滨湿地的主要补给水源，河滨湿地对洪水脉冲演变极为敏感。为准确揭示研究区景观格局动态变化特征，根据研究区已有卫星数据的影像质量、成像时间等信息，保证云量低于 10%，选取 2000 年、2005 年、2010 年、2015 年的 Landsat 遥感影像，尽量选择年际降水量变化较明显的年份且植被生长较好的月份(7 月中旬至 9 月上旬)，以利于不同下垫面信息的准确提取，所有遥感影像都经过几何校正、正射校正、波段合成和裁剪等预处理。影像数据取自美国地质调查局(USGS)网站(http://earthexplorer.usgs.gov/)以及地理空间数据云网站(http://www.gscloud.cn/)。

在进行监督分类前，参考国内外湿地分类标准以及中国湿地研究(牛振国等，2009；周亚军等，2020)，并结合研究区实际情况，对嫩江下游干流湿地进行野外实地考察，结合湿地公约中的湿地分类系统(Wang et al., 2020)以及已有的土地利用分类系统，根据遥感影像的成像原理，将研究区湿地划分为水体、洪泛平原、人工湿地、永久性沼泽湿地

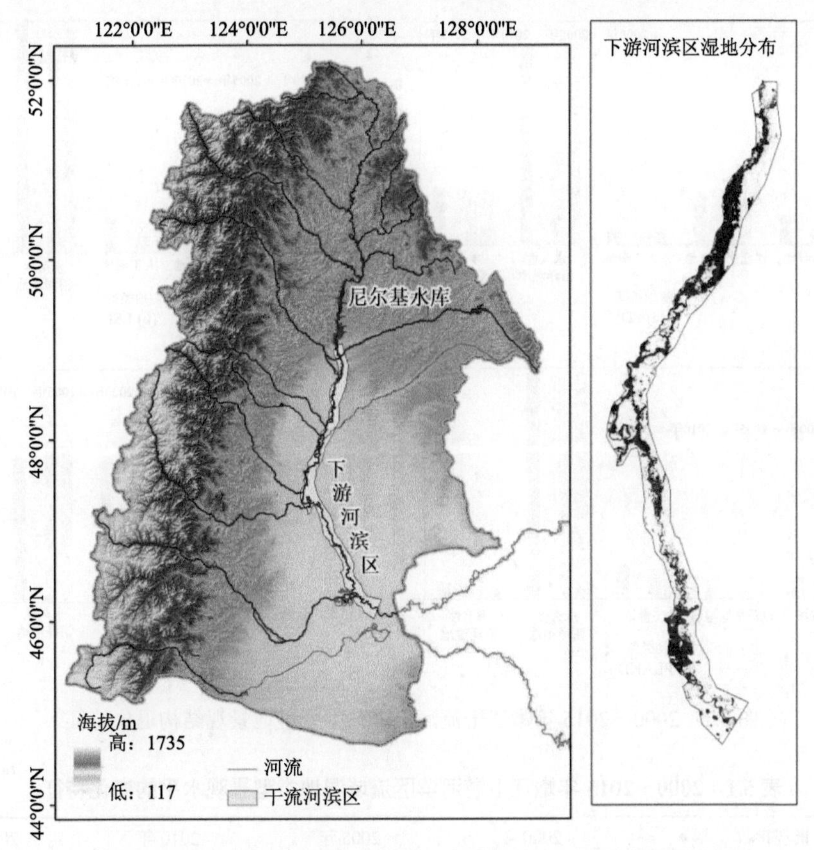

图 5.1　嫩江下游河滨带地理位置、湿地及土地利用类型的分布

和季节性湿地 5 种类型。从斑块类型水平和景观水平两个方面选取景观指数。景观水平选取的指数包括斑块密度(PD)、景观形状指数(LSI)；斑块类型水平选取的指数为景观类型百分比指数(PLAND)和聚集度指数(COHESION)(宫兆宁等，2011)。

5.1.2　嫩江干流河滨湿地景观格局演变

基于五种湿地类型水平的景观格局指数分析(图 5.2)，从类型程度上可以看出，2015 年的斑块密度与 2000 年相比有明显增加的趋势[图 5.2(a)]，因此该地区湿地间的交互作用趋于弱化，且该湿地景观的破碎状态较为严重。永久性沼泽湿地的景观形状指数最大[图 5.2(b)]，处于 12.6～13.99 之间，LSI 值增大，说明该湿地景观类型呈现复杂化趋势，因此该地区永久性沼泽湿地景观结构较为复杂。随着 PLAND 的增长，景观中的斑块类型所占的比例很大。永久性沼泽湿地在景观面积指数中占比很大[图 5.2(c)]，表明该类型的湿地分布较为广泛；而洪泛平原湿地在景观面积指数中占比较小，表明洪泛平原湿地的景观所占比例也小。五种湿地类型的聚集度指数(COHESION)均呈减少趋势[图 5.2(d)]，表明湿地逐渐分散，此斑块类型趋于集中状态，破碎状态逐渐严重。从湿地景观水平上来看(表 5.1)，2000～2015 年，蔓延度指数降低，多样性指数增大，破碎化程度越来越严重，表明嫩江下游干流河滨区湿地生态退化明显。

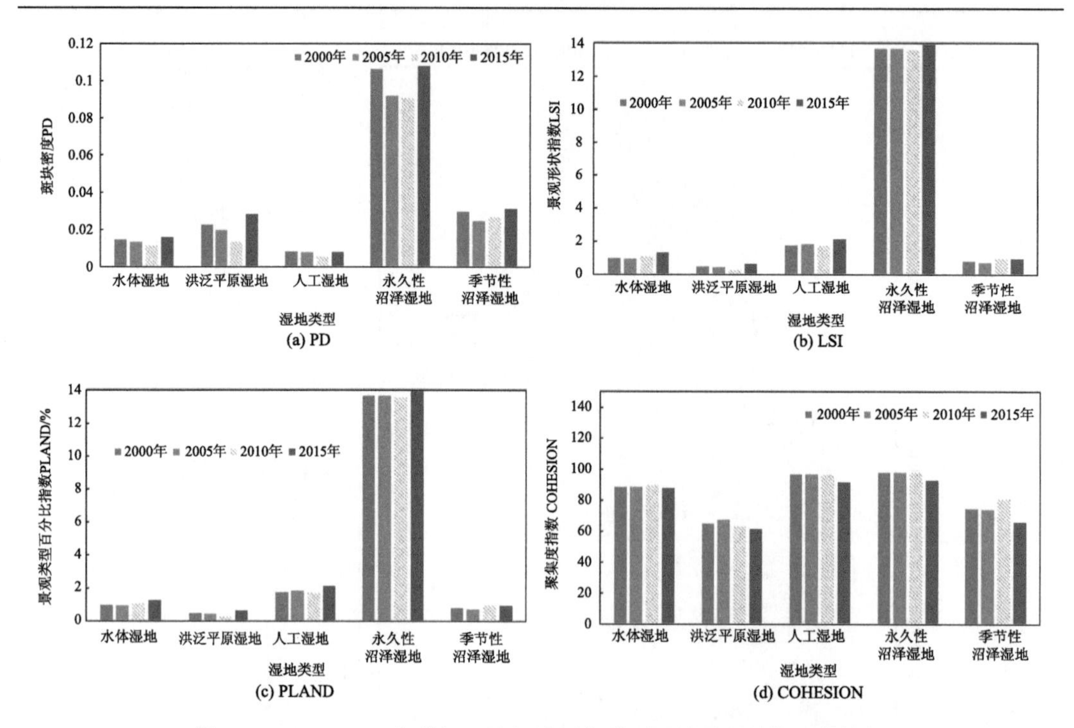

图 5.2　2000～2015 年嫩江干流河滨区各类型湿地景观结构退化特征

表 5.1　2000～2015 年嫩江下游河滨区流域湿地类型景观水平的变化特征

景观指数	2000 年	2005 年	2010 年	2015 年
蔓延度指数/%	53.06	53.24	52.36	51.07
多样性指数	1.62	1.63	1.64	1.68

5.2　尼尔基水库建设对嫩江干流水文情势的影响分析

本节采用了 1984～2018 年同盟站、富拉尔基站、白沙滩站和大赉站 4 个断面非冻结期(即 4～11 月)420 期 Landsat 影像，数据源于 Google Earth Engine JRC 全球地表水分布数据集(Pekel et al., 2016)。水文数据为上游的石灰窑站及下游的富拉尔基站、白沙滩站和大赉站 1968～2018 年的逐日径流数据和水位数据，用于耦合湿地模块的流域水文模型的率定和验证及模拟效率评价；基于验证后耦合湿地模块的流域水文模型，精细化模拟嫩江流域孤立湿地和河滨湿地水文过程，定量揭示了孤立湿地和河滨湿地退化的水文学机制。

选取尼尔基水库下游作为研究区，利用 1984～2018 年的 Landsat 遥感影像数据分析了水库建设之前(1984～2005 年)和之后(2006～2018 年)四个典型水文站(同盟站、富拉尔基站、白沙滩站和大赉站)断面淹没频率和淹没面积的时空演变特征；然后基于四个断面的水位-径流观测数据，采用线性分段模型迭代拟合的方法确定洪水淹没阈值流量(Scott et al., 2019)，并进一步确定洪水事件和洪水的特征指标(洪水流量超越概率、持续时间、流量和起涨强度)(图 5.3)，用于分析水库建设前后洪水脉冲强度的变化；最后采用耦合湿地模块的流域水文模型，量化了水库建设前后洪水脉冲对河滨湿地补水量的变化，并提出维持河滨湿地生态健康的洪水脉冲机制。

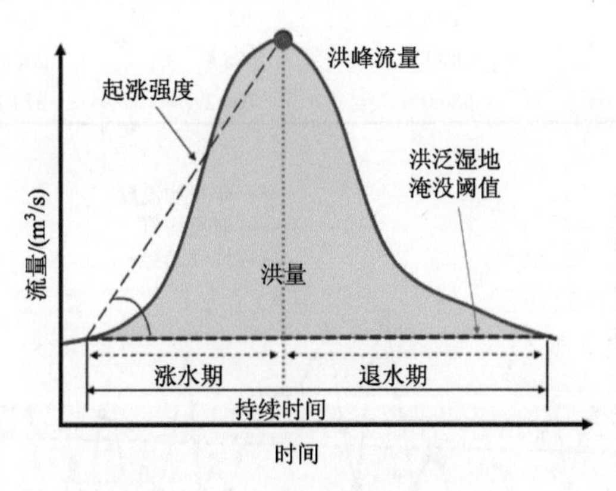

图 5.3　洪水四个特征指数

本节基于水位-径流观测数据，对线性分段模型进行迭代拟合，找到一个或多个通过统计检验的断点(ψ_b)作为阈值流量。线性分段模型可以表示为

$$Q(s)=\beta_0+\beta_{1s}+\beta_2(s-\psi_b)I(s>\psi_b) \tag{5.1}$$

式中，ψ_b为断点，$I(\cdot)$为等于 1 的指标函数(断点存在时)。使用在 R 统计软件中线性分段软件包(Segmented-Regression Models with Break-Points / Change-Points Estimation)开展线性分段模型迭代拟合。经过计算，同盟站、富拉尔基站、白沙滩站和大赉站所在断面的洪水淹没阈值流量分别为 1659 m^3/s(1.15a 洪水)，1678 m^3/s(1.47a 重现期洪水)，1 695 m^3/s(1.25a 重现期洪水)和 1626 m^3/s(2.51a 重现期洪水)。

5.2.1　尼尔基水库建设对嫩江干流径流情势的影响

1968～2016 年，嫩江流域上游(石灰窑站)年平均径流量呈明显时段特征，1981～1990 年和 2011～2016 年为丰水期，其他时段为相对枯水期；其中，1979～1990 年年径流均值最大，为 114.6 m^3/s(表 5.2)。变化趋势上，1979～2000 年年径流量呈先增加后减少的趋势，在 2001～2008 年持续减少，2008 年后呈增加趋势[图 5.4(a)]。富拉尔基站年平均径流量总体呈减少趋势[气候倾向率为–0.45 $m^3/(s\cdot a)$]，其中 1968～1980 年呈明显减少趋势，1981～1990 年呈增加趋势，随后又呈减少趋势[图 5.4(b)]。大赉站年平均径流量呈微弱的减少趋势[气候倾向率为–0.45 $m^3/(s\cdot a)$]，在 1991～2000 年时段均值最大为 766.2 m^3/s，2001～2008 年时段均值最小为 324.3 m^3/s[图 5.4(c)]。总体来看，与 1990 年之前比较，1991～2016 年旱涝频发，如 1998 年发生了百年一遇的洪水，2013 年发生了 50 年一遇的洪水；而在 2003 年和 2009 年富拉尔基站和大赉站年径流量均接近历史最低值；此外，在 1998～2003 年发生了年际尺度的涝-旱急转事件。综上所述，受气候变化的影响，嫩江流域年径流量总体呈明显的枯-丰-枯-丰的演变特征，且在 1990 年以后，极端水文事件增多。

表 5.2　嫩江石灰窑站、富拉尔基站和大赉站不同时段年径流量均值　（单位：m^3/s）

水文站	1968～1980 年	1981～1990 年	1991～2000 年	2001～2010 年	2010～2016 年
石灰窑	69.6	114.6	92.4	63.4	101.1
富拉尔基	379.8	589.1	588.4	296.01	456.05
大赉	483.7	686.0	766.2	324.19	559.66

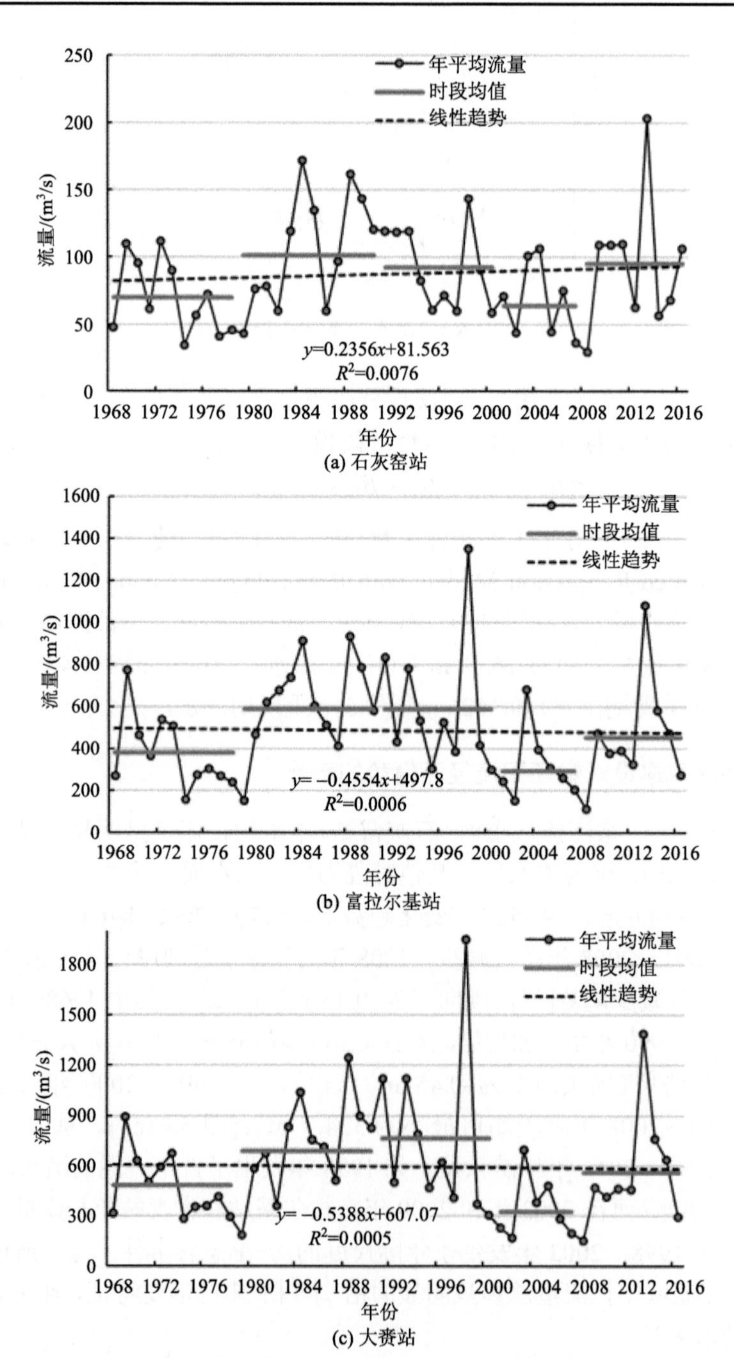

图 5.4　1968～2016 年石灰窑站、富拉尔基站和大赉站年径流变化特征

5.2.2　尼尔基水库建设对洪水脉冲的影响

分析发现，水库建设后嫩江下游洪水脉冲强度有所减弱，表现在超越淹没阈值流量的概率减少、起涨强度减弱、洪量减少和持续时间缩短等特征(图 5.5)。4 个指标在水库建设前表现出更高的变异性，水库建设后变异性明显减弱，即水库调控明显改变了洪水变异性。4 个站点的流量超越概率、持续时间、起涨强度和洪量分别减少了 43.9%～48.9%、46.7%～80.7%、39.2%～89.7%和 12.2%～36.7%(表 5.3)。因此，尼尔基水库的水文调控大大减弱了下游的洪水脉冲强度。

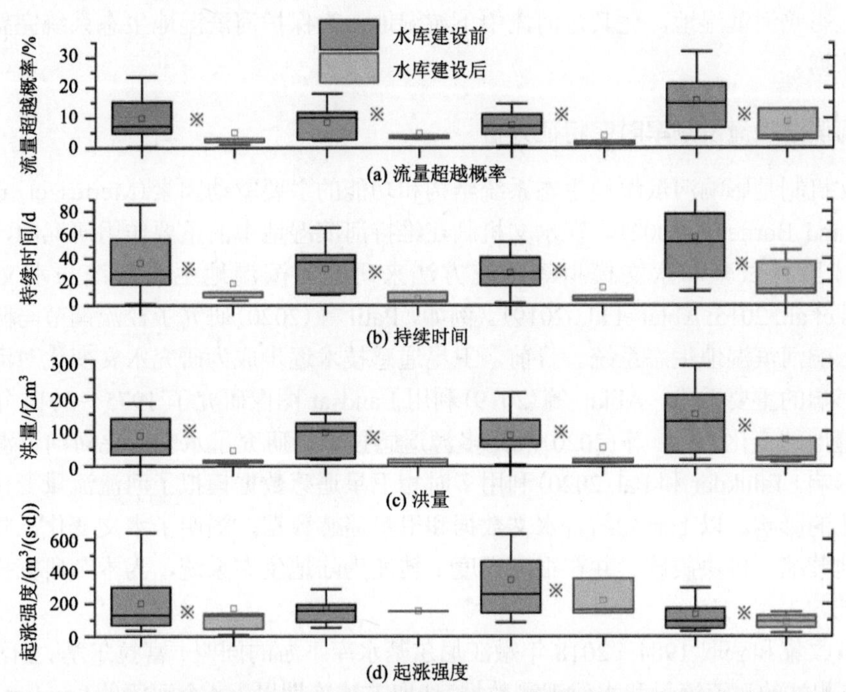

图 5.5　嫩江下游水库建设前后年洪水流量超越概率、持续时间、洪量和起涨强度的变化

表 5.3　嫩江下游水库建设前后洪水流量超越概率、持续时间、起涨强度和洪量及其相对变化

洪水指标	时间分段	同盟站	富拉尔基站	白沙滩站	大赉站
流量超越概率	建设前/%	9.8	8.5	7.7	15.9
	建设后/%	5.1	4.8	4.1	8.8
	相对变化/%	–48.9	–43.9	–46.6	–44.6
持续时间	建设前/d	36	31	28.1	58.1
	建设后/d	18.4	6	15	28.1
	相对变化/%	–48.9	–80.7	–46.7	–51.6
洪量	建设前/亿 m^3	88.3	97.5	89.9	149.8
	建设后/亿 m^3	45.2	10	54.6	75.1
	相对变化/%	–48.9	–89.7	–39.2	–49.9
起涨强度	建设前/[m^3/(s·d)]	202.4	176.4	351.2	137
	建设后/[m^3/(s·d)]	171.4	154.2	222.3	88.3
	相对变化/%	–15.5	–12.2	–36.7	–36.6

5.3 嫩江下游河滨湿地淹没情势分析

河滨湿地因其调蓄洪水维持基流的功能具有巨大的生态和社会经济价值，在支持流域尺度生态系统的完整性方面发挥着极其重要的作用。在过去的50年里，全球的河滨湿地的损失严重，主要原因是河流水文条件的变化，其中淹没频率是非常重要的条件之一。为此本节开展了河滨湿地淹没频率变化研究，分析嫩江中下游河滨湿地淹没范围及淹没频率时空变化特征，揭示淹没机制变化的影响因素。确定淹没频率的改变如何以及在多大程度上影响河滨湿地，尤其是河流中下游湿地，为保护河滨湿地生态系统完整性的提供科学依据。

5.3.1 河滨湿地淹没频率时空特征分析

水文机制是影响河滨湿地生态系统结构和功能的主要驱动因素(Mertes et al., 1995; Amoros and Bornette, 2002)。在水文机制在维持河滨湿地中的重要作用研究中，大多采用小规模野外试验和水文模拟等传统方法来研究河滨湿地生态系统与水文动力学(Thomas et al., 2015; Ablat et al., 2019)。例如，Patil 等(2020)研究了径流调节与降雨变化是如何影响河滨湿地生态系统。目前，卫星遥感技术逐步成为研究水文变化对河滨湿地的长期影响的重要手段。Ablat 等(2019)利用 Landsat 图像研究了 1975～2014 年黄河上游河滨湿地的变化。Pal 等(2020)利用多源遥感技术，研究了水文变化对河滨湿地生态状况的影响。Talukdar 和 Pal(2020)利用多时相卫星遥感数据模拟了河流流量变化对河滨湿地变化的影响。以上研究结合水文数据和卫星遥感数据，阐明了水文变化，将会导致河滨湿地萎缩、斑块破碎，并在很大程度上转变为陆地生态系统，为本节研究提供了思路和基础。

本节收集和获取 1984～2018 年嫩江尼尔基水库下游的同盟、富拉尔基、白沙滩、大赉4个监测站的河流流量和水位观测数据。选取非冰冻期以上4个河段的Landsat数据(表5.4)。下载嫩江尼尔基水库下游 420 期 JRC(全球地表水)数据 (Pekel et al.， 2016)。在高清的谷歌地图获取 179 个样点数据，87 个野外调查数据，用于识别河边湿地。

表 5.4　本节研究使用的 Landsat 数据介绍

卫星	传感器	年份	分辨率/m
Landsat4/5	TM	1984～2011	30
Landsat7	ETM+	2012	30
Landsat8	OLI	2013～2018	30

对 1984～2018 年各月的水体数据进行预处理。计算河滨湿地淹没频率(water appearance frequency, WAF)。公式为

$$\mathrm{WAF}_j = \frac{\sum_{i=1}^{N} I_i}{N} \times 100\% \tag{5.2}$$

式中，WAF_j 为某一时次第 j 个像素的淹没频率；N 为水体面积总时间序列的个数；i 为对应的第 i 时次的水体分布；I_i 为第 i 张水体数据对应的像元值。WAF 的最高值为 100%，最低值为 0。当 WAF 值接近 100%时，表示淹没频率高，当 WAF 值接近 0 时，表示淹没频率低。

WAF 可作为划定湿地边界的方案(Pal and Talukdar, 2018a)，Talukdar 和 Pal(2017)将 WAF 重新划分为三类：1%～33%、33%～66%、66%～100%，分别为季节性湿地、永久湿地和永久水体。在这里，我们确定淹没频率 10%～60%为河滨湿地，60%～100%为永久水体，0～10%为其他(图 5.6)。本节共使用了 266 个地面控制站点，包括实地调查和从谷歌地球上选取的采样点。为了分析洪泛平原湿地的时空变化，计算了建库前、建库后的淹没频率。然后将 WAF 进一步分为 0～5%、5%～10%、10%～15%、15%～20%、20%～30%、30%～40%、40%～50%、50%～60%、60%～80%、80%～100%等 10 类，对所有类别的变化进行统计分析。

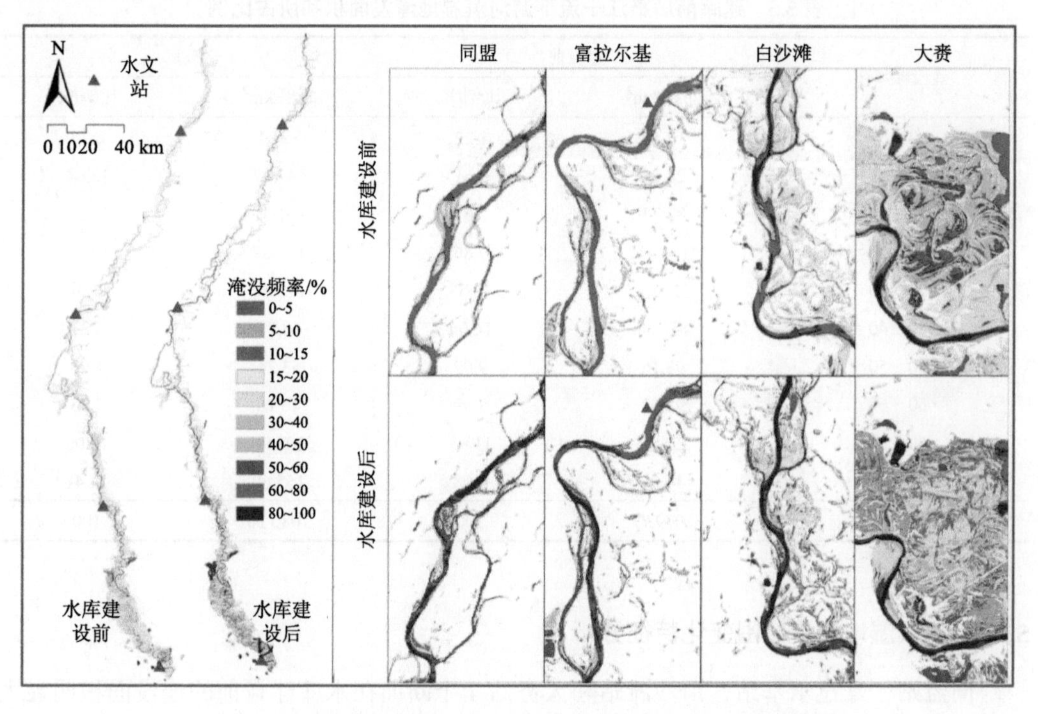

图 5.6　建库前后嫩江下游 4 个河段河滨湿地淹没频率变化情况

利用 Kappa 系数(K) (Congalton, 1991)对 WAF 提取的河滨湿地、永久水体等土地覆盖类型的分类精度进行了评价。K 值>0.81 表明分类结果与地面实际情况非常吻合。基于 266 个地面控制站点，使用 K 值对分类地图进行验证。计算得出的 K 值为 0.89，说明分类后的图能够满足本节的需要。

本节使用 Landsat 图像计算每个站点对应河段内归一化差值水体指数(NDWI)提取了每个站点的水面面积。将各站点在每个时间点的淹没面积除以最大淹没面积，得到每个站点的淹没率。比较了建库前(1984～2005 年)和建库后(2006～2018 年)的淹没频率和淹没面积。采用方差分析(ANOVA)，显著性水平为 5%，以确定建库前和建库后的淹没频率和淹没率是否存在显著差异。

水库运行后，下游洪泛区中淹没频率为 0～20%和 80%～100%的区域分别增加了 293.63 km^2 和 111.59 km^2(表 5.5)。同时，淹没频率为 20%～80%的区域减少了 404.71 km^2。这些地区主要转化为淹没频率较低的区域。此外，在水库建设前，淹没频率为 20%～80%的区域占总面积的 74.58%；而在水库运行后，这些地区的淹没频率总体上减少至 20%以内。这引起水库运行后淹没频率为 0～20%的区域明显增加，占总面积的 48.5%。同样，4 个断面淹没频率总体减少，但在 4 个河段之间有明显的差异性。在白沙滩和富拉尔基站断面，淹没频率略有降低。但是在白沙滩和大赉站断面，大多数高淹没频率区已转变为低淹没频率区。即由于尼尔基水库的水文调控，下游洪泛区和洪泛湿地的淹没频率显著降低。

表 5.5　建库前后嫩江干流下游河滨湿地淹没面积和所占比例

淹没频率/%	建设前		建设后	
	面积/km^2	比例/%	面积/km^2	比例/%
0～5	13.17	1.22	73.04	6.76
5～10	28.21	2.61	147.27	13.64
10～15	82.77	7.67	161.31	14.94
15～20	106.41	9.86	142.57	13.20
20～30	329.65	30.53	123.74	11.46
30～40	151.58	14.04	68.77	6.37
40～50	98.16	9.09	53.24	4.93
50～60	97.02	8.99	46.76	4.33
60～80	128.79	11.93	107.98	10.00
80～100	44.01	4.08	155.60	14.41
总计	1079.77	100	1080.28	100

5.3.2　河滨湿地淹没范围变化特征分析

同盟站、富拉尔基站、白沙滩站和大赉站 4 个断面在水库建设前的淹没面积明显大于淹没后的面积(图 5.7)。水库建设前的最大淹没面积分别是：1.26 km^2、0.9 km^2、2.3 km^2 和 1.42 km^2，水库建设后的最大淹没面积分别是：0.9 km^2、0.88 km^2、1.6 km^2 和 1.4 km^2。水库建设前最小淹没面积分别为 0.03 km^2、0.06 km^2、0.1 km^2 和 0.05 km^2，水库建设后最小淹没面积分别是：0.06 km^2、0.08 km^2、0.12 km^2 和 0.08 km^2。表明，嫩江下游河滨区最大淹没面积在建库后有所降低，但最小淹没面积却有所增加。尽管 4 个断面水库建设前后淹没面积的中位数和平均值略有不同，但在水库建设后，淹没面积的变幅显著降低。表明，水库运行改变了下游洪泛区原有的淹没节律，很大程度上减少了 4 个断面洪泛区湿地的被淹没程度。

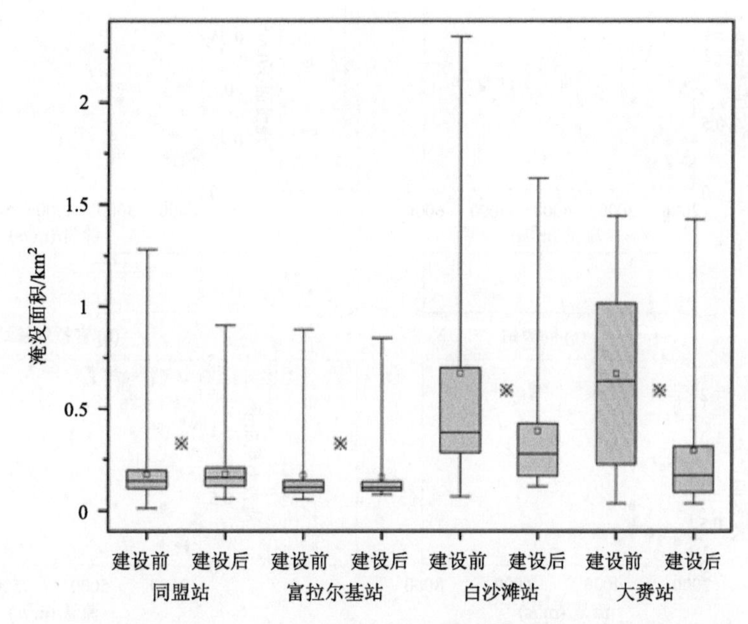

图 5.7 建库前后同盟站、富拉尔基站、白沙滩站和大赉站断面淹没面积变化

5.4 嫩江下游河滨湿地淹没情势的影响因素分析

5.4.1 洪水脉冲变化对淹没机制的影响

嫩江下游洪水淹没面积与洪水期间流量密切相关，4 个水文站断面水库建设前后洪水脉冲强度通常随着洪水流量的增加而增加(图 5.8)。但是，4 个断面在水库建设前的洪水流量总体上比水库建设后的洪水流量大。同盟站、富拉尔基站、白沙滩站和大赉站的平均洪水流量在水库建设前分别为 2490 m^3/s、2313 m^3/s、3902 m^3/s 和 3823 m^3/s，在建库后分别为 2204 m^3/s、2770 m^3/s、2620 m^3/s 和 2924 m^3/s。同样，水库建设后，4 个断面淹没面积总体明显减少，4 个断面淹没面积均值在建库前分别为 0.49 km^2、0.56 km^2、1.43 km^2 和 1.41 km^2，在建库后分别为 0.26 km^2、0.31 km^2、0.47 km^2 和 0.38 km^2。此外，水库建设前洪水流量和洪水淹没面积都表现出较强的变异性，而在水库建设后两者都呈现出较小的变异性，即同一断面同等洪水流量情境下，水库建设后淹没面积明显减少。例如，在大赉河段，水库建设前的淹没面积频繁地达到最大值，然而，在水库建设后淹没面积极少接近最大淹没面积，这在 4 个河段均有明显体现，表明尼尔基水库的水流调节通过削弱下游洪峰流量，大大降低了淹没程度。

此外，由于尼尔基水库的水文调控，致使 4 个断面河道流量极少或者无法达到洪水脉冲阈值，即洪水期间河道向河滨湿地补给水量大量减少甚至不再补给，导致河滨湿地和河道之间的水文连通性下降。如白沙滩站最大流量自 12712 m^3/s 减少到 6704 m^3/s，水位从 137.5 m 降低至 128.5m，水库建设后白沙滩断面河滨湿地被淹没频率明显减少。

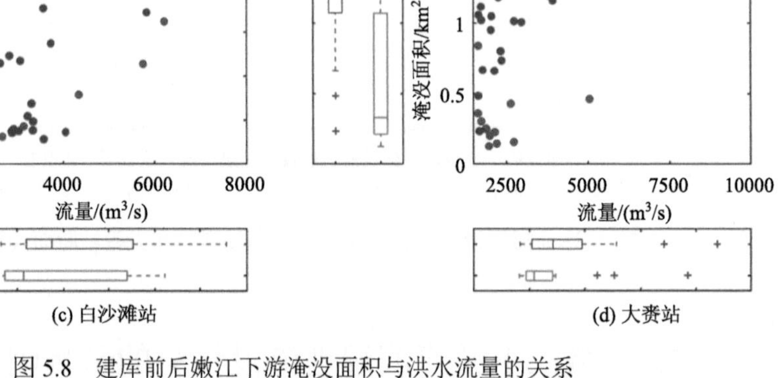

图 5.8　建库前后嫩江下游淹没面积与洪水流量的关系

蓝色表示水库建设之前；红色表示水库建设之后；*Y* 轴表示淹没面积的边际分布；*X* 轴表示洪水期间流量的边际分布

5.4.2　尼尔基水库建设对淹没机制的影响

尼尔基水库的长期运行对嫩江下游河滨湿地的淹没情势有显著影响。研究发现，尼尔基水库建设后洪水频次减少，洪水强度减弱，降低了下游河滨湿地的淹没程度和淹没频率。这一发现与一些学者研究水库建设改变河流水文情势直接减少河滨湿地面积的结果一致(Dudgeon et al., 2006; Graf, 2006; Pal et al., 2020; Patil et al., 2020)。河流上建库可以在很大程度上减弱洪水发生的强度，建库后洪水机制的改变减少了河道与河滨湿地之间的横向水交换(Xie et al.，2015; Yang et al.，2015; Pal, 2016)，破坏河滨湿地生态环境(Lininger and Wohl, 2019; Patil et al., 2020)。Zheng 等(2019) 和 Meng 等(2019)发现嫩江尼尔基水库建设后，引起河滨湿地淹没频率降低导致河滨湿地面积下降，进一步对河滨湿地的生态环境、栖息地面积产生影响，包括河滨湿地斑块形态学改变。这导致河滨湿地和河道之间的水文连通性降低，导致洪水脉冲很难达到使河道水位超过堤岸，从而达到对河滨湿地补充水分的意义，水库建成后，泄洪导致洪水脉冲的降低，造成对河滨湿地补给水量减少(图 5.9)。此外，4 个水文站在水库建成后的平均日流量明显低于建库前(图 5.10)。河道流量的减少还会导致水质、碳循环和鱼类产量的变化，并可能限制嫩江下游用于生活用水、运输及发电用水。

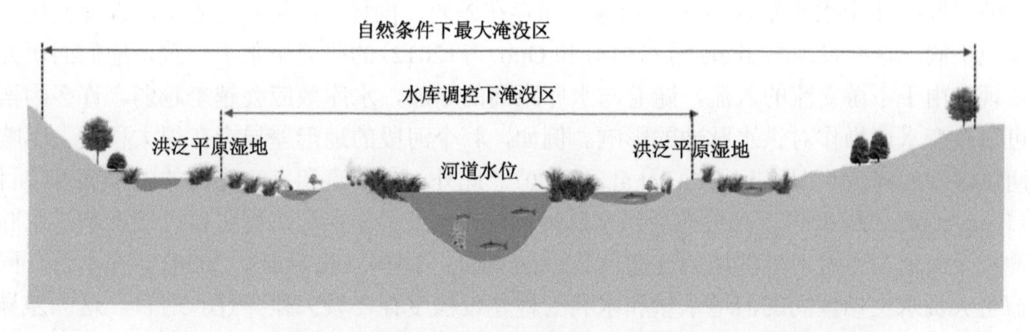

图5.9　自然和水文调控情景下洪泛区水位和淹没机制变化的概念图

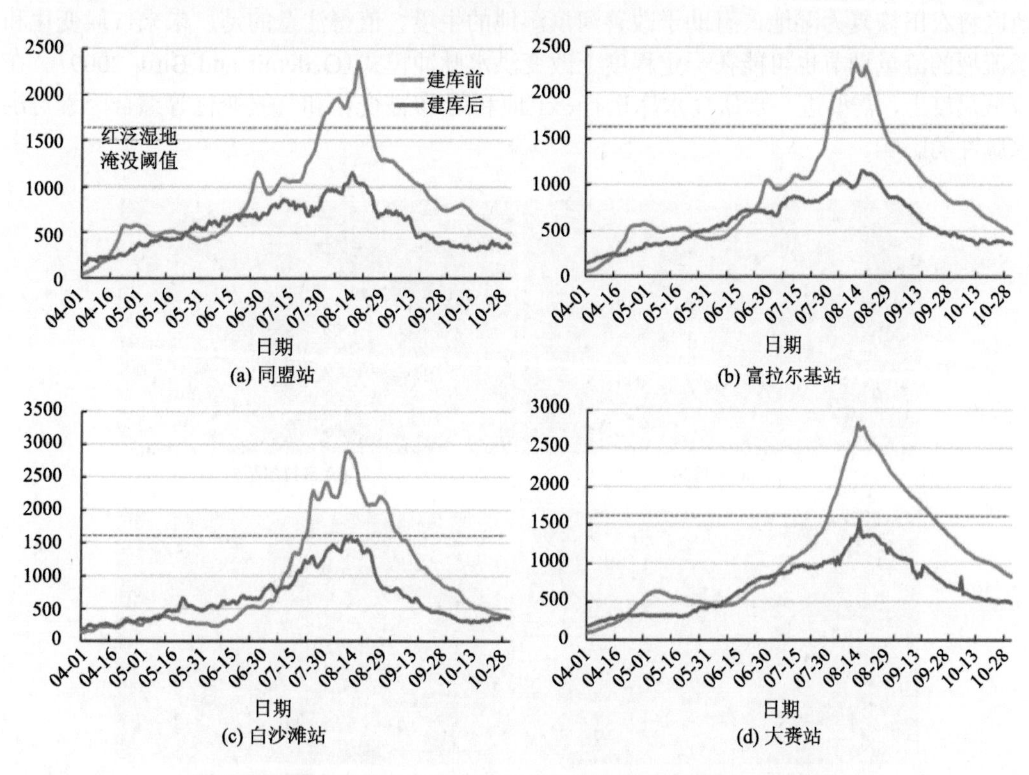

图5.10　嫩江下游4个水文站在水库建设前后日流量平均值曲线

值得注意的是，在建库后80%～100%的淹没频率地区有一定程度的增加。由于淹没频率高的地区是主河道等永久性水体，水库调节的基流量或低流量支撑功能可以维持高淹没频率区域的水量补给(Yang et al.，2020)。因此，基流量或低流量的增加可以增加河滨湿地在严重干旱时期的最小淹没面积，有助于提高河滨湿地对水文干旱的水文恢复力。水库调节是导致河滨湿地退化的主要原因，这与Pal和Talukdar(2018b)的研究结果一致，他们发现水库建设后的流量损失和侧向洪水脉冲的限制会对河滨湿地的水文和生态状态产生负面影响。

目前研究发现，尼尔基水库的水流调节降低了嫩江下游的洪水脉冲幅度。然而，影响的强度在 4 个水文站点和 4 个指标之间存在差异。同样，4 个河段的淹没程度变化程度也不同。这些发现与 Jiang 等(2014)和 Guo 等(2012)的研究结果不一致，他们的研究发现，由于下游支流的入流，随着与水库距离的增加，水库效应会越来越弱。许多因素可以改变水库操作对洪水脉冲的影响。例如，4 个河段的地形差异会在很大程度上影响河滨湿地的淹没状况(Chen Y H et al.，2020)。此外，在干流和支流旁边的多个调水项目(Jiang et al.，2016)可以部分改变洪水脉冲的幅度。此外，水利工程可以直接影响洪水脉冲以及河道与下游河滨湿地的连通性(Zheng et al.，2019; Liu et al.，2020)。在本节，同盟至大赉水文站区间的河道水量和水利工程建设程度存在较大差异(图 5.11)。这些差异可以通过减弱或放大水库效应来改变产生洪水脉冲的过程。此外，人为活动，如在河岸地区将农田恢复为湿地，有助于改善河滨湿地的生境。值得注意的是，未来气候变化和子流域的流量调节也可能在一定程度上改变洪水脉冲模式(Ozdemir and Bird, 2009)。在流域尺度上，需要进一步研究水库运行、土地利用/覆被变化和气候变化等综合因素对洪水脉冲的影响。

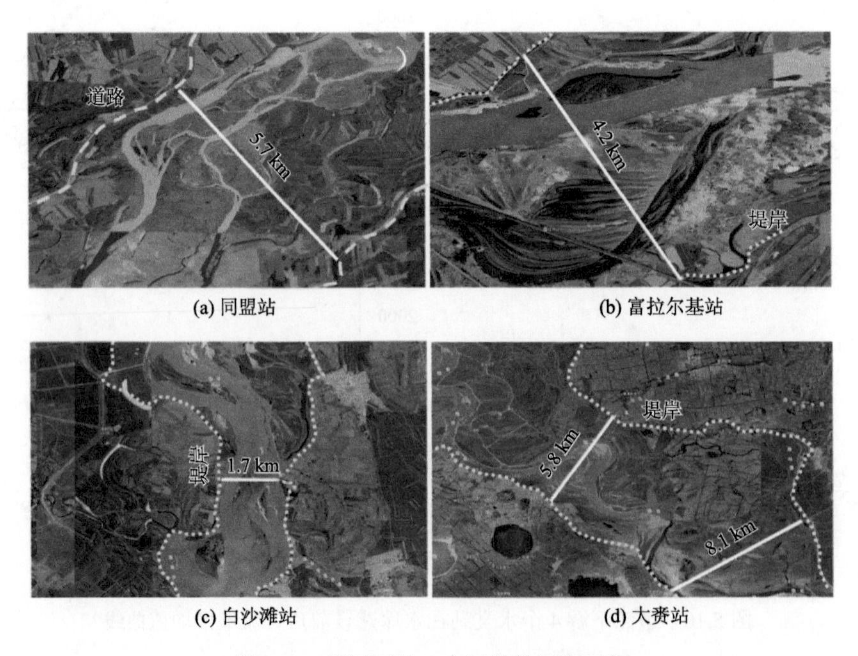

图 5.11 嫩江下游 4 个河段的河流工程

包括道路和堤岸在建设；来源：谷歌地图, 2017 年

5.5 嫩江干流河滨湿地水文管理与调控

以嫩江尼尔基水库下游干流河滨湿地分布区为例，利用基于构建的耦合湿地模块的 PHYSITEL/HYDROTRL 水文模型平台，开展了多种脉冲情景下流域水文过程模拟，分析了不同洪水脉冲情景下湿地水文过程演变特征，并提出维持湿地生态健康的合理水文

情势和水量保障的对策措施。

如前文所述，尼尔基水库目前的水文调控方案已对嫩江下游洪泛区湿地的淹没机制产生了严重影响。洪水脉冲对维持河流-河滨湿地水量交互尤其是湿地生态系统健康至关重要。但本研究发现由于尼尔基水库的影响，嫩江下游的洪水脉冲强度明显减弱、淹没频次明显减少。因此，迫切需要改进现有的水库调度方案，以产生足够的洪水脉冲强度，从而维持洪水脉冲的自然变异性及其对河滨湿地生态系统的补水机制，从而维持洪泛区生态系统完整性。Ghimire 和 Deng(2013)以及 Rosen 和 Xu(2014)研究发现，淹没持续时间为脉冲阈值流量的 125%或以上，累积持续时间为 15 天，对维持河滨生态系统尤为重要，可以用来确定洪泛区可持续管理的洪水脉冲阈值。基于此，开展了多种洪水脉冲情景下嫩江流域湿地水文过程模拟，基于不同洪水脉冲情景下典型断面湿地-河道的水文交互分析，确定了尼尔基水库下游 4 个断面的最低洪水脉冲阈值(表 5.6)，用于指导实际的尼尔基水库的湿地水文管理与调控。该洪水脉冲阈值可以维持并增加洪泛区湿地的淹没频率，从而有益于洪泛区淹没机制和生态系统完整性的恢复重建。

基于湿地生态退化的水文学驱动机制的研究，嫩江流域迫切需要开展湿地水文管理与调控，以应对未来气候变化下湿地生态需水量的变化，并对重点湿地优先保护和常态补水，以保证流域内湿地需水。此外，还应重视洪水资源的利用，完善湿地生态环境监测体系，加强湿地保护法律法规建设。同时，要恢复河滨湿地与河道的水文连通性，限制农业对洪泛区湿地的入侵是减少洪泛区生态恶化和改善下游河滨生态系统完整性的必要措施。

表 5.6　嫩江下游 4 个断面维持河滨湿地生态健康的最低洪水阈值

水文站	脉冲阈值/(m^3/s)	重现期/a	持续时间/d	洪量/亿 m^3
同盟	2074	1.3	15	27
富拉尔基	2098	1.8	15	27
白沙滩	2119	1.4	15	27
大赉	2033	3.5	15	26

参考文献

宫兆宁，张翼然，宫辉力. 2011. 北京湿地景观格局演变特征与驱动机制分析. 地理学报, 60(1): 77-88.

刘润红，梁士楚，赵红艳，等. 2017. 中国滨海湿地遥感研究进展. 遥感技术与应用，32(6):998-1011.

牛振国，宫鹏，程晓，等. 2009. 中国湿地初步遥感制图及相关地理特征分析. 中国科学(D 辑:地球科学)，239(2):188-203.

张红华，万鲁河，郝景莹. 2021. 小兴安岭湿地景观格局模拟及动态演变分析. 测绘科学，46(8):197-204.

周亚军，刘廷玺，段利民，等. 2020. 锡林河上游流域河流湿地植物地上生物量遥感估算. 湿地科学，18(5):589-596.

Ablat X, Liu G, Liu Q, et al. 2019. Application of Landsat derived indices and hydrological alteration matrices to quantify the response of floodplain wetlands to river hydrology in arid regions based on different dam operation strategies. Sci Total Environ, 688: 1389-1404.

Amoros C, Bornette G. 2002. Connectivity and biocomplexity in waterbodies of riverine floodplains. Freshwater Biol, 47(4): 761-776.

Chen L, Zhang G, Xu Y J, et al. 2020. Human activities and climate variability affecting inland water surface area in a high latitude river basin. Water, 12(2): 382.

Congalton R G. 1991. A review of assessing the accuracy of classification of remotely sensed data. Remote Sens. Environ, 37 (1): 35-46.

Dudgeon D, Arthington A, Gessner M, et al. 2006. Freshwater biodiversity: Importance, threats, status and conservation challenges. Biol Rev, 81 (2): 163-182.

Ghimire B, Deng Z. 2013. Hydrograph-based approach to modeling bacterial fate and transport in rivers. Water Res, 47(3): 1329-1343.

Gómez-Baggethun E, Tudor M, Doroftei M, et al. 2019. Changes in ecosystem services from wetland loss and restoration: An ecosystem assessment of the Danube Delta (1960-2010). Ecosyst Serv, 39: 100965.

Graf W. 2006. Downstream hydrologic and geomorphic effects of large dam son American rivers. Geomorphology, 79: 336-360.

Guo H, Hu Q, Zhang Q, et al. 2012. Effects of the three gorges dam on Yangtze River flow and river interaction with Poyang Lake, China: 2003-2008. J Hydrol, 416: 19-27.

Jiang H, Wen Y, Zou L, et al. 2016. The effects of a wetland restoration project on the Siberian crane (Grus leucogeranus) population and stopover habitat in Momoge National Nature Reserve, China. Ecol Eng, 96: 170-177.

Jiang L, Ban X, Wang X, et al. 2014. Assessment of hydrologic alterations caused by the Three Gorges Dam in the middle and lower reaches of Yangtze River, China. Water, 6(5): 1419-1434.

Lininger K, Wohl E. 2019. Floodplain dynamics in North American permafrost regions under a warming climate and implications for organic carbon stocks: A review and synthesis. Earth-Sci Rev, 193: 24-44.

Liu Q, Liu J, Liu H, et al. 2020. Vegetation dynamics under water-level fluctuations: Implications for wetland restoration. J Hydrol, 581: 124418.

Mei X, Dai Z, Darby S E, et al. 2018. , Modulation of extreme flood levels by impoundment significantly offset by floodplain loss downstream of the Three Gorges Dam. Geophys Res Lett, 45 (7): 3147-3155.

Meng B, Liu J L, Bao K, et al. 2019. Water fluxes of Nenjiang River Basin with ecological network analysis: Conflict and coordination between agricultural development and wetland restoration. J Clean Prod, 213: 933-943.

Meng B, Liu J, Bao K, et al. 2020. Methodologies and management framework for restoration of wetland hydrologic connectivity: A synthesis. Integr Environ Asses Manage, 16: 738-451.

Mertes L A, Daniel D L, Melack J M, et al. 1995. Spatial patterns of hydrology, geomorphology, and vegetation on the floodplain of the Amazon River in Brazil from a remote sensing perspective. Geomorphology, 13(1): 215-232.

Ozdemir H, Bird D. 2009. Evaluation of morphometric parameters of drainage networks derived from topographic maps and DEM in point of floods. Environ Geol, 56(7): 1405-1415.

Pal S. 2016. Impact of Massanjore dam on hydro-geomorphological modification of Mayurakshi River,

Eastern India. Environ Dev Sustain, 18 (3): 921-944.

Pal S, Saha T. 2018. Identifying dam-induced wetland changes using an inundation frequency approach: The case of the Atreyee River basin of Indo-Bangladesh. Ecohydrol Hydrobiol, 18(1): 66-81.

Pal S, Talukdar S. 2018a. Assessing the role of hydrological modifications on land use/ land cover dynamics in Punarbhaba river basin of Indo-Bangladesh. Environ Dev Sustain, 22: 363-382.

Pal S, Talukdar S. 2018b. Drivers of vulnerability to wetlands in Punarbhaba river basin of India-Bangladesh. Ecol Indic. 93: 612-626.

Pal S, Talukdar S. 2019. Impact of missing flow on active inundation areas and transformation of parafluvial wetlands in Punarbhaba-Tangon river basin of Indo-Bangladesh. Geocarto International, 34(10): 1055-1074.

Pal S, Talukdar S, Ghosh R. 2020. Damming effect on habitat quality of riparian corridor. Ecol Indic, 114: 106300.

Patil R, Wei Y, Pullar D, et al. 2020. Evolution of streamflow patterns in goulburn-broken catchment during 1884-2018 and its implications for floodplain management. Ecol Indic, 113: 106277.

Pekel J, Cottam A, Gorelick N, et al. 2016. High-resolution mapping of global surface water and its long-term changes. Nature, 540: 418-422.

Poff N L, Olden J D, Merritt D M, et al. 2007. From the cover: Homogenization of regional river dynamics by dams and global biodiversity implications. P Natl Acad Sci USA, 104(14): 5732-5737.

Rosen T, Xu Y J. 2014. A hydrograph-based sediment availability assessment: Implications for Mississippi River sediment diversion. Water, 6(3): 564-583.

Scott D T, Gomez-Velez J D, Jones C N, et al. 2019. Floodplain inundation spectrum across the United States. Nat Commun, 10(1): 1-8.

Talukdar S, Pal S. 2017. Impact of dam on inundation regime of flood plain wetland of punarbhaba river basin of barind tract of Indo-Bangladesh. Int Soil Water Conse, 5(2): 109-121.

Talukdar S, Pal S. 2020. Modeling flood plain wetland transformation in consequences of flow alteration in Punarbhaba River in India and Bangladesh. J Clean Prod, 120767.

Thorslund J, Jarsjo J, Jaramillo F. et al. 2017. Wetlands as large-scale nature-based solutions: Status and challenges for research, engineering and management. Ecol Eng, 108: 489-497.

Tockner K, Stanford J A, 2002. Riverine flood plains: Present state and future trends. Environ Conserv, 29: 308-330.

Thomas R, Kingsford R, Lu Y, et al. 2015. Mapping inundation in the heterogeneous floodplain wetlands of the Macquarie Marshes, using Landsat thematic mapper. J Hydrol, 524: 194-213.

Wang X, Xiao X, Zou Z, et al. 2020. Mapping coastal wetlands of China using time series Landsat images in 2018 and Google Earth Engine. ISPRS Journal of Photogrammetry and Remote Sensing, 163: 312-326.

Xie Y, Yue T, Chen X, et al. 2015. The impact of Three-Gorge dam on the downstream eco-hydrological environment and vegetation distribution of east Dongting Lake. Ecohydrology, 8 (4): 738-746.

Xu X, Wang Y C, Kalcic M, et al. 2019. Evaluating the impact of climate change on fluvial flood risk in a mixed-use watershed. Environ Modell. Softw, 122: 104031.

Yang S, Xu K, Milliman J, et al. 2015. Decline of Yangtze River water and sediment discharge: Impact from natural and anthropogenic changes. Sci Rep, 5: 12581.

Yang X, Zhang M, He X, et al. 2020. Contrasting influences of human activities on hydrological drought regimes over China based on high-resolution simulations. Water Resour Res, 56(6): e2019WR025843.

Zhang K, Li L, Bai P, et al. 2017. Influence of climate variability and human activities on stream flow variation in the past 50 years in Taoer River, Northeast China. J Geogr Sci, 27(4): 481-496.

Zheng Y, Zhang G, Wu Y, et al. 2019. Dam effects on downstream riparian wetlands: The Nenjiang River, northeast China. Water, 11(10): 2038.

第6章　嫩江流域湿地多水源优化配置与调控

流域湿地多水源优化配置与调控就是在自然条件、工程条件、用户需求特性等各类限制性约束条件下，以满足湿地生态需水过程为核心，统筹考虑常规水源和非常规水源综合配置，寻求社会经济和生态环境因素在内的综合效益最大目标下的水量分配方案，保障流域湿地生态用水安全。

本章选取嫩江流域国家级自然保护区莫莫格湿地、扎龙湿地、向海湿地和查干湖湿地为重要保护对象，开展面向湿地生态保护的嫩江流域湿地多水源优化配置与调控研究。首先，分析了嫩江流域水资源开发利用现状；其次，解析了流域多水源可利用量和需水量；最后，构建了面向湿地生态需水过程的流域水资源优化配置与调控模型，结合流域现有水利工程和河湖连通工程发展规划，提出了面向湿地生态保护的嫩江流域多水源优化配置与调控方案，为流域湿地生态恢复与保护的水资源安全保障提供科学支撑。

6.1　嫩江流域水资源开发利用现状

嫩江流域是我国重要的粮食主产区和湿地集中分布区之一，在保障我国粮食安全和流域生态安全方面具有重要作用(董李勤，2013)。然而，由于处于中高纬度，嫩江流域水循环过程对气候变化极为敏感，极端水文过程频发，直接导致流域水资源年际间差异过大，不利于流域水资源可持续开发；加之引水工程不断修建、水库不合理的调度与土地利用/覆盖变化，导致部分河段径流量锐减，破坏了天然水文情势，威胁河滨湿地生态健康(徐东霞等，2009；张弛等，2021)。随着经济发展，人口的增长，嫩江流域需水量不断增加，水资源供需矛盾也更为严峻(朗宏磊，2019)。依据《松花江和辽河流域水资源综合规划》和《水资源公报》，分别对基准年(2018 年，下同)嫩江流域水利工程、供水量和水资源供需状况进行分析。

1. 水利工程

1)地表水工程

嫩江流域内地表水工程众多，主要分为蓄水工程、引调水工程和提水工程三类。蓄水工程 426 座，总库容 145.63 亿 m^3，现状供水能力 121.10 亿 m^3；引水工程 173 处，设计供水能力 70.58 亿 m^3，现状供水能力 32.53 亿 m^3；提水工程 253 处，设计供水能力 32.42 亿 m^3，现状供水能力 31.83 亿 m^3。其中大型蓄水工程 11 座，大型引调水工程 5 处，大型提水工程 0 处，如表 6.1 所示。

表 6.1　嫩江流域水利工程

<table>
<tr><th rowspan="2">工程规模</th><th colspan="5">蓄水工程</th><th colspan="3">引调水工程</th><th colspan="3">提水工程</th></tr>
<tr><th>数量/座</th><th>总库容/万 m³</th><th>兴利库容/万 m³</th><th>设计供水能力/万 m³</th><th>现状供水能力/万 m³</th><th>数量/处</th><th>设计供水能力/万 m³</th><th>现状供水能力/万 m³</th><th>数量/处</th><th>设计供水能力/万 m³</th><th>现状供水能力/万 m³</th></tr>
<tr><td>大型</td><td>11</td><td>1262300</td><td>885100</td><td>788009</td><td>75037</td><td>5</td><td>431750</td><td>185873</td><td>0</td><td>0</td><td>0</td></tr>
<tr><td>中型</td><td>35</td><td>127455</td><td>74181</td><td>81272</td><td>19850</td><td>14</td><td>108382</td><td>50597</td><td>3</td><td>88514</td><td>82634</td></tr>
<tr><td>小型</td><td>225</td><td>55680</td><td>30707</td><td>33599</td><td>22359</td><td>154</td><td>165703</td><td>88830</td><td>250</td><td>235666</td><td>235666</td></tr>
<tr><td>塘坝</td><td>155</td><td>10859</td><td>9286</td><td>5674</td><td>3854</td><td>0</td><td>0</td><td>0</td><td>0</td><td>0</td><td>0</td></tr>
<tr><td>总值</td><td>426</td><td>1456294</td><td>999274</td><td>908554</td><td>121100</td><td>173</td><td>705835</td><td>325300</td><td>253</td><td>324180</td><td>318300</td></tr>
</table>

嫩江干流骨干工程为尼尔基水利枢纽，支流有山口水库、察尔森水库、绰勒水库、太平湖水库、音河水库、南引水库、东升水库、红旗泡水库、和向海水库等，重要水库位置分布如图 6.1 所示，各水库参数如表 6.2 所示。

表 6.2　嫩江流域重要水库工程参数　　（单位：万 m³）

水库 ID	水库名	集流面积	总库容	兴利水位对应库容	死库容
1	山口水库	3745	99600	74000	31000
2	工农水库	73	1930	1323	119
3	闹龙河水库	349	9660	8750	880
4	尼尔基水库	66400	861000	640000	48800
5	复兴水库	100	2111	1900	80
6	扬旗山水库	853	9598	8736	633
7	宏伟水库	174	2903	1860	320
8	太平湖水库	683	11650	11500	7400
9	音河水库	1660	22600	16100	3500
10	东升水库	14052	16100	10100	1000
11	双阳河水库	2241	24900	14900	500
12	明星水库	5	1953	1500	500
13	永丰水库	170	2540	1446	75
14	九龙水库	96	5339	4382	1000
15	团结水库	55	7600	6800	2900
16	兴安水库	800	14500	10000	8000
17	月亮泡水库	2480	119900	48400	35200
18	胜利水库	2000	5880	4000	500
19	向海水库	6533	21000	14650	13600
20	库里泡水库	81	9100	6000	800

大型引水工程包括大安灌区引水工程、引嫩入白引水工程、北部引嫩工程、中部引嫩工程、南部引嫩工程(胡朋瑞, 2019)，重要引水工程位置分布如图 6.1 所示，工程参数如表 6.3 所示。

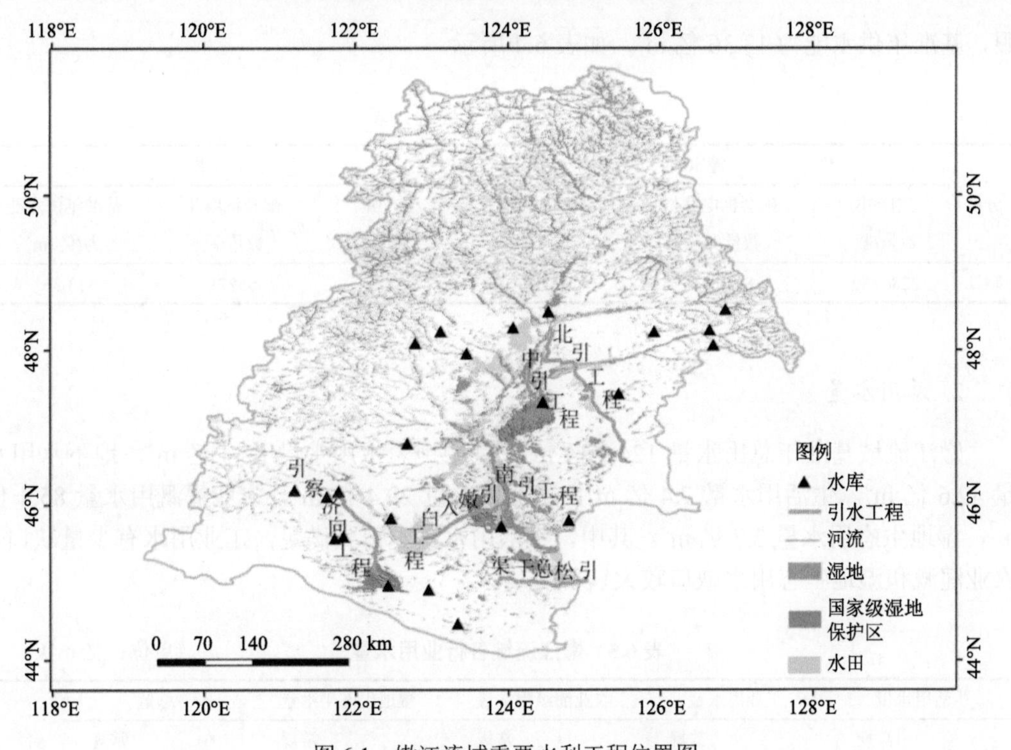

图 6.1　嫩江流域重要水利工程位置图

表 6.3　嫩江重要水利工程现状和未来引水能力　　(单位：m^3/s)

分区	工程名称	基准引水能力	规划引水能力
上游	北部引嫩工程	145.0	145.0
	中部引嫩工程	144.0	144.0
	齐齐哈尔市区工业引嫩工程	10.0	10.0
中游	齐齐哈尔农业引嫩工程	17.0	17.0
	华电能源发电厂引嫩工程	27.0	27.0
	华电能源热电厂引嫩工程	9.3	9.3
	泰来灌区引嫩工程	20.2	20.2
	拉海灌区引嫩工程	15.4	15.4
	大安灌区引嫩工程	63.0	72.5
下游	引嫩入白工程	65.0	76.0
	镇赉县大屯灌区引嫩工程	25.9	25.9
	立陡山排灌站引嫩工程	10.7	10.7
	燎原排灌站引嫩工程	10.3	10.3
	南部引嫩工程	87.0	87.0

2) 地下水工程

嫩江流域地下水开采分为潜水开采和承压水开采。其中潜水开采井数量共计 228.68 万眼，配套机电井数量 8.12 万眼，基准年供水能力 33.55 亿 m^3；承压水开采井 5.58 万眼，基准年供水能力 13.36 亿 m^3，如表 6.4 所示。

表 6.4 地下水工程统计表

分区	潜水			承压水		
	生产井数量/眼	配套机电井数量/眼	基准年供水能力/亿 m^3	生产井数量/眼	配套机电井数量/眼	基准年供水能力/亿 m^3
嫩江	2286780	81199	33.55	55771	55771	13.36

2. 总用水量

嫩江流域基准年总用水量 124.9 亿 m^3，其中地表水用水量 82.3 亿 m^3，地下水用水量 42.6 亿 m^3。生活用水量 7.4 亿 m^3，工业用水量 29.4 亿 m^3，农业灌溉用水量 85.4 亿 m^3，湿地生态用水量 2.7 亿 m^3。其中，生活用水基本得到满足，工业用水有少量缺口，农业灌溉和湿地生态用水缺口较大(表 6.5)。

表 6.5 嫩江流域各行业用水量 (单位：亿 m^3)

生活用水量		工业用水量		农业灌溉用水量		湿地生态用水量		总量		合计
地下水	常规地表水	地下水	常规地表水	地下水	常规地表水	地下水	常规地表水	地下水	常规地表水	
3.3	4.1	5.9	23.5	33.4	52	0	2.7	42.6	82.3	124.9

3. 水资源开发利用程度

基准年嫩江流域水资源总量为 367.75 亿 m^3，其中地表水资源量为 293.86 亿 m^3，地下水可开采量为 74.33 亿 m^3。总开发利用程度为 33.96%，其中地表水资源利用程度为 28.00%，地下水开发利用程度 57.31%(表 6.6)。流域地下水资源开发利用程度较高，地表水资源开发利用程度相对较低，具有一定的开发潜力。

表 6.6 嫩江流域水资源利用现状 (单位：亿 m^3)

地表水			地下水			水资源总量		
供水量	水资源量	开发利用程度/%	供水量	可开采量	开发利用程度/%	供水量	水资源量	开发利用程度/%
82.3	293.86	28.00	42.6	74.33	57.31	124.9	367.75	33.96

6.2 嫩江流域需水量分析及预测

嫩江流域人口数量、牲畜数量、农业种植面积和工业产值均采用基准年的统计结果。流域需水量分析主要包括生活需水量、工业需水量、农业灌溉需水量和湿地生态需水量四方面。在未来需水量预测中，综合考虑人口增长、工业产值增加、农业灌溉面积增大和用水效率提升等因素。

6.2.1　需水量分析方法

根据实际调研资料，嫩江流域的需水主要包括生活需水、工业生产需水、农业灌溉需水、生态需水四部分。其中生活需水分为城镇居民生活、农村居民和牲畜需水；农业灌溉需水分为水田灌溉需水和旱田灌溉需水；生态需水分为河道生态需水和湿地生态需水。未来人口数量采用马尔萨斯法，居民生活需水采用人均用水定额法，牲畜生活需水采用用水定额法，未来工业生产总值采用增长率法，工业需水量采用万元工业产值用水定额法，农业灌溉需水量分别采用农业用水定额法，各用水户间需水量预测方法如表 6.7 所示。

表 6.7　需水量预测方法

流域需水分类		研究方法	参数描述
居民生活需水量	未来人口数量	马尔萨斯法：$P(i)=P(i_0)\mathrm{e}^{r(i-i_0)}$	$P(i)$ 为预测年 i 的人口数；$P(i_0)$ 为基准年 i_0 的人口数；r 为人口增长率。
	城镇生活需水	人均用水定额法：$W_{城}=P(i)m_{城}$	$W_{城}$ 为城镇居民生活需水量；$m_{城}$ 为城镇人均生活需水标准；$P(i)$ 为第 i 年的需水人数。
	农村生活需水	人均用水定额法：$W_{农}=P(i)m_{农}$	$W_{农}$ 为农村居民生活需水量；$m_{农}$ 为农村人均生活需水标准；$P(i)$ 为第 i 年的需水人数。
牲畜需水量	未来牲畜数量	自然增长率法：$Q(i)=Q(i_0)(1+\lambda)$	$Q(i)$ 为预测年 i 的人口数；$Q(i_0)$ 为基准年 i_0 的牲畜数；λ 为牲畜年增长率。
	牲畜需水量	用水定额法：$W_{牲畜}=n_i m_{牲畜}$	$W_{牲畜}$ 为牲畜生活需水量；$m_{牲畜}$ 为牲畜生活需水标准；n_i 为第 i 年的需水牲畜数
工业需水量	未来工业生产总值	增长率法：$T_i=T_{i-1}p_{工业}$	T_i 是第 i 年工业生产总值；$p_{工业}$ 是工业生产增长率；T_{i-1} 为第 i–1 年的工业生产总值。
	工业需水量	万元工业产值用水定额法：$W_{工业}=T_i m_{i工业}$	$W_{工业}$ 为工业生产需水量；$m_{i工业}$ 为第 i 年万元工业生产值用水定额。
生态需水量	河道生态需水量	Q_{P} 法	—
	湿地生态需水量	已有研究成果	—
农业需水量	旱田	$W_{旱地}=n_{旱地}\cdot m_{5旱地}$	$W_{旱田}$ 为旱田灌溉需水量；$n_{旱田}$ 为旱田灌溉面积；$m_{5旱田}$ 为五月旱田平均灌溉定额。
	水田	$W_{水田}=n_{水田}\cdot m_{j水田}$	$W_{水田}$ 为水田灌溉需水量；$n_{水田}$ 为水田灌溉面积；$m_{j水田}$ 为第 j 月水田平均灌溉定额。

6.2.2　基准年需水量分析

嫩江流域横跨黑龙江省、吉林省和内蒙古自治区，共包括 40 个市、县、自治旗，自源头区至洮儿河右岸主要为内蒙古自治区，左岸为黑龙江省，左岸洮儿河流域及其下游地区为吉林省(董李勤和章光新, 2013)。根据基准年统计年鉴和土地利用分类，分别统计人口数量、牲畜数量、工业产值和农田面积。基准年流域需水量主要是从社会经济和生态两方面计算需水量。生活需水、工业生产需水和农业需水均采用定额法进行计算；生态需水包括河道生态需水和湿地生态需水两个方面，河道生态需水采用 Q_p 法进行计算，湿地生态需水采用现有研究成果。

1. 基准年社会经济状况

基准年社会经济状况主要从人口数量、牲畜数量、工业产值和农田面积四部分体现，并将基准年行政单元人口、牲畜数量、工业产值和农田面积统计成表。

1) 人口数量

根据调研结果和已有的统计年鉴，对流域内各个行政单元的人口进行统计，基准年流域内各行政单元人口数量如表 6.5 所示。根据统计结果，嫩江流域基准年共有人口 1672.97 万，城镇人口 758.67 万，占总人口的 45.35%，农村人口 914.31 万，占总人口的 54.65% (表 6.8)。

表 6.8　基准年各行政单元人口统计　　(单位：万人)

序号	行政单元	城镇人口	农村人口
1	呼伦贝尔市	117.79	44.39
2	黑河市	71.36	50.74
3	齐齐哈尔市	205.70	324.00
4	绥化市	19.76	58.62
5	大庆市	144.10	128.70
6	兴安盟	58.27	105.64
7	白城市	83.60	106.30
8	松原市	58.08	95.92
合计		758.67	914.31

2) 牲畜数量

基准年嫩江流域共有总牲畜数量 12410.16 万头(只)，其中大牲畜(牛、马、驴、骡等) 433.59 万头，小牲畜(猪、羊等) 2574.98 万头，家禽(鸡、鸭、鹅等) 9401.59 万只。各行政单元的牲畜数量如表 6.9 所示。

表 6.9　基准年各行政单元牲畜统计　　(单位：万头或万只)

序号	行政单元	大牲畜	小牲畜	家禽
1	呼伦贝尔市	47.83	467.15	0.00
2	黑河市	42.70	124.07	220.84
3	齐齐哈尔市	143.95	606.54	2443.23
4	绥化市	33.11	108.33	370.38
5	大庆市	55.92	329.11	1605.48

续表

序号	行政单元	大牲畜	小牲畜	家禽
6	兴安盟	59.78	532.46	575.46
7	白城市	14.33	166.64	666.60
8	松原市	35.98	240.69	3519.60
合计		433.59	2574.98	9401.59

3) 工业产值

工业生产总值是衡量工业需水量的重要指标。根据统计资料，嫩江流域基准年总工业产值为 6917.32 亿元，其中大庆市的工业产值最多，为 2864.92 亿元，黑河市的工业产值最少，为 53.22 亿元。各行政单元的工业产值如表 6.10 所示。

表 6.10　基准年各行政单元工业产值　（单位：亿元）

序号	行政单元	工业产值
1	呼伦贝尔市	1570.87
2	黑河市	53.22
3	齐齐哈尔市	381.26
4	绥化市	108.30
5	大庆市	2864.92
6	兴安盟	586.82
7	白城市	170.49
8	松原市	1181.45
合计		6917.32

4) 农田面积

根据基准年遥感影像，嫩江流域共计有农田 95618km^2，其中水田面积为 9600km^2，旱田面积为 86018km^2，各行政单元耕地面积如表 6.11 所示。

表 6.11　基准年各行政单元农田面积　（单位：km^2）

序号	行政单元	水田面积	旱田面积
1	呼伦贝尔市	337	14910
2	黑河市	51	13154
3	齐齐哈尔市	5022	25248
4	绥化市	0	3149
5	大庆市	611	5395
6	兴安盟	501	9007
7	白城市	2250	9044
8	松原市	828	6111
合计		9600	86018

2. 基准年需水量

基准年流域需水量主要包括社会经济需水量和生态需水量两部分。

1)社会经济需水量

嫩江流域内行政单元分别包括呼伦贝尔市、黑河市、齐齐哈尔市、大庆市、绥化市、兴安盟、白城市和松原市的全部或部分。根据《黑龙江省地方标准(用水定额)》(DB727—2019)、《吉林省地方标准(用水定额)》(DB22T389—2019)、《内蒙古自治区地方标准(用水定额)》(DB15/T385—2019),拟定农村居民生活用水定额为 89L/(人·天),城镇生活用水定额为 160L/(人·天);大牲畜用水定额为 18.25m^3/(头·年),小牲畜用水定额 6.94m^3/(头·年),家禽用水定额 0.82m^3/(只·年);黑龙江省万元产值用水定额为 60.8m^3/万元,吉林省万元产值用水定额为 30.7m^3/万元,内蒙古自治区万元产值用水定额为 29.0m^3/万元;黑龙江省水田的灌溉定额为 7050m^3/hm^2,吉林省水田的灌溉定额为 10450m^3/hm^2,内蒙古自治区水田的灌溉定额为 8600m^3/hm^2;各省的旱田灌溉定额为 172m^3/hm^2。

经计算,基准年流域生活总用水量为 7.40 亿 m^3,其中城镇生活需水量为 4.43 亿 m^3,农村生活需水量为 2.97 亿 m^3;工业需水量为 31.13 亿 m^3;农业需水量为 93.30 亿 m^3。基准年流域各行业需水量,如表 6.12 所示。

表 6.12　基准年嫩江流域社会经济需水量　(单位:亿 m^3)

序号	行政单元	生活需水量	工业需水量	农业需水量
1	呼伦贝尔市	0.83	4.56	5.40
2	黑河市	0.58	0.32	2.60
3	齐齐哈尔市	2.25	2.32	39.36
4	绥化市	0.31	0.66	0.53
5	大庆市	1.26	17.42	5.19
6	兴安盟	0.68	1.70	5.80
7	白城市	0.84	0.52	24.82
8	松原市	0.65	3.63	9.60
合计		7.40	31.13	93.30

2)生态需水量

根据水利部 2018 年河湖生态流量专项和松辽流域河湖生态需水量(流量)研究成果,推荐河道生态流量保证率为 90%。寒区河流应划分冻融期(12 月至翌年 3 月)和非冻融期(4～11 月)分别进行计算。以嫩江干流大赉站为例,根据大赉站冻融期和非冻融期逐月水文频率分析,大赉站的河道生态流量在冻融期为 26.04 m^3/s,非冻融期为 191.88 m^3/s。嫩江干流关键控制断面生态需水流量如表 6.13 所示。

表 6.13　嫩江流域关键控制断面生态需水流量　(单位：m^3/s)

站点	冻融期(12 月至翌年 3 月)	非冻融期(4 月～11 月)
同盟站	11.17	155.98
富拉尔基站	15.51	153.08
大赉站	26.04	191.88

嫩江流域河道外湿地众多，根据湿地重要性、水利工程分布等因素，分别选取扎龙湿地、莫莫格湿地、向海湿地和查干湖湿地为本节重点研究对象。每个湿地天然属性和保护目标均相同，扎龙湿地和向海湿地保护目标为丹顶鹤，莫莫格湿地保护目标为白鹤，向海湿地保护目标为大鸨和东方白鹳等，查干湖湿地保护目标为水质安全。因此，针对各自的保护目标，依据前人湿地生态需水量的计算结果[①②](张洋, 2016; 郎宏磊 2019)，莫莫格湿地、扎龙湿地、向海湿地和查干湖湿地的适宜生态需水量分别为 48880 万 m^3、56786 万 m^3、19118 万 m^3 和 13399 万 m^3，详细情况如表 6.14 所示。

表 6.14　嫩江流域重要湿地适宜生态需水量　(单位：万 m^3)

月份	莫莫格湿地	扎龙湿地	向海湿地	查干湖湿地
1 月	868	141	97	68
2 月	925	455	194	136
3 月	1496	1688	462	324
4 月	2393	4055	4022	2819
5 月	8362	7277	4620	3238
6 月	8818	9694	3233	2266
7 月	8148	6397	1281	898
8 月	6755	9434	2228	1562
9 月	5868	11385	2178	1527
10 月	3313	5478	482	338
11 月	1070	674	216	151
12 月	864	108	105	74
总和	48880	56786	19118	13399

莫莫格湿地、扎龙湿地、向海湿地和查干湖湿地的最小生态需水量分别为 27289 万 m^3、25565 万 m^3、9067 万 m^3 和 12072 万 m^3，详细情况如表 6.15 所示。

表 6.15　嫩江流域重要湿地最小生态需水量　(单位：万 m^3)

月份	莫莫格湿地	扎龙湿地	向海湿地	查干湖湿地
1 月	473	47	22	61
2 月	500	152	45	122

① 吉林省水利水电规划院. 2016. 吉林西部供水工程:可行性研究报告

② 章光新，骆辉煌. 2021. 国家重点研发计划课题: 湿地修复与保护的多水源调控

续表

月份	莫莫格湿地	扎龙湿地	向海湿地	查干湖湿地
3 月	791	564	106	292
4 月	1243	2801	1869	2540
5 月	4624	4067	2147	2917
6 月	4979	4350	1723	2041
7 月	4677	4708	766	809
8 月	3846	4461	1191	1407
9 月	3286	3272	1010	1375
10 月	1824	881	111	304
11 月	574	225	50	136
12 月	472	36	24	66
总和	27289	25565	9067	12072

6.2.3 规划年需水量预测

依据基准年人口、牲畜数量、经济产值增长率，分别对规划年进行预测。通过用水定额法，分别计算得出规划年生活需水量、工业需水量和农业需水量。

1. 规划年人口和牲畜数量

1) 人口数量

根据统计结果，嫩江流域基准年共有人口 1672.97 万，城镇人口 758.67 万，农村人口 914.31 万，根据不同省份的人口增长情况，采用不同的人口平均增长率。其中内蒙古自治区城镇人口平均增长率为 0.7%，黑龙江省城镇人口平均增长率为 0.8%，吉林省城镇人口平均增长率为 0.74%；内蒙古自治区农村人口平均增长率为–0.44%，黑龙江省人口平均增长率为–0.18%，吉林省人口平均增长率为–0.83%；流域内 2030 年的人口共有 1706.69 万人，较基准年增长了 33.72 万人，如表 6.16 所示。

表 6.16　规划年各行政单元人口预测　（单位：万人）

行政单元	城镇人口	农村人口
呼伦贝尔市	128.07	34.48
黑河市	78.52	49.65
齐齐哈尔市	226.34	317.03
绥化市	21.75	57.36
大庆市	158.56	125.93
兴安盟	63.36	100.16
白城市	91.33	96.24
松原市	63.46	86.84
合计	831.39	867.70

2) 牲畜数量

规划年嫩江流域共有总牲畜禽数量 15298.19 万头(只)，其中大牲畜(牛、马、驴、骡等)498.23 万头，小牲畜(猪、羊等)2914.34 万头，家禽(鸡、鸭、鹅等)11885.62 万只。各行政单元的牲畜数量如表 6.17 所示。

表 6.17　规划年各行政单元牲畜预测　(单位：万头或万只)

行政单元	大牲畜	小牲畜	家禽
呼伦贝尔市	41.38	404.15	0.00
黑河市	52.27	151.89	270.35
齐齐哈尔市	176.22	742.52	2991.00
绥化市	40.54	132.62	453.42
大庆市	68.45	402.90	1965.42
兴安盟	51.72	532.46	575.46
白城市	19.28	224.11	896.50
松原市	48.39	323.70	4733.47
合计	498.23	2914.34	11885.62

3) 工业产值

未来工业生产总值是预测工业需水量的重要指标。根据统计资料，嫩江流域基准年工业总产值为 6917.32 亿元，并根据现状不同省份的工业发展速度，得出各省份的工业产值增长速度。其中黑龙江省为 2.80%，吉林省为 3.10%，内蒙古自治区为 6.10%。由计算得出，规划年工业总产值为 11087.77 亿元，各行政单元的万元工业产值如表 6.18 所示。

表 6.18　规划年各行政单元工业总产值　(单位：亿元)

行政单元	工业生产总值
呼伦贝尔市	3196.87
黑河市	74.13
齐齐哈尔市	531.05
绥化市	150.85
大庆市	3990.52
兴安盟	1194.23
白城市	245.92
松原市	1704.19
合计	11087.77

4) 耕地面积

根据流域各行政单元农业发展规划，2030 年嫩江流域水田面积为 9773km^2，旱田面积为 87489km^2。其中，齐齐哈尔市水田和旱田面积均最大，分别为 5148km^2 和 25879km^2；绥化市没有水田。其余各行政单元农田面积如表 6.19 所示。

表 6.19 规划年各行政单元耕地面积 （单位：km^2）

行政单元	水田面积	旱田面积
呼伦贝尔市	339	15014
黑河市	52	13483
齐齐哈尔市	5148	25879
绥化市	0	3228
大庆市	626	5530
兴安盟	505	9079
白城市	2268	9116
松原市	835	6160
合计	9773	87489

2. 规划年社会经济需水量

通过各省市人口增长规律、经济发展特征和未来农业发展规划，经计算，规划年社会经济需水量均有一定程度增加，生活需水量为 7.7 亿 m^3，工业需水量为 47.58 亿 m^3，农业需水量为 115.32 亿 m^3。嫩江流域各行政单元需水量如表 6.20 所示。

表 6.20 嫩江流域社会经济需水量 （单位：亿 m^3）

序号	行政单元	生活需水量	工业需水量	农业用水量
1	呼伦贝尔市	0.89	9.27	5.94
2	黑河市	0.62	0.45	3.52
3	齐齐哈尔市	2.35	3.23	53.46
4	绥化市	0.32	0.92	0.73
5	大庆市	1.34	24.26	7.04
6	兴安盟	0.7	3.46	6.36
7	白城市	0.84	0.75	27.58
8	松原市	0.65	5.23	10.68
合计		7.70	47.58	115.32

6.3 嫩江流域多水源解析

随着经济发展，流域需水量日趋增长，从多方位、多途径系统综合开发利用多水源，维持流域农业和湿地生态可持续发展是重要解决途径之一(Leibowitz et al., 2018)。在湿地水资源优化配置中，除了做好传统常规水资源的规划利用外，还应加强对非常规水资源的开发利用，同时结合流域发展的整体布局，将水资源的利用与土地资源的利用、农业的发展等相互结合，从而实现湿地水资源的可持续保障(刘小毅，2019; Abouali et al., 2017)。常规水资源包括河道径流量、地下水资源量，非常规水资源包括洪水资源量和农田退水量。洪水是一种大流量过程，洪水除了造成灾害，还是一种可利用的资源(刘建卫，2007; Byun et al., 2017)。农田灌溉后会有一部分未被作物利用的灌溉水返回河道或湿地(张万顺等，2005)，作为非常规水资源之一同样具有利用价值(de Graaf et al., 2014)。通过流域多水源解析可为面向湿地生态需水过程的水资源优化配置与调控提供支撑。

6.3.1　洪水资源和农田退水量分析方法

1. 洪水资源可利用量计算方法

洪水资源量的计算根据年内洪水期天然河川流量过程确定(胡庆芳等, 2010):

$$W_F(i)=\int_{t_2^i}^{t_1^i} Q_F^t(i)\mathrm{d}t \tag{6.1}$$

式中，$W_F(i)$为第i年洪水资源量；Q_F^t为第t时刻流域河川天然洪水流量；t_1^i和t_2^i分别为第i年洪水期起止时刻。

根据洪水资源可利用量的定义，流域洪水资源量可以划分为“可利用量”和可利用量之外的其他部分(图 6.2)。而后者又包括两个部分：一部分是洪水期河道内必要的生态环境和生产需水量(简称为“洪水期河道内必要需水量”)，这是属于维持必要河道功能而不被允许利用的水量；另一部分是流域水利工程难以控制利用的洪水资源量(简称为“不可控洪水资源量”)，是指超过水利工程最大调蓄能力和供水能力，受防洪安全、经济技术因素影响而不能够被利用的洪水资源量(王宗志等, 2017)。洪水资源可利用量计算公式如下：

$$W_B^F(i)=W_F^{\mathrm{EI}}(i)+W_F^D(i)-W_F^o(i) \tag{6.2}$$

式中，$W_B^F(i)$为第i年洪水资源不可利用量；$W_F^{\mathrm{EI}}(i)$为洪水期内河道内必要需水量；$W_F^D(i)$为洪水期不可控洪水资源量；$W_F^o(i)$为指洪水期河道内必要需水量和不可控洪水径流量之间的重复量。

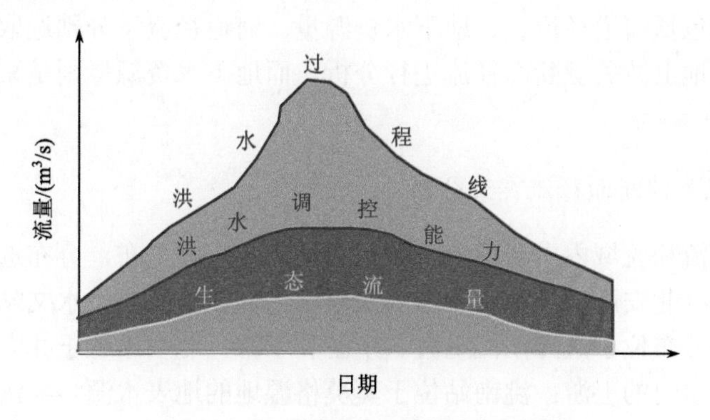

图 6.2　洪水资源可利用量计算示意图

将洪水资源量扣除洪水资源不可利用量，即得到洪水资源可利用量：

$$W_F^A(i)=W_F(i)-W_F^{\mathrm{EI}}(i)-W_F^D(i)+W_F^o(i) \tag{6.3}$$

式中，$W_F^A(i)$为第i年洪水资源可利用量。

不可控洪水资源量是指某一阶段超过流域水利工程调控能力而“不能够”被调控利用而泄入下游或泄弃入海的洪水径流量，计算公式如下：

$$W_F^D(i)=\max\left(W_F(i)-W_F^C,0\right) \tag{6.4}$$

$$W_F^C=\underset{1\leqslant i\leqslant n}{\phi}\left\{W_F(i)-W_F^S(i)\right\} \tag{6.5}$$

式中，$W_F^D(i)$为第i年流域不可控洪水资源量；W_F^C为该阶段流域洪水资源调控利用能力；ϕ为取“较大值”的函数；$W_F(i)$为第i年流域洪水期出境或入海径流量；n为评价阶段年份数。

2. 农田退水计算方法

嫩江流域农田灌溉主要来源于地下水、河道引水和水库供水，且用水效率不高，产生了大量的农田退水(刘洪飞等，2015)。其农田退水量采用农业灌溉水量乘以退水系数0.2进行计算，具体公式如下所示。

$$Q_t=\sum_{j=5}^{9}Q_f\times c \tag{6.6}$$

式中，Q_t为各阶段农田退水量；Q_f为各阶段农业灌溉水量；c为退水系数。

6.3.2　常规水资源可利用量分析

根据《松辽流域水资源公报》成果，嫩江流域多年平均地表水资源量294亿m^3，地下水资源量137亿m^3，水资源总量为357亿m^3，地下水量其中属于内蒙古境内的水资源总量为229亿m^3，黑龙江省境内的水资源总量为111亿m^3，吉林省境内的水资源总量为27亿m^3。

常规水资源包括河道径流量、地下水资源量。河道径流量分别选取嫩江干流关键断面和四个重要湿地上游关键断面径流进行分析。而地下水资源量则是采用现有成果进行系数修正获取。

1. 嫩江流域关键断面径流突变分析

根据嫩江干流和流域内重要湿地上游水文站点的空间分布，分布选取同盟站、富拉尔基站、大赉站、北安站、洮南站和白云胡硕站为嫩江流域典型水文站。同盟站、富拉尔基站和大赉站分布位于嫩江干流上游、中游和下游；北安站位于扎龙湿地主要天然径流水源——乌裕尔河的上游；洮南站位于莫莫格湿地的地表水源——洮儿河中游；白云胡硕站位于向海湿地的地表水源——霍林河的中游。

通过突变检验分析发现，受气候变化影响各个水文站均在1960年代发生第一次突变。除北安站外(处于流域上游，受人类活动干扰较小)，其余各站均在1995年左右发生突变，发生突变原因主要受人类活动影响导致。因此，将1995作为分界点，1995年之

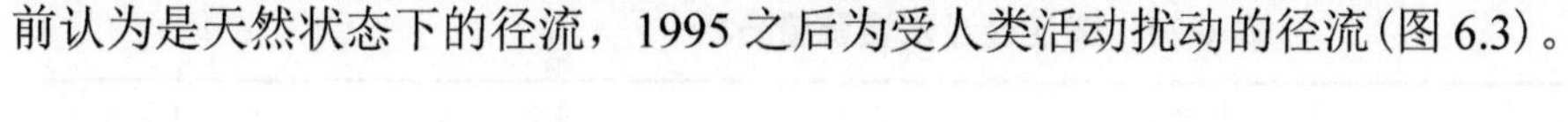
前认为是天然状态下的径流，1995 之后为受人类活动扰动的径流(图 6.3)。

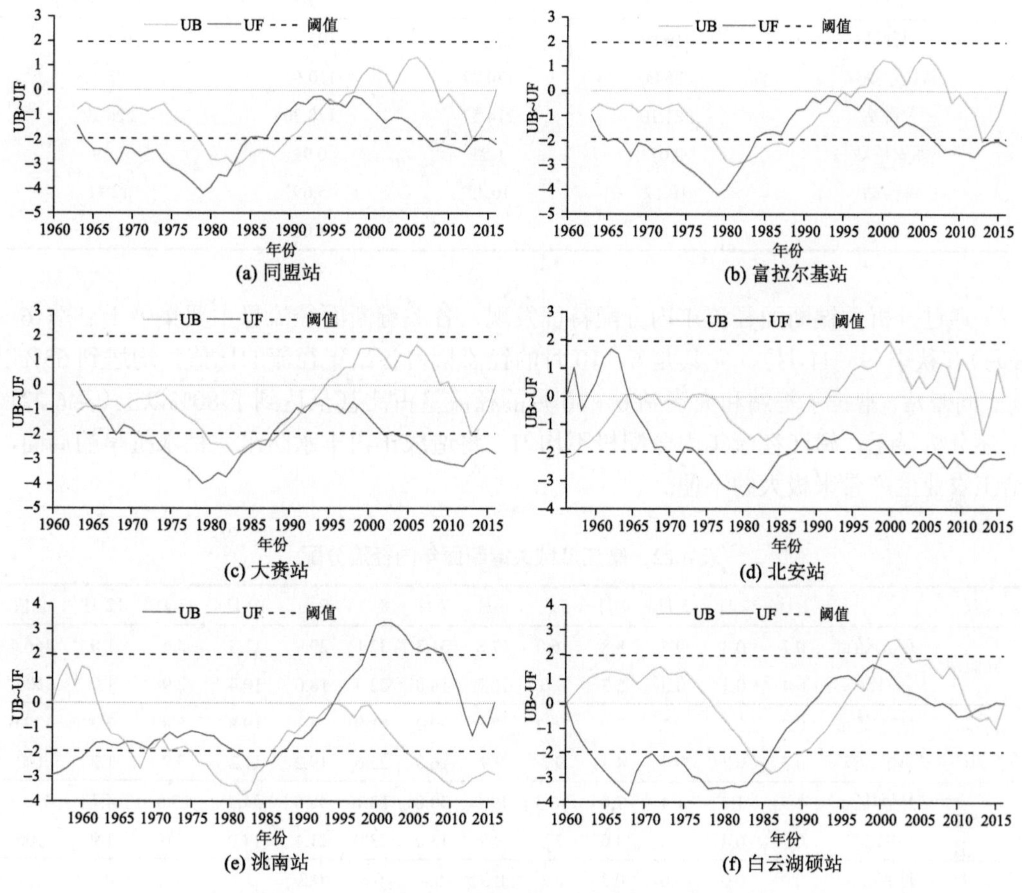

图 6.3　嫩江流域关键河道断面径流突变分析

2. 嫩江径流水资源量分析

同盟站位于嫩江干流上游，多年平均水资源量为 164.41 亿 m^3，丰水年、平水年和枯水年的水资源量分别为 216.89 亿 m^3、159.21 亿 m^3 和 105.70 亿 m^3；富拉尔基站位于嫩江中游，多年平均水资源量为 175.42 亿 m^3，丰水年、平水年和枯水年的水资源量分别为 235.00 亿 m^3、170.77 亿 m^3 和 110.63 亿 m^3；大赉站位于嫩江流域出口处，年平均水资源量为 226.22 亿 m^3，丰水年、平水年和枯水年的水资源量分别为 281.10 亿 m^3、214.57 亿 m^3 和 148.30 亿 m^3。不同水文年间径流水资源量相差较多，丰水年和枯水年之间差别甚至可达 2 倍以上。洮南站差别最大，达到 3 倍以上。其余各湿地关键断面不同水文年的径流水资源量如表 6.21 所示。

表 6.21　嫩江径流水资源量分析　　（单位：亿 m³）

站点	丰水年	平水年	枯水年	多年均值
同盟站	216.89	159.21	105.70	164.41
富拉尔基站	235.00	170.77	110.63	175.42
大赉站	281.10	214.57	148.30	226.22
龙安桥站	2.07	1.53	0.91	1.59
洮南站	19.17	10.42	5.69	12.41
白云胡硕站	3.86	1.82	1.02	2.97

通过分析关键断面径流年内分配特征发现，各关键断面径流量主要集中于夏季(6～8 月)和秋季(9～11 月)。尤其是 6～10 月的径流量占各站年径流的比值，均达到 65%以上。同盟站、富拉尔基站和大赉站 6～10 月的径流量占比甚至达到了 80%以上(表 6.22)。上述分析显示，嫩江径流年内分配极不均匀，将造成年内丰水防汛、枯水抗旱的局面，给工农业生产带来极大的不便。

表 6.22　嫩江流域关键断面年内径流分配

站点		1 月	2 月	3 月	4 月	5 月	6 月	7 月	8 月	9 月	10 月	11 月	12 月	总值
同盟站	月值/亿 m³	0.7	0.4	0.5	8.8	16.0	17.8	31.3	37.1	29.9	17.3	5.0	1.6	166.4
	占比/%	0.4	0.3	0.3	5.3	9.6	10.7	18.8	22.3	18.0	10.4	2.9	1.0	100
富拉尔基站	月值/亿 m³	0.9	0.6	0.7	7.9	16.2	17.6	30.0	41.8	34.1	19.8	5.8	2.2	177.6
	占比/%	0.5	0.3	0.4	4.4	9.2	9.9	16.9	23.6	19.2	11.2	3.2	1.2	100
大赉站	月值/亿 m³	1.5	1.0	1.4	7.0	16.3	19.1	30.0	53.1	48.8	34.3	13.8	4.4	230.7
	占比/%	0.7	0.4	0.6	3.0	7.1	8.3	13.0	23.0	21.1	14.9	6.0	1.9	100
龙安桥站	月值/亿 m³	0.0	0.0	0.0	0.3	0.3	0.3	0.4	0.8	0.5	0.3	0.1	0.0	3.0
	占比/%	0.0	0.0	0.1	9.8	9.0	9.5	14.0	26.3	17.1	10.2	3.8	0.2	100
洮南站	月值/亿 m³	0.1	0.1	0.2	0.5	0.4	1.0	3.0	3.4	2.6	1.3	0.6	0.2	13.4
	占比/%	0.6	0.6	1.4	3.8	3.1	7.9	22.2	25.8	19.2	9.8	4.5	1.1	100
白云胡硕站	月值/亿 m³	0.0	0.0	0.1	0.4	0.3	0.3	0.5	0.5	0.4	0.3	0.2	0.0	3.0
	占比/%	0.3	0.3	2.3	13.4	8.6	10.0	17.5	17.5	13.3	10.1	6.0	0.7	100

3. 地下水资源量分析

由于缺乏地下水水文的观测数据，研究区的地下水资源量采用《松花江和辽河流域水资源综合规划》系列成果，嫩江流域地下水资源量为 137 亿 m³，地下水可开采系数以 0.75 进行计算，则嫩江流域地下水可开采量为 103 亿 m³(李勤等, 2010)。

6.3.3　洪水资源分析

在保证防洪安全的前提下，充分利用洪水资源，提高当地地表水资源利用率，同时增加嫩江流域的可利用水资源，缓解水资源缺乏日趋加剧的境况(章光新等，2017)。本小节计算嫩江干流洪水资源量，分析了嫩江干流洪水水资源特性和可利用资源量。

1. 嫩江干流洪水资源特性分析

嫩江流域洪水分为春汛和夏汛，春汛洪水一般发生在 4～5 月，由融雪融冰形成，量级较小，一般不会形成洪水灾害；夏汛洪水主要由暴雨产生，多发生在 7～9 月，尤以 8 月洪水最多，约占全年水量的 40%左右。

1)嫩江上游洪水资源特性分析

因同盟站缺乏逐日观测数据，因此选择上游石灰窑站逐日观测数据分析嫩江上游洪水资源特性。分析过程中主要关注小洪水、大洪水和高流量脉冲特性(Singh and Sinha, 2019)。

A. 小洪水特性分析

小洪水特性分析中分析过程中将 1995 年(突变年)作为时间分界点(下同，不再赘述)。主要选择小洪水的发生频率、发生时机、洪峰流量和洪水持续时间 4 个因素作为重点分析对象(下同，不再赘述)。

嫩江上游突变前后小洪水发生频率变化不大，维持在 1 次/年，个别年份发生 2 次(1963 年和 1993 年)，极端枯水年不发生小洪水(图 6.4)；洪峰流量突变前变化浮动较小，一般在 776～1070m^3/s 之间浮动，突变后变化浮动更为剧烈，变为 757～1220m^3/s(图 6.4)；突变前后发生小洪水洪峰流量的时间也略有变化，突变前洪峰流量发生在 6 月末至 9 月末，突变后洪峰流量发生时间略有延迟，主要发生在 7 月末至 9 月末(图 6.4)；突变前小洪水持续时间在 21～86 天之间变动，平均持续 50 天，突变后小洪水持续时间有所增加，在 31～97 天之间变动，平均持续时间 60 天，较突变前增加了 10 天(图 6.4)。

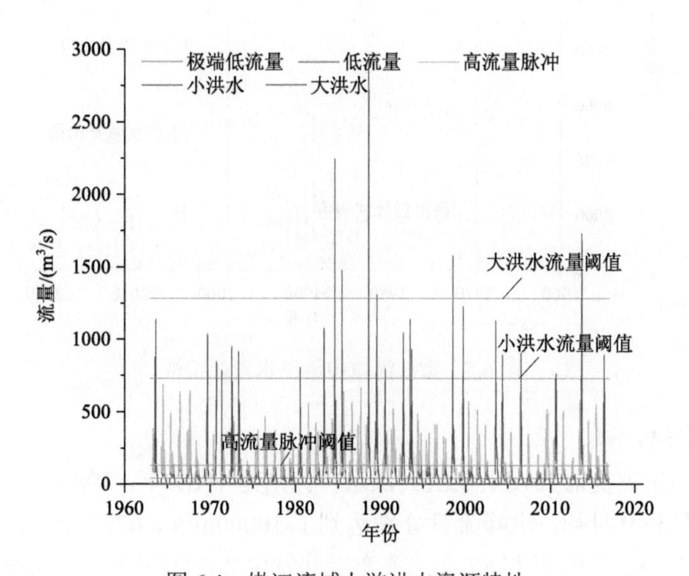

图 6.4　嫩江流域上游洪水资源特性

B. 大洪水特性分析

嫩江流域上游突变前共发生 4 次大洪水，洪峰流量均发生在 6～8 月，洪峰流量为 1470～2930m^3/s，持续时间 30～90 天不等；突变后共发生 2 次大洪水，也都发生在 6～8 月期间，洪峰流量分别为 1570m^3/s 和 1720m^3/s，持续时间分别为 96 天和 66 天(图 6.4)。

C. 高流量脉冲特性分析

嫩江流域突变前高流量脉冲事件每年均有发生，发生频率 1～8 次不等，平均发生 5 次/年，发生时间为 7～10 月，脉冲流量变化范围为 82～503m^3/s，平均脉冲流量为 223m^3/s，平均持续时间 15 天；突变后发生频率降平均 3.6 次/年，发生时间变为 8～9 月，脉冲流量降为 190m^3/s，平均持续时间增加为 18 天(图 6.4)。

2) 中游洪水资源特性分析

选择中游富拉尔基站逐日观测数据分析嫩江中游洪水资源特性，由于 1972～1982 年逐日流量数据缺失，因此分析过程中将存在一定误差。

A. 小洪水特性分析

嫩江流域中游突变前共发生 12 次小洪水事件，发生时间均在 6～9 月，小洪水的洪峰流量为 3240～5080m^3/s，平均洪峰流量为 3917m^3/s，平均持续时间为 84 天；突变后仅发生 2 次小洪水，分别发生在 1996 年和 2003 年，洪峰流量分别为 3880m^3/s 和 5460m^3/s，洪水期持续时间分别为 40 天和 81 天(图 6.5)。

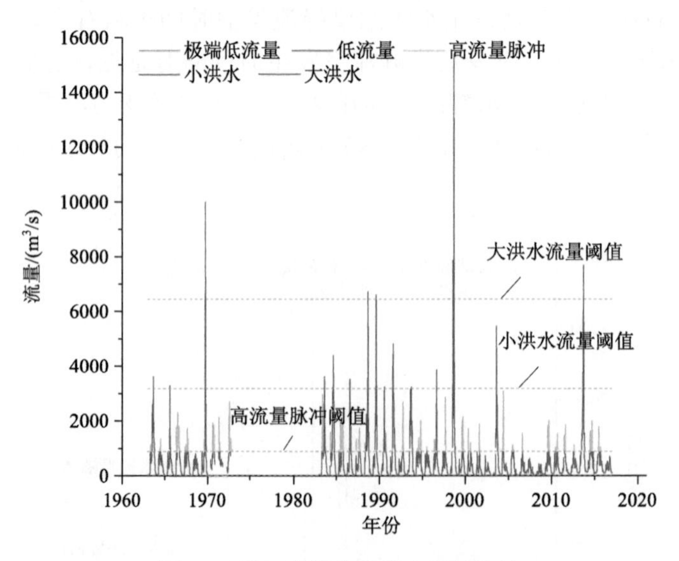

图 6.5　嫩江流域中游洪水资源特性

B. 大洪水特性分析

嫩江流域中游突变前共发生 3 次大洪水，分别是 1969 年、1989 年和 1990 年，发生时间集中在 8 月和 9 月初，洪峰流量分别达到了 10000m^3/s、6720mm^3/s 和 6600m^3/s，持续时间分别为 52 天、136 天和 87 天；突变后共发生 2 次大洪水，分别发生在 1998 年和 2013 年，洪峰发生时间集中在 7 月份，洪峰日平均流量分别达到了 15400m^3/s 和 7670m^3/s，持续时间分别为 118 天和 126 天(图 6.5)。

C. 高流量脉冲特性分析

嫩江流域中游高流量脉冲突变前平均发生 2 次/年，高流量脉冲时间集中在 7～9 月，高流量脉冲流量处于 910～2680m^3/s 之间，平均脉冲流量为 1474m^3/s，持续时间 3～53 天，平均持续时间 20 天；突变后高流量脉冲平均发生 2 次/年，但是发生时间更为离散，变为 7～11 月，脉冲流量分别为 921～2075m^3/s，平均脉冲流量变化不大，为 1425m^3/s，持续时间变为 2～31 天，平均持续时间变为 15 天，较突变前有所缩短(图 6.5)。

3) 下游洪水资源特性分析

选择嫩江下游大赉站逐日观测数据进行洪水资源特性和洪水资源量分析。

A. 小洪水特性分析

嫩江流域下游突变前共发生 14 次小洪水事件，全部发生于 8～10 月，洪峰流量处于 2330～5610m^3/s 之间，平均洪峰流量 3481m^3/s，平均持续时间 159 天；突变后共发生 6 次小洪水事件，发生时间略有提前，处于 7～9 月，洪峰流量处于 2345～4570m^3/s 之间，平均洪峰流量 3217m^3/s，平均持续时间较突变前有大幅减少，约为 96 天(图 6.6)。

B. 大洪水特性分析

嫩江流域下游突变前共发生大洪水 3 次，分别发生于 1969 年、1991 年和 1993 年，发生时间处于 8～9 月，洪峰流量分别为 8810m^3/s、6350m^3/s 和 5740m^3/s，持续时间分别为 100 天、132 天和 147 天(图 6.6)。

C. 高流量脉冲特性分析

嫩江流域下游高流量脉冲事件平均 0.7 次/年，发生时间分布跨度较长，主要分布于 4～10 月，平均脉冲流量峰值 1230m^3/s，持续时间变化也较大，处于 2～206 天之间，平均持续 68 天；突变后，发生频次有所增加，为 1.3 次/年，发生时间有所延迟，发生于 8～11 月，平均脉冲流量峰值 1298m^3/s，无明显变化，然而平均持续时间 42 天，明显缩小(图 6.6)。

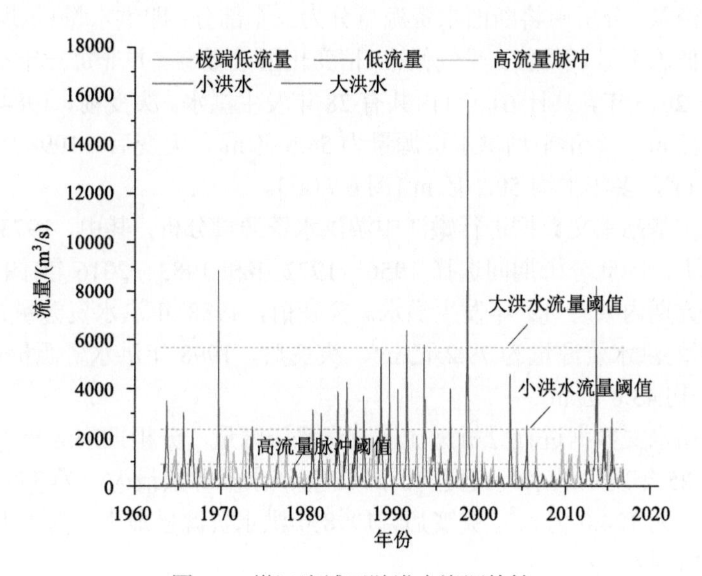

图 6.6　嫩江流域下游洪水资源特性

4)嫩江干流洪水资源特性综合分析

嫩江流域上、中、下游洪水资源特性，如表 6.23 所示。

表 6.23　嫩江干流洪水资源特性

参数		突变前			突变后		
		石灰窑站	富拉尔基站	大赉站	石灰窑站	富拉尔基站	大赉站
小洪水	频率/(次/a)	0.5	0.4	0.4	0.3	0.2	0.3
	发生时机(月份)	6～9	6～9	8～10	5～9	8	7～9
	峰值流量/(m^3/s)	919	3917	3481	961	4670	3217
	持续时间/d	50	84	159	60	61	96
大洪水	频率/(次/a)	0.1	0.1	0.1	0.1	0.1	0.1
	发生时机(月份)	7～8	8～9	8～9	6～8	8	8
	峰值流量/(m^3/s)	1985	7773	6967	1645	11535	11980
	持续时间/d	71	92	126	81	122	179
高流量脉冲	频率/(次/a)	5	2	0.7	4	1.7	1.3
	发生时机(月份)	7～10	6～9	4～10	5～9	7～11	5～11
	峰值流量/(m^3/s)	223	1474	1230	190	1425	1298
	持续时间/d	15	20	68	18	15	42

2. 嫩江干流洪水资源量分析

石灰窑站在嫩江流域上游的位置无法完全表征嫩江上游的洪水资源量，因此根据石灰窑站和同盟站水文数据相关关系，利用石灰窑洪水特性分析，计算了同盟水文站所在断面的洪水资源量。分析中将断面水资源量分为三个部分：即洪水量(重现期 2 年以上)、高脉冲水量和低流水量(下同)。受气候丰-枯变化因素影响，并非每一年都发生洪水，在研究期(1956～2016 年，共计 61 年)内共有 28 年发生洪水。突变前，1984 年洪水资源量最大，为 196 亿 m^3，多年平均洪水资源量为 54.6 亿 m^3。突变后，1998 年洪水资源量最大，为 336 亿 m^3，多年平均 50.2 亿 m^3[图 6.7(a)]。

选择富拉尔基站水文数据进行嫩江中游洪水资源量分析，其中，1973～1982 年的逐日流量数据缺失，因此分析期间选择 1956～1972 年和 1983～2016 年[图 6.7(b)]。根据已有资料，研究期内共有 19 年发生洪水。突变前，1988 年洪水资源量最大，为 243.2 亿 m^3，多年平均洪水资源量为 79.2 亿 m^3。突变后，1998 年洪水资源量最大，为 386.6 亿 m^3，多年平均 43.8 亿 m^3。

选择大赉站水文数据进行分析嫩江下游洪水资源量，分析期间选择 1963～2016 年。研究期内共有 25 年发生洪水。突变前，1988 年洪水资源量最大，为 377.5 亿 m^3，多年平均洪水资源量为 124.0 亿 m^3。突变后，1998 年洪水资源量最大，为 421.4 亿 m^3，多年平均 85.9 亿 m^3[图 6.7(c)]。

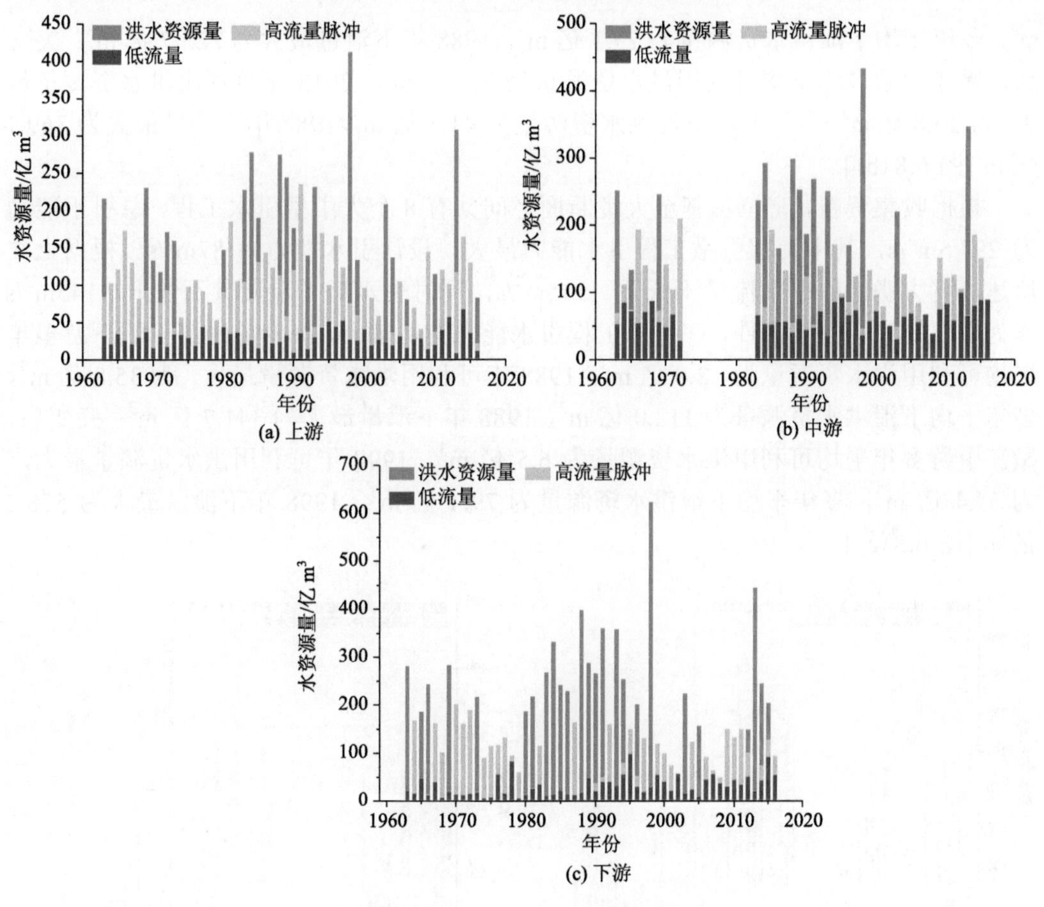

图 6.7　嫩江干流洪水资源量分析

3. 嫩江干流可利用洪水资源量分析

嫩江上游干流上共计有两座大型水利工程，分别是尼尔基水库和北引工程。尼尔基水库的主要功能为防洪和发电，存蓄的水资源全部回归河道。本节主要考虑为河道外用水户供水，因此嫩江上游分析可利用洪水资源量仅考虑北部引水工程的供水能力。突变前，嫩江上游多年平均可利用洪水资源量为 3.7 亿 m^3，1993 年最多，为 13.8 亿 m^3，多年平均下泄洪水资源量为 50.9 亿 m^3，1984 年下泄量最多，为 184.4 亿 m^3；突变后，多年平均可利用洪水资源量为 3.1 亿 m^3，2003 年最多，为 12.2 亿 m^3，多年平均下泄洪水资源量为 47.1 亿 m^3，1998 年下泄量最多，为 323.9 亿 m^3[图 6.8(a)]。

同盟至富拉尔基断面之间，共计有 5 个大中型引水工程，其中中部引嫩工程(简称“中引”工程)引水能力最大，设计引水能力为 144m^3/s，其余工程参数如表 6.3 所示。作为引水控制条件，当引洪水时，须保障哈尔滨断面流量不低于 2330m^3/s，此时大赉断面流量不低于 1145m^3/s 时，富拉尔基断面引水流量应不低于 1100m^3/s，同时引水后富拉尔基断面下泄流量不低于 1100m^3/s。根据上述约束条件，突变前嫩江中游多年平均可利用洪水资源量为 6.1 亿 m^3，1993 年可利用洪水资源量最大，为 20.1 亿

m^3，多年平均下泄洪水资源量为 73.1 亿 m^3，1988 年下泄量最大为 225.7 亿 m^3；突变后，嫩江中游多年平均可利用洪水资源量为 2.7 亿 m^3，2013 年可利用洪水资源量最大，为 20.8 亿 m^3，多年平均下泄洪水资源量为 41.1 亿 m^3，1988 年下泄量最大为 369.1 亿 m^3[图 6.8(b)]。

根据收集资料，富拉尔基至大赉断面之间共有 8 个大中型引水工程，总引水能力为 297.5m^3/s，其中南部引嫩工程引水能力最大，设计引水能力为 87m^3/s。根据上文所述，将大赉断面引水流量不低于 1145m^3/s，同时引水后下泄流量不低于 1145m^3/s 作为重要约束和判别条件，在引水工程引水能力的基础上，突变前嫩江干流下游多年平均可利用洪水资源量为 12.0 亿 m^3，1988 年可利用洪水资源量最大，为 35.8 亿 m^3，多年平均下泄洪水资源量为 112.0 亿 m^3，1988 年下泄量最大为 341.7 亿 m^3；突变后，嫩江中游多年平均可利用洪水资源量为 6.5 亿 m^3，1998 年可利用洪水资源量最大，为 35.4 亿 m^3，多年平均下泄洪水资源量为 79.4 亿 m^3，1998 年下泄量最大为 558.2 亿 m^3[图 6.8(c)]。

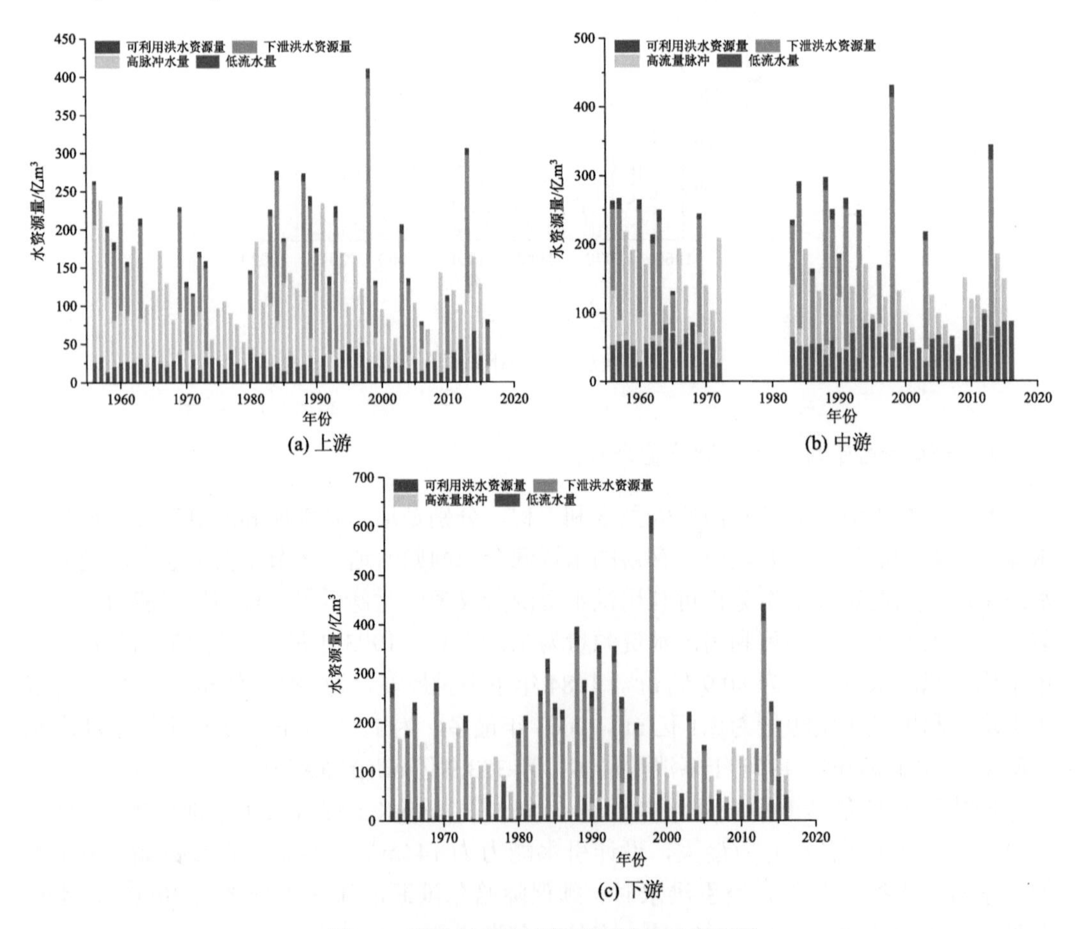

图 6.8　基准年嫩江干流可利用洪水资源量

6.3.4　农田退水量分析

农田退水作为非常规水资源，并富含作物生长所需的氮磷钾等营养成分，将退水用于湿地补水，这对提高水资源利用效率与生态环境保护具有重大意义(李静思等，2019)。本小节计算了各行政单元和各湿地周围的农田退水量。

1. 各行政单元农田退水量

根据计算，基准年的农田退水总量为 15.89 亿 m^3，其中齐齐哈尔市最多，其余依次为白城市、松原市、兴安盟、大庆市、齐齐哈尔市、呼伦贝尔市、黑河市。绥化市流域内没有水田，其农田退水量为 0。具体各行政单元农田退水量如表 6.24 所示。

表 6.24　基准年各行政单元农田退水　(单位：万 m^3)

行政单元	呼伦贝尔市	黑河市	齐齐哈尔市	绥化市	大庆市	兴安盟	白城市	松原市	总和
1 月	0	0	0	0	0	0	0	0	0
2 月	0	0	0	0	0	0	0	0	0
3 月	0	0	0	0	0	0	0	0	0
4 月	0	0	0	0	0	0	0	0	0
5 月	1738	216	21243	0	2585	2585	14108	5192	47667
6 月	1738	216	21243	0	2585	2585	14108	5192	47667
7 月	1159	144	14162	0	1723	1723	9405	3461	31778
8 月	580	72	7081	0	862	862	4703	1731	15889
9 月	580	72	7081	0	862	862	4703	1731	15889
10 月	0	0	0	0	0	0	0	0	0
11 月	0	0	0	0	0	0	0	0	0
12 月	0	0	0	0	0	0	0	0	0
总和	5796	719	70810	0	8615	8617	47025	17305	158888

根据不同省份水田面积的未来规划，计算各个行政单元的农田退水量。规划年嫩江流域总农田退水量为 19.42 亿 m^3，其相对于基准年增长了 3.54 亿 m^3。其中齐齐哈尔市最多，为 9.52 亿 m^3，规划年各行政单元农田退水量如表 6.25 所示。

表 6.25　规划年各行政单元农田退水　(单位：万 m^3)

行政单元	呼伦贝尔市	黑河市	齐齐哈尔市	绥化市	大庆市	兴安盟	城市	松原市	总和
1 月	0	0	0	0	0	0	0	0	0
2 月	0	0	0	0	0	0	0	0	0
3 月	0	0	0	0	0	0	0	0	0
4 月	0	0	0	0	0	0	0	0	0
5 月	1891	290	28570	0	3476	2811	15523	5713	58273
6 月	1891	290	28570	0	3476	811	15523	5713	58273

续表

行政单元	呼伦贝尔市	黑河市	齐齐哈尔市	绥化市	大庆市	兴安盟	城市	松原市	总和
7月	1261	193	19046	0	2317	1874	10349	3808	38849
8月	630	97	9523	0	1159	937	5174	1904	19424
9月	630	97	9523	0	1159	937	5174	1904	19424
10月	0	0	0	0	0	0	0	0	0
11月	0	0	0	0	0	0	0	0	0
12月	0	0	0	0	0	0	0	0	0
总和	6303	967	95232	0	11586	9370	51743	19042	194242

2. 各个重要湿地周围农田退水量

嫩江流域中的农田退水总共有 16.00 亿 m^3，其中有 5.52 亿 m^3 进入扎龙湿地、莫莫格湿地、向海湿地和查干湖湿地为其补充生态用水。跃进灌区和引嫩灌区的农田退水进入扎龙湿地，其农田退水量为 1.40 亿 m^3，洮儿河灌区、五家子灌区、哈吐气灌区和白沙滩灌区等莫莫格生态区周围灌区的农田退水进入莫莫格湿地，其农田退水量为 2.52 亿 m^3，向海湿地周围无灌区，则无农田退水进行其中，大安灌区和前郭灌区的农田退水进入查干湖湿地，其退水量为 1.60 亿 m^3。基准年进入各重要湿地农田退水量如表 6.26 所示。

表 6.26　基准年进入各重要湿地的农田退水　（单位：万 m^3）

重要湿地	莫莫格湿地	扎龙湿地	向海湿地	查干湖湿地
1月	0	0	0	0
2月	0	0	0	0
3月	0	0	0	0
4月	0	0	0	0
5月	7570	4206	0	4799
6月	7570	4206	0	4799
7月	5046	2804	0	3199
8月	2523	1402	0	1600
9月	2523	1402	0	1600
10月	0	0	0	0
11月	0	0	0	0
12月	0	0	0	0
总和	25232	14020	0	15997

根据各重要湿地周围灌区的发展规划，经计算，规划年进入各重要湿地的农田退水量相较于基准年增长了 0.90 亿 m^3。其中进入莫莫格湿地农田退水量为 2.78 亿 m^3，增加了 0.25 亿 m^3；进入扎龙湿地农田退水量为 1.89 亿 m^3，增加了 0.48 亿 m^3；向海湿地农田退水量仍为 0；查干湖湿地农田退水量为 1.76 亿 m^3，增加了 0.16 亿 m^3。基准年进入

各重要湿地农田退水量如表 6.27 所示。

表 6.27　规划年进入各重要湿地的农田退水　　（单位：万 m^3）

重要湿地	莫莫格湿地	扎龙湿地	向海湿地	查干湖湿地
1 月	0	0	0	0
2 月	0	0	0	0
3 月	0	0	0	0
4 月	0	0	0	0
5 月	8329	5657	0	5281
6 月	8329	5657	0	5281
7 月	5553	3771	0	3520
8 月	2776	1886	0	1760
9 月	2776	1886	0	1760
10 月	0	0	0	0
11 月	0	0	0	0
12 月	0	0	0	0
总和	27763	18856	0	17602

6.4　面向湿地生态需水过程的流域多水源配置模型

灌溉农业和经济社会发展挤占生态环境用水，导致流域湿地面积萎缩、生态功能退化，合理进行湿地补水是恢复与保护湿地生态系统的重要举措(Zhang et al., 2010; Nadeau and Conway, 2015)。常规水资源、洪水资源和农田退水已成为嫩江流域湿地生态用水的主要来源。在多水源补水过程中，各水源水量、补给时机及占位均不同，更加剧了系统内部关键因子变化的复杂性(Sammonds et al., 2013；张珮纶等，2017；张弛等，2021)。因此，如何从多工程、多水源优化利用的角度在满足社会经济用水的同时，保障湿地生态用水安全是目前亟待解决的重要问题(马斌等，2001；Yan et al., 2018)。基于中国水利水电科学研究院水资源研究所王浩院士团队开发的水资源综合模拟与调控模型(GWAS)平台，搭建基于“自然-人工”二元水循环的面向湿地生态保护的流域多水源优化配置模型，可为面向湿地生态需水过程的嫩江流域多水源优化配置提供技术支撑。

6.4.1　配置目标、原则和约束条件

本小节重点介绍湿地生态需水流域多水源优化配置的目标、原则和约束条件，为构建流域多水源配置模型提供支持。

1. 配置目标

1)荷载均衡目标-缺水率最小

嫩江流域水资源系统优化调配的目标是在保证生态、工业和生活用水的基础上，提

高农业用水保证率，故目标函数以流域总缺水量最小为目标：

$$\min L(xt) = \sum_{h=1}^{\text{mh}} q_h \cdot \text{SW}(X_{ht})$$

$$\text{SW}(X_{ht}) = \frac{1}{\text{mu}} \cdot \sum_{h=1}^{\text{mu}} \left| (x_{ht}^u - \text{Sob}_{ht}) \right| \tag{6.7}$$

$$\text{其中，} 0 \leqslant x_{ht}^u \leqslant 1, 0 \leqslant \text{Sob}_{ht} \leqslant 1 - B_h$$

式中，$L(xt)$为荷载均衡目标；$\text{SW}(X_{ht})$为供水胁迫函数；q_h为行业用户惩罚系数；x_{ht}^u为时段区域单元；u为区域单元；mu 为区域单元最大数目；t为计算时段。

2) 空间均衡目标-公平性最优

$$\min S(xt) = \sum_{h=1}^{\text{mh}} q_h \cdot \text{GP}(X_{ht})$$

$$\text{GP}(X_{ht}) = \sqrt{\frac{1}{\text{mu}-1} \cdot \sum_{h=1}^{\text{mh}} \left| (x_{ht}^u - \overline{x}_{ht}) \right|} \tag{6.8}$$

$$(\text{其中}, 0 \leqslant x_{ht}^u \leqslant 1, 0 \leqslant \overline{x}_{ht} \leqslant 1)$$

式中，$S(xt)$为空间均衡目标；$\text{GP}(X_{ht})$为公平性函数；q_h为行业用户惩罚系数；x_{ht}^u为区域单元u中行业用户h的缺水率；$\overline{x}_{ht}$为区域单元u中行业用户h的缺水率；h为区域行业用水户类型；mh 为区域行业用水户类型的最大数目；u为区域单元；mu 为区域单元最大数目；t为计算时段。

嫩江流域水资源优化配置保证率设定：

Ⅰ：生活需水保证率为 95%;

Ⅱ：工业需水保证率为 90%;

Ⅲ：湿地适宜生态需水保证率为 75%；湿地最小生态需水保证率为 95%;

Ⅳ：农业用水保证率为 75%。

2. 配置原则

Ⅰ：综合利用水资源，保障社会、经济、生态可持续发展，以水资源综合利用为核心，优化配置流域内的地下水和地表水资源，通过外调水、本地常规水和非常规水(农田退水和洪水)联合调控的方式，实现水资源的合理配置。

Ⅱ：各用水户的供水顺序依次为：生活、工业、生态和农业，即流域水资源优先保证生活需水、工业需水和生态需水，多余水量供给农业。当丰水年、平水年时，应保障湿地适宜生态需水量为目标；当枯水年时，以保障湿地最小生态需水量为目标。

Ⅲ：水资源配置为用水户供水顺序依次为：本地地表水、地下水和外调水。其中，生活需水以地下水为主，工业需水为本地地表水和地下水为主，湿地生态需水为本地地表水和外调水，农业灌溉需水依次为本地地表水、地下水和外调水。

Ⅳ：公平公正原则，行政单元与流域上中下游要统筹兼顾。

Ⅴ：正确处理好流域水资源开发与上游、中游、下游生态环境保护的关系，满足流域生态环境对水资源的需求。

3. 配置模型约束条件

(1) 可供水量约束，水源供给各用水部门的供水量不应多于其可供水量。

$$\sum_{r=1}^{R} W_{\mathrm{g(gw)}}(i,j) \leqslant W_{\mathrm{kg(gw)}}(i,j), \quad \sum_{r=1}^{R} W_{\mathrm{g(sw)}}(i,j) \leqslant W_{\mathrm{kg(sw)}}(i,j) \tag{6.9}$$

式中，$\sum_{r=1}^{R} W_{\mathrm{g(gw)}}(i,j)$ 为第 i 年第 j 月地下水供水量，万 m^3；$W_{\mathrm{kg(gw)}}(i,j)$ 为第 i 年第 j 月地下水可供水量，万 m^3；$\sum_{r=1}^{R} W_{\mathrm{g(sw)}}(i,j)$ 为第 i 年第 j 月地表水供水量，万 m^3；$W_{\mathrm{kg(sw)}}(i,j)$ 为第 i 年第 j 月地表水可供水量，万 m^3。

(2) 湿地生态需水量约束，供水量以适宜(最小)生态需水量为约束。

$$\sum_{j=1}^{J} \sum_{r=1}^{1} \left[W_{\mathrm{g(sw)}}(i) \right] \geqslant W_{x(r=1)}(i) \tag{6.10}$$

式中，$\sum_{j=1}^{J} \sum_{r=1}^{1} \left[W_{\mathrm{g(sw)}}(i) \right]$ 为第 i 年湿地生态供水量，万 m^3；$W_{x(r=1)}(i)$ 为第 i 年湿地适宜(最小)生态需水量，万 m^3。

(3) 河道生态需水量约束，流域内生态需水主要为河道内生态需水，因此供给生态需水的地表水供水量不应少于其最低生态需水量。

$$\sum_{r=1}^{1} W_{\mathrm{g(sw)}}(i,j) \geqslant W_{x(r=1)}(i,j) \tag{6.11}$$

式中，$\sum_{r=1}^{1} W_{\mathrm{g(sw)}}(i,j)$ 为第 i 年第 j 月河道生态供水量，万 m^3；$W_{x(r=1)}(i,j)$ 为第 i 年第 j 月最小河道生态需水量，万 m^3。

(4) 灌溉用水约束，水源供给农业灌溉的供水量不应多于其需水量。

$$\sum_{r=4}^{4} \left[W_{\mathrm{g(gw)}}(i,j,n) + W_{\mathrm{g(sw)}}(i,j,n) \right] \leqslant W_{x(r=4)}(i,j,n) \tag{6.12}$$

式中，$\sum_{r=4}^{4} \left[W_{\mathrm{g(gw)}}(i,j,n) + W_{\mathrm{g(sw)}}(i,j,n) \right]$ 为第 i 年第 j 月第 n 个灌区农业灌溉的供水量，万 m^3；$W_{x(r=4)}(i,j,n)$ 为第 i 年第 j 月第 n 个灌区农业灌溉的需水量，万 m^3。

(5) 水库库容约束，各水库库容不应超过水库库容的上限和下限。

$$V_m^{\min}(j) \leqslant V_m(i,j) \leqslant V_m^{\max}(j) \tag{6.13}$$

式中，$V_m(i,j)$ 为第 i 年第 j 月第 m 个水库的水库库容（$m=1,2,3,4,5$），万 m^3；$V_m^{\min}(j)$ 和 $V_m^{\max}(j)$ 为第 m 个水库第 i 年第 j 月的水库库容下限和上限，万 m^3。

(6) 系统水量平衡约束，流域系统的水量在各时段必须满足水量平衡约束。

$$\left[W_{(\mathrm{gw})}(i,j)+W_{(\mathrm{sw})}(i,j)\right]_{\text{天然}}=W_{\mathrm{g}}(i,j)+W_{\text{损失}}(i,j)\pm W_{\text{地下存储}}(i,j)\pm W_{m(\text{水库供、蓄水})}(i,j) \tag{6.14}$$

式中，$\left[W_{(\mathrm{gw})}(i,j)+W_{(\mathrm{sw})}(i,j)\right]_{\text{天然}}$为第 i 年第 j 月地表水、地下水水资源总量，万 m^3；$W_{\mathrm{g}}(i,j)$为第 i 年第 j 月的供水量，万 m^3；$W_{\text{损失}}(i,j)$为第 i 年第 j 月的损失量，万 m^3；$W_{\text{地下存储}}(i,j)$为第 i 年第 j 月的地下水存储量（“+”代表存储，“−”代表超采），万 m^3；$W_{m(\text{水库供、蓄水})}(i,j)$为第 i 年第 j 月末第 m 个水库库容与初库容之差（“+”代表水库蓄水，“−”代表水库供水），万 m^3。

6.4.2　水资源配置系统网络节点图制定

根据嫩江流域水资源利用情况，分别考虑水资源、社会经济和流域生态三大系统，以节点、水传输系统构建流域水资源配置系统网络节点图，反映流域水资源系统的供、用、耗、排关系。节点包括水源节点、需水节点、输水节点和排水节点等。其中，水库、引水枢纽、地下水管井均为水源节点；行政单元和湿地保护区均为需水节点；河流、渠道的交汇点活分水点等均为输水节点。概化后流域水资源系统被分为 21 个单元(其中行政单元 17 个，湿地保护区 4 个)、16 个引水工程、23 个水库、3 个河道关键断面。嫩江流域水资源系统网络节点图，如图 6.9 所示。

6.4.3　面向湿地生态需水过程的流域多水源配置模型构建

在人类活动影响下，自然水循环过程已发生显著改变。规模的人工取用水形成了与天然“坡面-河道”主循环相耦合的“取水-供水-用水-耗水-排水”的人工侧支循环，形成自然水系统与社会水系统二元耦合的、变化的、复杂的过程(王浩等，2006)。“自然-社会”二元水循环在驱动力、过程、通量三方面均具有耦合特性，并衍生出多重效应(秦大庸等，2014)。因此，如何在流域尺度实现复杂的“自然-社会”二元水循环模拟，是解决流域湿地多水源优化配置与调控重要前提条件。

以中国水利水电科学研究院自主研发的 GWAS 平台为基础，在自然水循环的基础上重点考虑社会水的“取水-用水-耗水-排水”过程，通过单元内部与单元之间的水量平衡关系，实现自然-社会水循环模拟。该模型的计算过程充分体现出二元水循环特性，根据降水、蒸发等资料进行产汇流计算得到各单元的地表与地下水资源量，再结合社会需水要求对水资源进行配置，并模拟社会的用耗水过程，社会的退排水量最后又进入河道参与自然水循环过程。本节介绍了 GWAS 模型原理、构建和模型求解方法。

1. GWAS 模型原理

GWAS 模型主要是在典型水循环四水转化模拟模型基础上，考虑经济社会用水、排水及再生水回用过程模拟，实现社会侧支水循环实时映射到时段自然水系统过程，实时模拟来水变化对用水变化、用水变化对下一阶段径流及供水变化的实时响应，从而实现水资源综合动态互馈变化(桑学锋等，2018)。模型主要包括产流模拟模块、河道汇流模

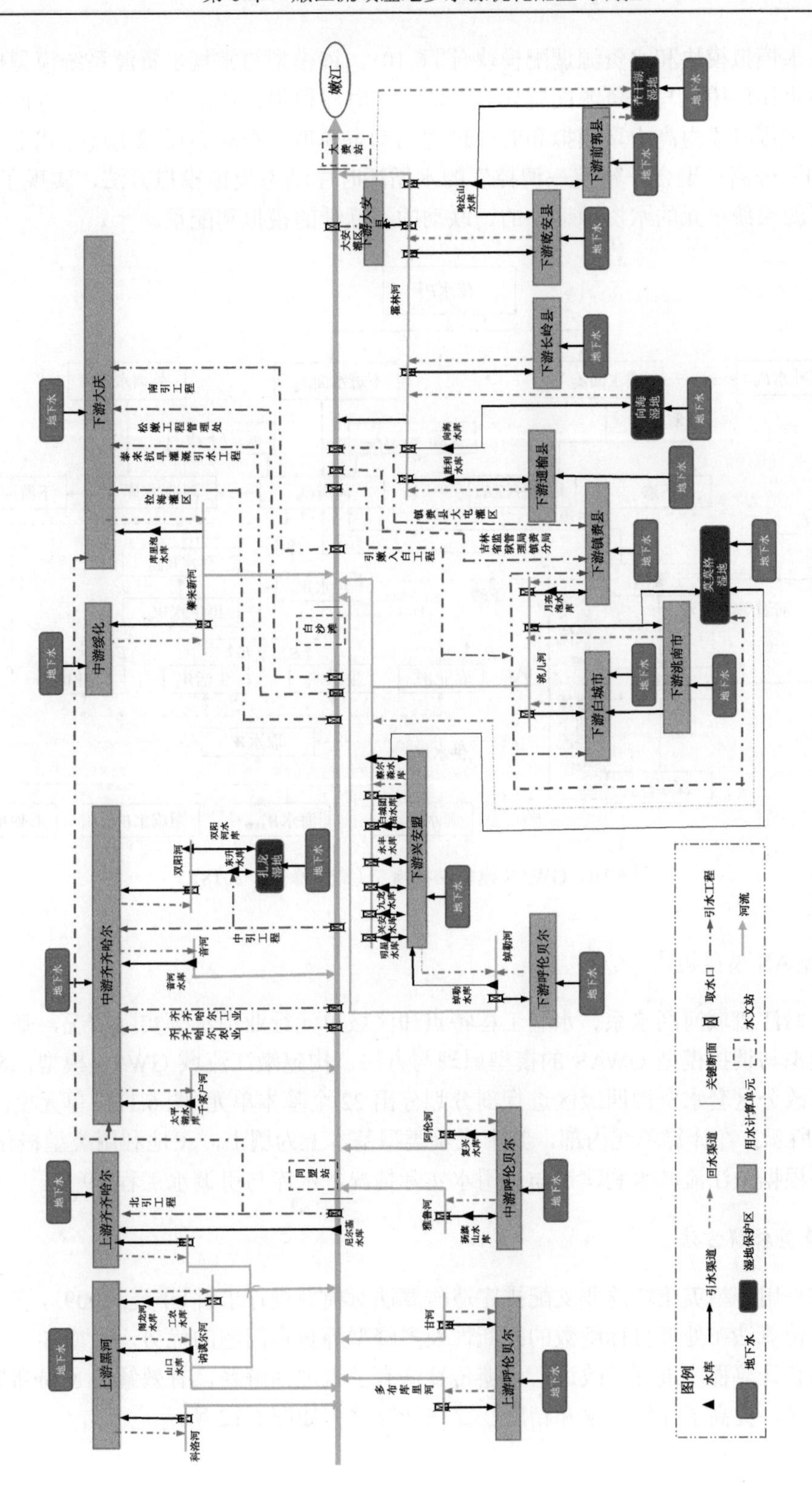

图 6.9　嫩江流域资源系统网络节点

块、再生水模拟模块和水资源调配模块(图 6.10)。该模型与常规水资源系统模型构建相比，采用水循环模拟与水资源配置聚合变成一个时序模拟模块的两个成分，进而实现二元水循环过程时段内高内聚模拟和时序过程的动态模拟。在动态反馈实现方式上提出一种“实测—分离—聚合—建模—调控”的水循环时序动态反馈模拟方法，实现了自然-社会水资源系统单元的水资源动态的、联动的、互馈的模拟和配置。

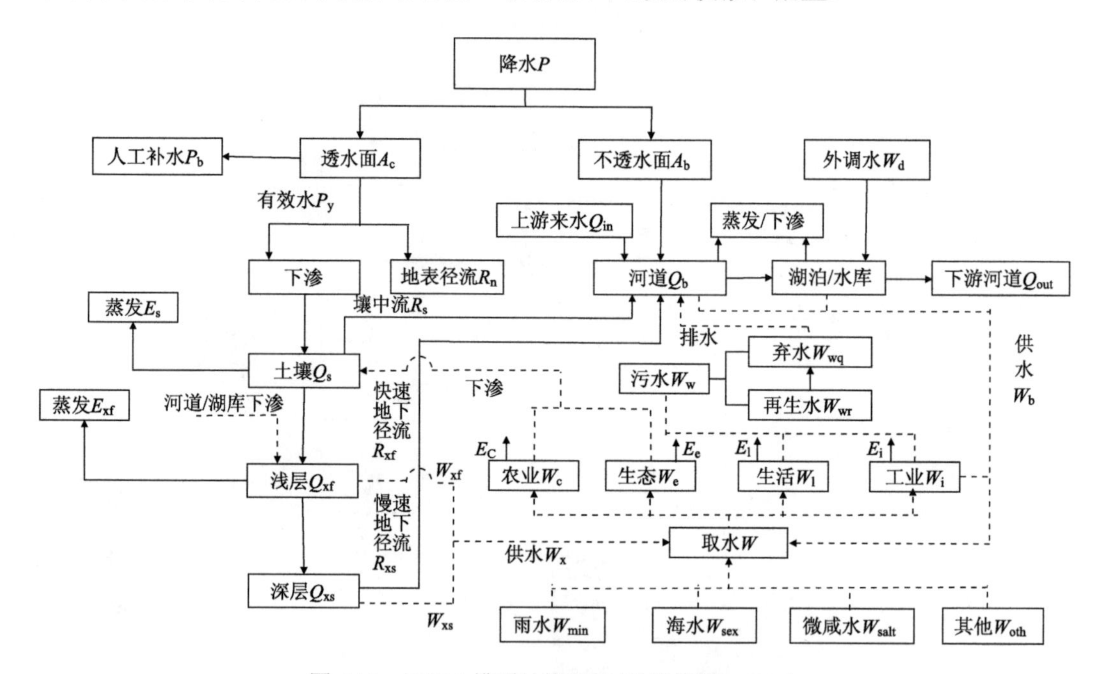

图 6.10　GWAS 模型结构框架(桑学锋等，2018)

2. GWAS 模型构建

针对嫩江流域河网水系、水利工程特点和区域单元行业用水等实际情况，基于水资源综合模拟与调控模型 GWAS 的模型原理与方法，构建嫩江流域 GWAS 模型，模型单元采用行政分区套水资源四级区进行剖分划分出 22 个基本单元(图 6.11)；单元空间分布如图 6.9 所示；在计算单元内部，其中土壤类型基本上为壤土，土地利用类型概化为 11 种，另外根据嫩江流域水利建设与供用水实际情况，水库与引调水工程 39 处。

3. 模型求解方法

本节采用带精英策略的非支配排序遗传算法对模型进行求解(李震, 2009)，该方法既继承了遗传算法在处理目标函数的间断性及多峰型等负责问题的优势，又增加了经营策略，对原有计算程序进行了改进，使遗传算法有了机理性解释，有效解决了局部最优和维数灾问题，提高了计算效率和精度，算法计算过程如图 6.12 所示。

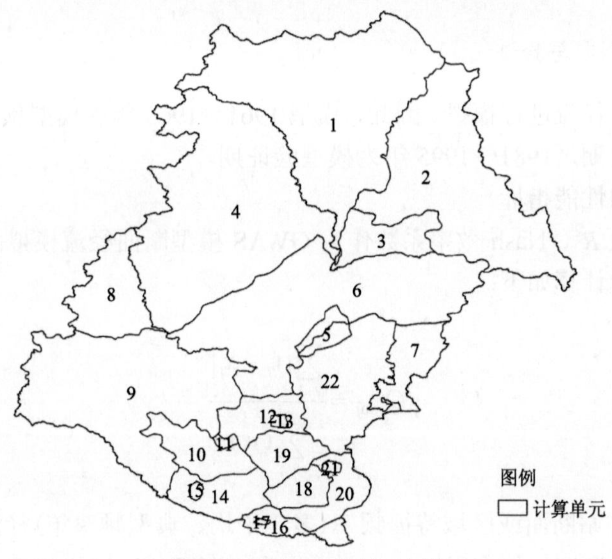

图 6.11　模型计算单元划分

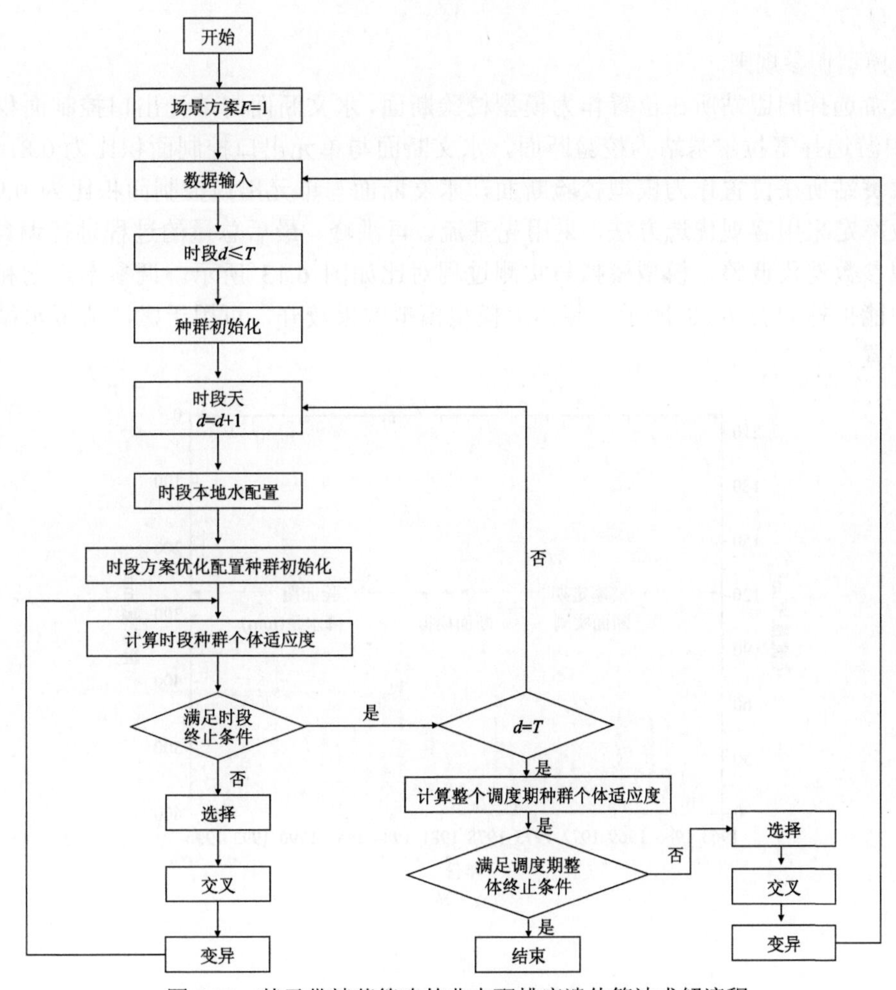

图 6.12　基于带精英策略的非支配排序遗传算法求解流程

4. 模型参数率定与验证

模型选取天然径流进行模拟。因此，模型 1961～1963 年为模型预热期，1964～1980 年为模型参数率定期，1981～1995 年为模型验证期。

1) 模拟效果的性能指标

采用相关系数 R^2、Nash 效率系数作为 GWAS 模型断面径流模拟的评价指标；断面特征频率径流总量计算如下：

$$Q_{\text{pobj}} = \frac{\sum_{i=1}^{n}\left|y_i - x_i\right|}{\sum_{i=1}^{n}(y_i)} \tag{6.15}$$

式中：Q_{pobj} 为水文站断面或区域特征频率(多年平均、典型频率年)径流总量的误差率，反映模型针对水资源评价的实用性；y_i 、x_i 为水文断面或区域相应频率下实际和模拟的径流总量。

2) 模型调参规则

上游选择同盟站所在位置作为模型校验断面，水文断面与单元出口控制面积比为 1.2；中游选择富拉尔基站为校验断面，水文断面与单元出口控制面积比为 0.8；下游选择大赉站所在位置作为模型校验断面，水文断面与单元出口控制面积比为 0.9；模型参数率定采用客观优选方法，采用先基流、再洪峰、最后总量的过程进行调参。经过模型参数迭代调整，模型模拟与实测过程对比如图 6.13 所示。调参率定期和验证期的性能指标如表 6.28 所示，整体上模型模拟效果较好，可用于嫩江流域水循环模拟与配置。

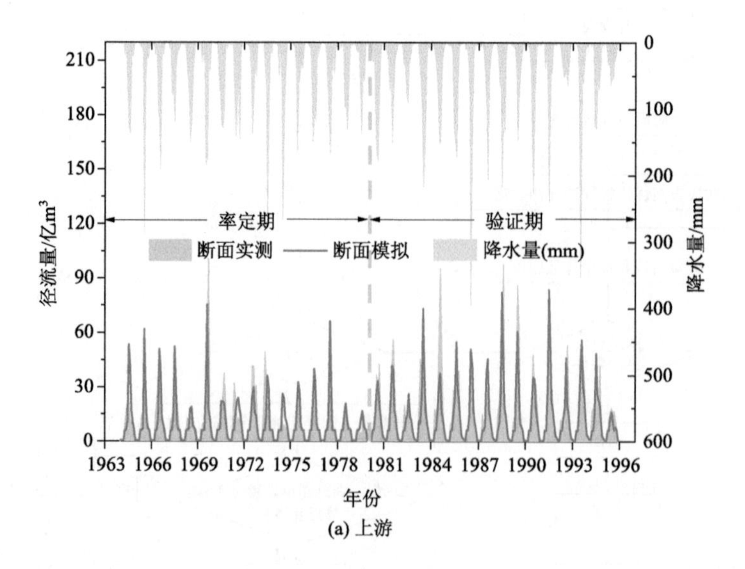

(a) 上游

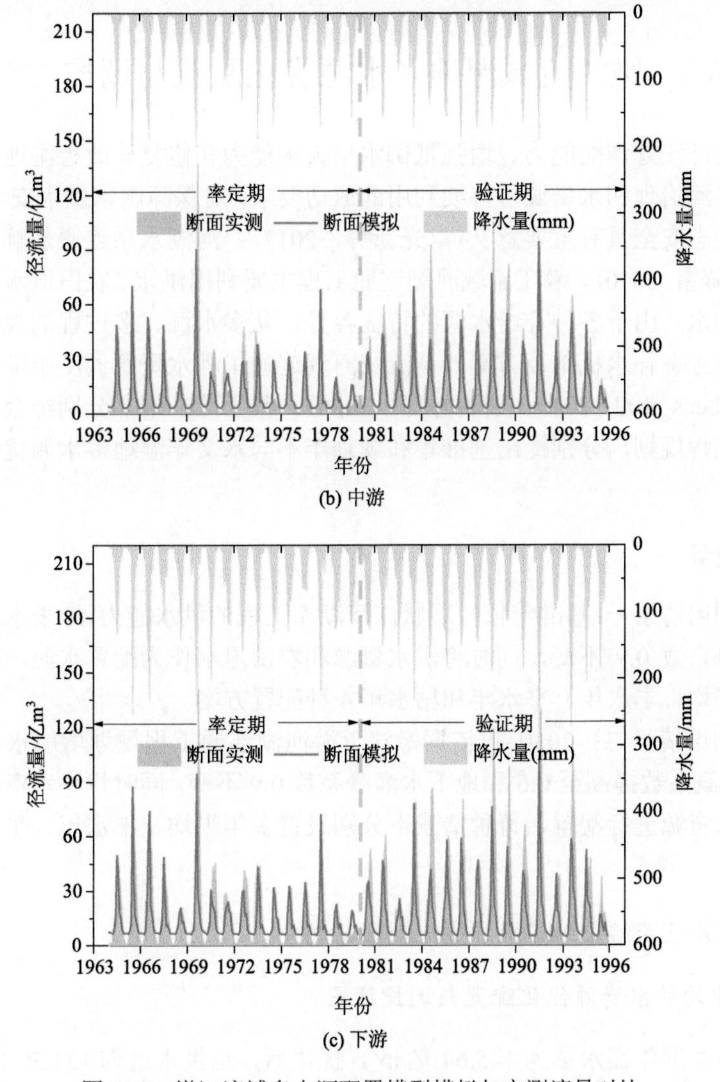

(b) 中游

(c) 下游

图 6.13　嫩江流域多水源配置模型模拟与实测流量对比

表 6.28　嫩江上、中、下游模型参数率定结果

河段	模型期	相关系数 R^2	Nash 系数
上游	调参期 1964～1980 年	0.68	0.37
	验证期 1981～1995 年	0.81	0.64
中游	调参期 1964～1980 年	0.66	0.43
	验证期 1981～1995 年	0.82	0.60
下游	调参期 1964～1980 年	0.64	0.25
	验证期 1981～1995 年	0.77	0.60

模型上、中、下游多年平均模型模拟与实测径流总量误差分别为 12.24%、9.70%和 9.92%。表明建立的模型结果较好，可以满足水资源评价要求。

6.5　嫩江流域湿地多水源优化配置与调控方案

提高水资源统筹调配能力、增强抵御水旱灾害能力和修复和改善湿地生态环境，已经成为国家江河治理和水资源可持续利用的迫切要求，对保障国家供水安全、防洪安全、粮食安全和生态安全具有重要意义(章光新等，2017)。河湖水系连通是解决流域水问题的重要途径(陈雷, 2010)，嫩江流域河湖连通工程主要利用洪水、农田退水和常规水资源为湿地进行补水。由于各种补给水源的特征各异，从多水源、多过程的视角，提出湿地恢复与保护的生态补水机制及方案，是流域河湖连通工程水资源调度亟需解决的关键问题(Babbar-Sebens et al., 2013；公雪婷等，2020)。基于此，本书分别结合现状江河湖库工程和未来工程规划，分别提出基准年和规划年不同水文年湿地多水源优化配置与调控方案。

6.5.1　情景设置

水资源利用情景一：基准年依托现状江河湖库工程的供水能力，地表水灌溉系数 0.53 和地下水灌溉系数 0.9 不变，同时将洪水资源和农田退水作为配置水源，每种情景下分别设置多年平均、丰水年、平水年和枯水年 4 种配置方案。

水资源利用情景二：2030 年依据嫩江下游河湖连通工程规划增加水利工程供水能力，地表水灌溉系数提高至 0.6 和地下水灌溉系数 0.9 不变，同时将洪水资源和农田退水作为非常规水资源进行配置，每种情景下分别设置多年平均、丰水年、平水年和枯水年 4 种配置方案。

6.5.2　基准年嫩江流域湿地多水源优化配置与调控

1. 多年平均的水资源优化配置与调控结果

嫩江流域基准年需水量为 145.64 亿 m^3，优化后，总供水量为 131.39 亿 m^3，较优化前的 124.9 亿 m^3，增加了 6.49 亿 m^3，主要是增加了湿地补水和农业供水。其中常规地表水供水 80.37 亿 m^3，地下水供水 40.61 亿 m^3，洪水资源 5.94 亿 m^3，农田退水 2.74 亿 m^3。生活需水保证率 100%，满足供水需求；工业供水保障率为 96%，大于 90%，满足工业供水需求，其中大庆市、通榆县和白城市的保证率较低，分别为 90%、91%和 91%，但保证率均大于或等于 90%，因此也均满足要求；农业供水保证率为 93%，大于 75%，满足供水要求，其中大安市和大庆市供水保证率较低，分别为 82%和 84%，但也均大于 75%，满足要求。湿地生态供水保证率为 81%，大于 75%，整体满足供水要求，莫莫格湿地、扎龙湿地、向海湿地和查干湖湿地的供水保证率分别为 76%、81%、81%、85%，均大于 75%，满足供水要求。各单元的供需平衡分析结果，如表 6.29 所示。

2. 丰水年的水资源优化配置与调控结果

嫩江流域需水量为 145.64 亿 m^3，优化后，丰水年总供水量为 138.40 亿 m^3，比多年平均供水量高 7.01 亿 m^3。其中常规地表水供水 85.56 亿 m^3，地下水供水 40.54 亿 m^3，洪水供水 7.36 亿 m^3，农田退水 3.20 亿 m^3。生活供水保证率为 100%，满足供水需求；工业供水保证率为 99%，大于 95%，整体满足供水需求，其中洮南和白城供水保证率为 94%，保证率均大于 90%，满足要求；农业供水保证率为 95%，大于 75%，满足供水要求，其中大庆市、白城市和镇赉县的供水保证率略低，分别为 82%、90%和 90%，但均满足要求；湿地生态供水保证率较多年平均有所提高，丰水年供水保证率为 95%，向海湿地和查干湖湿地保证率为 100%，莫莫格湿地和扎龙湿地的供水率分别为 86%和 96%，均大于 75%，满足供水要求。各单元的供需平衡分析结果，如表 6.30 所示。

3. 平水年的水资源优化配置与调控结果

嫩江流域需水量为 145.64 亿 m^3，优化后，平水年总供水量为 132.28 亿 m^3，其中常规地表水供水 81.02 亿 m^3，地下水供水 40.80 亿 m^3，洪水供水 6.54 亿 m^3，农田退水 2.65 亿 m^3。生活供水保证率为 100%，满足要求；工业供水保证率为 97%，大于 95%，其中通榆县的供水保证率最低，为 86%，小于 90%，未满足需求。农业供水率为 94%，大于 75%，满足供水需求，其中白城市和大庆市供水保证率分别为 78%和 80%，均满足要求。湿地供水保证率为 83%，大于 75%，满足湿地供水需求，其中莫莫格湿地、扎龙湿地、向海湿地和查干湖湿地的供水保证率分别为 88%、73%、84%、86%，仅扎龙湿地小于 75%，略有不足，可适当增加中引工程供水量。各单元的供需平衡分析结果，如表 6.31 所示。

4. 枯水年的水资源优化配置与调控结果

枯水年以满足流域重要湿地最小生态需水量为目标。因此，嫩江流域需水量为 139.23 亿 m^3，优化后，枯水年总供水量为 116.30 亿 m^3，其中常规地表水供水 73.59 亿 m^3，地下水供水 36.79 亿 m^3，洪水供水 2.06 亿 m^3，农田退水 2.12 亿 m^3。生活供水率为 100%；工业供水保证率为 94%，少于 95%，基本满足需求，其中绥化县和乾安县供水保证率较低，分别为 78%和 82%，在枯水年可适当增加地下水开采以满足工业发展需求。农业供水保证率为 83%，大于 75%，满足供水需求，其中大庆市、镇赉县和乾安县供水保证率较低，分别为 74%、74%和 69%，均小于 75%，在上述三个区域，枯水年可适量加大地下水开采以满足灌溉需求；湿地供水保证率为 94%，略小于 95%，基本满足湿地最低生态需水要求，其中莫莫格湿地、扎龙湿地、向海湿地和查干湖湿地最小生态需水的保证率分别为 93%、91%、96%、97%，可适当增加河湖连通和中引工程引水量，满足莫莫格湿地和扎龙湿地枯水年需求量。各单元的供需平衡分析结果，如表 6.32 所示。

表 6.29　多年平均水资源优化配置与调控结果

序号	单元名	生活				工业				农业					湿地生态				
		需水/万 m^3	供水/万 m^3		保证率/%	需水/万 m^3	供水/万 m^3		保证率/%	需水/万 m^3	供水/万 m^3			保证率/%	需水/万 m^3	供水/万 m^3			保证率/%
			地下水	常规地表水			地下水	常规地表水			地下水	常规地表水	洪水			常规地表水	洪水	农田退水	
1	呼伦贝尔市上游	1822	918	904	100	7593	1822	5674	99	12203	6102	4118	1030	92	0	0	0	0	0
2	黑河市上游	5816	3315	2500	100	3236	0	3236	100	26220	0	20624	5156	98	0	0	0	0	0
3	齐齐哈尔上游	2723	1852	871	100	3309	794	2482	99	27316	5300	16857	3200	93	0	0	0	0	0
4	呼伦贝尔市中游	4996	2518	2478	100	28472	653	27795	100	41402	17270	17964	1875	90	0	0	0	0	0
5	扎龙湿地	0	0	0	100	0	0	0	100	0	0	0	0	100	56786	28057	8043	10080	81
6	齐齐哈尔中游	19815	13478	6337	100	19871	0	18981	96	361343	113160	210383	7800	92	0	0	0	0	0
7	绥化市中游	3058	2366	693	100	6585	1580	4591	94	5416	2708	2396	100	96	0	0	0	0	0
8	呼伦贝尔市下游	1503	758	746	100	9491	2277	7213	100	439	219	194	0	94	0	0	0	0	0
9	兴安盟下游	6835	4793	2042	100	17018	0	16026	94	58578	1165	49448	2150	90	0	0	0	0	0
10	洮南市下游	2181	1415	767	100	1076	258	773	96	100812	50406	40688	1805	92	0	0	0	0	0
11	白城市下游	143	62	80	100	407	16	356	91	34178	13967	14766	1210	88	0	0	0	0	0
12	镇赉县下游	1930	843	1087	100	1197	0	1197	100	102198	35018	45595	7100	86	0	0	0	0	0
13	莫莫格湿地	0	0	0	100	0	0	0	100	0	0	0	0	100	48880	18213	6549	12225	76
14	通榆县下游	2373	1539	834	100	778	187	524	91	4702	230	3379	845	95	0	0	0	0	0
15	向海湿地	0	0	0	100	0	0	0	100	0	0	0	0	100	19118	12347	3153	0	81
16	长岭县下游	2705	1859	846	100	13053	3033	9092	93	8073	4036	3353	500	98	0	0	0	0	0
17	乾安县下游	1268	871	396	100	10205	2449	7184	94	4893	2444	2193	0	95	0	0	0	0	0
18	大安市下游	1708	1108	600	100	1776	426	1301	97	8790	1150	4850	1200	82	0	0	0	0	0
19	前郭县下游	2536	1743	793	100	13013	5123	6889	92	84071	47543	23434	2700	88	0	0	0	0	0
20	查干湖湿地	0	0	0	100	0	0	0	100	0	0	0	0	100	13401	4783	1455	5095	85
21	大庆市下游	12596	7547	5049	100	174187	41805	114678	90	52355	15268	25287	3510	84	0	0	0	0	0
	总和	74007.36	46985	27023	100	311265	60423	227794	96	932990	315986	485530	40180	93	138185	63400	19200	27400	81

表 6.30　丰水年水资源优化配置与调控结果

序号	单元名	生活				工业				农业					湿地生态				
		需水/万 m^3	供水/万 m^3		保证率/%	需水/万 m^3	供水/万 m^3		保证率/%	需水/万 m^3	供水/万 m^3			保证率/%	需水/万 m^3	供水/万 m^3			保证率/%
			地下水	常规地表水			地下水	常规地表水			地下水	常规地表水	洪水			常规地表水	洪水	农田退水	
1	呼伦贝尔市上游	1822	918	904	100	7593	1822	5770	100	12203	6102	4394	1098	95	0	0	0	0	0
2	黑河市上游	5816	3315	2500	100	3236	0	3236	100	26220	0	20976	5244	100	0	0	0	0	0
3	齐齐哈尔上游	2723	1852	871	100	3309	794	2515	100	27316	5612	17116	3300	95	0	0	0	0	0
4	呼伦贝尔市中游	4996	2518	2478	100	28472	648	27824	100	41402	18414	18934	2100	95	0	0	0	0	0
5	扎龙湿地	0	0	0	100	0	0	0	100	0	0	0	0	100	56786	32164	9223	11772	94
6	齐齐哈尔中游	19815	13478	6337	100	19871	0	19871	100	361343	118317	226052	7974	98	0	0	0	0	0
7	绥化市中游	3058	2366	693	100	6585	1580	5004	100	5416	2708	2367	170	97	0	0	0	0	0
8	呼伦贝尔市下游	1503	758	746	100	9491	2278	7213	100	439	219	197	0	95	0	0	0	0	0
9	兴安盟下游	6835	4793	2042	100	17018	0	17018	100	58578	0	48872	6706	95	0	0	0	0	0
10	洮南市下游	2181	1415	767	100	1076	258	749	94	100812	50406	41369	2101	93	0	0	0	0	0
11	白城市下游	143	68	75	100	407	16	365	94	34178	13672	15624	1560	90	0	0	0	0	0
12	镇赉县下游	1930	913	1018	100	1197	0	1197	100	102198	26998	57038	7567	90	0	0	0	0	0
13	莫莫格湿地	0	0	0	100	0	0	0	100	0	0	0	0	100	48880	19521	8082	14277	86
14	通榆县下游	2373	1539	834	100	778	217	534	97	4702	380	4102	0	95	0	0	0	0	0
15	向海湿地	0	0	0	100	0	0	0	100	0	0	0	0	100	19118	14264	4854	0	100
16	长岭县下游	2705	1859	846	100	13053	3133	9584	97	8073	4036	3222	411	95	0	0	0	0	0
17	乾安县下游	1268	871	396	100	10205	2449	7756	100	4893	2400	1821	455	96	0	0	0	0	0
18	大安市下游	1708	1108	600	100	1776	426	1350	100	8790	1200	5297	1593	92	0	0	0	0	0
19	前郭县下游	2536	1743	793	100	13013	5326	7183	96	84071	48272	26590	2969	93	0	0	0	0	0
20	查干湖湿地	0	0	0	100	0	0	0	100	0	0	0	0	100	13401	5210	2240	5951	100
21	大庆市下游	12596	7547	5049	100	174187	41805	125237	96	52355	16258	20475	5963	82	0	0	0	0	0
	总和	74007.36	74007	47059	100	311265	60752	242997	99	932990	314994	514445	49211	95	138185	71159	24400	32000	95

表 6.31 平水年各单元的水资源优化配置与调控结果

序号	单元名	生活				工业				农业					湿地生态				
		需水/万 m^3	供水/万 m^3		保证率/%	需水/万 m^3	供水/万 m^3		保证率/%	需水/万 m^3	供水/万 m^3			保证率/%	需水/万 m^3	供水/万 m^3			保证率/%
			地下水	常规地表水			地下水	常规地表水			地下水	常规地表水	洪水			常规地表水	洪水	农田退水	
1	呼伦贝尔市上游	1822	918	904	100	7593	1822	5770	100	12203	6002	4393	1098	94	0	0	0	0	0
2	黑河市上游	5816	3315	2500	100	3236	0	3236	100	26220	0	20976	5244	100	0	0	0	0	0
3	齐齐哈尔上游	2723	1852	871	100	3309	794	2515	100	27316	5126	15916	3357	89	0	0	0	0	0
4	呼伦贝尔市中游	4996	2518	2478	100	28472	1624	25849	96	41402	14888	20379	1655	89	0	0	0	0	0
5	扎龙湿地	0	0	0	100	0	0	0	100	0	0	0	0	100	56786	23077	8532	9749	73
6	齐齐哈尔中游	19815	13478	6337	100	19871	0	19871	100	361343	118317	215774	7251	94	0	0	0	0	0
7	绥化市中游	3058	2366	693	100	6585	1580	4553	93	5416	2608	2365	73	93	0	0	0	0	0
8	呼伦贝尔市下游	1503	758	746	100	9491	2278	7213	100	439	223	197	0	96	0	0	0	0	0
9	兴安盟下游	6835	4793	2042	100	17018	0	16018	94	58578	3329	47924	5325	97	0	0	0	0	0
10	洮南市下游	2181	1415	767	100	1076	326	681	94	100812	49406	37503	1756	88	0	0	0	0	0
11	白城市下游	143	65	78	100	407	16	365	94	34178	13672	11927	1158	78	0	0	0	0	0
12	镇赉县下游	1930	875	1055	100	1197	0	1197	100	102198	40140	39935	6528	85	0	0	0	0	0
13	莫莫格湿地	0	0	0	100	0	0	0	100	0	0	0	0	100	48880	23161	8026	11823	88
14	通榆县下游	2373	1539	834	100	778	187	485	86	4702	0	4502	0	96	0	0	0	0	0
15	向海湿地	0	0	0	100	0	0	0	100	0	0	0	0	100	19118	11990	4155	0	84
16	长岭县下游	2705	1859	846	100	13053	3137	9013	93	8073	4036	3092	505	95	0	0	0	0	0
17	乾安县下游	1268	871	396	100	10205	2449	7674	99	4893	2447	1772	443	95	0	0	0	0	0
18	大安市下游	1708	1108	600	100	1776	426	1350	100	8790	876	6255	1235	100	0	0	0	0	0
19	前郭县下游	2536	1743	793	100	13013	4821	7239	93	84071	42035	29287	2008	87	0	0	0	0	0
20	查干湖湿地	0	0	0	100	0	0	0	100	0	0	0	0	100	13401	4871	1688	4928	86
21	大庆市下游	12596	7547	5049	100	174187	41805	122382	94	52355	13896	22599	5400	88	0	0	0	0	0
	总和	74007	47019	26988	100	100	61265	235412	97	97	317002	484798	43037	94	138185	63100	22400	26500	83

表 6.32 枯水年各单元的水资源优化配置与调控结果

序号	单元名	生活				工业				农业					湿地生态				
		需水/万 m^3	供水/万 m^3		保证率/%	需水/万 m^3	供水/万 m^3		保证率/%	需水/万 m^3	供水/万 m^3			保证率/%	需水/万 m^3	供水/万 m^3			保证率/%
			地下水	常规地表水			地下水	常规地表水			地下水	常规地表水	洪水			常规地表水	洪水	农田退水	
1	呼伦贝尔市上游	1822	918	904	100	7593	1742	5370	94	12203	6102	4492	0	87	0	0	0	0	0
2	黑河市上游	5816	3315	2500	100	3236	0	3236	100	26220	0	21220	0	81	0	0	0	0	0
3	齐齐哈尔上游	2723	1852	871	100	3309	805	2295	94	27316	4655	14838	1104	75	0	0	0	0	0
4	呼伦贝尔市中游	4996	2518	2478	100	28472	281	25191	89	41402	17058	14976	0	77	0	0	0	0	0
5	扎龙湿地	0	0	0	100	0	0	0	100	0	0	0	0	100	25565	12880	602	9899	91
6	齐齐哈尔中游	19815	13478	6337	100	19871	0	17871	90	361343	106629	185185	3528	82	0	0	0	0	0
7	绥化市中游	3058	2366	693	100	6585	1164	4004	78	5416	2108	1946	91	77	0	0	0	0	0
8	呼伦贝尔市下游	1503	758	746	100	9491	2278	7213	100	439	163	193	0	81	0	0	0	0	0
9	兴安盟下游	6835	4793	2042	100	17018	0	17018	100	58578	1970	46608	1126	85	0	0	0	0	0
10	洮南市下游	2181	1415	767	100	1076	290	749	97	100812	40309	41244	1078	82	0	0	0	0	0
11	白城市下游	143	68	75	100	407	16	365	94	34178	12562	13844	236	78	0	0	0	0	0
12	镇赉县下游	1930	913	1018	100	1197	0	1197	100	102198	31447	40273	3962	74	0	0	0	0	0
13	莫莫格湿地	0	0	0	100	0	0	0	100	0	0	0	0	100	27289	17915	2132	5458	93
14	通榆县下游	2373	1539	834	100	778	257	469	93	4702	180	3721	0	83	0	0	0	0	0
15	向海湿地	0	0	0	100	0	0	0	100	0	0	0	0	100	9067	7788	883	0	96
16	长岭县下游	2705	1859	846	100	13053	2769	9157	91	8073	3031	3021	312	79	0	0	0	0	0
17	乾安县下游	1268	871	396	100	10205	1803	6556	82	4893	2147	1229	0	69	0	0	0	0	0
18	大安市下游	1708	1108	600	100	1776	402	1150	87	8790	836	5310	980	81	0	0	0	0	0
19	前郭县下游	2536	1743	793	100	13013	4128	7417	89	84071	42035	19258	2291	76	0	0	0	0	0
20	查干湖湿地	0	0	0	100	0	0	0	100	0	0	0	0	100	12072	5317	504	5842	97
21	大庆市下游	12596	7547	5049	100	174187	37805	114868	88	52355	13258	23541	1814	78	0	0	0	0	0
	总和	74007	47059	26948	100	311265	53739	224127	94	932990	284490	440901	16522	83	73993	43900	4120	21200	94

6.5.3　规划年嫩江流域湿地多水源优化配置与调控

1. 多年平均水资源优化配置与调控结果

随着社会经济发展，嫩江流域规划年需水量大幅增加，为 184.27 亿 m^3。优化后，多年平均总供水量为 161.32 亿 m^3，通过河湖连通工程增加了 29.93 亿 m^3，其中常规地表水供水 98.13 亿 m^3，地下水供水 49.55 亿 m^3，洪水供水 8.47 亿 m^3，农田退水 3.28 亿 m^3。规划年生活供水保证率 100%，满足供水需求；工业供水保证率为 95%，大于 90%，满足供水需求，其中大庆市和洮南市的供水保证率较低，分别为 83%和 91%；农业供水保证率为 91%，大于 75%，满足农业供水需求，其中大庆市和齐齐哈尔供水率较低，分别为 71%、74%，基本满足需求。依托 2030 年河湖连通规划工程为湿地进行供水，优化配置后，莫莫格湿地、扎龙湿地、向海湿地和查干湖湿地的供水保证率均有所提升，分别为 90%、92%、92%、93%。各单元的供需平衡分析结果，如表 6.33 所示。

2. 丰水年的水资源优化配置与调控结果

嫩江流域需水量为 184.27 亿 m^3，优化后，丰水年总供水量为 168.99 亿 m^3，较基准年增加了 30.59 亿 m^3，其中常规地表水供水 101.29 亿 m^3，地下水供水 51.21 亿 m^3，洪水供水 10.98 亿 m^3，农田退水 3.59 亿 m^3。生活供水保证率为 100%，满足需求；工业供水保证率为 98%，大于 90%，满足供水需求，其中大庆市的供水保证率较低，为 91%。农业供水保证率为 93%，大于 75%，满足供水需求，其中齐齐哈尔上游供水率较低，为 76%，也基本满足需求。四个重要湿地中，仅扎龙湿地供水保证率为 97%，其余均为 100%。规划年各单元的供需平衡分析结果，如表 6.34 所示。

3. 平水年的水资源优化配置与调控结果

嫩江流域需水量为 184.27 亿 m^3，优化后，平水年总供水量为 157.42 亿 m^3，较基准年增加了 25.14 亿 m^3。其中，常规地表水供水 93.54 亿 m^3，地下水供水 49.89 亿 m^3，洪水资源供水 8.87 亿 m^3，农田退水 3.23 亿 m^3。生活供水保证率 100%，满足供水需求；工业供水保证率为 96%，大于 90%，满足供水需求；其中大庆市供水保证率为 84%，略有不足；农业供水保证率为 88%，其中齐齐哈尔、白城市和大庆市供水保证率分别为 71%、74%和 72%，均小于 75%，因农业灌溉需水量增加较多，虽供水能力加强，但供水保证率仍略有不足，因此需适当控制灌区发展规模。湿地供水保证率为 91%，大于 50%，供水能力大幅增强，满足供水需求，莫莫格湿地、扎龙湿地、向海湿地和查干湖湿地的供水保证率分别为 91%、81%、93%和 97%。规划年各单元的供需平衡分析结果，如表 6.35 所示。

4. 枯水年的水资源优化配置与调控结果

枯水年以满足流域重要湿地最小生态需水量为目标，因此枯水年嫩江流域规划年需水量为 177.85 亿 m^3，优化后，总供水量为 138.03 亿 m^3，较基准年增加了 21.73 亿 m^3。

表 6.33　规划年多年平均各单元的水资源优化配置与调控结果

序号	单元名	生活				工业				农业					湿地生态				
		需水/万 m³	供水/万 m³		保证率/%	需水/万 m³	供水/万 m³		保证率/%	需水/万 m³	供水/万 m³			保证率/%	需水/万 m³	供水/万 m³			保证率/%
			地下水	常规地表水			地下水	常规地表水			地下水	常规地表水	洪水			常规地表水	洪水	农田退水	
1	呼伦贝尔市上游	1937	954	982	100	15338	3008	11630	95	13162	6581	4496	1124	93	0	0	0	0	0
2	黑河市上游	6198	3447	2751	100	4507	0	4307	96	35263	0	27411	6853	97	0	0	0	0	0
3	齐齐哈尔上游	2841	1883	958	100	3273	1106	2078	97	36738	5620	18101	3525	74	0	0	0	0	0
4	呼伦贝尔市中游	5312	2617	2695	100	57943	5871	48072	93	45758	20987	18278	3319	93	0	0	0	0	0
5	扎龙湿地	0	0	0	100	0	0	0	100	0	0	0	0	100	56786	29655	9184	13212	92
6	齐齐哈尔中游	20676	13703	6973	100	27679	0	26679	96	497826	162193	263100	12175	88	0	0	0	0	0
7	绥化市中游	3133	2371	762	100	9172	2201	6514	95	7284	3642	2881	116	91	0	0	0	0	0
8	呼伦贝尔市下游	1598	787	811	100	19314	4635	13679	95	477	238	215	0	95	0	0	0	0	0
9	兴安盟下游	6954	4734	2220	100	34633	0	32633	94	63693	3673	45357	3562	83	0	0	0	0	0
10	洮南市下游	2214	1376	837	100	1551	372	1033	91	110927	55464	40213	2386	88	0	0	0	0	0
11	白城市下游	145	60	85	100	587	26	526	94	37608	14038	15972	2386	86	0	0	0	0	0
12	镇赉县下游	1959	806	1153	100	1727	0	1677	97	112452	37565	46623	9805	84	0	0	0	0	0
13	莫莫格湿地	0	0	0	100	0	0	0	100	0	0	0	0	100	48880	23054	7592	13237	90
14	通榆县下游	2408	1497	911	100	1122	369	696	95	5174	0	4139	1035	100	0	0	0	0	0
15	向海湿地	0	0	0	100	0	0	0	100	0	0	0	0	100	19118	12876	4643	0	92
16	长岭县下游	2712	1788	924	100	18828	4519	13482	96	8883	4441	3172	751	94	0	0	0	0	0
17	乾安县下游	1271	838	433	100	14720	3533	10810	97	5384	2689	2454	0	96	0	0	0	0	0
18	大安市下游	1734	1078	656	100	2562	615	1847	96	9672	3	7818	1852	100	0	0	0	0	0
19	前郭县下游	2543	1677	866	100	18770	4505	13416	95	92507	46145	21811	5453	79	0	0	0	0	0
20	查干湖湿地	0	0	0	100	0	0	0	100	0	0	0	0	100	13401	4215	1880	6351	93
21	大庆市下游	13351	7795	5556	100	242623	58230	142719	83	70412	14792	28043	7011	71	0	0	0	0	0
	总和	76987	47413	29574	100	474349	88991	331798	95	1153219	378072	550083	61352	91	138185	69800	23300	32800	92

表 6.34　规划年丰水年各单元的水资源优化配置与调控结果

序号	单元名	生活				工业				农业					湿地生态				
		需水/万 m^3	供水/万 m^3		保证率/%	需水/万 m^3	供水/万 m^3		保证率/%	需水/万 m^3	供水/万 m^3			保证率/%	需水/万 m^3	供水/万 m^3			保证率/%
			地下水	常规地表水			地下水	常规地表水			地下水	常规地表水	洪水			常规地表水	洪水	农田退水	
1	呼伦贝尔市上游	1937	954	982	100	15338	3708	11249	98	13162	6581	4818	1305	97	0	0	0	0	0
2	黑河市上游	6198	3447	2751	100	4507	0	4507	100	35263	0	27109	6598	96	0	0	0	0	0
3	齐齐哈尔上游	2841	1883	958	100	3273	1153	2053	98	36738	5789	17639	4528	76	0	0	0	0	0
4	呼伦贝尔市中游	5312	2617	2695	100	57943	5976	50867	98	45758	20405	19905	4810	99	0	0	0	0	0
5	扎龙湿地	0	0	0	100	0	0	0	100	0	0	0	0	100	56786	33203	9568	12388	97
6	齐齐哈尔中游	20676	13703	6973	100	27679	0	27279	99	497826	163352	282549	13135	92	0	0	0	0	0
7	绥化市中游	3133	2371	762	100	9172	2351	6490	96	7284	3638	2949	160	93	0	0	0	0	0
8	呼伦贝尔市下游	1598	787	811	100	19314	4815	14279	99	477	235	242	0	100	0	0	0	0	0
9	兴安盟下游	6954	4734	2220	100	34633	0	33568	97	63693	3780	43693	6358	85	0	0	0	0	0
10	洮南市下游	2214	1376	837	100	1551	498	983	95	110927	57325	37953	3562	89	0	0	0	0	0
11	白城市下游	145	63	82	100	587	27	560	100	37608	15044	13533	2707	83	0	0	0	0	0
12	镇赉县下游	1959	848	1112	100	1727	0	1727	100	112452	45892	37814	9524	83	0	0	0	0	0
13	莫莫格湿地	0	0	0	100	0	0	0	100	0	0	0	0	100	48880	15351	16934	16595	100
14	通榆县下游	2408	1497	911	100	1122	471	624	98	5174	0	4121	1053	100	0	0	0	0	0
15	向海湿地	0	0	0	100	0	0	0	100	0	0	0	0	100	19118	10484	8634	0	100
16	长岭县下游	2712	1788	924	100	18828	4624	13588	97	8883	4441	3045	953	95	0	0	0	0	0
17	乾安县下游	1271	838	433	100	14720	3733	10866	99	5384	2623	2522	0	96	0	0	0	0	0
18	大安市下游	1734	1078	656	100	2562	614	1947	100	9672	1052	6367	1805	95	0	0	0	0	0
19	前郭县下游	2543	1677	866	100	18770	4814	13699	99	92507	47449	23868	6591	84	0	0	0	0	0
20	查干湖湿地	0	0	0	100	0	0	0	100	0	0	0	0	100	13401	3120	3364	6917	100
21	大庆市下游	13351	7795	5556	100	242623	59230	162316	91	70412	14094	36513	8305	84	0	0	0	0	0
	总和	76987	47457	29530	100	474349	92015	356600	98	1153219	391701	564640	71393	93	138185	62159	38500	35900	99

表 6.35　规划年平水年各单元的水资源优化配置与调控结果

序号	单元名	生活				工业				农业					湿地生态				
		需水/万 m^3	供水/万 m^3		保证率/%	需水/万 m^3	供水/万 m^3		保证率/%	需水/万 m^3	供水/万 m^3			保证率/%	需水/万 m^3	供水/万 m^3			保证率/%
			地下水	常规地表水			地下水	常规地表水			地下水	常规地表水	洪水			常规地表水	洪水	农田退水	
1	呼伦贝尔市上游	1937	954	982	100	15338	3208	11743	97	13162	6358	4738	1185	93	0	0	0	0	0
2	黑河市上游	6198	3447	2751	100	4507	0	4507	100	35263	0	26211	6053	91	0	0	0	0	0
3	齐齐哈尔上游	2841	1883	958	100	3273	1153	2003	96	36738	5539	16360	4090	71	0	0	0	0	0
4	呼伦贝尔市中游	5312	2617	2695	100	57943	6394	48749	95	45758	20421	19197	4799	97	0	0	0	0	0
5	扎龙湿地	0	0	0	100	0	0	0	100	0	0	0	0	100	56786	24469	8934	12401	81
6	齐齐哈尔中游	20676	13703	6973	100	27679	0	26937	97	497826	159123	256231	12471	86	0	0	0	0	0
7	绥化市中游	3133	2371	762	100	9172	2321	6390	95	7284	3642	2982	114	93	0	0	0	0	0
8	呼伦贝尔市下游	1598	787	811	100	19314	4698	13640	95	477	238	215	0	95	0	0	0	0	0
9	兴安盟下游	6954	4734	2220	100	34633	0	33633	97	63693	3310	39630	5876	77	0	0	0	0	0
10	洮南市下游	2214	1376	837	100	1551	425	1083	97	110927	55464	34690	2172	83	0	0	0	0	0
11	白城市下游	145	60	85	100	587	23	526	94	37608	15044	10311	2578	74	0	0	0	0	0
12	镇赉县下游	1959	806	1153	100	1727	0	1705	99	112452	45268	29834	8709	75	0	0	0	0	0
13	莫莫格湿地	0	0	0	100	0	0	0	100	0	0	0	0	100	48880	21790	9066	13456	91
14	通榆县下游	2408	1497	911	100	1122	325	736	95	5174	0	3939	1035	96	0	0	0	0	0
15	向海湿地	0	0	0	100	0	0	0	100	0	0	0	0	100	19118	12786	4944	0	93
16	长岭县下游	2712	1788	924	100	18828	4490	13117	94	8883	4375	2922	807	91	0	0	0	0	0
17	乾安县下游	1271	838	433	100	14720	3622	10625	97	5384	2692	2438	0	95	0	0	0	0	0
18	大安市下游	1734	1078	656	100	2562	627	1747	93	9672	912	5579	2093	89	0	0	0	0	0
19	前郭县下游	2543	1677	866	100	18770	4269	14301	99	92507	46253	19436	3887	75	0	0	0	0	0
20	查干湖湿地	0	0	0	100	0	0	0	100	0	0	0	0	100	13401	4356	2156	6442	97
21	大庆市下游	13351	7795	5556	100	242623	57230	146394	84	70412	13062	29843	7707	72	0	0	0	0	0
	总和	76987	47413	29574	100	474349	88787	337836	96	1153219	381702	504556	63575	88	138185	63400	25100	32300	91

表 6.36　规划年枯水年各单元的水资源优化配置与调控结果

序号	单元名	生活				工业				农业					湿地生态				
		需水/万 m³	供水/万 m³		保证率/%	需水/万 m³	供水/万 m³		保证率/%	需水/万 m³	供水/万 m³			保证率/%	需水/万 m³	供水/万 m³			保证率/%
			地下水	常规地表水			地下水	常规地表水			地下水	常规地表水	洪水			常规地表水	洪水	农田退水	
1	呼伦贝尔市上游	1937	954	982	100	15338	3508	10743	93	13162	6181	4623	657	87	0	0	0	0	0
2	黑河市上游	6198	3447	2751	100	4507	0	4107	91	35263	0	25264	2356	78	0	0	0	0	0
3	齐齐哈尔上游	2841	1883	958	100	3273	1001	1803	86	36738	5322	15008	2729	63	0	0	0	0	0
4	呼伦贝尔市中游	5312	2617	2695	100	57943	5690	45253	88	45758	17879	17469	3255	84	0	0	0	0	0
5	扎龙湿地	0	0	0	100	0	0	0	100	0	0	0	0	100	25565	13010	635	10668	95
6	齐齐哈尔中游	20676	13703	6973	100	27679	0	25236	91	497826	138935	221019	6410	74	0	0	0	0	0
7	绥化市中游	3133	2371	762	100	9172	1859	6390	90	7284	3142	2519	60	79	0	0	0	0	0
8	呼伦贝尔市下游	1598	787	811	100	19314	3698	12624	85	477	225	211	0	91	0	0	0	0	0
9	兴安盟下游	6954	4734	2220	100	34633	0	31125	90	63693	3013	33680	4869	65	0	0	0	0	0
10	洮南市下游	2214	1376	837	100	1551	365	983	87	110927	47857	33905	1874	75	0	0	0	0	0
11	白城市下游	145	63	82	100	587	23	516	92	37608	14579	9580	2215	70	0	0	0	0	0
12	镇赉县下游	1959	848	1112	100	1727	0	1612	93	112452	43782	28072	5404	69	0	0	0	0	0
13	莫莫格湿地	0	0	0	100	0	0	0	100	0	0	0	0	100	27289	18164	2428	6304	99
14	通榆县下游	2408	1497	911	100	1122	326	623	85	5174	0	4174	325	87	0	0	0	0	0
15	向海湿地	0	0	0	100	0	0	0	100	0	0	0	0	100	9067	7901	1019	0	98
16	长岭县下游	2712	1788	924	100	18828	4358	12760	91	8883	4141	2586	412	80	0	0	0	0	0
17	乾安县下游	1271	838	433	100	14720	3486	9968	91	5384	2135	2025	0	77	0	0	0	0	0
18	大安市下游	1734	1078	656	100	2562	603	1747	92	9672	718	5376	1796	82	0	0	0	0	0
19	前郭县下游	2543	1677	866	100	18770	4325	12236	88	92507	42233	17505	3010	68	0	0	0	0	0
20	查干湖湿地	0	0	0	100	0	0	0	100	0	0	0	0	100	12072	6125	819	5128	100
21	大庆市下游	13351	7795	5556	100	242623	57157	132060	78	70412	12811	26844	6756	66	0	0	0	0	0
	总和	76987	47457	29530	100	474349	86400	309785	91	1153219	342955	449858	42129	81	73993	45200	4900	22100	98

其中，常规地表水供水 83.44 亿 m^3，地下水供水 45.78 亿 m^3，洪水资源供水 4.70 亿 m^3，农田退水 2.21 亿 m^3。生活供水保证率 100%，满足供水需求；工业供水保证率为 91%，大于 90%，满足供水需求，但是大庆市供水保证率仅为 78%，无法满足供水需求，因此在枯水年需限制部分高耗水行业发展或适当增加地下水开采；农业供水保证率为 81%，大于 75%，满足供水需求，但是齐齐哈尔市上游和大庆市供水保证率较低，分别为 63%和 66%，均无法满足保证率大于 75%的需求，说明齐齐哈尔和大庆市规划灌溉面积增加过大，枯水年水资源无法满足供水需求，因此需适当减少规划灌区发展规模。湿地生态供水保障率为 98%，大于 95%，相较于基准年有一定程度提高，满足供水需求；莫莫格湿地、扎龙湿地、向海湿地和查干湖湿地的供水保证率分别为 99%、95%、98%和 100%，均满足供水需求。2030 年各单元的供需平衡分析结果，如表 6.36 所示。

参考文献

陈雷. 2010. 关于几个重大水利问题的思考——在全国水利规划计划工作会议上的讲话. 中国水利, (4): 1-7.

董李勤. 2013. 气候变化对嫩江流域湿地水文水资源的影响及适应对策. 长春: 中国科学院研究生院(东北地理与农业生态研究所).

董李勤, 章光新. 2013. 嫩江流域沼泽湿地景观变化及其水文驱动因素分析. 水科学进展, 24: 177-183.

公雪婷, 刘志红, 阎奕维, 等. 2020. 水文连通条件下向海湿地多水源补水研究. 湿地科学, 18: 719-723.

胡朋瑞. 2019. 嫩江流域水资源调度决策支持系统设计与开发. 大连: 大连理工大学.

胡庆芳, 王银堂, 杨大文. 2010. 流域洪水资源可利用量和利用潜力的评估方法及实例研究. 水力发电学报, 29: 20-27.

郎宏磊. 2019. 莫莫格湿地水资源管理与保护. 长春: 吉林大学.

李静思, 费良军, 李山, 等. 2019. 灌区退水模拟与调控方法研究进展. 自然灾害学报, 28: 54-64.

李勤, 熊先雁, 刘连成, 等. 2010. 嫩江流域水资源循环系统的同位素研究. 水利科技与经济, 16: 1329-1332.

李震. 2009. 多水源优化调度的管理与决策. 天津: 天津大学.

刘洪飞, 王伟, 魏欢. 2015. 农田灌溉退水水量及水质平衡模型分析. 河南水利与南水北调, (5): 44-45.

刘建卫. 2007. 平原地区河流洪水资源利用研究. 大连: 大连理工大学.

刘小毅. 2019. 水资源开发利用状况及保护策略分析. 能源与节能, (7): 85-86.

马斌, 解建仓, 汪妮, 等. 2001. 多水源引水灌区水资源调配模型及应用. 水利学报, (9): 59-63.

秦大庸, 陆垂裕, 刘家宏, 等. 2014. 流域“自然-社会”二元水循环理论框架. 科学通报, 59: 419-427.

桑学锋, 王浩, 王建华, 等. 2018. 水资源综合模拟与调配模型 WAS(Ⅰ): 模型原理与构建. 水利学报, 49: 1451-1459.

王浩, 王建华, 秦大庸, 等. 2006. 基于二元水循环模式的水资源评价理论方法. 水利学报, 37(12): 1496-1502.

王宗志, 王银堂, 胡四一, 等. 2017. 流域洪水资源利用的理论框架探讨Ⅰ: 定量解析. 水利学报, 48(8): 883-891.

徐东霞, 章光新, 尹雄锐. 2009. 近 50 年嫩江流域径流变化及影响因素分析. 水科学进展, 20: 416-421.

张弛, 王明君, 于冰, 等. 2021. 松辽流域水资源综合调控研究进展与四大难题探究. 水利学报, 52:

1379-1388.

张珮纶, 王浩, 雷晓辉, 等. 2017. 湿地生态补水研究综述. 人民黄河, 39: 64-69.

张万顺, 乔飞, 彭虹, 等. 2005. 农田灌溉退水水量水质平衡模型研究. 节水灌溉, (5): 15-16, 19.

张洋. 2016. 基于向海湿地生态补水的水资源优化配置研究. 长春: 吉林大学.

章光新, 张蕾, 侯光雷, 等. 2017. 吉林省西部河湖水系连通若干关键问题探讨. 湿地科学, 15: 641-650.

Abouali M, Nejadhashemi A P, Daneshvar F, et al. 2017. Evaluation of wetland implementation strategies on phosphorus reduction at a watershed scale. Journal of Hydrology , 552: 105-120.

Babbar-Sebens M, Barr R C, Tedesco L P, et al. 2013. Spatial identification and optimization of upland wetlands in agricultural watersheds. Ecological Engineering, 52: 130-142.

Byun C, Nam J M, Kim J G. 2017. Effects of flooding regime on wetland plant growth and species dominance in a mesocosm experiment. Plant Ecology, 218: 517-527.

de Graaf I E M, Van Beek L P H, Wada Y, et al. 2014. Dynamic attribution of global water demand to surface water and groundwater resources: Effects of abstractions and return flows on river discharges. Advances in Water Resources, 64: 21-33.

Leibowitz S G, Wigington P J, Schofield K A, et al. 2018. Connectivity of Streams and Wetlands to Downstream Waters: An Integrated Systems Framework. Journal of the American Water Resources Association, 54: 298-322.

Meng B, Liu J L, Bao K, et al. 2019. Water fluxes of Nenjiang River Basin with ecological network analysis: Conflict and coordination between agricultural development and wetland restoration. Journal of Cleaner Production , 213: 933-943.

Nadeau C P, Conway C J. 2015. Optimizing water depth for wetland-dependent wildlife could increase wetland restoration success, water efficiency, and water security. Restoration Ecology , 23: 292-300.

Sammonds M J, Vietz G J, Costelloe J F. 2013. Using water destined for irrigation to conserve wetland ecosystems: A basis for assessing feasibility. Water Resources Research , 49: 4662-4671.

Singh M, Sinha R. 2019. Evaluating dynamic hydrological connectivity of a floodplain wetland in North Bihar, India using geostatistical methods. Science of the Total Environment , 651: 2473-2488.

Yan Z Q, Zhou Z H, Sang X F, et al. 2018. Water replenishment for ecological flow with an improved water resources allocation model. Science of the Total Environment, 643: 1152-1165.

Zhang L, Wang M-H, Hu J, et al. 2010. A review of published wetland research, 1991–2008: Ecological engineering and ecosystem restoration. Ecological Engineering, 36: 973-980.